世界技能大赛 3D 数字游戏艺术项目创新教材

Maya 2019 三维动画基础案例教程

伍福军　张巧玲　主　编

张祝强　主　审

电子工业出版社

Publishing House of Electronics Industry

北京 · BEIJING

内 容 简 介

本书是根据编者多年的教学经验编写而成的，在编写过程中，编者把 Maya 2019 的基本功能和新增功能融入精选的 41 个经典案例中。通过案例的讲解读者可边学边练，既能掌握软件功能，又能尽快掌握实际操作。本书内容包括 Maya 基础知识、多边形建模技术、NURBS 建模技术、灯光技术、UV 技术与材质基础、Arnold 材质技术、渲染设置与输出和综合案例。

本书可作为高职高专院校、中等职业学校、技工学校的影视动画专业的教材，也可以作为三维动画和游戏制作人员与爱好者的参考用书。

图书在版编目（CIP）数据

Maya 2019 三维动画基础案例教程 / 伍福军，张巧玲主编. —北京：电子工业出版社，2020.9
世界技能大赛 3D 数字游戏艺术项目创新规划教材
ISBN 978-7-121-35446-5

Ⅰ．①M…　Ⅱ．①伍…　②张…　Ⅲ．①三维动画软件－高等职业教育－教材　Ⅳ．①TP391.414

中国版本图书馆 CIP 数据核字（2018）第 255262 号

责任编辑：郭穗娟
印　　刷：三河市鑫金马印装有限公司
装　　订：三河市鑫金马印装有限公司
出版发行：电子工业出版社
　　　　　北京市海淀区万寿路 173 信箱　　邮编　100036
开　　本：787×1092　1/16　印张：36　字数：922 千字
版　　次：2020 年 9 月第 1 版
印　　次：2022 年 1 月第 5 次印刷
定　　价：79.80 元（含 DVD 光盘 2 张）

凡所购买电子工业出版社图书有缺损问题，请向购买书店调换。若书店售缺，请与本社发行部联系，联系及邮购电话：（010）88254888，88258888。
质量投诉请发邮件至 zlts@phei.com.cn，盗版侵权举报请发邮件至 dbqq@phei.com.cn。
本书咨询联系方式：（010）88254502，guosj@phei.com.cn。

前　　言

本书是根据编者多年的教学经验编写而成的。编者精心挑选了 41 个经典的 Maya 2019 三维动画案例进行详细介绍，这些案例还配套了一定量的练习，使读者能巩固所学内容。本书采用实际操作与理论分析相结合的方法，让读者在案例制作过程中培养设计思维并掌握理论知识。扎实的理论知识又为读者的实际操作奠定坚实的基础，使读者每做完一个案例就会有所收获，从而提高动手能力与学习兴趣。

编者对本书的编写体系进行了精心设置，按照"案例内容简介→案例效果欣赏→案例制作（步骤）流程→制作目的→制作过程中需要解决的问题→详细操作步骤→拓展训练"编排，旨在达到以下效果。

（1）通过案例内容简介，使读者在学习之前，对本案例有初步的了解。

（2）通过案例效果欣赏，增加读者学习的积极性和主动性。

（3）通过案例制作（步骤）流程，使读者了解整个案例制作的流程、所需的知识点。

（4）通过制作目的介绍，使读者在学习之前明确学习的目的，做到有的放矢。

（5）通过列出制作过程中需要解决的问题，使读者了解本案例的制作需要解决哪些问题，从而带着问题去学习，提高效率。

（6）通过详细操作步骤介绍，使读者掌握每个案例的详细制作方法、注意事项和技巧。

（7）通过拓展训练，使读者所学知识进一步得到巩固，提高动手能力。

本书的知识结构如下：

第 1 章 Maya 基础知识，主要通过 4 个案例介绍 Maya 的发展历史、基本操作、界面布局和个性化设置。

第 2 章 多边形建模技术，主要通过 7 个案例介绍多边形建模技术基础、室内室外场景模型制作、道具模型制作、载具模型制作和动画角色模型制作。

第 3 章 NURBS 建模技术，主要通过 4 个案例介绍 NURBS 建模技术基础、酒杯模型、矿泉水瓶模型、功夫茶壶模型和手机模型制作。

第 4 章 灯光技术，主要通过 4 个案例全面介绍 Maya 2019 中的默认灯光基础知识、三点布光技术、综合应用案例——书房布光技术和 Arnold 灯光技术。

第 5 章 UV 技术与材质基础，主要通过 2 个案例全面介绍 UV 技术和 Maya 2019 中的材质基础相关知识点。

第 6 章 Arnold 材质技术，主要通过 8 个案例介绍金属材质、锈蚀金属材质、玻璃材质、带有灰尘的玻璃材质、3S 材质、头发材质和 Arnold 其他常用材质的表现。

第 7 章 渲染设置与输出，主要通过 8 个案例介绍 Maya 通用属性、Arnold 渲染的相关属性、代理渲染、摄影机属性和工具集等相关设置。

第 8 章 综合案例，主要通过 4 个案例介绍奥迪汽车材质、工业产品效果展示——照相机、结合 Substance Painter 材质表现静物效果和半写实女性皮肤材质的制作流程、方法和技巧。

编者将 Maya 2019 的基本功能和新增功能融入案例的讲解过程中，使读者可以边学边练，既能快速掌握软件功能，又能进行实际操作。读者通过本书光盘上的配套素材可以随时翻阅、查找所需效果的制作内容，本书每章都配有案例的工程文件、项目的源文件、电子课件、教学视频和素材文件等。由于本书附带的两张 DVD 光盘存储容量有限，本书全部案例素材和第 2 章中的案例 3 与案例 5 模型制作视频被上传至华信教育资源网供读者下载，下载网址为 http://www.hxedu.com.cn。本书各章案例讲解高清视频下载地址：https://pan.baidu.com/s/1fP847_RxG6kKwLgThQYNaA，提取码：wyqs。

广东省岭南工商第一技师学院副院长张祝强对本书进行了全面审阅和指导，广东省岭南工商第一技师学院影视动画专业教师伍福军编写第 5～8 章，张巧玲编写第 1～4 章。

本书所涉及的相关参考图，仅作为教学范例使用，版权归原作者及制作公司所有，本书编者在此对他们表示真诚的感谢！

由于编者水平有限，本书可能存在疏漏之处，敬请广大读者批评指正！编者联系电子邮箱：763787922@qq.com。

编　者

2020 年 5 月

目　　录

第 1 章　Maya 基础知识

知识点：

案例 1　了解 Maya
案例 2　Maya 2019 的基本操作
案例 3　Maya 2019 的界面布局
案例 4　Maya 2019 的个性化设置

说明：

　　本章主要通过 4 个案例介绍 Maya 的发展历史、应用领域、Maya 2019 的基本操作和 Maya 2019 的相关参数设置。读者熟练掌握本章内容是深入学习后续章节的基础。

教学建议课时数：

　　一般情况下需要 4 课时，其中理论 1 课时，实际操作 3 课时（特殊情况下可做相应调整）。

Maya 是美国 Autodesk 公司出品的三维动画设计与编辑软件，应用对象是专业的影视广告、角色动画、电影特技等。Maya 功能完善、工作灵活、易学易用、制作效率极高、渲染真实感极强，是电影级别的高端制作软件。

Autodesk 公司对三维动画软件 Maya 进行不断升级和改进，到目前为止，该软件已升级到 Maya 2019；形成了不同的风格，满足了不同客户的需要，功能越来越强大，操作步骤越来越简便，应用领域也不断扩展，使越来越多的用户选择 Maya 作为自己的开发工具。在本书中，主要使用 Maya 2019 对案例进行讲解。

案例 1　了解 Maya

一、案例内容简介

本案例主要介绍三维动画软件 Maya 的发展历史、应用领域、硬件配置要求和常用的基本概念。

二、案例效果欣赏

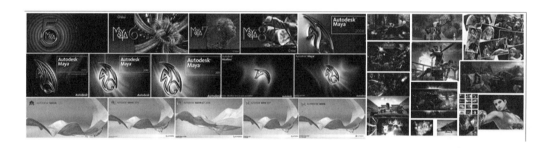

三、案例制作（步骤）流程

任务一：Maya的发展历史　➡　任务二：Maya的应用领域　➡　任务三：Maya的硬件配置要求

任务四：Maya中常用的基本概念

四、制作目的

了解 Maya 的发展历史、应用领域、硬件要求和常用的基本概念，使读者对 Maya 这款软件有一个大致的了解。

五、制作过程中需要解决的问题

（1）Maya 的发展历史。

（2）Maya 的应用领域。

（3）Maya 的硬件配置要求。

（4）Maya 中常用的基本概念。

六、详细操作步骤

任务一：Maya 的发展历史

Maya 提供了完美的 3D 建模、动画、特效和高效的渲染功能，在平面设计辅助、印刷出版和说明书领域也得到了很好的发展。在 3D 图像设计技术已经成为日常的"常见之物"的今天，无论在哪个领域，用户都可以使用 Maya 简单快捷地设计个性化的产品，并且在设计过程中利用 Maya 自带的特效技术，可以更好地改进平面设计产品的视觉效果。Maya 在添加各种特效的同时，还具有更为强大的雕刻工具，它为用户提供了更多的细节和更高的分辨率，其自带的笔刷具备体积和曲面衰减、图章图像、雕刻 UV 等功能，并支持向量置换图章。

Maya 还具有全选的渲染设置，该设置可快速渲染和管理复杂场景。该渲染设置采用更为先进的方法：基于镜头的替代作用，把渲染设置效果添加到常用渲染器的场景中。此外，该渲染设置还能在渲染的同时生成快照设置模板。

下面简单介绍 Maya 的发展历史。Autodesk 公司的 Maya 的发展历史主要经历了以下几个发展阶段：

（1）1983 年，史蒂芬、奈杰尔、苏珊·麦肯和大卫在加拿大多伦多创建了一个数字特技公司，公司名为 Alias。该公司专门研究影视后期特技软件，他们研发的第一款软件的名称与公司名称相同，即 Alias。

（2）1984 年，马克·希尔（Mark Sylvester）、拉里·比尔利斯（Larry Barels）、比尔·考韦斯（Bill Kovacs）在美国加利福尼亚州创建了数字特技图形公司，公司名为 Wavefront。

（3）1995 年，Alias 公司与 Wavefront 公司正式合并，公司改名为 Alias-Wavefront 公司。

（4）1998 年，Alias-Wavefront 公司推出了一款三维动画制作软件，在当时的三维动画制作软件中，它具有一流的功能、一流的工作界面和一流的制作效果，Alias-Wavefront 公司给了它一个神秘而响亮的名字"Maya"。

（5）2005 年 10 月，Alias-Wavefront 公司被 Autodesk 公司收购。

（6）2007 年 9 月，Autodesk 公司发布 Maya 2008。

（7）2009 年 8 月，Autodesk 公司发布 Maya 2010。

（8）2010 年 3 月，Autodesk 公司发布 Maya 2011。

（9）2011 年 4 月，Autodesk 公司发布 Maya 2012。

（10）2012 年 4 月，Autodesk 公司发布 Maya 2013。

（11）2013 年 6 月，Autodesk 公司发布 Maya 2014。

（12）2014—2018 年，Autodesk 公司每年都发布一个新的版本，Maya 2019 的功能、性能和应用领域得到全面的提升。图 1.1 所示是 Maya 各个版本的启动界面。

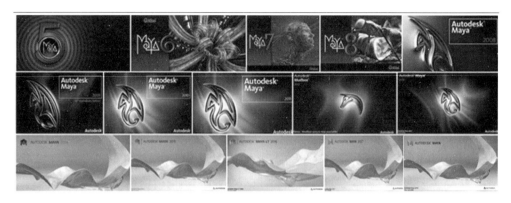

图 1.1 Maya 各个版本的启动界面

视频播放：关于具体介绍，请观看本书光盘上的配套视频"任务一：Maya 的发展历史.wmv"。

任务二：Maya 的应用领域

随着 Maya 软件的不断更新和功能的不断提升，它的应用领域也越来越广，如建筑效果图表现、影视动画制作、影视栏目包装、游戏开发、印刷出版和说明书制作等领域。

使用 Maya 可以制作出引人入胜的数字图像、逼真的动画和非凡的视觉特效，无论读者是影视栏目包装人员、图像艺术创作人员、游戏开发人员、可视化设计人员、虚拟仿真制作人员、印刷出版和说明书制作人员，还是三维动画制作业余爱好者，Maya 2019 都能满足读者的要求并实现读者的创作愿望。

Maya 的主要应用领域如下：

（1）影视栏目包装。现在电视上的很多广告都是使用 Maya 结合 Adobe After Effects（AE）软件来制作的。

（2）影视动画制作。在电影数字艺术创作中，Maya 是影视动画制作方的首选工具，此类比较有名的电影有《魔比斯环》《阿凡达》《愤怒的红色星球》《黑客帝国》《魔法奇缘》《碟中谍》《变形金刚》《泰坦尼克号》《功夫熊猫》《海底总动员》和《加勒比海盗》等。

（3）游戏开发。为了得到逼真的游戏效果，越来越多的游戏开发人员把 Maya 作为自己的首选工具。

（4）虚拟仿真。随着 Maya 功能的不断扩展和性能的提升，其在虚拟仿真领域也得到了很好的应用，如军事模拟训练、气候模拟、环境模拟、数字化教学和产品展示等。

（5）数字出版。随着生活水平的提高、科技的进步、网络速度的提升和智能手机的普及，人们对精神生活的要求也越来越高。出版行业为了满足人们的这些要求，在印刷载体、网络出版物和多媒体内容中，都融入了大量的由 Maya 制作的 3D 资源。实践证明，这种做法收到了很好的效果。

图 1.2 所示是 Maya 应用领域的一些代表性作品。

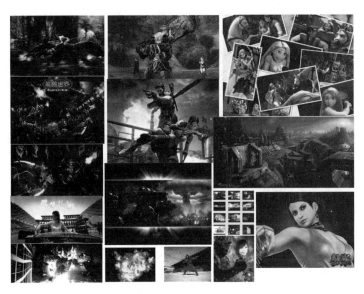

图 1.2　Maya 应用领域的一些代表性作品

视频播放：关于具体介绍，请观看本书光盘上的配套视频"任务二：Maya 的应用领域.wmv"。

任务三：Maya 的硬件配置要求

Maya 在不断升级后，对计算机硬件的要求也越来越高。一般情况下，现在市面上销售的一体机或组装机都能满足 Maya 的运行要求。如果要流畅地运用 Maya 制作项目，建议读者在配置计算机时根据自己的经济条件，在允许的情况下尽量配置好一点。下面提供一个建议性的配置要求（见表 1-1），有条件的读者可以在此基础上进行升级。

表 1-1　Maya 的硬件配置要求

名称	配置要求
CPU	Intel i7 系列，3.7GB 及以上
显卡	AMD FirePro W5100，4GB 及以上
内存	16GB 及以上
硬盘	固态硬盘（SSD），512GB 及以上
显示器	分辨率为 1920×1080 及以上
USB 接口	USB 3.0

视频播放：关于具体介绍，请观看本书光盘上的配套视频"任务三：Maya 的硬件配置要求.wmv"。

任务四：Maya 中常用的基本概念

在学习 Maya 之前，先了解 Maya 中的一些基本概念，有助于理解所学内容。

（1）3D（三维）。3D 是英文单词 Three Dimensional 的缩写，其中文意思是"三维"，在 Maya 中是指 3D 图形或立体图形。3D 图形具有纵深度，主要通过 3 个坐标轴（X 轴、Y 轴和 Z 轴）来表示三维空间，其中 Z 轴表示纵深。

（2）2D（二维）贴图。它是指二维图像或图案，如果要在 Maya 视图中进行渲染或显示，就必须借助贴图坐标来实现。

（3）建模。建模是指用户根据项目要求，参考对象或创意，在 Maya 视图中创建三维模型，也可以理解为造型。例如，创建各种几何体、动物、建筑、机械、卡通人物和道具等。

（4）渲染。在 Maya 中，渲染是指用户对设置好材质、灯光或动画的模型，根据项目的要求设置参数，并将其输出为图片或动画的过程。

（5）帧。动画制作的原理与电影制作的原理完全相同，它们都是由一些连续的静态图片构成的，制作者根据"视觉暂留"原理，使它们连续播放形成动画。帧是指这些连续的静态图片中的每一幅图片。

（6）关键帧。在 Maya 中，关键帧是指决定动画运动方式的静态图片所处的帧，它是一个相对概念，是相对帧而言的。

（7）法线。在 Maya 中，法线是指垂直于对象的内表面或外表面的假设线。法线决定对象的可见性，如果法线垂直于对象外表面，读者就能看到对象；否则，读者看到的对象是全黑的。

（8）法向。在 Maya 中，法向是指法线所指的方向。

（9）全局坐标系。在 Maya 中，全局坐标系也称为世界坐标，是 Maya 的一个通用坐标系。该坐标系所定义的空间在任何视图中都不变，X 轴指向右侧，Y 轴指向观察者的前方，Z 轴指向上方。

（10）局部坐标。在 Maya 中，局部坐标是相对全局坐标而言的，指 Maya 视图中对象自身的坐标。我们在建模过程中，经常使用局部坐标来调整对象的方位。

（11）Alpha 通道。Alpha 通道的含义与平面设计软件中所说的 Alpha 通道的含义相同，通过 Alpha 通道，用户可以指定图片的透明度和不同明度。在 Alpha 通道中，图像的不透明区域为黑色，透明区域为白色，而介于两者之间的灰色区域为图像的半透明区域。

（12）等参线。在 Maya 中，等参线也称为结构线，等参线的结构决定非均匀有理 B 样条（Non-Uniform Rational B-Splines，NURBS）对象的形态。NURBS 对象的形态调整是通过调整等参线的位置来实现的。

（13）拓扑。在 Maya 中，对象中每个顶点或面都有一个编号，通过这些编号可以指定所选择的顶点或面，这种数值型的结构称为拓扑。

视频播放：关于具体介绍，请观看本书光盘上的配套视频"任务四：Maya 中常用的基本概念.wmv"。

七、拓展训练

请读者利用空余时间去图书馆或利用网络，了解 Maya 的详细发展历史及其在各个领域的应用情况。

案例 2　Maya 2019 的基本操作

一、案例内容简介

本案例主要介绍 Maya 2019 中的项目文件创建、文件的相关操作、对象操作、视图控制、视图显示的相关设置、显示渲染范围标记、栅格和环境的设置。

二、案例效果欣赏

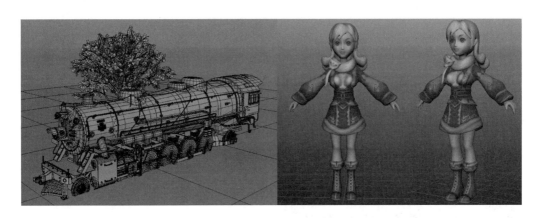

三、案例制作（步骤）流程

任务一：创建项目文件和设置项目文件的路径 ➡ 任务二：文件的相关操作 ➡ 任务三：对象操作

⬇

任务六：显示渲染范围标记 ⬅ 任务五：视图显示的相关设置 ⬅ 任务四：视图控制

⬇

任务七：栅格和环境的设置

四、制作目的

通过本案例的学习，使读者熟悉 Maya 2019 界面的基本操作，为后续案例的学习奠定基础。

五、制作过程中需要解决的问题

（1）项目文件的创建。

（2）文件、对象和视图的相关操作。

（3）视图显示的相关设置。

（4）显示渲染范围标记的作用。

（5）栅格和环境设置的作用和设置方法。

六、详细操作步骤

在本案例中主要通过 7 个任务来介绍 Maya 2019 的基本操作。

任务一：创建项目文件和设置项目文件的路径

在使用 Maya 2019 开发项目时，要养成一个良好的习惯，在开发项目之前，要根据项目要求创建一个项目文件，方便项目的管理和各种文件的分类保存。特别是在团队合作开发项目时，管理规范会提高工作效率。

1. 创建项目文件

创建项目文件的具体操作步骤如下。

步骤 01：启动 Maya 2019。直接双击桌面上的 Maya 2019 图标，即可启动该软件。

步骤 02：在菜单栏中单击【文件】→【项目窗口】命令，弹出【项目窗口】对话框，具体设置如图 1.3 所示。

（1）【当前项目】：定义当前项目的名称。

（2）【位置】：定义当前项目保存的位置。

步骤 03：单击"接受"按钮，即可将项目文件夹以默认名称进行保存。项目文件包括图 1.4 所示的文件夹。

图 1.3 【项目窗口】对话框

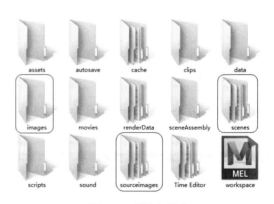

图 1.4 项目文件夹

提示：一般情况下，读者只须设置【当前项目】和【位置】即可，其他选项采用系统默认的设置。

在项目文件夹中，读者必须了解如下几个文件夹。

（1）【场景】：主要用来保存项目文件。

（2）【源图像】：主要用来放置贴图素材和参考素材文件。

（3）【图像】：主要用来放置渲染效果图。

2．设置项目文件路径

当读者再次启动 Maya 使用之前设置好的项目场景文件时，需要重新设置项目文件的路径，避免一些不必要的麻烦。例如，如果不设置项目文件的路径，可能对象的贴图显示不出来，需要读者重新设置等。项目文件路径的具体设置方法如下。

步骤 01：在菜单栏中单击【文件】→【设置项目】命令，弹出【设置项目】对话框。在该对话框中单选项目文件，如图 1.5 所示。

步骤 02：单击【设置】按钮，即可完成项目文件路径的设置。

视频播放：关于具体介绍，请观看本书光盘上的配套视频"任务一：创建项目文件和设置项目文件的路径.wmv"。

任务二：文件的相关操作

在该任务中，主要介绍场景的创建和保存、文件的导入和导出、场景的归档的操作步骤。

1．创建和保存场景

场景的创建和保存非常简单，具体操作步骤如下。

步骤 01：在创建项目文件时，Maya 2019 会自动创建一个默认的场景文件。此时，选择菜单中的【文件】→【保存场景】命令，弹出【另存为】对话框。在该对话框中选择保存场景的路径并输入文件名，单击"另存为"按钮，即可保存文件，如图 1.6 所示。

图 1.5 【设置项目】对话框

图 1.6 【另存为】对话框

提示：在设置好项目文件并对场景进行保存时，系统会自动跳到【场景】文件夹下。此时，只要输入场景文件名，单击"另存为"按钮，即可保存。

步骤 02：在菜单栏中单击【文件】→【新建场景】命令，即可创建场景文件。

步骤 03：直接按"Ctrl+N"组合键创建场景文件。

步骤 04：直接按 "Ctrl+S" 组合键保存文件，或者在菜单栏中单击【文件】→【保存场景】命令保存文件。

2. 导入和导出文件

导入和导出文件的目的是为了减轻对计算机的硬件要求，方便操作和团队合作。在项目制作过程中团队可以分工制作模型，最后将各自制作的模型导入进行调节。也可以将自己制作的复杂模型进行单个或多个导出。

导入导出文件的具体操作步骤如下。

步骤 01：导入文件。在菜单栏中单击【文件】→【导入…】命令，弹出【导入】对话框。在该对话框中选择要导入的文件，单击 "导入" 按钮，即可导入文件。

步骤 02：导出所有文件。在菜单栏中单击【文件】→【导出全部…】命令，弹出【导出全部】对话框。在该对话框中设置导出文件的路径和名称，如图 1.7 所示。单击 "导出全部" 按钮，即可导出所有文件。

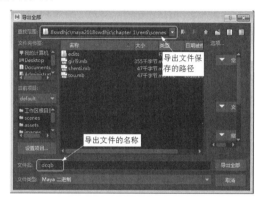

图 1.7 【导出全部】对话框

步骤 03：导出选择对象。在菜单栏中单击【文件】→【导出选择…】命令，弹出【导出选择】对话框。在该对话框中，设置导出文件的路径和名称。单击 "导出选择" 按钮，即可导出选择文件。

3. 归档场景

归档场景是指将场景文件和相关文件打包成为一个压缩文件。归档场景对于团队合作非常重要，使用归档场景之后进行传递文件，可以保证团队之间互传文件的正确性。归档场景的具体操作方法如下。

步骤 01：在归档之前，先保存需要归档的场景。

步骤 02：在菜单栏中单击【文件】→【归档场景】命令或按 "Ctrl+Alt+S" 组合键即可。

提示：归档场景后，在保存场景的文件夹下出现一个与保存文件同名的压缩文件包。如果没有保存场景，执行【归档场景】命令，在界面下方的提示栏中就会出现一条 "场景未保存，必须在归档之前保存它" 的提示信息。

视频播放：关于具体介绍，请观看本书光盘上的配套视频"任务二：文件的相关操作.wmv"。

任务三：对象操作

在 Maya 2019 中，对象操作包括对象的选择、移动、旋转和缩放。具体操作方法如下。

1. 选择对象

在 Maya 2019 中，对场景文件中的对象进行操作的前提条件是要先选择对象。选择对象的具体操作方法如下。

步骤 01：打开"huocetou.mb"场景文件。

步骤 02：用单击法选择对象。单击工具箱中的选择工具按钮 （或按"Q"键），将光标移到场景中需要选择的对象上单击，即可选中该对象。被选中的对象以绿色线框显示（彩色效果请观看配套的教学视频），如图 1.8 所示。

步骤 03：选择场景中多个独立的对象。在按住"Shift"键的同时，连续单击需要选择的独立对象即可，最后一个被单选的对象以绿色线框显示，其他以白色线框显示，如图 1.9 所示。

步骤 04：取消已选择的多个对象中的某一个或几个对象。在按住"Ctrl"键的同时，连续单击需要取消的对象即可，如图 1.10 所示。

图 1.8　单击选中的一个对象　　图 1.9　连续单击选择的多个对象　　图 1.10　连续单击取消的对象

步骤 05：使用套索工具选择对象。在工具箱中单击套索工具按钮 ，在场景中绘制一个自由闭合选框，被自由闭合选框框住的对象就是选中的对象。

步骤 06：使用绘制选择工具选择组件。在工具箱中单击绘制选择工具按钮 ，光标就变成 形态。将光标移到需要选择的对象上，按住鼠标右键进行涂抹，即可选择对象的组件。

提示：绘制选择工具按钮 只能用来选择对象的组件。所谓组件是指对象的顶点、边和面。单击绘制选择工具场景中的对象，自动切换到顶点编辑模式，在选择边或面的时候，需要先切换到相应的模式才能进行选择。按住"B"键和鼠标中键的同时，向左移动光标，以缩小绘制选择工具的选择范围，向右移动光标，以放大绘制选择工具的选择范围。

步骤 07：用框选法选择对象。单击工具箱中的选择工具按钮■（或按"Q"键），在场景中确定框选的起点，按住鼠标左键不放的同时进行框选，即可将框选到的对象选中。

步骤 08：通过【大纲视图】选择对象。在 Maya 中，每创建一个对象，在【大纲视图】中就产生一个对象的对应名称。可以对所创建的对象进行重命名，读者可以通过【大纲视图】来选择对象。例如，在【大纲视图】中，单击"tree"群组图标即可将"tree"群组中的所有对象选中，如图 1.11 所示。

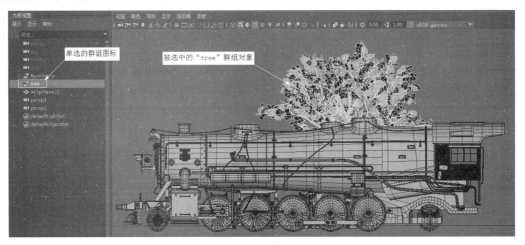

图 1.11　单击"tree"群组图标选中"tree"群组对象

提示：在【大纲视图】中，按住"Shift"键，可以连续选择多个对象或群组；按住"Ctrl"键不放，可以选择或取消多个不连续的对象或群组。

2．移动对象

如果需要移动场景中的对象，必须使用移动工具按钮■进行移动。移动工具的具体操作如下。

步骤 01：单击工具箱中的移动工具按钮■或按"W"键，选择需要移动的对象或群组。此时，被选中的对象显示出 3 个手柄和 3 个平面，如图 1.12 所示。其中，黄色的手柄为 X 轴，绿色的手柄为 Y 轴，蓝色的于柄为 Z 轴，红色平面为 YOZ 平面，蓝色平面为 YOX 平面，绿色平面为 XOZ 平面。

步骤 02：将光标移动到相应的手柄或平面上，按住鼠标左键的同时进行移动即可。

步骤 03：自由移动对象，将光标移动到 3 个操纵器相交的黄色四边形框内，按住鼠标左键的同时移动对象即可，如图 1.13 所示。

3．旋转对象

如果需要旋转场景中的对象，必须使用旋转工具按钮■进行旋转。旋转工具的具体操作如下。

步骤 01：选择需要旋转的对象或群组。

步骤 02：单击工具箱中的旋转工具按钮▣或直接按 "E" 键。此时，被选中的对象出现 4 个环形手柄，如图 1.14 所示。将光标移到相应的环形手柄上，按住鼠标右键的同时进行移动，即可对选择的对象进行旋转操作。

图 1.12　移动手柄和移动平面

图 1.13　自由移动平面

图 1.14　4 个环形手柄

提示：黄色圆环为视图旋转，红色圆环为 X 轴旋转，灰色圆环为 Y 轴旋转，蓝色圆环为 Z 轴旋转。

4. 缩放对象

如果需要缩放对象，就必须使用缩放工具按钮▣进行缩放。缩放工具的具体操作如下。

步骤 01：选择需要旋转的对象或群组。

步骤 02：单击工具箱中的缩放工具按钮▣或直接按 "R" 键。此时，被选中的对象出现 3 个带立方体的手柄和 3 个小平面，如图 1.15 所示。

步骤 03：将光标移到需要缩放的手柄立方体或缩放的平面上，按住鼠标右键的同时进行移动，即可进行缩放。

提示：若将光标移到手柄相交的黄色立方体上，则可对选择的对象进行等比例缩放；若将光标移到对应的手柄立方体上，则可对对应的轴进行缩放；若将光标移到缩放平面上，则可沿对应坐标平面进行缩放。

视频播放：关于具体介绍，请观看本书光盘上的配套视频 "任务三：对象操作.wmv"。

任务四：视图控制

在 Maya 2019 中，视图控制主要包括视图布局、视图设置和视图操作 3 个方面的内容。Maya 2019 中的视图控制非常简单，使用空格键再配合鼠标左键，即可进行各种视图之间的切换操作。按住 "Alt" 键，配合鼠标左键、中键和右键，就可以分别对视图工作区进行旋转、平移和缩放操作。

1. 调节视图布局

主要介绍视图布局的方法和操作流程，具体操作如下。

1）空间视图之间的切换

步骤 01：在默认情况下，视图的显示模式为单视图，如图 1.16 所示。

步骤 02：在工作区单击，激活该单视图。按空格键切换到四视图显示模式，如图 1.17 所示。

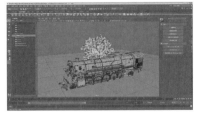

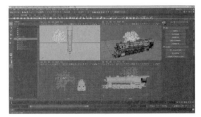

图 1.15　缩放手柄和
　　　　缩放平面

图 1.16　单视图显示方式

图 1.17　四视图显示方式

步骤 03：单击任一视图，如【顶视图】、【前视图】、【侧视图】等。在这里，以单击【前视图】为例，此时该视图被激活，按空格键，【前视图】被最大化显示，如图 1.18 所示。

步骤 04：也可以直接单击左侧工具箱中的视图控制按钮，以便快速切换视图显示模式，如图 1.19 所示。

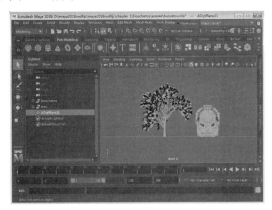

图 1.18　【前视图】最大化显示

图 1.19　工具箱中的视图控制按钮

2）个性化视图布局调节

在实际操作中，完全依靠上面几种视图切换方法，不一定能满足用户的需求，也可以使用以下方法来设置具有个性化的视图布局。具体操作方法如下。

步骤 01：在视图面板菜单中选择【面板】→【布局】命令，弹出二级子菜单，如图 1.20 所示。

步骤 02：将光标移到二级子菜单中需要切换的视图命令上，松开鼠标即可。在这里，将光标移到【三个窗格顶部拆分】命令上松开鼠标，即可得到如图 1.21 所示的视图布局。

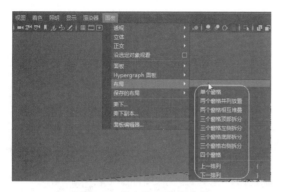

图 1.20　弹出的二级子菜单

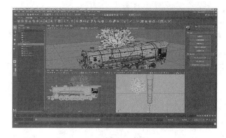

图 1.21　三个窗格顶部拆分视图布局

3）当前视图切换

步骤 01：将光标移到视图编辑区中，按住空格键不放，弹出热盒控制器，如图 1.22 所示。

步骤 02：按住空格键不放的同时，将光标移到 Maya 快捷菜单按钮上，并按住鼠标左键，弹出视图的四元菜单如图 1.23 所示。

图 1.22　弹出热盒控制器

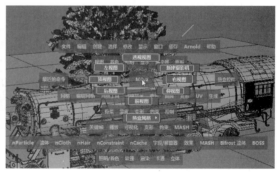

图 1.23　视图的四元菜单

步骤 03：在按住空格键和鼠标左键不放的同时，将光标移到需要切换的视图按钮上，松开鼠标即可切换到该视图。

步骤 04：除了上面几种方法，还有一种更简单的方法，即通过单击【视图导航器】图标，快速切换视图。

4）窗口与编辑器切换

在实际项目制作中，不仅需要在空间视图之间进行切换，还经常需要切换到一些非空间视图，进行一些特殊要求的制作，以提高工作效率。例如，在进行材质编辑时，需要切换到【材质编辑器】视图；在进行角色 UV 编辑时，需要切换到【UV 编辑器】视图。非空间视图切换的具体操作如下。

步骤 01：选择视图菜单中的【面板组】→【面板】命令，弹出二级子菜单，如图 1.24 所示。

步骤 02：将光标移到需要切换的非空间视图上，松开鼠标左键即可切换到该视图状态。

例如，将光标移到【UV 编辑器】命令上，然后松开鼠标左键，即可切换到 UV 编辑器视图，如图 1.25 所示。

图 1.24　弹出的二级子菜单

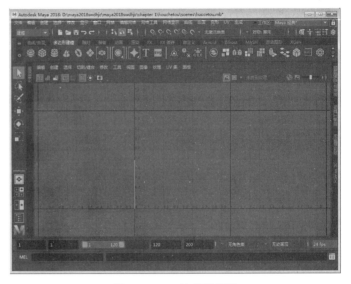

图 1.25　UV 编辑器视图

2. 视图设置

Maya 2019 主要使用透视投影和正交投影两种投影方式来观察场景，因此，视图的设置也有透视图设置和正交视图设置两种方式。

透视图与正交视图显示场景的原理有所不同。透视图与景深有关，它是通过摄影机的原理来显示场景的，并由摄影机的位置、方向和属性决定。正交视图是使用投影原理来显示场景的。

下面主要介绍视图的一些相关操作，为后面章节的学习打基础。

1）切换到透视图

步骤 01：打开 "huocetou.mb" 场景文件，如图 1.26 所示。

步骤 02：选择透视图面板菜单中的【面板组】→【透视图】命令，弹出二级子菜单，如图 1.27 所示。

步骤 03：将光标移到【Persp1】（透视图 1）命令上松开鼠标左键，即可将视图切换到 Persp1 视图，如图 1.28 所示。

2）透视图的创建

步骤 01：在视图菜单中选择【面板组】→【透视图】→【新建】命令，即可创建一个新的透视图。

步骤 02：根据需要调整视图显示角度，最终显示角度如图 1.29 所示。

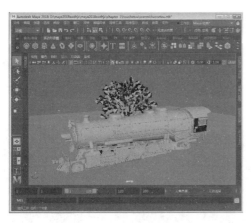

图 1.26　打开的场景文件

图 1.27　弹出的二级子菜单

图 1.28　Persp1 视图

图 1.29　新创建并调节好显示角度的视图

3）正交视图的设置

正交视图是通过投射原理来显示的，它没有景深的变化，是通过模拟摄影机分别从【顶视图】、【前视图】和【侧视图】来观察三维空间的。正交视图的设置主要包括切换到正交视图和新建正交视图。其具体操作如下（接着上面步骤往下操作）。

步骤 01：切换到正交视图。在视图菜单中选择【面板组】→【正交】命令，弹出二级子菜单，如图 1.30 所示。

步骤 02：将光标移到需要切换的正交视图命令上，松开鼠标左键即可。例如，将光标移到【侧视图】命令上，松开鼠标即可切换到【侧视图】视图，效果如图 1.31 所示。

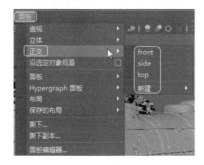

图 1.30　弹出的二级子菜单

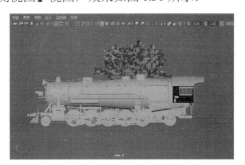

图 1.31　切换到【侧视图】效果

步骤 03：创建新的正交视图。在视图菜单中选择【面板组】→【正交】→【新建】命令，弹出三级子菜单，如图 1.32 所示。

步骤 04：将光标移到三级子菜单中，在需要作为新的正交视图的命令上单击鼠标左键，即可创建一个新的正交视图。例如，将光标移到【顶视图】命令上，单击鼠标左键即可创建一个新的正交视图，如图 1.33 所示。

图 1.32　弹出的三级子菜单

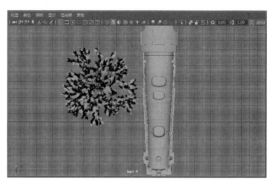

图 1.33　新创建的正交视图

3. 视图的相关操作

视图的操作是顺利进行项目开发的基础条件。视图的操作主要包括旋转视图、移动视图、缩放视图和视图最大化显示。

步骤 01："打开"huocetou.mb"文件。

步骤 02：旋转视图。将光标移到视图编辑区，按住"Alt"键的同时，按住鼠标左键不放，上下或左右移动光标，即可对视图进行旋转操作。

提示：只能旋转透视图，而不能旋转正交视图。

步骤 03：移动视图。按住"Alt"键的同时，按住鼠标中键不放，移动光标，即可对视图进行移动操作。

步骤 04：缩放视图。按住"Alt"键的同时，按住鼠标右键不放，上下或左右移动光标，即可对视图进行缩放操作。

步骤 05：推拉框选区域。按住"Ctrl+Alt"键的同时，按住鼠标右键不放，使用光标从左向右移动，框选的区域将被拉近（或放大）至视图大小；使用鼠标从右向左移动框选的区域将被推远缩小。

步骤 06：恢复到前一视图。如果对前面操作的视图不满意，需要恢复操作前的视图，按键盘上的"]"键或选择视图菜单中的【视图】→【前一视图】命令即可。

步骤 07：转到后一视图。按键盘上的"["键或选择视图菜单中的【视图】→【后一视图】命令即可。

提示：在 Maya 2019 中，【前一视图】（Previous View）和【后一视图】（Next View）命令与【窗口】菜单下的【撤销】和【恢复】命令有本质的区别。前面两个命令对视图操作起作用，后面两个命令对 Maya 2019 中的命令或工具起作用。

步骤 08：最大化显示视图。在 Maya 2019 中，最大化显示视图有如下 3 种方式。

（1）对选择的对象最大化显示。

（2）对当前视图中的所有对象最大化显示。

（3）对所有视图进行最大化显示。

步骤 09：最大化显示所选择的对象。在当前视图中，选择需要最大化显示的对象，按"F"键即可。

步骤 10：若要最大化显示当前视图中的所有对象，直接按"A"键即可。

步骤 11：若要最大化显示所有视图中的对象，按"Shift+A"组合键即可，如图 1.34 所示。

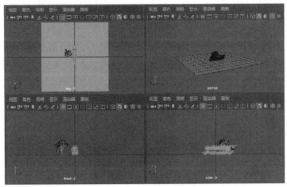

图 1.34　所有视图最大化显示的效果

视频播放：关于具体介绍，请观看本书光盘上的配套视频"任务四：视图控制.wmv"。

任务五：视图显示的相关设置

Maya 2019 的显示控制功能非常强大，可以帮助读者观看模型的每一个细节，有利于对模型进行整体调节。制作大型项目时，在硬件资源有限的情况下，若想提高运行速度来提高工作效率，则可以通过优化场景的显示达到目的。

在 Maya 2019 中，经常使用的视图显示模式的调整包括常用显示快捷键、如何提高显示速度、项目显示过滤，以及显示渲染范围标记、栅格和环境等。

1. 显示模式

在使用 Maya 2019 时，要想提高计算机运行速度、提高工作效率和减少 Maya 2019 对资源的大量消耗，必须根据操作的实际情况及计算机的配置情况，自行调节视图中对象的显示模式。

对象显示模式控制命令位于视图菜单中的【着色】菜单中，如图 1.35 所示。具体操作步骤如下。

步骤 01：选择视图菜单中的【着色】命令，弹出下拉菜单。

步骤 02：将光标移到显示控制命令上单击即可。

步骤 03：使用不同对象显示控制命令之后的效果，如图 1.36 所示。

图 1.35　【着色】菜单

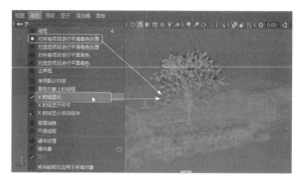

图 1.36　为光滑和 X 射线着色的混合模式

2. 显示加速

显示加速是 Maya 2019 为用户提供的一种加速设置选项。对于初学者，应该了解这些选项的作用和使用方法，以便顺利操作。显示加速控制命令位于视图菜单中的【着色】菜单和公共菜单中的【显示】菜单下。

【着色】菜单下的视图显示控制命令如下。

1）【背面消隐】命令

【背面消隐】命令的主要作用是将对象后面的部分以透视的方式显示，而前面部分正常显示。在复杂场景中可以加速对象的显示速度，其使用方法很简单，在视图菜单中选择【着色】→【背面消隐】命令即可。

2）【平滑线框】命令

【平滑线框】命令的作用是在操作对象视图时（如移动、旋转和推拉），视图中的对象将以平滑线框方式显示，从而加快显示速度。

3）公共菜单下的视图显示控制命令的具体使用方法

步骤 01：打开"huocetou.mb"文件。

步骤 02：在公共菜单中选择【显示】→【对象显示】命令，弹出二级子菜单，如图 1.37 所示。

步骤 03：在二级子菜单中选择显示控制命令。在这里，选择【模板】命令，此时，被选中的对象以模板的方式显示，如图 1.38 所示。

图 1.37　弹出的二级子菜单

图 1.38　以模板方式显示的对象

步骤 04：取消【模板】显示方式。在公共菜单中选择【窗口】→【大纲视图】命令，打开【大纲视图】窗口，在该窗口中选择以【模板】显示的对象，如图 1.39 所示。

步骤 05：在公共菜单中选择【显示】→【对象显示】→【非模板】命令，即可取消【模板】显示方式，如图 1.40 所示。

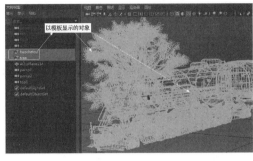
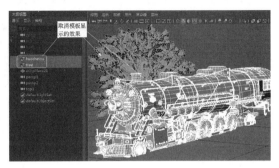

图 1.39　选择以模板显示的对象　　　　图 1.40　取消模板显示的效果

4）【边界框】命令

【边界框】命令的主要作用是将视图中选择的模型以边界框方式显示。该命令使用方法与【模板】命令的使用方法相同。

5）【几何体】命令

【几何体】命令的主要作用是将视图中隐藏的几何体显示出来。该命令的具体使用方法如下。

步骤 01：在【大纲视图】对话框中单选隐藏的几何体。

步骤 02：在公共菜单中选择【显示】→【对象显示】→【几何体】命令即可。

6）【快速交互】命令

【快速交互】命令的主要作用是在进行交互操作时，简化复杂模型的显示方式，暂时取消对纹理贴图的显示，从而加快显示速度。

3. 光照

在 Maya 2019 中，光照主要用来控制对象在视图中的照明方式和测试灯光照明的效果。光照命令放在视图菜单中的【照明】菜单下。

（1）【使用默认灯光】。默认情况下，启动 Maya 2019 后，该选项处于已选择状态，视图中所有对象采用系统默认灯光，当用户添加灯光之后，系统自带灯光功能自动关闭。

（2）【使用所有灯光架】。选择该命令时，视图中的对象使用用户创建的所有灯光进行照明，场景的照明效果接近渲染效果。使用该命令时，在视图中无法显示灯光的衰减和投影效果，但可以显示出排除照明效果。

（3）【使用选定灯光】。选择该命令时，视图和渲染窗口中使用选定的灯光来照亮对象。

（4）【使用平面照明】。选择该命令时，场景中的对象只是被照亮，没有产生阴影，也没有明暗过渡和照明衰减效果。

（5）【不使用灯光】。选择该命令时，场景中的对象一片漆黑，什么也看不到。

（6）【双面照明】。选择该命令时，视图中对象双面被灯光照亮，即对象的内外表面都被照亮。

4．常用显示快捷键

在使用 Maya 时，熟练掌握常用快捷键是提高工作效率的最佳途径，特别是在工作量比较大的情况下，效果尤为突出。常用显示快捷键的具体使用方法如下。

步骤 01：打开"girl.mb"场景文件，选择场景中的对象。

步骤 02：在对象被选中的情况下，按键盘上的"1"键，对象以低质量模式显示，如图 1.41 所示。

步骤 03：按键盘上的"2"键，对象以中质量模式显示，如图 1.42 所示。

步骤 04：按键盘上的"3"键，对象以高质量模式显示，如图 1.43 所示。

图 1.41　对象以低质量模式显示　　图 1.42　对象以中质量模式显示　　图 1.43　对象以高质量模式显示

步骤 05：按键盘上的"4"键，对象以线框模式显示，如图 1.44 所示。

步骤 06：按键盘上的"5"键，对象以实体模式显示，如图 1.45 所示。

步骤 07：按键盘上的"6"键，对象以纹理模式显示，如图 1.46 所示。

图 1.44　对象以线框模式显示　　图 1.45　对象以实体模式显示　　图 1.46　对象以纹理模式显示

步骤 08：按键盘上的"7"键，启用灯光模式，如图 1.47 所示。

提示：如果场景中没有创建灯光，按键盘上的"7"键，那么被选择对象以黑色剪影模式显示，如图 1.48 所示。

图 1.47　启用灯光模式

图 1.48　被选择对象以黑色剪影模式显示

5. 项目显示过滤

在 Maya 2019 中，项目显示过滤的主要作用是显示或隐藏场景中的对象或组件，以排除场景中过多的对象干扰用户操作。项目显示过滤命令位于 Maya 2019 公共菜单的【显示】或【隐藏】子菜单中，它们是两组作用相反的过滤命令组。

【显示】命令组和【隐藏】命令组，如图 1.49 所示。

步骤 01：打开"xmxsgl.mb"场景。在场景中选择需要隐藏的对象，如图 1.50 所示。

步骤 02：在菜单栏中选择【显示】→【隐藏】→【隐藏选择】命令，即可把被选择的对象隐藏，如图 1.51 所示。

图 1.49　【显示】和【隐藏】命令组

图 1.50　在场景中选择需要隐藏的对象

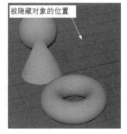

图 1.51　被选择对象的隐藏效果

视频播放：关于具体介绍，请观看本书光盘上的配套视频"任务五：视图显示的相关设置.wmv"。

任务六：显示渲染范围标记

在 Maya 2019 中，渲染范围标记包括【胶片门】、【分辨率门】、【区域图】、【安全动作】和【安全标题】5 个显示命令。

1.【胶片门】

该命令的作用是标识出摄影机视图中的区域，该区域是真实摄影机记录胶片上的区域，它的尺寸与摄影机光圈的尺寸相吻合。当摄影机光圈的比率与渲染分辨率相同时，【胶片门】标识出来的区域就是视图中将要实际渲染出来的区域。

【胶片门】命令的具体使用方法如下。

步骤 01： 打开"girl.mb"场景文件。

步骤 02： 在视图菜单中选择【视图】→【摄影机设置】→【胶片门】命令，效果如图 1.52 所示。

2.【分辨率门】

该命令的作用是标识出摄影机视图将要渲染的区域，渲染分辨率的数值显示在视图指示器上面。

【分辨率门】命令的具体使用方法如下。

步骤 01： 打开"girl.mb"场景文件。

步骤 02： 在视图菜单中选择【显示】→【摄影机设置】→【分辨率门】命令，效果如图 1.53 所示。

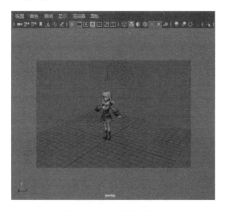

图 1.52　胶片门效果

图 1.53　分辨率门效果

3.【区域图】

该命令的作用是标识出标准单元格的动画场景和渲染的分辨率。该命令的使用方法是在视图菜单中选择【视图】→【摄影机设置】→【区域图】命令，效果如图 1.54 所示。

4.【安全动作】

该命令的作用是标识出能在电视上安全显示的区域，该标识区域大约占渲染区域的90%。该命令的使用方法是在视图菜单中选择【显示】→【摄影机设置】→【安全动作】命令，效果如图 1.55 所示。

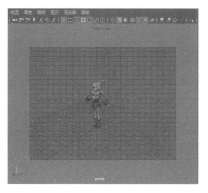

图 1.54　区域图效果

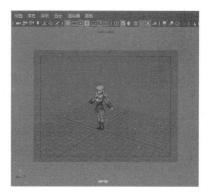

图 1.55　安全动作效果

5.【安全标题】

该命令的作用是标识出能在电视上安全显示播放的文本区域，而该标识的区域大约占渲染区域的 80%。该命令的使用方法是在视图菜单中选择【视图】→【摄影机设置】→【安全标题】，效果如图 1.56 所示。

视频播放：关于具体介绍，请观看本书光盘上的配套视频"任务六：显示渲染范围标记.wmv"。

任务七：栅格和环境的设置

1.【栅格】的作用

在 Maya 2019 中，【栅格】其实是一个用来表现三维空间的二维平面，如图 1.57 所示。

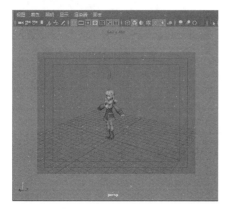

图 1.56　安全标题效果

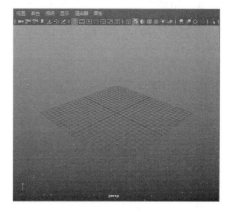

图 1.57　栅格

【栅格】主要作用如下。

（1）帮助用户观察和操作场景。

（2）帮助用户精确定位模型的位置。

（3）捕捉对象元素，如灯光和摄影机的位置等。

2.【栅格】的相关操作

步骤 01：打开或显示所有视图栅格。选择【显示】→【栅格】命令。
步骤 02：打开或显示当前视图栅格。在当前视图菜单中选择【显示】→【栅格】命令。
步骤 03：修改栅格属性。选择【显示】→【栅格】→■图标，打开【栅格选项】面板，如图 1.58 所示。
步骤 04：用户可以根据实际需要，在该面板中对栅格线的大小、颜色和显示方式等进行设置。设置完毕，单击【应用并关闭】或【应用】按钮。

3.【环境】的相关操作

步骤 01：在视图菜单中选择【视图】→【摄影机属性编辑器】命令，打开【摄影机属性编辑器】对话框。该对话框中有一个【环境】选项，该选项下有【背景颜色】和【图像平面】两个选项，如图 1.59 所示。

图 1.58 【栅格选项】面板

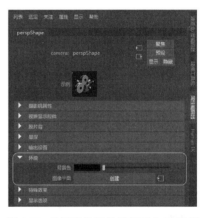

图 1.59 【摄影机属性编辑器】对话框

步骤 02：用户可以根据实际情况设置背景颜色，也可以创建一个图像平面与摄影机连接。
步骤 03：单击【创建】按钮，自动改变摄影机属性编辑器的聚焦。
视频播放：关于具体介绍，请观看本书光盘上的配套视频"任务七：栅格和环境的设置.wmv"。

七、拓展训练

读者可根据本章内容或配套视频，启动 Maya 2019，创建一个简单的场景，把该案例中的所有操作步骤练习一遍。

案例 3　Maya 2019 的界面布局

一、案例内容简介

本案例主要介绍 Maya 2019 的界面布局和功能区。

二、案例效果欣赏

本案例无效果图。

三、案例制作（步骤）流程

任务一：Maya 2019的界面布局　➡　任务二：Maya 2019的功能区

四、制作目的

通过该案例的学习，使读者熟悉 Maya 2019 的界面布局情况、功能区的作用和基本操作。

五、制作过程中需要解决的问题

（1）改变界面视口的显示。
（2）功能区的切换。
（3）【工具架】的作用和使用方法。
（4）自定义【工具架】的方法。
（5）快捷布局按钮的使用。
（6）工具盒和通道盒的作用以及使用方法。

六、详细操作步骤

通过案例 2 的学习，读者对 Maya 2019 的操作界面已经有了一个大致了解，消除了对 Maya 2019 界面的生疏、茫然和恐惧感。通过本案例的学习，读者会发现 Maya 2019 的按钮和菜单的布局其实很有条理，符合人的思维和人机工程学。

在本案例中，主要介绍 Maya 2019 的界面布局和各种功能区的使用方法。

任务一：Maya 2019 的界面布局

首次启动 Maya 2019 时，默认的界面视口为蓝黑色的渐变效果，对初学者来说可能有点不适应，不过 Maya 开发者也考虑到了这一点，为用户提供了一个人性化的设计，用户可以根据自己的使用习惯来改变界面的显示方式。具体设置方法如下。

1. 使用快捷键改变界面视口的显示效果

步骤 01：启动 Maya 2019。默认的界面视口显示效果为蓝黑色的渐变效果，如图 1.60 所示。

步骤 02：按"Alt+B"组合键，界面视口显示效果变为黑色，如图 1.61 所示。

图 1.60　蓝黑色的渐变效果

图 1.61　黑色效果

步骤 03：再按"Alt+B"组合键，界面视口显示效果变为暗灰色，如图 1.62 所示。

步骤 04：继续按"Alt+B"组合键，界面视口显示效果变为浅灰色，如图 1.63 所示。如果继续按"Alt+B"组合键，界面视口显示效果就变为蓝黑色的渐变效果。

图 1.62　暗灰色效果

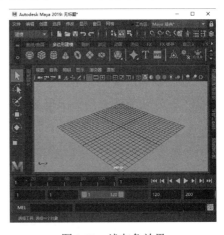

图 1.63　浅灰色效果

2. 通过对话框改变界面视口的显示效果

使用快捷键，只能在系统已经设置好的几种界面视口显示效果之间切换，如果读者对这几种效果都不满意，可以通过设置对话框信息来设计适合自己的界面视口显示效果。具体操作方法如下。

步骤 01：在菜单栏中选择【窗口】→【设置/参数】→【颜色设置】命令，打开【颜

色】对话框，如图 1.64 所示。

步骤 02：根据读者自身的习惯，设置【背景】、【渐变顶端】和【渐变底端】颜色，具体颜色设置和背景效果如图 1.65 所示。

图 1.64　【颜色】对话框

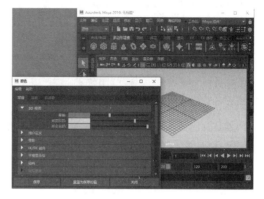

图 1.65　具体颜色设置和背景效果

步骤 03：单击【保存】按钮，即可完成背景颜色的设置。

步骤 04：如果需要恢复 Maya 2019 背景的默认设置，选择【颜色】窗口菜单中的【编辑】→【恢复默认设置】命令即可。

视频播放：关于具体介绍，请观看本书光盘上的配套视频"任务一：Maya 2019 的界面布局.wmv"。

任务二：Maya 2019 的功能区

在 Maya 2019 中，功能区的内容主要包括标题栏、菜单栏、状态栏、工具架、工具盒、快捷布局按钮、通道盒、视图工作区等。Maya 2019 的界面如图 1.66 所示。

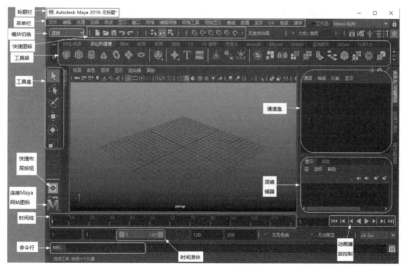

图 1.66　Maya 2019 的界面

1. 菜单栏

在 Maya 2019 中，菜单栏由公共菜单和模块菜单两部分组成。其中，公共菜单不随模块的切换而改变，模块菜单随模块的切换而改变。

在 Maya 2019 中，功能模块包括【建模】模块、【绑定】模块、【动画】模块、【FX】模块、【渲染】模块和【自定义】模块。各模块之间切换的操作方法主要有两种。

1）使用快捷键进行模块的切换

步骤 01：按"F2"键，切换到【建模】模块。

步骤 02：按"F3"键，切换到【绑定】模块。

步骤 03：按"F4"键，切换到【动画】模块。

步骤 04：按"F5"键，切换到【FX】模块。

步骤 05：按"F6"键，切换到【渲染】模块。

2）通过状态栏按钮来切换模块

步骤 01：单击状态栏中的 ▼ 按钮，弹出下拉菜单，如图 1.67 所示。

步骤 02：选择需要切换的模块命令，即可切换到该模块，各模块菜单如图 1.68 所示。

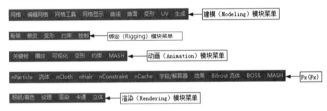

图 1.67　弹出的下拉菜单　　　　　　　　图 1.68　各模块菜单

3）公共菜单

Maya 2019 公共菜单包括【文件】、【编辑】、【创建】、【选择】、【修改】、【显示】、【窗口】、【缓存】、【阿诺德（Arnold）】和【帮助】10 个菜单。

4）将子菜单转换为浮动面板显示

为了提高用户的工作效率，Maya 2019 允许用户将子菜单转换为浮动面板显示，方便用户操作，具体操作方法如下。

在这里，以【创建】子菜单为例进行讲解，其他子菜单的转换方法与此相同。

步骤 01：选择菜单栏中的【创建】，弹出下拉菜单，【创建】子菜单如图 1.69 所示。

步骤 02：将光标移到下拉菜单的双虚线（▓▓▓▓▓▓▓▓）上单击，即可将【创建】子菜单转换为浮动面板显示，如图 1.70 所示。

步骤 03：将二级子菜单转换为浮动面板显示。例如，单击【多边形基本体】命令后面的 ▶ 按钮，弹出二级子菜单，单击双虚线（▓▓▓▓▓▓▓），即可将【多边形基本体】子菜单组转换为浮动面板显示，如图 1.71 所示。

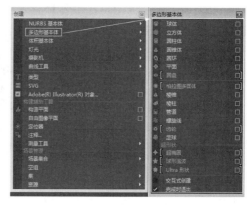

图 1.69 【创建】子菜单　　图 1.70　将【创建】子菜单　　图 1.71　将【多边形基本体】二级子菜单
　　　　　　　　　　　　　　　转换为浮动面板显示　　　　　　转换为浮动面板显示

2. 状态栏

熟悉状态栏的相关元素，对提高用户的工作效率有很大的帮助，因为状态栏中主要存放一些使用频率很高的元素。Maya 状态栏如图 1.72 所示。

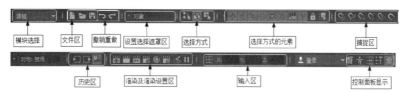

图 1.72　Maya 状态栏

在状态栏中可以通过 和 图标来控制各个输入区的显示和隐藏状态。当图标为 形态时，表示该区的元素被隐藏；当为 形态时，表示该区域的元素被显示。单击 图标，该区域的元素被显示，同时 图标变成 形态；否则，相反。下面简单介绍各个输入区元素的作用。

（1）模块选择区：为用户提供模块之间的转换功能。

（2）文件区：为用户提供新建、打开和保存场景的按钮。

（3）撤销和重做：为用户提供撤销不要的操作和恢复撤销的步骤。

（4）设置选择遮罩区、选择方式和选择方式的元素：为用户提供 【按层级选择并连接】、 【按对象类型选择】和 【按组件类型选择】3 种选择方式。这 3 种选择方式是按照从大到小的级别来划分的，各种选择方式下的元素有所不同。具体介绍如下。

步骤 01：单击 【按层级选择并连接】按钮，选择方式的元素变为 。此时，用户可以选择对象上一级的组件和对象。

步骤 02：单击 【按对象类型选择】按钮，选择方式的元素变为 。此时，用户可以选择不同类型的对象。

步骤 03：单击 【按组件类型选择】按钮，选择方式的元素变为 。此时，用户可以选择对象下一级的组件元素。

（5）捕捉区：为用户提供各种对象和组件的捕捉功能按钮，包括█【捕捉到栅格】、█【捕捉到曲线】、█【捕捉到点】、█【激活对象中心】、█【捕捉到视图平面】、█【激活选择对象】6 个命令按钮。

（6）历史区：为用户提供各种控制构造历史的操作按钮。

（7）渲染及渲染设置区：为用户提供各种渲染和渲染设置命令的按钮，主要包括█【开启渲染窗口】、█【渲染当前帧】、█【渲染当前帧】、█【显示渲染设置】、█【显示超图窗口】、█【启动渲染设置窗口】和█【打开灯光编辑器】7 个渲染按钮。

（8）输入区：该区域为用户提供了 4 种不同的输入数据的形式，具体使用方法如下。

步骤 01：单击输入区中的█【输入行菜单的操作】按钮，弹出下拉菜单，如图 1.73 所示。

步骤 02：将光标移到需要输入数据的类型的命令上，单机即可选择该类型。

步骤 03：在输入区域中输入数值。

（9）控制面板显示区：为用户提供各种控制面板的显示或隐藏的命令按钮。包括█【显示/隐藏建模工具包】、█【切换角色控制】、█【显示/隐藏属性编辑器】、█【显示/隐藏工具设置】和█【显示/隐藏通道盒】5 个命令按钮。

3. 工具架

在 Maya 2019 中，为了提高用户的工作效率，有关命令按功能分为 14 类，以图标的形式放置在操作界面的顶部，形成工具架，如图 1.74 所示。用户只需要选择相应的选项卡，即可显示该类型的相关操作命令图标。单击需要使用的命令图标，该命令就被启用。

图 1.73　弹出的下拉
　　　　菜单

图 1.74　工具架

在这里，以创建一个球体为例来讲解【工具架】的使用。

步骤 01：选择【多边形建模】选项卡，显示与几何体有关的命令，如图 1.75 所示。

步骤 02：单击█图标，光标指针变成█形态，将光标移到视图中，按住鼠标左键进行拖动，即可绘制出一个球体，如图 1.76 所示。

图 1.75　显示与几何体有关的命令

图 1.76　绘制的球体

在默认情况下，Maya 2019 将命令按功能分为 14 个选项卡，分别是【曲线、曲面】、【多边形建模】、【雕刻】、【装备】、【动画】、【渲染】、【FX】、【FX 缓存】、【自定义】、【Arnold】、【Bifrost】、【栅格】、【动态图像】和【Xgen】。

工具架的基本操作如下。

步骤 01：隐藏工具架选项卡，单击工具架左侧的 ⚙ 【用于修改工具架的项目菜单】图标，弹出下拉菜单。选择下拉菜单中的【工具架选项卡】命令，该选项卡前面的 ✓ 图标的勾选符号消失，表明工具架选项卡被隐藏。

步骤 02：显示工具架选项卡。单击工具架左侧的 ⚙ 【用于修改工具架的项目菜单】图标，弹出下拉菜单。选择下拉菜单中的【工具架选项卡】命令，该命令选项前面的 ■ 图标变成 ✓ 图标，表明工具架选项卡被显示。

步骤 03：选择工具架选项卡。直接选择相应的工具架选项卡即可。

步骤 04：新建工具架选项卡。单击工具架选项卡左侧的 ⚙ 【用于修改工具架的项目菜单】图标，弹出下拉菜单。在弹出的下拉菜单中选择【新建工具架】（New Shelf）命令，弹出【创建新工具架】对话框，具体设置如图 1.77 所示。此时，单击"确定"（OK）按钮即可，新创建的工具架如图 1.78 所示。

图 1.77　【创建新工具架】对话框

图 1.78　新创建的工具架

步骤 05：删除工具架选项卡。选择需要删除的工具架选项卡，单击工具架左侧的 ⚙ 【用于修改工具架的项目菜单】图标，弹出下拉菜单。在弹出的下拉菜单中选择【删除工具架】命令，弹出提示对话框，提示是否需要删除。此时，单击"确定"按钮即可。

步骤 06：在创建的工具架中添加命令图标。在此以添加【结合】命令为例，按住"Shift+Ctrl"组合键，在菜单栏中选择【栅格】→【结合】命令，即可添加一个【结合】命令图标到新创建的工具架中，如图 1.79 所示。

图 1.79　新添加的【结合】命令图标到新创建的工具架中

步骤 07：删除工具架中不需要的命令图标。将光标移到需要被删除的图标命令上，单击鼠标右键，弹出快捷菜单。在弹出的快捷菜单中，单击"删除"按钮即可。

4. 工具盒

在 Maya 2019 界面左侧放置了使用频率最高的几个工具盒，以便用户快速操作。工具盒主要有【选择工具】▸、【套索选择工具】▸、【笔刷选择工具】▸、【移动工具】▪、【旋转工具】◆、【缩放工具】▪ 和最后一次使用的工具。

5. 快捷布局按钮

Maya 2019 为用户提供了 4 种常用的快捷布局按钮，只要单击相应的按钮即可切换到

该视图布局。

6. 视图面板

在默认情况下，Maya 2019 启动界面以单视图方式显示。视图面板主要由视图菜单、视图快捷按钮和工作区 3 部分组成。

视图菜单由【视图】、【着色】、【照明】、【显示】、【渲染器】和【面板】6 个菜单项组成。它们的具体作用如下。

（1）【视图】：主要包括用于视图控制和摄影机设置的相关命令。

（2）【着色】：主要包括用于控制对象在视图中的显示方式的相关命令。

（3）【照明】：主要包括用于控制视图光照方式的相关命令。

（4）【显示】：主要包括用于控制视图中对象显示的相关命令。

（5）【渲染器】：主要包括控制视图中硬件渲染质量的相关命令。

（6）【面板】：主要包括对视图操作的相关命令。

在视图快捷菜单中，包括 31 个常用的快捷按钮，如图 1.80 所示。

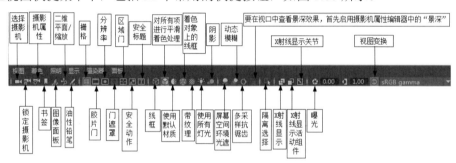

图 1.80　视图快捷按钮

7. 通道盒

在 Maya 2019 中，通道盒是使用频率比较高的一个面板，它位于界面的右侧，如图 1.81 所示。在通道盒中，用户可以为对象重命名（不支持中文）和对象属性设置，也可以通过单击 ▩【显示或隐藏通道盒/层编辑器】按钮，显示或隐藏通道盒。

通道盒的具体使用方法如下。

步骤 01：在工具架中单击【多边形建模】→▩图标，在视图中创建一个立方体，如图 1.82 所示。

步骤 02：在视图快捷菜单中单击【对所有项进行平滑着色处理】图标▩，立方体的平滑着色显示效果如图 1.83 所示。

步骤 03：在通道盒中双击▩图标，将对象名称修改为"box"，如图 1.84 所示。

步骤 04：在通道盒中修改参数，须修改的参数值如图 1.85 所示，修改参数之后的效果如图 1.86 所示。

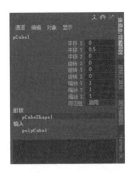

图 1.81　通道盒显示位置

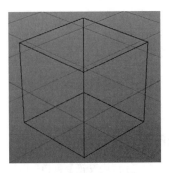

图 1.82　创建的立方体

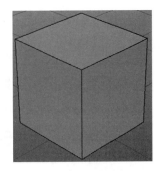

图 1.83　立方体的平滑着色显示效果

图 1.84　修改对象的名称

图 1.85　须修改的参数值

图 1.86　修改参数之后的效果

步骤 05：在【可见性】右边的文本框中输入数值"0"或输入文本"off"，按"Enter"键，立方体在视图中消失。

步骤 06：在【可见性】右边的文本框中输入数值"1"或输入文本"on"。按"Enter"键，立方体又在视图中显示出来。

8. 层编辑器

在 Maya 2019 中，【层编辑器】的使用频率相当高，它贯穿整个项目的建模、材质贴图、动画和渲染各个阶段。灵活运用【层编辑器】有利于提高工作效率，在【层编辑器】中，包括【显示】和【动画】2 种类型的层。在以前的版本中还包括【渲染层】，在 Maya 2019 中【渲染层】已经集成到【渲染设置】窗口中，这些层具有不同的作用。

（1）【显示】：主要用来管理场景中的对象分层选择和显示。

（2）【动画】：主要用来对动画进行分层控制和混合。

（3）【渲染设置】：主要用来对对象进行分层控制渲染。

用户可以通过单击工具栏中的启动"渲染设置"窗口按钮，打开【渲染设置】窗口，如图 1.87 所示。

图 1.87 【渲染设置】窗口

9. 时间滑块区

在默认情况下，时间滑块区处于界面的下方，它的主要作用是控制动画播放和相关参数设置。时间滑块区如图 1.88 所示。

图 1.88 时间滑块区

10. 命令行和帮助行

命令行和帮助行处于 Maya 2019 界面的下方。命令行主要用于用户输入"MEL"命令。帮助行主要显示当前命令的使用提示信息。命令行和帮助行如图 1.89 所示。

图 1.89 命令行和帮助行

11. 快捷菜单

与其他三维软件相比，Maya 的快捷菜单使用是它的一大优势。用户可以将所有菜单、工具和面板隐藏，一切工作通过快捷菜单来实现。如果用户熟练掌握了快捷菜单的使用，工作效率将会大幅度提高。快捷菜单的调用主要通过【热盒】配合鼠标中键来实现。快捷菜单的具体操作方法如下。

步骤 01：将光标移到视图中，按住空格键不放。【热盒】出现在以光标为中心的位置，显示 Maya 中的所有菜单，如图 1.90 所示。

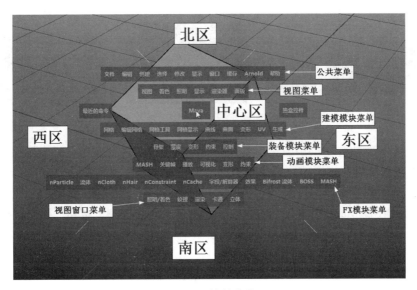

图 1.90　快捷菜单

步骤 02：在图 1.90 中，用户可以将快捷菜单人为地分为东区、南区、西区、北区和中心区。在按住空格键不放的情况下，将光标移到不同的区域单击，会出现不同的快捷键。

步骤 03：在按住空格键不放的情况下，将光标移到东区单击，弹出如图 1.91 所示的东区快捷菜单。

步骤 04：在按住空格键不放的情况下，将光标移到南区单击，弹出如图 1.92 所示的南区快捷菜单。

步骤 05：在按住空格键不放的情况下，将光标移到西区单击，弹出如图 1.93 所示的西区快捷菜单。

图 1.91　东区快捷菜单

图 1.92　南区快捷菜单

图 1.93　西区快捷菜单

步骤 06：在按住空格键不放的情况下，将光标移到北区单击，弹出如图 1.94 所示的北区快捷菜单。

步骤 07：在按住空格键不放的情况下，将光标移到中心的 Maya 标签上单击，弹出如图 1.95 所示的中心区快捷菜单。

步骤 08：在按住空格键不放的情况下，将光标移到【热盒风格】命令上，弹出下一级子菜单。将光标移到下一级子菜单中的【仅显示中心区域】命令上，然后松开鼠标，再次按空格键，其他快捷菜单被隐藏，只弹出热盒和中心区域图标，如图 1.96 所示。

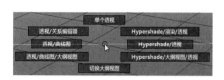

图 1.94 北区快捷菜单

图 1.95 中心区快捷菜单

图 1.96 热盒和中心区域图标

步骤 09：显示热盒中的所有菜单。按住空格键，弹出快捷菜单；将光标移到【热盒风格】菜单上按住鼠标左键不放，弹出下一级快捷菜单。将光标移到【显示所有】命令上，然后松开鼠标左键即可。

步骤 10：设置 Maya 菜单显示的透明度。单击【热盒控制】按钮，弹出快捷菜单；将光标移到【设置透明度】（Set Transparency）命令上单击，弹出子菜单，在子菜单中选择透明度即可。

视频播放：关于具体介绍，请观看本书光盘上的配套视频"任务二：Maya 2019 的功能区.wmv"。

七、拓展训练

读者可根据本章内容或配套视频，启动 Maya 2019，对该案例中的所有操作进行练习，要求熟练掌握。

案例 4　Maya 2019 的个性化设置

一、案例内容简介

本案例主要针对用户个人习惯介绍 Maya 2019 的个性化设置。

二、案例效果欣赏

本案例无效果图。

三、案例制作（步骤）流程

任务一：用户界面的设置　➡　任务二：默认手柄的编辑　➡　任务三：历史记录的修改

任务四：自定义快捷键

四、制作目的

通过本案例的学习，使读者熟悉 Maya 2019 用户界面设置、默认手柄编辑、历史记录的修改和自定义快捷键。

五、制作过程中需要解决的问题

（1）设置用户界面。
（2）对默认手柄的编辑。
（3）历史记录的修改。
（4）根据实际需求自定义快捷键。

六、详细操作步骤

Maya 2019 允许用户根据自己的使用情况，进行个性化设置，这是它的一大亮点，也是它更具有个性化的体现。

在实际使用过程中，用户可以自定义 Maya 2019 的各种状态。例如，改变 Maya 2019 的总体颜色、工具架、菜单栏、控制面板的外观、手柄、快捷菜单和历史记录的次数等。在本案例中，主要介绍用户界面的设置、默认手柄的编辑、历史记录的修改和自定义快捷键。

任务一：用户界面的设置

1. 编辑工具架

在本章案例 3 中已经介绍了工具的创建、删除、命令图标的添加和删除。在此，介绍工具架的编辑，具体操作方法如下。

步骤 01：单击工具架左侧的█图标，弹出快捷菜单。将光标移到【工具架编辑】命令上，然后松开鼠标，打开【工具架编辑】窗口，如图 1.97 所示。

步骤 02：用户通过移动█（滑块），改变背景颜色。

步骤 03：保存工具架。编辑完工具架之后，单击【保存所有工具架】按钮，就可将工具架保存到 Maya 2019 默认的安装路径下，文件名称自动命名为 shelf_myshelf.mel。

步骤 04：选择需要删除的工具架。单击工具架左侧的█图标，弹出快捷菜单。将光标移到【删除工具架】命令上，然后松开鼠标即可删除选择的工具架。

步骤 05：导入【工具架（Shelf）】。如果更换了计算机，需要使用以前计算机中设置的工具。只要把原计算机中的工具架复制到新计算机中即可。单击工具架左侧的█图标，弹出快捷菜单。将光标移到【导入工具架】命令上，然后松开鼠标，弹出【打开】对话框。在该对话框中选择需要导入的工具架，单击【打开】按钮即可。

2. 软件参数设置

在初次启动 Maya 2019 之后，最好要根据实际项目需要，设置 Maya 2019 的有关参数，使 Maya 2019 更好地为用户工作。

打开 Maya 2019 参数设置对话框有两种方法，具体操作如下。

步骤 01：在菜单栏中选择【窗口】→【设置/参数】→【参数】命令，打开【参数】窗口。

步骤 02：直接单击视图左下角的动画参数按钮█，弹出【参数】窗口。

Maya 2019 的参数设置窗口，包括【界面】、【显示】、【设置】、【模块】和【应用】5大类型。每一类型下包括若干项命令，选择【列表】下各项命令，在对话框右边显示相应的参数设置，用户根据实际项目需要进行设置。设置完毕，单击【保存】按钮。下面对这5大类型进行简单介绍。

1）【界面】

该选项主要为用户提供 Maya 2019 工作环境的各类参数设置，如工作界面、各类对象的显示、建模、渲染、动画等模块的参数设置，如图 1.98 所示。

图 1.97 【工具架编辑】

图 1.98 【界面】选项参数

【界面】选项下包含【用户界面元素】和【帮助】2 个子选项。

2）【显示】

该选项主要为用户提供 Maya 2019 工作【性能】和【查看】等参数设置，如图 1.99 所示。

在【显示】选项下包含【动力学】、【动画】、【操纵器】、【多边形】、【细分曲面】和【字体】6 个子选项。

3）【设置】

该选项主要为用户提供【世界坐标系统】、【工作单位】和【差值】等参数设置，如图 1.100 所示。

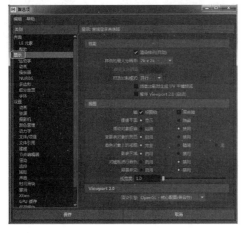

图 1.99　【显示】选项参数设置

图 1.100　【设置】选项参数设置

【设置】选项下包含【动画】、【资源】、【摄影机】、【颜色管理】、【动力学】、【文件/项目】、【文件引用】、【建模】、【节点编辑器】、【渲染】、【选择】、【捕捉】、【声音】、【时间滑块】、【撤销】、【Xgen】、【GPU 缓存】和【保存操作】18 个子选项。

4）【模块】

该选项主要为用户提供 Maya 2019 启动时是否加载相应的模块参数设置，如图 1.101 所示。

5）【应用】

该选项主要为用户提供 Maya 2019 外部应用程序相关参数设置，如图 1.102 所示。

如果用户在【参数】窗口中设置了相关参数之后，不记得设置了哪些参数，又想恢复原始状态，那么只须在【参数】窗口的菜单栏中选择【编辑】→【恢复默认设置】命令即可。

3. 初始化 Maya 2019

Maya 2019 软件与其他软件相比，其优势是它具有记忆功能。也就是说，用户对 Maya 2019 软件进行相关参数设置之后（包括用户的误操作），系统会将它保存起来。在下次启动时，还可使用之前保存的参数设置状态。这是它的一大优势，但也会给用户带来一些不便，特别是初学者对该软件进行的一些误操作也被保存下来，从而影响用户的学习和工作。

图 1.101 【模块】选项参数设置

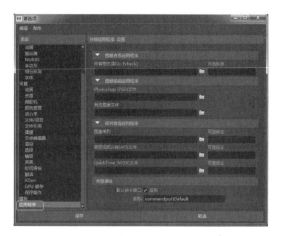

图 1.102 【应用】选项参数设置

用户也可以将 Maya 2019 恢复到初始状态，具体操作方法如下。

步骤 01：退出 Maya 2019 应用程序。

步骤 02：删除 C:\Documents and Settings\计算机安装路径\My Documents\maya 下的 2019 文件即可。

视频播放：关于具体介绍，请观看本书光盘上的配套视频"任务一：用户界面的设置.wmv"。

任务二：默认手柄的编辑

在使用 Maya 2019 制作项目的过程中，为方便对场景中的对象进行移动、旋转和缩放等操作，经常需要修改默认手柄的显示大小。

修改默认手柄大小的方法主要有两种。第一种方法是使用快捷键来实现，具体操作方法如下。

步骤 01：选择对象。

步骤 02：按键盘上的"＝"键，放大默认手柄的显示。

步骤 03：按键盘上的"－"键，缩小默认手柄的显示。

第二种方法是通过【参数】窗口来实现，具体操作方法如下。

步骤 01：在菜单栏中选择【窗口】→【设置/参数】→【参数】命令，打开【参数】窗口。

步骤 02：选择【列表】下的【操控器】选项，修改右侧【全局缩放】选项的数值来改变默认手柄的实际大小。

步骤 03：修改【线尺寸】的数值，以修改默认手柄的粗细。

视频播放：关于具体介绍，请观看本书光盘上的配套视频"任务二：默认手柄的编辑.wmv"。

任务三：历史记录的修改

Maya 2019 允许用户对操作有误的步骤进行撤销和撤销返回操作，但返回的步骤有限。在默认情况下，Maya 2019 允许返回的步骤为 50 步。如果用户觉得返回 50 步不合理，也可以根据项目要求和计算机硬件情况进行设置。

在 Maya 2019 中进行返回操作的方法有如下 3 种。

（1）按 "Z" 键，返回上一步操作。

（2）按 "Ctrl+Z" 组合键，返回上一步操作。

（3）在菜单栏中，选择【编辑】→【撤销】命令，返回上一步操作。

在 Maya 2019 中撤销返回操作的方法有如下两种。

（1）按 "Shift+Z" 组合键，撤销返回操作。

（2）在菜单栏中，选择【编辑】→【重做】命令，撤销返回操作。

设置 Maya 2019 的历史返回操作步骤如下。

步骤 01：在菜单栏中选择【窗口】→【设置/参数】→【参数（Preferences）】命令，打开【参数】设置窗口。

步骤 02：选择【参数】设置窗口左边【列表】中的【撤销】命令。

步骤 03：在【参数】设置窗口的右边，设置【撤销】命令的相关参数，如图 1.103 所示。

图 1.103　【撤销】参数设置

步骤 04：设置完毕，单击【保存】按钮，即可完成历史返回操作步骤的设置。

视频播放：关于具体介绍，请观看本书光盘上的配套视频"任务三：历史记录的修改.wmv"。

任务四：自定义快捷键

每一款软件都有自己的一套完整的快捷键（也称为热键），用户掌握这些快捷键可以大大提高工作效率，Maya 2019 也不例外。在 Maya 2019 中自定义快捷键的具体操作步骤如下。

步骤 01：在菜单栏中选择【窗口】→【设置/参数】→【快捷键编辑器】命令，弹出【快捷键编辑器】对话框，如图 1.104 所示。

提示：在图 1.104 中，右侧键盘中绿色（请看配套视频）的键表示已经指定了快捷键，不能再重复定义了。

图 1.104 【快捷键编辑器】对话框

步骤 02：单击【为以下项编辑快捷键】右边的按钮**▾**，弹出下拉菜单。在该下拉菜单中有 4 个选项，用户可以根据需要选择。

步骤 03：在下拉菜单中单击"Menu items"选项，选择需要定义快捷键的命令。在此，为【中心化轴心点】定义快捷键为"Alt+1"，在右侧输入需要定义的快捷键即可，如图 1.105所示，完成快捷键的定义。

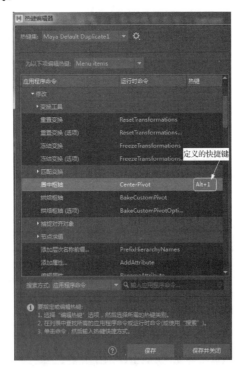

图 1.105　定义的快捷键

步骤 04：删除自定义快捷键。单击需要删除快捷键右侧的图按钮即可删除自定义的快捷键。

步骤 05：完成快捷键定义或删除自定义快捷键之后，单击【保存】按钮即可。

提示：在给命令指定快捷键时，大小写字母属于不同的快捷键，如果输入的快捷键已经被定义，就会在已定义的快捷键左侧出现一个⚠图标，提醒用户该键已经被定义为其他功能的快捷键了。此时，用户需要再重新定义快捷键。

Maya 2019 常用的快捷键见表 1-2。用户如果熟练掌握这些快捷键，就可以大大提高项目制作的效率。

表 1-2　Maya 2019 常用的快捷键

快捷键	作用	快捷键	作用	快捷键	作用
Enter	完成当前操作	X	吸附到栅格	F12	选择多边形的 UVs
～	终止当前操作	C	吸附到曲线	V	吸附到点
F2	Modeling（建模）模块	Q	选择工具	A	满屏显示所有物体
F3	Rigging（装备）模块	W	移动工具	F	满屏显示被选目标
F4	Animation（动画）模块	E	旋转工具	空格键	快速切换到单一视图模式
F5	FX 模块	R	缩放工具	Ctrl+N	建立新的场景
F6	Rendering（渲染）模块	T	显示操作杆工具	Ctrl+O	打开场景
1	低质量显示	P	指定父子关系	Ctrl+S	保存场景
2	中质量显示	Ctrl+A	属性编辑窗、通道盒	Z	取消上一次操作
3	高质量显示	Alt+。	在时间轴上前进一帧	Shift+Z	重做
4	网格显示模式	Alt+,	在时间轴上后退一帧	Ctrl+H	隐藏所选对象
5	平滑着色显示模式	。	下一关键帧	Ctrl+D	复制
6	默认材质显示模式	,	上一关键帧	Alt+左键	旋转视图
7	灯光模式显示	Alt+V	播放/停止	Alt+中间	移动视图
=	增大操纵杆尺寸	F8	物体/组件编辑模式	Alt+右键	缩放视图
-	减小操纵杆尺寸	F9	选择多边形顶点	Alt+G	群组
S	设置关键帧	F10	选择多边形的边	Alt+Ctrl+右键	框选缩放视图
G	重复上一次操作	F11	选择多边形的面	]或[	重做视图的改变、撤销视图的改变

视频播放：关于具体介绍，请观看本书光盘上的配套视频"任务四：自定义快捷键.wmv"。

七、拓展训练

读者可根据本章内容或配套视频，启动 Maya 2019，根据自己操作习惯设置 Maya 2019 的用户界面。

第 2 章　多边形建模技术

知识点：

说明：

　　本章主要通过 7 个案例介绍 Maya 2019 中的多边形建模技术的原理、方法和技巧；建模命令的作用、参数调节、使用方法和技巧。

教学建议课时数：

　　一般情况下需要 40 课时，其中理论 12 课时，实际操作 8 课时（特殊情况下可做相应调整）。

在本章中，主要介绍 Maya 2019 中的多边形建模命令的作用、使用方法和技巧，以及多边形建模的原理、方法和技巧。通过 7 个综合性案例使读者熟悉和巩固建模命令的作用、使用方法、技巧和建模原理，能够灵活运用建模技术，制作各种模型。

案例 1　多边形建模技术基础

一、案例内容简介

本案例主要介绍多边形模型的创建、多边形模型的基本编辑、选择菜单命令介绍、网格菜单组命令简介、网格工具菜单组命令简介和网格显示菜单组命令简介。

二、案例效果欣赏

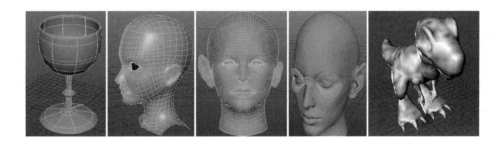

三、案例制作（步骤）流程

任务一：多边形模型的创建　➡　任务二：多边形模型的基本编辑　➡　任务三：【选择】菜单组命令介绍

任务五：【编辑网格】菜单组命令介绍　⬅　任务四：【网格】菜单组命令介绍

任务六：【网格工具】菜单组命令介绍　➡　任务七：【网格显示】菜单组命令介绍

四、制作目的

使读者熟练掌握多边形模型的创建，多边形模型的基本编辑，常用建模命令的作用、使用方法以及技巧。

五、制作过程中需要解决的问题

（1）多边形模型的创建方法。
（2）多边形模型的基本编辑。
（3）【选择】菜单组命令中各个命令的作用和使用方法。
（4）【网格】菜单组命令中各个命令的作用和使用方法。

（5）【编辑网格】菜单组命令中各个命令的作用和使用方法。

（6）【网格工具】菜单组命令中各个命令的作用和使用方法。

（7）【网格显示】菜单组命令中各个命令的作用和使用方法。

六、详细操作步骤

多边形建模技术是 Maya 2019 建模技术中使用最频繁的一种建模技术，应用领域非常广泛。因此，熟练掌握多边形建模技术是学习 Maya 2019 建模的最基本要求。

熟练掌握了多边形建模技术后，读者可以把看到的大部分物体模型制作出来。希望读者通过本章的学习，能够举一反三并独立制作出自己喜欢的模型。

多边形是指由多条边围成的一个闭合路径形成的面。一个多边形由顶点、边（线）、面和法线 4 种元素组成。顶点与顶点之间的连接线称为边，边与边连接形成面，面与面有规律衔接构成模型。在三维空间中每个面都有正和反两面，正、反面由法线决定，法线的正方向代表面的正面。在 Maya 2019 中，多边形模型的最小单位就是顶点。

任务一：多边形模型的创建

在 Maya 2019 中，多边形基本体模型包括球体、立方体、圆柱体、圆锥体、圆环、平面、圆盘、柏拉图多面体、棱锥、棱柱、管道、螺旋线、齿轮、足球、超椭圆、球形谐波和 Ultra 形状共 17 个。

多边形模型的创建方法主要有 3 种。

1. 通过命令菜单来创建多边形基本体模型

步骤 01：在菜单栏中单击【创建】→【多边形基本体】命令，弹出下级子菜单，如图 2.1 所示。

图 2.1　创建【多边形基本体】命令菜单

步骤 02：在下级子菜单中单击需要创建的基本体模型命令，即可在视图中创建基本体模型。

提示：读者可在创建基本体模型之前设置基本体命令的相关参数，也可以在创建之后，在【通道面板】中设置。若要在创建之前设置参数，只须单击基本体命令右边的█图标即可弹出相应的参数设置对话框，然后根据实际需要设置参数。

2. 通过工具架中的快捷图标创建多边形基本体模型

步骤 01：在工具架中选择【多边形建模】选项，此时，在工具架中显示【多边形建模】常用命令图标，如图 2.2 所示。

图 2.2 【多边形建模】常用命令图标

步骤 02：在工具架中单击需要创建的基本体命令的图标，即可在视图中创建基本体模型。

提示：读者在创建基本体模型时，如果【交互式创建】命令前面出现☑图标，在选择基本体命令时，用户在视图中可以手动创建基本体模型；如果该命令前面没有出现☑图标，在用户选择基本命令时，就可在视图中创建一个默认的基本体模型。

3. 通过 NURBS 模型转换为多边形

步骤 01：打开名为"jiubei.mb"的 Maya 2019 场景文件。

步骤 02：选择需要转换的模型，如图 2.3 所示的酒杯模型。

步骤 03：在菜单栏中单击【修改】→【转换】→【NURBS 转为多边形】→█图标，打开【将 NURBS 转化为多边形选项】对话框，具体设置如图 2.4 所示。

步骤 04：单击"应用"按钮，即可转换为多边形模型，如图 2.5 所示。

图 2.3 选择的酒杯模型　　图 2.4 【将 NURBS 转化为多边形选项】　　图 2.5 转换为多边形模型
对话框

视频播放：关于具体介绍，请观看本书光盘上的配套视频"任务一：多边形模型的创建.wmv"。

任务二：多边形模型的基本编辑

多边形模型的基本编辑主要是将多边形模型的基本元素进行删除、添加和位置改变等操作。具体操作方法如下。

步骤 01：打开"任务一"中转换为多边形的酒杯场景。

步骤 02：在需要编辑的模型上右击，弹出快捷菜单，如图 2.6 所示。

步骤 03：按住鼠标右键不放的同时，将光标移到需要编辑的酒杯模型上。松开鼠标右键，进入需要的编辑状态，用户即可使用相应的多边形编辑命令、移动工具、缩放工具和旋转工具进行编辑。

步骤 04：在这里以移动顶点为例。在需要移动的顶点模型上右击，弹出快捷菜单。在按住鼠标右键不放的同时，将光标移到【顶点】快捷菜单上，松开鼠标进入顶点编辑模式，如图 2.7 所示。单击移动工具按钮■，选择需要移动的顶点，进行移动。

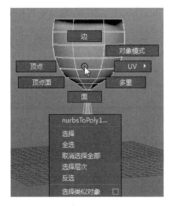

图 2.6　弹出的快捷菜单

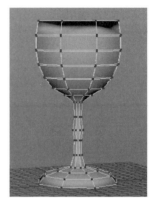

图 2.7　进入顶点编辑模式

视频播放：关于具体介绍，请观看本书光盘上的配套视频"任务二：多边形模型的基本编辑.wmv"。

任务三：【选择】菜单组命令介绍

在 Maya 2019 中，【选择】菜单组包括 19 个选择命令和 6 个选择命令组（其中两个"组件"命令组相同），如图 2.8 所示。熟练掌握这些【选择】命令或命令组，有利于提高制作模型的效率。各个命令的作用和操作方法（包括快捷键使用）如下。

1.【全部】命令

1）作用

基于当前选择模式选择场景中的所有对象或组件。在对象模式下，所有对象都将被选中。在组件模式下，所有组件都将被选中。

2）快捷键

【全部】命令的快捷键为"Ctrl+Shift+A"组合键。

3）操作方法

步骤 01：单开"select.mb"文件，在该文件中包括多边形、NURBS、摄影机、灯光和骨骼等对象，如图 2.9 所示。

步骤 02：在菜单栏中单击【选择】→【全部】命令或按键盘上的"Ctrl+Shift+A"组合键，即可选择场景中的所有对象，如图 2.10 所示。

图 2.8 【选择】菜单组

图 2.9 打开的场景文件

2.【全部按类型】命令组

1）作用

根据读者的操作，选择场景中特定类型的每个对象。

2）操作方法

步骤 01： 在菜单栏中单击【选择】→【全部按类型】命令，弹出二级子菜单上的命令组，如图 2.11 所示。

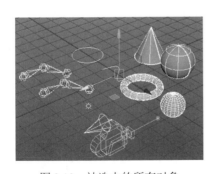

图 2.10 被选中的所有对象

图 2.11 【全部按类型】命令组

步骤 02： 在此以选择【关节】为例。将光标移到二级子菜单中的【关节】命令上单击，即可选择场景中的所有关节，如图 2.12 所示。

3.【取消选择全部】命令

1）作用

取消场景中所有被选择的对象。

2）快捷键

【取消选择全部】命令的快捷键为"Alt+D"组合键。

3）操作方法

在菜单栏中单击【选择】→【取消选择全部】命令，或者按"Alt+D"组合键。

4.【层次】命令

1）作用

选择当前选择的所有父对象和子对象（场景中当前选定节点下面的所有节点）。

2）操作方法

步骤01：在场景中通过单击选择名为"diqiu"的对象，如图2.13所示。

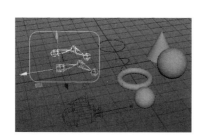

图2.12　被选择的【关节】（Joints）对象

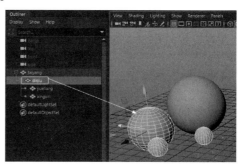

图2.13　被选择的对象

步骤02：在菜单栏中单击【选择】→【层次】命令，即可选中该父对象下的所有子对象，如图2.14所示。

5.【反转】命令

1）作用

选择所有未选定对象，同时取消选择所有选定对象。

2）快捷键

【反转】命令的快捷键为"Ctrl+Shift+I"组合键。

3）操作方法

在菜单栏中单击【选择】→【反转】命令，或者按"Ctrl+Shift+I"组合键即可。

6.【类似】命令

1）作用

处于组件模式时，【选择类似对象】将选择与当前选择类型相似的多边形组件（顶点、

边和面）。在对象模式下时，该选项将选择该场景中相同节点类型的其他对象。建模包含许多相似面角度和面积的非交互式对象时，【选择类似对象】将发挥作用。

　　【相似容差】选项控制组件必须与当前选择中组件达到某种相似度才能被选中。【选择类似对象】根据每个组件相对于相邻的形状/方向对其进行求值。在默认情况下，该值被设置为 0.001。【相似容差】的值设置得越高，可选择的组件越多。

　　2）操作方法

　　步骤 01：选择场景中的曲线，如图 2.15 所示。

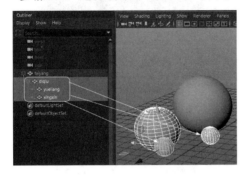

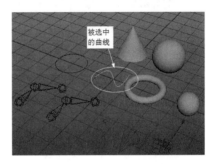

图 2.14　被选中的所有子对象　　　　　　　　图 2.15　被选中的曲线

　　步骤 02：在菜单栏中单选【选择】→【类似】命令，将"圆环"也选中，因为它们同属于曲线类型。

　　7.【增长】命令和【收缩】命令

　　1）【增长】命令的作用

　　从多边形网格上的当前选定组件开始，沿所有方向向外扩展当前选定组件的区域。扩展选择是取决于原始选择组件的边界类型选择。

　　提示：【增长】命令可逐渐撤销。例如，若扩大区域多次，则每个命令都可撤销。

　　2）【收缩】命令的作用

　　从多边形网格上的当前选定组件在所有方向上向内收缩当前选定组件的区域。减少的选择区域/边界的特性取决于原始选择中的组件。

　　提示：【收缩】命令可逐渐撤销。例如，若收缩区域多次，则每个命令都可撤销。

　　3）快捷键

　　（1）【增长】命令的快捷键为">"。

　　（2）【收缩】命令的快捷键为"<"。

　　4）操作方法

　　步骤 01：在场景中选择球体，切换到顶点编辑模式，选择一个顶点，如图 2.16 所示。

　　步骤 02：在菜单栏中单击【选择】→【增长】命令，或者按">"键，被选择的顶点就向外扩展一圈，如图 2.17 所示。

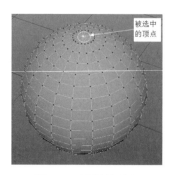

图 2.16　选择的顶点

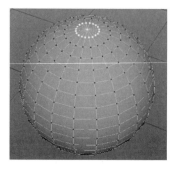

图 2.17　扩选的顶点

步骤 03：连续按 3 次 ">" 键，被选择的顶点即可向外扩展 3 次，如图 2.18 所示。

步骤 04：在菜单栏中单击【选择】→【收缩】命令，或者按 "<" 键，选择的顶点即可向内收缩一圈，如图 2.19 所示。

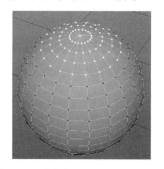

图 2.18　连续按 3 次 ">" 键的效果

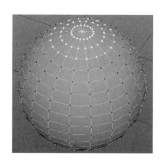

图 2.19　向内收缩的效果

8.【沿循环方向扩大】和【沿循环方向收缩】命令

1）作用

沿选定的边两端进行循环扩大或收缩。

2）快捷键

（1）【沿循环方向扩大】命令的快捷键为 "Ctrl+>" 组合键。

（2）【沿循环方向收缩】命令的快捷键为 "Ctrl+<" 组合键。

3）操作方法

步骤 01：进入对象的边编辑模式，选择需要进行循环扩展的边，如图 2.20 所示。

步骤 02：在菜单栏中单击【选择】→【沿循环方向扩大】命令，或者按 "Ctrl+>" 组合键，对选择边进行两端扩展。每按一次只扩展到下一个顶点的连接边，连续按 3 次的效果，如图 2.21 所示。

步骤 03：在菜单栏中单击【选择】→【沿循环方向收缩】命令，或者按 "Ctrl+<" 组合键，对选择边进行两端收缩。每按一次只收缩到上一个顶点的连接边，连续按 2 次的效果如图 2.22 所示。

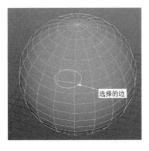
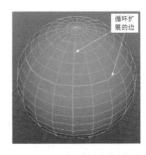
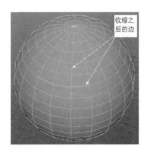

| 图 2.20　选择的边 | 图 2.21　循环扩展的效果 | 图 2.22　循环收缩的效果 |

提示：如果需要选择一条循环边，只要将光标移到需要选择的循环边上双击鼠标左键即可；如果需要选择多条循环边，在按住 "Shift" 键不放的同时双击需要选择的循环边即可。

9.【快速选择集】命令组

1）作用

使用此菜单可以快速地在公用选择之间进行切换。

2）操作方法

步骤 01：使用该命令的前提是，需要创建选择集。在此，以创建选择 "面" 集为例。进入对象的面操作模式，选择如图 2.23 所示的面。

步骤 02：在菜单栏中单击【创建】→【集】→【快速选择集】命令，弹出【创建快速选择集】面板，具体设置如图 2.24 所示。单击 "确定" 按钮，完成选择集的创建。

步骤 03：在菜单栏中单击【选择】→【快速选择集】命令，弹出二级子菜单。此时，在二级子菜单中会显示前面创建的选择集，如图 2.25 所示。

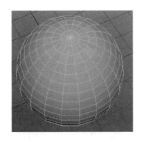

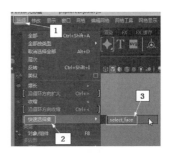

| 图 2.23　选择的面 | 图 2.24　【创建快速选择集】面板 | 图 2.25　显示创建的选择集 |

步骤 04：将光标移到弹出的二级子菜单中的选择集上单击，完成选择集的选择。

10.【对象/组件】命令

1）作用

在选定对象的组件模式与对象模式之间进行切换。

2）快捷键

【对象/组件】命令的快捷键为 "F8" 键。

3）操作方法

步骤01：以选择【顶点】为例，进入对象的【顶点】模式。对选择的【顶点】进行编辑。

步骤02：在菜单栏中单击【选择】→【对象/组件】命令或按"F8"键，切换到对象模式。

步骤03：再在菜单栏中单击【选择】→【对象/组件】命令或按"F8"键，切换到【顶点】模式。使用该命令或快捷键，可以在对象/组件模式之间进行反复切换。

11.【组件】命令组一

1）作用

通过【组件】命令组子菜单中的选项，可以激活组件选择模式：[顶点]、【边】、【面】、【顶点面】、【UV】（快捷键"F12"）或【UV 壳】。

通过【多组件】模式或快捷键"F7"，可以选择"顶点""边"或"面"，而无须在选择模式之间进行切换。

2）操作方法

步骤01：在场景中选择对象。

步骤02：在菜单栏中单击【选择】→【组件】命令，弹出二级子菜单，如图 2.26 所示。

步骤03：将光标移到相应的子菜单命令上单选或按相应快捷键，即可进入相应操作模式。

步骤04：如果单击【多组件】命令或按快捷键"F7"，用户就可以在对象上选择【顶点】、【边】和【面】，而无须在选择模式之间进行切换。

12.【连续边】命令

1）作用

根据参数设置，选择连续的边。

2）操作方法

步骤01：在视图中选择对象的一条边，如图 2.27 所示。

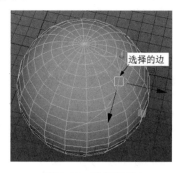

图 2.26　组件命令的子菜单　　　　图 2.27　选择的边

步骤 02：在菜单栏中单击【选择】→【连续边】→▣图标，弹出【选择连续边选项】对话框，具体设置如图 2.28 所示。

3）参数选项介绍

（1）【最大 2D 角度】、【最大 3D 角度】。这些设置基于边之间的角度确定当前选择会继续到多远处。如果 Maya 为当前选择考虑某条边，并且它超出了指定的角度，那么自动选择会停止。

2D 角度指的是由曲面拓扑生成的角度，而不考虑曲面的形状。3D 角度指的是由曲面的形状生成的角度，就像在世界空间或局部空间中测量的那样。图 2.29 所示可说明这些设置的组合如何控制选择。

图 2.28　【选择连续边选项】对话框

图 2.29　不同 2D 和 3D 最大角度的选择效果

（2）【限制选定边数】。启用【限制选定边数】可设定【每侧边数】选项。

（3）【每侧边数】。每侧边数是 Maya 在原始选择的任一侧上选择的边数。例如，通过将"每侧边数"设定为较小的值并多次应用"选择连续边"，直到选择了足够的边为止。

提示：选定某个多边形组件，按住"Ctrl"键并单击鼠标右键，弹出上下文相关多边形标记菜单。在弹出的快捷菜单中，选择相应功能的菜单即可。

步骤 03：单击【选择】命令即可选择连续的边，如图 2.30 所示。

13.【最短边路径工具】命令

1）作用

使用【最短边路径工具】可以轻松地在一个曲面网格的两个或多个顶点之间选择边路径。【最短边路径工具】确定任一两个选择点之间最直接的路径，并选择它们之间的多边形边。

当展开 UV 壳并且随后需要执行【切割 UV 边】操作时，【最短边路径工具】尤其适合在曲面网格上选择漫长且可能曲折的边路径。

2）操作方法

步骤 01：在场景中选择对象。

步骤 02：在菜单栏中单击【选择】→【最短边路径工具】命令，将光标移到选择的对象上单击，对象变成如图 2.31 所示的效果。

步骤 03：先在对象上选择起点，再单击终点，即可选择两点之间的最短边路径，如图 2.32 所示。

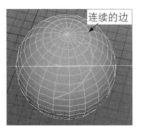

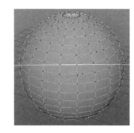

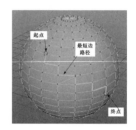

图 2.30　选择的连续边　　　　图 2.31　单击之后的效果　　　　图 2.32　选择的最短边路径

14.【转化当前选择】命令组

1）作用

将选定组件更改为其他组件类型。如果多边形网格由四条边的多边形（四边形）构成并且选定了多个顶点，然后在菜单中单击【选择】→【转化当前选择】→【到面】命令，与选定顶点关联的任何面都被选中。

2）操作方法

步骤 01：进入对象的组件级别，选择组件。在此以选择的顶点为例，选择的顶点如图 2.33 所示。

步骤 02：在菜单栏中单击【选择】→【转化当前选择】命令，弹出二级子菜单，如图 2.34 所示。

步骤 03：将光标移到【到面】命令上单击（或按住"Ctrl+F11"组合键），即可把与点相连的面选中，如图 2.35 所示。

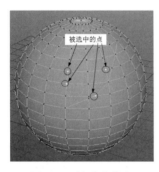

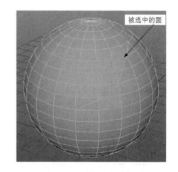

图 2.33　被选中的点　　　　图 2.34　二级子菜单　　　　图 2.35　被选中的面

步骤 04：其他组件的转化方法相同，在此就不再赘述。

15.【使用约束…】命令

1）作用

根据用户配置的约束过滤器选择多边形。

2）操作方法

步骤 01：在场景中选择对象并切换到组件模式。

步骤 02：在菜单栏中单击【选择】→【使用约束】→□图标，弹出【多边形选择约束】对话框。

步骤 03：根据需求设置约束的过滤选项，在场景中选择即可。

提示：【多边形选择约束】对话框中的参数选项，会因用户所选择对象组件的不同而有所不同。

16.【组件】命令组二

1）作用

在【NURBS 曲线】的【控制顶点】、【曲线点】、【编辑点】 和【壳线】之间进行切换。

2）操作方法

步骤 01：在场景中选择创建的【曲线】。

步骤 02：在菜单栏中单击【选择】→【组件】命令，弹出二级子菜单，将光标移到二级子菜单中需要切换到的组件命令上单击，即可切换到该组件模式。

17.【所有 CV】、【第一个 CV】和【最后一个 CV】命令

1）作用

（1）【所有 CV】的作用是选择指定曲线上的所有 CV 点。

（2）【第一个 CV）】的作用是选择指定曲线上的第一个 CV 点。

（3）【最后一个 CV】的作用是选择指定曲线上的最后一个 CV 点。

2）操作方法

步骤 01：在场景中选择创建的曲线。

步骤 02：在菜单栏中单击【选择】→【所有 CV】命令，或者按住"Ctrl"键的同时单击鼠标右键，然后选择【到 CV】命令，选择曲线上的所有 CV 点，如图 2.36 所示。

步骤 03：在菜单栏中单击【选择】→【第一个 CV】命令，或按住"Ctrl"键的同时单击鼠标右键，然后选择【到第一个 CV】命令，即可选择曲线上的第一个 CV 点，如图 2.37 所示。

步骤 04：在菜单栏中单击【选择】→【最后一个 CV】命令，或按住"Ctrl"键的同时单击鼠标右键，然后选择【到最后一个 CV】命令，选择曲线上的最后一个 CV 点，如图 2.38 所示。

　　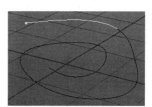

图 2.36　选择所有 CV 点　　图 2.37　选择第一个 CV 点　　图 2.38　选择最后一个 CV 点

18.【簇曲线】命令

1）作用

该命令的作用是在曲线上为 CV 创建簇。

2）操作方法

步骤 01：在场景中选择需要创建簇的曲线。

步骤 02：在菜单栏中单击【选择】→【簇曲线】命令，为选择曲线的 CV 创建簇。

19.【CV 选择边界】命令

1）作用

该命令的作用是保留已选择的外部 CV 并取消选择内部 CV。

2）操作方法

步骤 01：选择【曲面】对象或【曲面】的 CV。

步骤 02：在菜单栏中单击【选择】→【CV 选择边界】命令。

20.【曲面边界】命令

1）作用

该命令的作用是沿曲面边界选择 CV。边界是由 U 值和 V 值定义的。在默认情况下，执行该命令时会沿所有边界选择 CV。在此操作的选项窗口中，可以选择需要的边界 CV：【第一个 U】、【最后一个 U】、【第一个 V】或【最后一个 V】。

2）操作方法

步骤 01：选择"曲面"对象。

步骤 02：在菜单栏中单击【选择】→【曲面边界】命令。

视频播放：关于具体介绍，请观看本书光盘上的配套视频"任务三：【选择】菜单组命令介绍.wmv"。

任务四：【网格】菜单组命令介绍

在 Maya 2019 中，【网格】菜单组包括 13 个命令和 3 个命令组，如图 2.39 所示。各个命令的作用和操作方法（包括快捷键的使用）如下。

1.【布尔】命令组

1）作用

布尔运算主要用于合并多边形网格以创建新形状，主要有【并集】、【差集】和【交集】3 种布尔运算方式。

（1）【并集】的作用是合并所选网格的体积，原始的两个对象均保留，并减去交集。

（2）【差集】的作用是从第一个选定网格减去第二个（以及后续）选定网格的体积。

（3）【交集】的作用是仅保留两个网格的共享体积。

2）操作方法

步骤 01：打开场景，在场景中选择立方体对象，依次选择圆柱体对象，如图 2.40 所示。

图 2.39　【网格】菜单组面板

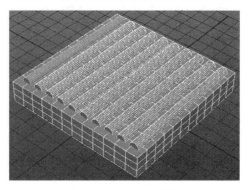

图 2.40　选择的对象

步骤 02：在菜单栏中单击【网格】→【布尔】命令，弹出二级子菜单。

步骤 03：在二级子菜单中单击【差集】命令，效果如图 2.41 所示。

步骤 04：如果在二级子菜单中单击【并集】命令，那么效果如图 2.42 所示；如果在二级子菜单中单击【交集】命令，那么效果如图 2.43 所示。

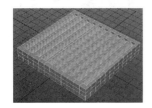

图 2.41　差集效果

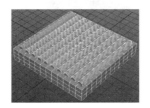

图 2.42　并集效果

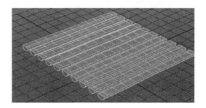

图 2.43　交集效果

2.【结合】命令

1）作用

将选择的多个对象结合成一个对象。

2）操作方法

步骤 01：在场景中选择需要合并的对象。

步骤 02：在菜单栏中单击【网格】→【结合】命令。

提示：使用【结合】命令之后的结合对象并没有共享边，它们自身在形状上仍然是相互独立的，只是这些多边形可以被当作一个对象来操作。

3.【分离】命令

1）作用

将多边形对象中没有共享边的多边形面分离成独立的对象，它的作用与【结合】命令相反。

2）操作方法

步骤 01：选择需要分离的对象。

步骤 02：在菜单栏中单击【网格】→【分离】命令。

4.【一致】命令

1）作用

将一个对象的顶点折绕到另一个对象的曲面上。

2）操作方法

步骤 01：选择需要激活的对象，如图 2.44 所示。

步骤 02：在菜单栏中单击【修改】→【激活】命令，所选择的对象被激活。

步骤 03：选择需要进行【一致】操作的顶点，如图 2.45 所示。

步骤 04：在菜单栏中单击【网格】→【一致】命令，如图 2.46 所示。

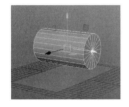
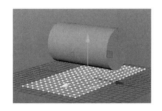

图 2.44　选择需要　　　图 2.45　选择需要进行"一致"　　　图 2.46　"一致"操作后的效果
　　激活的对象　　　　　　　操作的顶点

5.【填充洞】命令

1）作用

通过【填充洞】命令填充多边形网格中不存在多边形的区域。前提是该区域以 3 个或更多的多边形边为边界。通过【填充洞】命令，还可创建具有 3 个或多个边的多边形来填充选定的区域。

2）操作方法

步骤 01：选择需要进行填充洞的边或顶点（若对整个对象上的所有洞进行填充，则只须选择整个对象），如图 2.47 所示。

步骤 02：在菜单栏中单击【网格】→【填充洞】命令，如图 2.48 所示。

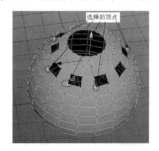
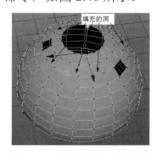

图 2.47　选择的顶点组件　　　　　　图 2.48　填充洞之后的效果

6.【减少】命令

1）作用

该命令的作用是减少多边形网格中选定区域的多边形数，也可以在选择要减少区域的时候考虑 UV 和顶点颜色。当需要在多边形网格的特定区域减少多边形数时，【减少】命令将非常有用。多边形减少量将通过创建的 polyReduce 节点进行控制。通过此功能，可以尝试不同减少量的混合操作，也可以把所有减少操作全部删除，还可以保持原始顶点位置，尽可能地降低因减少操作导致的网格整体形变。可选择使用【网格工具】→【绘制减少权重工具】控制多边形减少量。

2）操作方法

步骤 01：打开名为"reduce.mb"的场景文件，在菜单栏中单选【显示】→【题头显示】→【多边形计算】命令，在视图的左上角显示选择对象组件的相关信息，如图 2.49 所示。

步骤 02：在菜单栏中单击【网格】→【减少】→■图标，弹出【减少选项】对话框，具体设置如图 2.50 所示。

图 2.49　选择对象的相关信息

图 2.50　【减少选项】对话框

步骤 03：设置参数之后，单击"减少"按钮。执行【Reduce】（减少）命令前后效果对比如图 2.51 所示。

图 2.51　执行【Reduce】（减少）命令前后效果对比

7.【平滑】命令

1）作用

通过向网格上的多边形添加分段来平滑选定多边形网格。

2）操作方法

步骤01：选择需要平滑的"面"或"顶点"，如图 2.52 所示。

步骤02：在菜单栏中单击【网格】→【平滑】命令，默认【细分】参数为"1"，效果如图 2.53 所示。

步骤03：调节【细分】参数，使其值为"2"，效果如图 2.54 所示。

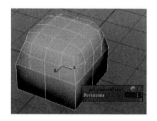
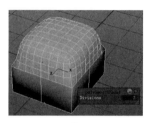

图 2.52　选择的 Face（面）　　　图 2.53　【细分】参数为"1"　　　图 2.54　【细分】参数为"2"
时的效果　　　　　　　　　　时的效果

8.【三角化】和【四边形化】命令

1）作用

（1）【三角化】命令的作用是将现有多边形转化为三角形。

（2）【四边形化】命令的作用是将现有多边形转换为四边形。

2）操作方法

步骤 01：选择需要转化的多边形面。

步骤 02：在菜单栏中单选【网格】→【三角化】/【四边形化】命令即可。

9.【镜像】命令

1）作用

跨对称轴镜像选定对象。

2）操作方法

步骤 01：选择如图 2.55 所示的镜像对象。

步骤 02：在菜单栏中单选【网格】→【镜像】命令，在视图中根据要求调节参数，效果如图 2.56 所示。

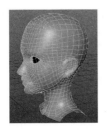

图 2.55　选择的对象

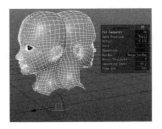

图 2.56　镜像之后的效果

10.【剪贴板操作】命令组

【剪贴板操作】命令组包括【复制属性】、【粘贴属性】和【清空剪贴板】3 个命令。

1）作用

（1）【复制属性】命令的作用是将属性复制到临时剪贴板，将 UV、着色器和逐顶点颜色属性从 1 个多边形网格复制到另 1 个多边形网格。可以设定复制功能，使其复制 1 个属性或同时复制所有 3 个属性。

（2）【粘贴属性】命令的作用是将 1 个多边形网格复制的任何"UV"、【着色器】和【逐顶点颜色】属性粘贴到临时剪贴板。可以将粘贴功能设定为粘贴 1 个属性，或已作为复制操作结果而复制的 3 个属性中的任何 1 个。

（3）【清空剪贴板】命令的作用是清空所有保存的多边形属性的剪贴板，以便随后可以在多边形网格之间复制和粘贴新属性。

2）操作方法

步骤 01：选择被复制属性的对象。

步骤 02：在菜单栏中单击【网格】→【剪贴板操作】→【复制属性】命令，把属性复制到剪贴板中。

步骤 03：单选被粘贴的对象。

步骤 04：在菜单栏中单击【网格】→【剪贴板操作】→【粘贴属性】命令，把属性粘贴到被选择的对象上。

步骤 05：在菜单栏中单击【网格】→【剪贴板操作】→【清空剪贴板】命令，清空所有保存的多边形属性的剪贴板，以便之后在多边形网格之间复制和粘贴新属性。

11.【传递属性】命令

1）作用

【传递属性】的作用是在具有不同拓扑的网格间传递 UV、CPV（逐顶点颜色）和顶点位置信息（网格具有不同的形状且顶点和边都不相同）。

【传递属性】是通过对源网格上的顶点信息进行采样来传递顶点数据，然后根据基于空间的比较将信息传递给指定的目标网格，从而实现对目标网格的修改。

2）操作方法

步骤 01：依次选择传递属性的对象和被传递属性的对象。

步骤 02：在菜单栏中单选【网格】→【传递属性】→▣图标，弹出【传递属性选项】对话框，根据实际需要设置参数。

步骤 03：参数设置完毕，单击"传递"按钮即可。

12.【传递着色集】命令

1）作用

在具有不同拓扑结构的两个对象之间传递着色指定数据。例如，将着色指定数据从立方体传递到球体，类似位置的面会被指定相同的着色数据。

2）操作方法

步骤 01：在视图中依次选择传递对象和被传递对象。

步骤 02：在菜单栏中单击【网格】→【传递着色集】命令→▣图标，弹出【传递着色集选项】对话框，根据实际需要设置参数。

步骤 03：参数设置完毕，单击"传递"按钮即可。

13.【传递顶点顺序】命令

1）作用

将顶点 ID 顺序从一个对象传递到另一个对象。

2）操作方法

步骤 01：针对传递中涉及的两个对象删除历史。

步骤 02：选择这两个对象，在菜单栏中单击【显示】→【多边形】→【组件 ID】→【顶点】，显示对象的 ID 号（此操作可选）。

步骤 03：在菜单栏中单击【网格】→【传递顶点顺序】命令。

步骤 04：在源对象上单击 3 个相邻的顶点，然后在目标对象上单击 3 个相邻的顶点。Maya 2019 会根据所选择的顶点进行重新排序，使之相对于 3 个选定的基础节点与源对象匹配。

14.【清理】命令

1）作用

用于标识和移除无关且无效的多边形基体。

2）操作方法

步骤 01：选择需要清理的对象。

步骤 02：在菜单栏中单击【网格】→【清理】→▣图标，弹出【清理选项】对话框，根据要求设置参数。

步骤 03：单击"清理"按钮即可。

15.【平滑代理】命令组

【平滑代理】命令组包括【细分曲面代理】、【移除细分曲面代理镜像】、【折痕工具】、

【切换代理显示】和【代理和细分曲面同时显示】5 个命令。

1）作用

（1）【细分曲面代理】的作用是将对象进行细分，然后将细分后的对象与原始对象同时显示在窗口中，并且保留关联关系。

（2）【移除细分曲面代理镜像】的作用是将细分代理及产生镜像后的代理对象删除。

（3）【折痕工具】的作用是将细分代理后的对象进行直角处理。

（4）【切换代理显示】的作用是将细分代理后的原始对象删除，保留其产生的对象。

（5）【代理和细分曲面同时显示】的作用是将细分代理对象与原始对象同时显示在工作区域。

2）操作方法

步骤 01：打开一个名为 "xifendaili.mb" 的文件，选择场景中的对象，如图 2.57 所示。

步骤 02：在菜单栏中单击【网格】→【平滑代理】→【细分曲面代理】命令，即可对选择的对象进行细分曲面代理操作，效果如图 2.58 所示。

步骤 03：在菜单栏中单击【网格】→【平滑代理】→切换代理显示【切换代理显示】命令，切换代理显示，效果如图 2.59 所示。

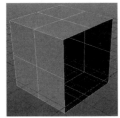
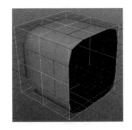
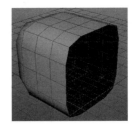

图 2.57　选择场景中对象　　　图 2.58　细分曲面代理操作效果　　　图 2.59　切换代理显示的效果

步骤 04：再次执行【切换代理显示】命令，效果如图 2.60 所示。

步骤 05：在菜单栏中单击【网格】→【平滑代理】→【代理和细分曲面同时显示】命令，效果如图 2.61 所示。

步骤 06：选择代理对象中需要进行折痕处理的边，如图 2.62 所示。

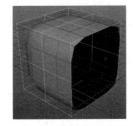
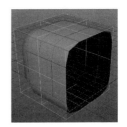

图 2.60　再次执行切换　　　图 2.61　代理和细分曲面同时　　　图 2.62　选择的折痕边
　　　　　代理显示的效果　　　　　　　　显示的效果

步骤 07：在菜单栏中单击【网格】→【平滑代理】→【折痕工具】命令，光标变成三角形箭头。此时，按住鼠标中键进行左右拖动，对所选对象的边进行折痕处理，效果如

图 2.63 所示。

步骤 08：在菜单栏中单击【网格】→【平滑代理】→【移除细分曲面代理镜像】命令，即可将细分曲面代理移除并进行镜像操作，效果如图 2.64 所示。

步骤 09：在菜单栏中单击【网格】→【平滑】命令，对所选对象进行平滑操作，效果如图 2.65 所示。

图 2.63　进行折痕操作
之后的效果

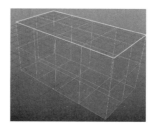
图 2.64　移除细分曲面代理
镜像的效果

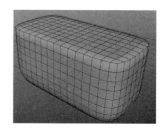
图 2.65　进行平滑操作
之后的效果

视频播放：关于具体介绍，请观看本书光盘上的配套视频"任务四：【网格】菜单组命令介绍.wmv"。

任务五：【编辑网格】菜单组命令介绍

在 Maya 2019 中，【编辑网格】菜单组包括 28 个命令，如图 2.66 所示。各个命令的作用和操作方法（包括快捷键的使用）如下。

图 2.66　【编辑网格】菜单组

1.【添加分段】命令

1）作用

将选定的多边形组件（边或面）分割为较小的组件。在需要以全局方式或本地化方式将细节添加到现有多边形网格时，【添加分段】（Add Divisions）将非常有用。多边形面可以拆分为三边（三角形）或四边（四边形）面。可以对边进行细分，也可以增加面的边数。

2）操作方法

步骤 01：选择如图 2.67 所示的立方体对象。

步骤 02：在菜单栏中单击【编辑网格】→【添加分段】→■图标，弹出【添加边的分段数选项】对话框，根据实际要求设置参数，具体设置如图 2.68 所示。

步骤 03：设置完毕，单击【添加分段】按钮，添加分段之后的效果如图 2.69 所示。

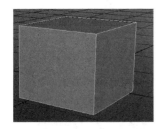
图 2.67　选择的
立方体对象

图 2.68　添加边的分段数选项
参数设置

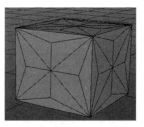
图 2.69　添加分段之后的
效果

2.【倒角】命令

1）作用

对当前选定的边或面创建倒角多边形。

2）快捷键

【倒角】命令的快捷键为"Ctrl+B"组合键。

3）操作方法

步骤 01：选择需要倒角的边或面。在此选择边，如图 2.70 所示。

步骤 02：在菜单栏中单击【编辑网格】→【倒角】命令或按"Ctrl+B"组合键，弹出【多边形倒角 1】浮动面板。在该浮动面板中根据要求设置倒角参数，参数设置和效果如图 2.71 所示。

步骤 03：在视图中的空白处单击完成倒角操作。

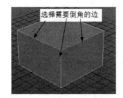
图 2.70　选择的倒角边

图 2.71　倒角参数设置和倒角效果

3.【桥接】命令

1）作用

在现有多边形网格上选定的成对边界边之间构造桥接多边形网格（附加面）。生成的桥接多边形网格与原始多边形网格组合在一起，且它们的边会进行合并。

2）操作方法

步骤 01：单开一个场景文件，并选择需要进行桥接的面，如图 2.72 所示。

步骤 02：在菜单栏中单击【编辑网格】→【桥接】→■图标，弹出【桥接选项】对话框，具体设置如图 2.73 所示。

步骤 03：单击"桥接"按钮，完成桥接，效果如图 2.74 所示。

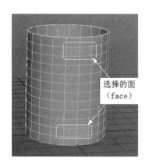
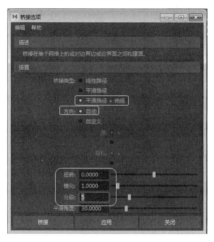

图 2.72　选择的面　　　　图 2.73　【桥接选项】对话框参数设置　　　　图 2.74　桥接之后的效果

4.【圆形圆角】命令

1）作用

将选定组件（顶点、边和面）重新组织为完美的几何圆形。

2）操作方法

步骤 01：打开场景文件，进入【面】编辑模式，选择如图 2.75 所示的面。

步骤 02：在菜单栏中单击【编辑网格】→【圆形圆角】命令，弹出参数调节浮动面板，具体参数调节和圆形圆角设置之后的效果如图 2.76 所示。

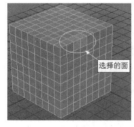
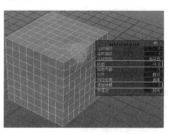

图 2.75　选择的面　　　　图 2.76　具体参数调节和圆形圆角设置之后的效果

5.【收拢】命令

1）作用

将选择的边或面的关联顶点收拢合并为一个顶点。

2）操作方法

选择需要进行收拢的边或面，在菜单栏中单击【编辑网格】→【收拢】命令即可。

6.【连接】命令

1）作用

如果选择的是顶点，那么两个顶点之间通过一条直线连接；如果选择的是边，那么用一条直线连接两条边的中点。

2）操作方法

步骤 01：打开文件，选择如图 2.77 所示的边。

步骤 02：在菜单栏中单击【编辑网格】→【连接】命令，即可完成选择边的连接。效果如图 2.78 所示。

7.【分离】命令

1）作用

选择顶点后，根据顶点共享面的数目，将多个面共享的所有选定顶点拆分为多个顶点，因此，与顶点关联面的边成为未共享边。选定面时，将沿其周长边分离面选择；选择边时，将选定的边拆分为两条重叠的边。如果对边的路径执行分离操作，那么该路径的顶点也将沿该路径被拆分。

2）操作方法

步骤 01：在场景中创建一个球体，并选择需要分离的面，如图 2.79 所示。

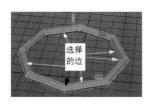
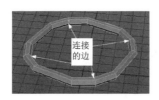
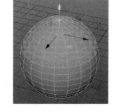

图 2.77　选择需要连接的边　　　图 2.78　连接之后的效果　　　图 2.79　选择需要分离的面

步骤 02：在菜单栏中单击【编辑网格】→【分离】命令，即可将选择的面从原对象中分离出来，如图 2.80 所示。

8.【挤出】命令

1）作用

对选择的顶点、边或面沿法线方向挤出。

2）快捷键

【挤出】命令的快捷键为"Ctrl+E"组合键。

3）操作方法

步骤 01：打开文件，选择对象，进入面编辑模式，选择如图 2.81 所示的面。

步骤 02：在菜单栏中单击【编辑网格】→【挤出】命令，弹出浮动参数设置面板，具体参数设置和挤出的效果如图 2.82 所示。

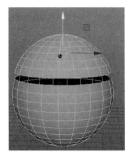 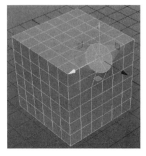 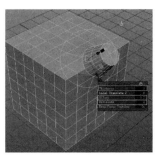

图 2.80　被分离出来的面　　　图 2.81　被选择的面　　　图 2.82　挤出的效果和参数设置

9.【合并】命令

1）作用

合并位于指定阈值内的选定边和顶点。

2）操作方法

步骤 01：创建一个球体，进入球体的【顶点】编辑模式，选择需要合并的顶点，如图 2.83 所示。

步骤 02：在菜单栏中单击【编辑网格】→【合并】命令，弹出浮动参数设置面板，具体参数设置和合并之后的效果如图 2.84 所示。

10.【合并到中心】命令

1）作用

合并选定的顶点，使它们成为共享顶点，并且还会合并任何关联的面和边。生成的共享顶点位于原始选择的中心。

2）操作方法

该命令的操作方法与【合并】命令的操作方法相同，在此不再赘述。

11.【变换】命令

1）作用

使用【变换】可以在创建历史节点时相对于法线移动、旋转或缩放多边形组件（边、顶点、面和 UV）。

2）操作方法

步骤 01：创建一个立方体，选择一条边，如图 2.85 所示。

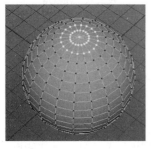

图 2.83　被选择的顶点　　　　图 2.84　参数设置和合并之后的效果　　　图 2.85　选择的边

步骤 02：在菜单栏中单击【编辑网格】→【变换】→■图标，弹出【变换组件-边选项】对话框，对话框的具体设置，如图 2.86 所示。

步骤 03：单击【变换边】按钮，即可完成组件的变换。效果如图 2.87 所示。

步骤 04：当把【局部中心】参数选择为【中心】时，效果如图 2.88 中的图 A 效果；当把【局部中心】参数选择为【开始】时，效果如图 2.88 中的图 B 效果。

图 2.86　【变换组件-边选项】　　　图 2.87　变换边　　　图 2.88　不同【局部中心】参数
　　　　　 对话框　　　　　　　　　 组件之后的效果　　　　　　 选择的效果

12.【翻转】命令

1）作用

使用选定组件的镜像组件沿对称轴交换选定组件的位置。

2）操作方法

步骤 01：打开一个场景文件，选择需要进行相互翻转的边组件，如图 2.89 所示。

步骤 02：在菜单栏中单击【编辑网格】→【翻转】命令，弹出"选择用于对称的网格边"提示语，提示用户选择翻转的对称边。在此，双击如图 2.90 所示的边，即可对选择的边组件进行翻转。翻转之后的效果如图 2.91 所示。

13.【对称】命令

1）作用

将组件沿对称轴移动到相应组件的镜像位置。

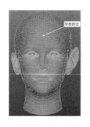

图 2.89　选择相互翻转的边组件　　图 2.90　双击选定的边　　图 2.91　翻转之后的效果

2）操作方法

步骤 01：打开场景文件，选择需要进行对称操作的面，如图 2.92 所示。

步骤 02：在菜单栏中单击【编辑网格】→【对称】命令，弹出"选择用于对称的网格边"提示，提示用户选择对称边。双击如图 2.93 所示的边，即可对选择的边组件进行翻转，翻转之后的效果如图 2.94 所示。

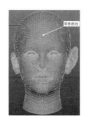

图 2.92　被选中的边组件　　图 2.93　双击选定的边　　图 2.94　翻转之后的效果

14.【平均化顶点】命令

1）作用

通过移动顶点的位置平滑多边形网格。与【平滑】命令不同，【平均化顶点】命令不增加网格中的多边形数量。

2）操作方法

步骤 01：打开场景文件，进入对象的【顶点】编辑模式，选择需要平均化的顶点，如图 2.95 所示。

步骤 02：在菜单栏中单击【编辑网格】→【平均化顶点】命令，即可对选择的顶点进行平均化处理，效果如图 2.96 所示。

步骤 03：从图 2.96 可知，效果不是特别明显，此时，连续按"G"键，最终效果如图 2.97 所示。顶点变得比较平滑，顶点数量没有增加。

图 2.95　选择需要　　　图 2.96　执行【平均化顶点】　　图 2.97　执行【平均化顶点】
　　平均化的顶点　　　　　命令一次的效果　　　　　　　命令多次的效果

15.【切角顶点】命令

1）作用

将一个顶点替换为一个平坦多边形面。

2）操作方法

步骤 01：打开场景文件，进入对象的【顶点】编辑模式，选择需要切角的顶点，如图 2.98 所示。

步骤 02：在菜单栏中单击【编辑网格】→【切角顶点】命令，弹出【多边形切角】参数设置浮动面板，具体参数设置和效果如图 2.99 所示。

16.【对顶点重新排序】命令

1）作用

对多边形对象上的顶点 ID 号进行重新排序。

2）操作方法

步骤 01：打开场景文件，在菜单栏中单击【显示】→【多边形】→【组件 ID】→【顶点】命令，显示出多边形对象上的顶点 ID 号，如图 2.100 所示。

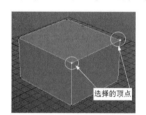

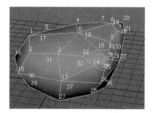

图 2.98　选择需要切角的顶点　　图 2.99　具体参数设置和效果　　图 2.100　显示顶点 ID 号

步骤 02：在菜单栏中单击【编辑网格】→【对顶点重新排序】命令，弹出提示信息，提示用户选择与前 3 个顶点相关的 3 个相邻顶点，如图 2.101 所示。单击 3 个顶点之后的 ID 号排序效果如图 2.102 所示。

步骤 03：按"Esc"键，退出【切角顶点】操作。

17.【移除边/顶点】命令

1）作用

该命令的作用是把被选择的边、顶点及其相连的边从网格中删除。

2）快捷键

【移除边/顶点】命令的快捷键为"Ctrl + Delete"组合键或"Ctrl + Backspace"组合键。

3）操作方法

步骤 01：打开场景，进入对象的组件编辑模式，选择需要删除的【边或顶点】。

步骤 02：在菜单栏中单击【编辑网格】→【移除边/顶点】命令即可。

18. 【编辑边流】命令

1）作用

用于更改现有边以使其遵循曲率连续性。

2）操作方法

步骤 01：打开场景文件，进入【边】编辑模式，选择需要编辑的边，如图 2.103 所示。

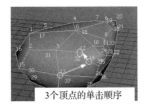 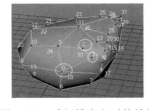 

图 2.101　被单击的 3 个顶点　　图 2.102　重新排序之后的效果　　图 2.103　选择需要编辑的边

步骤 02：在菜单栏中单击【编辑网格】→【编辑边流】（Edit Edge Flow）命令，执行【编辑边流】之后的效果如图 2.104 所示。

19. 【翻转三角形边】命令

1）作用

变换拆分两个三角形的边，使其连接两个三角形的对角。

提示：多边形处于【边】编辑模式时，可通过按住"Shift"键的同时单击鼠标右键，从标记菜单中访问【翻转/自旋边】。

2）操作方法

步骤 01：打开场景文件，进入对象的【边】编辑模式，选择需要翻转的边，如图 2.105 所示。

步骤 02：在菜单栏中单击【编辑网格】→【翻转三角形边】命令即可，效果如图 2.106 所示。

 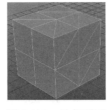 

图 2.104　执行【编辑边流】　　图 2.105　选择需要　　图 2.106　执行【翻转三角形边】
　　　　　命令之后的效果　　　　　　翻转的边　　　　　　　命令之后的效果

20. 【反向自旋边】命令

1）作用

朝缠绕方向相反的方向选定自旋边，这样可以一次性更改其连接顶点。

2）快捷键

【反向自旋边】命令的快捷键为"Ctrl+Alt+Left（鼠标左键）"组合键。

3）操作方法

【反向自旋边】命令的操作方法与【翻转三角形边】命令的操作方法完全相同，在此就不再赘述。

21.【正向自旋边】命令

1）作用

朝缠绕方向选定自旋边，这样可以一次性更改其连接顶点。为了能够自旋这些边，它们必须附加到两个面。

如果多次进行自旋边操作，那么 Maya 会编辑现有历史节点的偏移属性。进行自旋边操作时，不会影响顶点的 ID 或边的 ID。但是，进行自旋边操作时，相邻的面将随边一起旋转。

2）快捷键

【正向自旋边】命令的快捷键为"Ctrl+Alt+Right（鼠标右键）"组合键。

3）操作方法

【正向自旋边】命令的操作方法与【翻转三角形边】命令的操作方法完全相同，在此就不再赘述。

22.【指定不可见面】命令

1）作用

该命令的作用是将选定面切换为不可见。被指定为不可见的面不会显示在场景中，但是，这些面实际存在，仍然可以对其进行操作。

2）操作方法

步骤 01：打开场景文件，进入对象的【面】编辑模式，选择需要隐藏的面，如图 2.107 所示。

步骤 02：在菜单栏中单击【编辑网格】→【指定不可见面】命令，效果如图 2.108 所示。

提示：如果执行【指定不可见面】命令之后，被选择的"面"没有隐藏，那是因为没有执行【不可见面】命令。此时，要在场景中单选该对象，在菜单栏中单击【显示】→【多边形】→【不可见面】命令，才能隐藏选择的面。

步骤 03：显示隐藏的对象，进入隐藏对象的【面】编辑模式，在菜单栏中单击【编辑网格】→【指定不可见面】→回图标，弹出【指定不可见面选项】对话框。在该对话框中选择【取消指定】选项，单击"创建"按钮，在场景中框选隐藏的部分，就可将隐藏的部分显示出来，效果如图 1.109 所示。

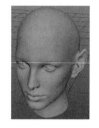

图 2.107　选择需要隐藏的面　　　图 2.108　执行【指定不可见面】　　　图 2.109　取消隐藏
　　　　　　　　　　　　　　　　　　　　　命令之后的效果　　　　　　　　　　之后的效果

23.【复制】命令

1）作用

创建任何选定面的单独副本。

2）操作方法

步骤 01：打开场景文件，选择需要复制的面，如图 2.110 所示。

步骤 02：在菜单栏中单击【编辑网格】→【复制】命令即可，效果如图 2.111 所示。

步骤 03：选中需要复制的面，在菜单栏中单选【编辑网格】→【挤出】命令，效果如图 2.112 所示。

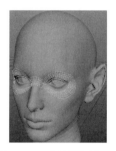

图 2.110　选择需要复制的面　　　　　图 2.111　复制得到的面　　　　　图 2.112　挤出的效果

24.【提取】命令

1）作用

从关联网格中分离选定的面，提取的面成为现有网格内单独的壳。如果在对象模式下选择网格，网格和所有提取的面都被选定。

2）操作方法

步骤 01：打开场景文件，选择需要提取的面，如图 2.113 所示。

步骤 02：在菜单栏中单击【编辑网格】→【提取】命令，效果如图 2.114 所示。

25.【刺破】命令

1）作用

分割选定的面以推动或拉动原始多边形的中心。例如，将四边形分割为 4 个三边形（一

个共享顶点在中间）。在进行【刺破】操作后显示一个操纵器，用于进一步变换顶点。

2）操作方法

步骤 01：打开场景文件，选择需要进行刺破的面，如图 2.115 所示。

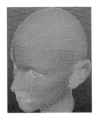
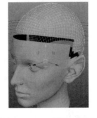

图 2.113　选择需要提取的面　　　图 2.114　提取的面　　　图 2.115　选择需要刺破的面

步骤 02：在菜单栏中单击【编辑网格】→【刺破】命令，效果如图 2.116 所示。

步骤 03：根据需要，调节刺破点的位置，最终效果如图 2.117 所示。

26.【楔形】命令

1）作用

将选定的面沿着选定的边进行弧形操作。

2）操作方法

步骤 01：打开场景文件，在菜单栏中单击【选择】→【组件】→【多组件】命令或按快捷键 "F7"，进入多组件选择模式。选择的面和边如图 2.118 所示。

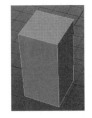

图 2.116　执行【刺破】命令的效果　　　图 2.117　调节之后的效果　　　图 2.118　选择的面和边

步骤 02：在菜单栏中单选【编辑网格】→【楔形】命令，效果如图 2.119 所示。

步骤 03：选择如图 2.120 所示的面和边。

步骤 04：再次执行【楔形】命令，效果如图 2.121 所示。

图 2.119　执行【楔形】　　　图 2.120　选择的　　　图 2.121　再次执行【楔形】
　　　命令的效果　　　　　　　面和边　　　　　　　命令的效果

27.【在网格上投影曲线】命令

1）作用

该命令的作用是将曲线投影到多边形曲面上。

2）操作方法

步骤 01：打开场景文件，该场景文件包括两条闭合曲线和一个球体，如图 2.122 所示。

步骤 02：切换到【前视图】，选择球体和闭合曲线，如图 2.123 所示。

步骤 03：在菜单栏中单击【编辑网格】→【在网格上投影曲线】命令，效果如图 2.124 所示。

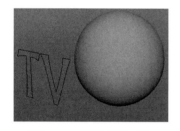 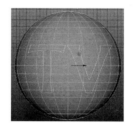 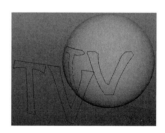

图 2.122　场景中的对象　　　　图 2.123　选择的球体和　　　　图 2.124　在网格上投影
　　　　　　　　　　　　　　　　　　　　　闭合曲线　　　　　　　　　　　　曲线的效果

28.【使用投影的曲线分割网格】命令

1）作用

在多边形曲面上分割或分离边。

2）操作方法

步骤 01：打开场景文件，并选择网格对象和闭合曲线，如图 2.125 所示。

步骤 02：在菜单栏中单击【编辑网格】→【使用投影的曲线分割网格】命令，效果如图 2.126 所示。

步骤 03：对分割的曲面进行挤出，效果如图 2.127 所示。

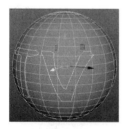 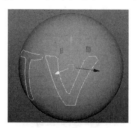 

图 2.125　选择网格对象和　　　　图 2.126　进行分割　　　　图 2.127　对分割的曲面进行
　　　　　　闭合曲线　　　　　　　　　　　之后的效果　　　　　　　　　　挤出的效果

视频播放：关于具体介绍，请观看本书光盘上的配套视频"任务五：【编辑网格】菜单组命令介绍.wmv"。

任务六：【网格工具】菜单组命令介绍

在 Maya 2019 中，【网格工具】菜单组包括 14 个命令和 1 个命令组，如图 2.128 所示。各个命令的作用和操作方法（包括快捷键的使用）如下。

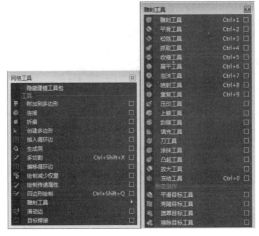

图 2.128　【网格工具（Mesh Tools）】菜单组

1.【隐藏建模工具包】命令

1）作用
隐藏【建模工具包】窗口。
2）操作方法
在菜单栏中单击【编辑网格】→【隐藏建模工具包】命令即可。

2.【附加到多边形】命令

1）作用
将多边形添加到现有网格，将多边形的边用作起始点。
2）操作方法
步骤 01：打开场景文件，进入对象的【边】编辑模式。
步骤 02：在菜单栏中单击【网格工具】→【附加到多边形】命令，弹出提示信息，提示用户选择需要附加的边，边界以紫色粗线显示，选择需要附加的第一条边，如图 2.129 所示。
步骤 03：选择需要附加的第二条边，按"Enter"键，完成附加边的操作并退出命令。附加完成之后的效果如图 2.130 所示。

3.【连接】命令

1）作用
通过其他边连接顶点或边。

2）操作方法

步骤 01：打开场景文件，进入对象的【边】编辑模式，选择需要进行连接的边，如图 2.131 所示。

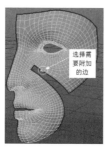
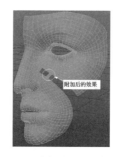

图 2.129　选择附加的第一条边　　图 2.130　附加完成之后的效果　　图 2.131　需要进行连接的边

步骤 02：在菜单栏中单击【网格工具】→【连接】命令，即可连接出一条边，如图 2.132 所示。

步骤 03：按住鼠标中键，进行左右拖动，可以增加或减少连接的边。图 2.133 所示是按住鼠标中键向右拖动时增加边的效果。

4.【折痕】命令

1）作用

执行该命令，可在多边形网格上使边和顶点起折痕。可以使用折痕工具修改多边形网格，并获取过渡性形状，而不会过度增大基础网格的分辨率。

2）操作方法

步骤 01：打开场景文件，在菜单栏中单击【网格工具】→【折痕】命令，在场景中选择需要进行折痕的边，如图 2.134 所示。

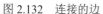

图 2.132　连接的边　　　　图 2.133　增加边之后的效果　　　图 2.134　选择需要进行折痕的边

步骤 02：按住鼠标中键，左右拖动即可创建折痕。向右拖动，可增大折痕效果；向左拖动可减小折痕效果。创建折痕之后的效果如图 2.135 所示。

5.【创建多边形】命令

1）作用

通过在场景视图中进行的单击动作（每单击一次，就在单击处放置一个顶点）创建多边形。

2）操作方法

步骤 01：在菜单栏中单击【网格工具】→【创建多边形】命令，弹出提示信息，提示用户在视图中通过单击动作放置顶点。

步骤 02：在视图中确定顶点之后，按"Enter"键即可完成多边形的创建，效果如图 2.136 所示。

步骤 03：创建带孔洞的多边形。在菜单栏中单击【网格工具】→【创建多边形】命令，弹出提示信息，提示用户在视图中通过单击动作放置顶点。先放置多边形边界的顶点，完成之后，按住键盘上的"Ctrl"键，在多边形内部单击，再放置顶点。完成之后，按"Enter"键，完成带孔洞多边形的创建，效果如图 1.137 所示。

图 2.135　创建折痕之后的效果

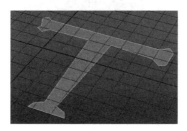
图 2.136　创建的多边形

图 2.137　创建带孔洞的多边形

6.【插入循环边】命令

1）作用

执行该命令，可在多边形网格的整个环形边或部分环形边上插入一条或多条循环边。循环边是由其共享顶点按顺序连接的多边形边的路径。

2）操作方法

步骤 01：打开场景文件，在菜单栏中单击【网格工具】→【插入循环边】命令，将光标移到需要插入循环边的任一边上，如图 2.138 所示。

步骤 02：按住鼠标左键不放，待确定插入的位置后松开鼠标左键，就可插入一条循环边，并且插入的循环边经过光标所在的位置，如图 2.139 所示。

7.【生成洞】命令

1）作用

执行该命令，可在多边形的一个面创建一个洞。

2）操作方法

步骤 01：打开场景文件，选择场景中的两个对象，如图 2.140 所示。

步骤 02：在菜单栏中单击【网格】→【结合】命令，将选择的两个对象结合为一个对象。

步骤 03：在菜单栏中单击【网格】→【生成洞】命令，在视图中单击需要生成洞的面，再单击用来创建洞的面，按"Enter"键即可生成洞，效果如图 2.141 所示。

步骤 04：在【通道盒】中把【合并模式】调节为【中间】模式，如图 2.142 所示。调节模式之后的效果如图 2.143 所示。

图 2.138　光标光标所在的位置

图 2.139　插入的循环边

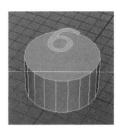

图 2.140　选择的对象

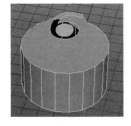

图 2.141　生成的洞

图 2.142　【合并模式】调节为
【中间】模式

图 2.143　调节模式
之后的效果

步骤 05：【生成洞】命令的【合并模式】有 7 种，不同模式的效果如图 2.144 所示。

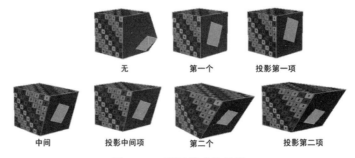

图 2.144　不同模式的效果

8.【多切割】命令

1）作用

执行该命令，可对循环边进行切割、切片和插入。可以沿着切割方向提取或删除边，通过边流和细分模式插入循环边和切割，并在【平滑网格预览】模式下进行编辑。

2）快捷键

【多切割】命令的快捷键为 "Ctrl+Shift+X" 组合键。

3）操作方法

步骤 01：打开场景文件，在菜单栏中单击【网格】→【多切割】→▢图标，打开【工具设置】对话框，在该对话框中勾选【删除面】选项。

步骤 02：在视图中单击一次，确定需要进行多切割的第一个固定点，移动光标确定第

二个顶点,如图 2.145 所示,松开鼠标即可将虚线方向的面进行切割并删除,效果如图 2.146 所示。

步骤 03:在【工具设置】对话框中单击【重置工具】按钮,将参数设置为默认值。

步骤 04:将光标移到需要插入循环边的任一边上,按住"Ctrl"键,单击鼠标左键即可插入一条循环边,如图 2.147 所示。

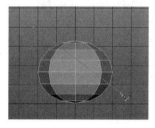
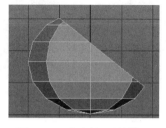
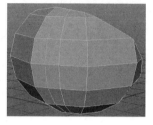

图 2.145 切割线的确定　　　图 2.146 切割之后的效果　　　图 2.147 插入的循环边

步骤 05:执行【多切割】命令,将光标移到对象的顶点、边或面上,然后单击,以添加切割边。添加完毕之后,按"Enter"键结束命令操作,效果如图 2.148 所示。

9.【偏移循环边】命令

1)作用

在所选边的任一侧插入两条循环边。

2)操作方法

步骤 01:打开场景文件,在菜单栏中单击【网格】→【偏移循环边】命令。

步骤 02:将光标移到需要进行偏移的循环边上,按住鼠标左键向上或向下移动,确定偏移的位置,如图 2.149 所示;松开鼠标左键即可创建 2 条循环边,如图 2.150 所示。

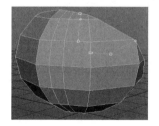

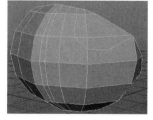

图 2.148 添加的切割边　　　图 2.149 确定需要偏移的　　　图 2.150 创建的 2 条循环边
　　　　　　　　　　　　　　　　　　循环边位置

10.【绘制减少权重】(Paint Reduce Weights)命令

1)作用

在网格上绘制区域以指定要减少多边形的位置。

2)操作方法

步骤 01:打开场景文件,选中场景中的对象,在菜单栏中单击【网格】→【减少】→

■图标，弹出【减少选项】对话框，设置参数，具体设置如图 2.151 所示。单击"减少"按钮，即可得到如图 2.152 所示的效果。

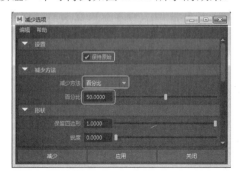

图 2.151 【减少选项】对话框参数设置

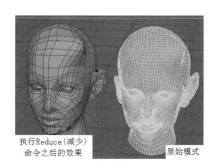

图 2.152 执行【减少】命令之后的效果

步骤 02：确保执行【减少】命令之后的模型被选中，在菜单栏中单击【网格工具】→【绘制减少权重】→■图标，弹出【工具设置】面板，在该面板中"值"的输入框中输入 0.8，如图 2.153 所示。

步骤 03：将光标移到场景中，按住"B"键，同时按住鼠标中键，左右移动光标以调节画笔的大小。

步骤 04：在原始模型上涂抹需要保留的部分，涂抹之后的效果即执行【绘制减少权重】命令之后的效果如图 2.154 所示。

图 2.153 【工具设置】对话框参数设置

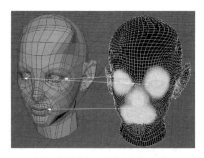

图 2.154 执行【绘制减少权重】命令之后的效果

11.【绘制传递属性】命令

1）作用
该命令基于每个顶点的混合源和目标的属性值，用于控制任一网格对变形结果的影响。

2）操作方法
步骤 01：打开一个场景文件，在该文件中有两个模型，如图 2.155 所示。

步骤 02：将左侧模型的【顶点】属性传递给右边的模型。在菜单栏中单击【网格】→【传递属性】→■图标，弹出【传递属性选项】对话框。在该对话框中设置参数，具体设置如图 2.156 所示。

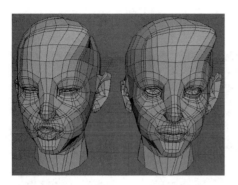

图 2.155　场景中的两个模型

图 2.156　【传递属性选项】对话框参数设置

步骤 03：单击"传递"按钮，即可将左边模型的【顶点】属性传递给右边的模型，效果如图 2.157 所示。

步骤 04：选择被传递属性的模型，在菜单栏中单击【网格】→【绘制传递属性】→▣ 图标，弹出【工具设置】对话框，把绘制权重的值设置为 0.6。

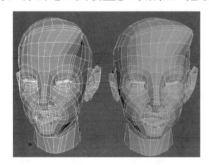

图 2.157　传递【顶点】属性之后的效果

图 2.158　【工具设置】对话框参数设置

步骤 05：将光标移到场景中，按住"B"键，同时按住鼠标中键，左右移动光标以调节画笔的大小。

步骤 06：在被传递属性的模型上涂抹需要保留的位置，涂抹之后的效果即执行【绘制传递属性】之后的效果如图 2.159 所示。

12.【四边形绘制】命令

1）作用

该命令以自然而有机的方式建模，使用简化的单工具工作流重新拓扑化网格。使用手动重新拓扑流程时，可以在保留参考曲面形状的同时，创建整洁的网格。

2）快捷键

【四边形绘制】命令的快捷键为"Ctrl+Shift+Q"组合键。

3）操作方法

步骤 01：打开一个场景文件，在该场景文件中有一个人头的模型，如图 2.160 所示。

步骤 02：单选场景模型，在菜单栏下方的状态行中单击██【激活选定对象】按钮。此时，人头模型被激活吸附功能，如图 2.161 所示。

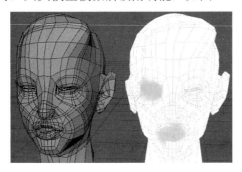 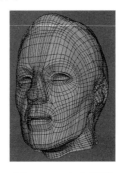 

图 2.159　绘制传递属性之后的效果　　　图 2.160　人头模型　　　图 2.161　人头模型被激活的状态

步骤 03：在菜单栏中单击【网格】→【四边形绘制】命令，此时，光标变成██形态。在激活的人头模型上单击，即可绘制网格点，如图 2.162 所示。

步骤 04：按住 "Shift" 键，将光标移到由已绘制的网格点围成的范围内单击，即可根据网格点绘制网格。根据网格点绘制的网格如图 2.163 所示。

步骤 05：按住 "Tab" 键，将光标移到已绘制的网格边上，并按住鼠标左键进行拖动，即可拖曳出新的网格面，如图 2.164 所示。

步骤 06：按住 "Shift" 键，将光标移到已绘制的网格上，按住鼠标左键进行拖动，即可对已绘制的网格进行松弛操作。松弛操作之后的网格会更好地与模型匹配，如图 2.165 所示。

 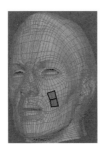 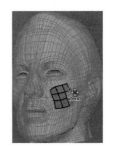 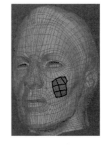

图 2.162　绘制网格点　　图 2.163　根据网格点绘制的网格　　图 2.164　拖曳出的网格面　　图 2.165　松弛操作之后的效果

步骤 07：按住 "Ctrl+Shift" 组合键，将光标移到已绘制的网格面、边或顶点上单击，即可删除绘制网格的面、边或顶点。

步骤 08：按住 "Ctrl+CapsLock" 组合键不放，将光标移到已绘制的网格边上单击，即可插入一条等距的循环边。如果只按住 "Ctrl" 键，将光标移到已绘制的网格的边上单击，就绘制一条经过单击点位置的循环边。

步骤 09：按住 "Tab" 键，同时按住鼠标中键移动光标，即可调节已绘制四边网格的

大小。

步骤 10：按住"Tab"键，同时按住鼠标左键移动光标，即可绘制连续的四边网格。

13. 【雕刻工具】命令组

1）作用

雕刻虚拟 3D 曲面，就像在黏土或其他建模材质上雕刻真正的 3D 对象那样。但这里不是使用黏土，而是使用多边形构建虚拟的 3D 曲面。有关雕刻工具见表 2-1。

表 2-1　有关雕刻工具

工具名称	图标	用途
雕刻（Sculpt）		建立初始形状，并按工具光标边界内所有法线的平均值确定的方向移动顶点。通过【方向（Direction）】设置修改默认值。 在其他雕刻工具已处于活动状态时，按"Ctrl+1"组合键可激活【雕刻（Sculpt）】工具
平滑（Smooth）		通过平均化曲面上顶点的位置，将彼此相对的顶点位置拉平。 在其他雕刻工具已处于活动状态时，按"Ctrl+2"组合键可激活【平滑（Smooth）】工具
松弛（Relax）		平均化曲面上的顶点，而不影响其原始形状。在使用其他雕刻工具时，按"Ctrl+Shift"组合键可暂时激活【Relax（松弛）】工具。 在其他雕刻工具已处于活动状态时，按"Ctrl+3"组合键可激活【松弛（Relax）】工具
抓取（Grab）		选择顶点并基于拖动的距离和方向移动顶点。该工具选项在对模型的形状进行精细调整时很有用。 修改【方向（Direction）】设置以约束工具的运动。例如，"XY"表示约束 XOY 平面中的顶点运动。 按住"Ctrl"键并拖动光标，可沿【平均化法线（Averaged Normal）】方向临时移动顶点。 在其他雕刻工具已处于活动状态时，按"Ctrl+4"组合键可激活【抓取（Grab）】工具
收缩（Pinch）		向工具光标的中心拉近顶点。对于更明晰地定义现有折痕很有用。 在其他雕刻工具已处于活动状态时，按"Ctrl+5"组合键可激活【收缩（Pinch）】工具
展平（Flatten）		通过向共同平面移动顶点，将受影响的顶点拉平。该工具选项对细节设计很有用。 在其他雕刻工具已处于活动状态时，按"Ctrl+6"组合键可激活【展平（Flatten）】工具
泡沫（Foamy）		与【雕刻（Sculpt）】工具类似，但具有更柔和的感觉。该工具选项对设计初始形状很有用，不适用于细节设计。 在其他雕刻工具已处于活动状态时，按"Ctrl+7"组合键可激活【泡沫（Foamy）】工具

续表

工具名称	图标	用途
喷射（Spray）		沿笔画方向随机在图像上盖章，主要用于细化曲面（在默认情况下使用图章图像）。 在其他雕刻工具已处于活动状态时，按"Ctrl+8"组合键可激活【喷射（Spray）】工具
重复（Repeat）		在曲面上创建图案。例如，飞机机翼上的铆钉、拉链效果、布料上的缝线（默认情况下使用图章图像）。 在其他雕刻工具已处于活动状态时，按 "Ctrl+9"组合键可激活【重复（Repeat）】工具
盖印（Imprint）		作用是将图章图像印到曲面中。在网格位置上拖动光标可缩放图章图像大小
上蜡（Wax）		在模型上构建区域，向模型曲面添加材质或从中移除材质
擦除（Scrape）		最小化突出特征。快速计算平面（基于首先放置光标的顶点位置），然后展平平面上方的任一顶点
填充（Fill）		通过计算平面（基于工具光标内顶点的平均值），然后将平面下方的顶点拉向该平面，填充模型曲面上的型腔
修剪（Knife）		切割曲面中的精细笔画（在默认情况下使用图章图像）
涂抹（Smear）		按与曲面上笔画方向的原始位置相切的方向移动顶点
凸起（Bulge）		通过沿自身的法线移动每个受影响的顶点，以创建凸起效果，置换工具下方的区域
放大（Amplify）		与【Flatten（展平）】工具的作用相反。对于细节设计和进一步强调受影响顶点的现有差异（通过移动它们远离共同平面）很有用
冻结（Freeze）		锁定受影响的顶点，以便雕刻时无法修改它们。在默认情况下，已冻结的面显示为蓝色。 在其他雕刻工具已处于活动状态时，按"Ctrl+0"组合键可激活【冻结（Freeze）】工具
转化为冻结（Convert to frozen）		将冻结功能应用于组件选择
打开内容浏览器（Content Browser）		打开【内容浏览器（Content Browser）】中的【雕刻基础网格（Sculpting Base Meshes）】文件夹，在其中可以找到采样对象
创建混合变形		为选定对象创建混合变形
形变编辑器		打开【形变编辑器】，使用雕刻工具编辑变形目标

2）操作方法

雕刻工具的具体操作方法，在此就不一一列举，请读者参考本书光盘上的配套教学视频。

14. 【滑动边】命令

1）作用

重新定位多边形网格上的边或整条循环边的选择。在按住"Shift"键的同时逐条选择边，或者双击某条边以选择整条循环边，然后使用鼠标中键拖动光标以选定边，使与选定边关联的顶点沿它们的共享垂直边移动。或者按住"Shift"键，使用鼠标中键拖动光标以便沿每个顶点的法线方向移动边/循环边。

2）操作方法

步骤 01：在菜单栏中单击【网格】→【滑动边】命令。

步骤 02：选择模型需要进行滑动的【边】或循环边，按住鼠标中键左右移动光标，即可改变选择边的位置且不会改变模型的形态。

15. 【目标焊接】命令

1）作用

合并顶点或边，以便在它们之间创建共享的顶点或边，只能在组件属于同一网格时进行合并。

2）操作方法

（1）【顶点】焊接操作方法。

步骤 01：打开场景文件，在场景中选择模型，在菜单栏中单击【网格】→【目标焊接】命令，模型就自动切换到【顶点】编辑模式。

步骤 02：将光标移到需要焊接的顶点上，按住鼠标左键进行移动，移到目标顶点上松开鼠标即可。如果按住鼠标中键进行移动，移到目标顶点上再松开鼠标，那么焊接的顶点位于焊接点和目标焊接点的中间位置。

（2）边焊接操作方法。

步骤 01：打开场景文件，在场景中选择模型，切换到模型的【边】编辑模式。

步骤 02：在菜单栏中单击【网格】→【目标焊接】命令。

步骤 03：将光标移到需要焊接的边上，按住鼠标左键进行移动，移到目标边上松开即可。如果按住鼠标中键进行移动，移到目标边上松开鼠标，那么焊接的边位于焊接边和目标焊接边的中间位置。

视频播放：关于具体介绍，请观看本书光盘上的配套视频"任务六：【网格工具】菜单组命令介绍.wmv"。

任务七：【网格显示】菜单组命令介绍

在 Maya 2019 中，【网格显示】菜单组包括 23 个命令和 4 个命令组，如图 2.166 所示。各个命令的作用和操作方法如下。

图 2.166 【网格显示】菜单组

1. 【平均】命令

1）作用

用于平均化顶点法线的方向。执行该命令，将影响已进行着色的多边形的外观。

2）操作方法

步骤 01：打开场景文件，选择需要平均化的顶点法线模型。

步骤 02：在菜单栏中单击【网格显示】→【平均】→■图标，弹出【平均化法线选项】对话框。根据要求设置参数，设置完参数之后，单击"平均化法线"按钮。

2. 【一致】命令

1）作用

用于统一选定多边形网格的曲面法线方向。生成的曲面法线方向将基于网格中共享的大多数面的方向。

2）操作方法

步骤 01：打开场景文件，该场景文件中的模型效果如图 2.167 所示，黑色显示的面为法线方向。

步骤 02：选择该模型，在菜单栏中单击【网格显示】→【一致】命令，即可对法线面进行统一方向，效果如图 2.168 所示。

3.【反转】命令

1）作用

反转选定多边形上的法线。也可以指定是否反转用户定义的法线。

2）操作方法

步骤 01：打开场景文件，选择模型并进入模型的"面"编辑模式，选择需要反转的面，如图 2.169 所示。

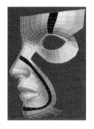

图 2.167　打开的模型效果　　图 2.168　执行【一致】命令之后的效果　　图 2.169　选择的面

步骤 02：在菜单栏中单击【网格显示】→【反转】命令，反转之后的效果如图 2.170 所示。

4.【设置为面】命令

1）作用

将顶点法线设置为与面的法线相同的方向。

2）操作方法

步骤 01：打开场景文件，场景中的模型的"顶点"的法线不统一，有点混乱，如图 2.171 所示。

步骤 02：单选模型，在菜单栏中单击【网格显示】→【设置为面】命令，效果如图 2.172 所示。

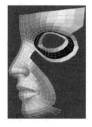

图 2.170　反转之后的效果　　图 2.171　打开场景中的　　　　图 2.172　执行【设置为面】
　　　　　　　　　　　　　　　　　　模型效果　　　　　　　　　　　　命令之后的效果

5.【设置顶点法线】命令

1）作用

该命令的作用是控制顶点法线的位置。执行该命令将影响已进行着色的多边形外观。

默认情况下，Maya 2019 会将法线锁定为其现有值。

2）操作方法

步骤 01：打开场景文件，选择模型并进入模型的【顶点】编辑模式，选择需要设置法线的顶点，如图 2.173 所示。

步骤 02：在菜单栏中单击【网格显示】→【设置顶点法线】→■图标，弹出【设置顶点法线选项】对话框。根据需要设置参数，具体设置如图 2.174 所示。

步骤 03：单击"设置法线"按钮即可，效果如图 2.175 所示。

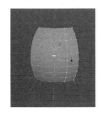  

图 2.173　选择的顶点　　　　图 2.174　具体参数设置　　　　图 2.175　执行【设置顶点法线】
　　　　　　　　　　　　　　　　　　　　　　　　　　　　　　　　命令之后的效果

6.【硬化边/软化边】命令

1）作用

（1）【硬化边】命令的作用是把法线角度设置为 0°，使所有选定边显示硬化渲染效果。

（2）【软化边】命令的作用是把法线角度设置为 180°，使所有选定边显示软化渲染效果。

2）操作方法

步骤 01：启动 Maya 2019，在场景中创建一个 Poly 球体，效果如图 2.176 所示。

步骤 02：单选 Poly 球体，在菜单栏中单击【网格显示】→【硬化边】命令，即可将 Poly 球体进行硬化处理，效果如图 2.177 所示。

步骤 03：单选 Poly 球体，在菜单栏中单击【网格显示】→【软化边】命令即可将 Poly 球体进行软化处理，效果如图 2.178 所示。

图 2.176　创建的 Poly 球体　　　图 2.177　执行【硬化边】　　　图 2.178　执行【软化边】
　　　　　　　　　　　　　　　　　　命令之后的效果　　　　　　　　命令之后的效果

7.【软化/硬化边】命令

1）作用

通过指定法线的角度值来操纵多边形的着色外观。

2）操作方法

步骤 01： 打开场景文件，选择模型。

步骤 02： 在菜单栏中单击【网格显示】→【软化/硬化边】命令。

步骤 03： 在【通道盒】中调节【多变形软化边】参数中的角度值，即可对被选择的模型进行软化和硬化处理。图 2.179 所示为不同角度值下的效果。

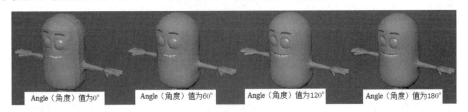

图 2.179　不同角度值下的效果

8.【锁定法线】命令

1）作用

对顶点法线进行锁定，当改变被锁定法线的顶点位置时，顶点法线的方向保持不变。

2）操作方法

步骤 01： 打开场景文件，选择模型并进入模型的顶点编辑模式，选择需要锁定法线的顶点，如图 2.180 所示。

步骤 02： 在菜单栏中单击【网格显示】→【锁定法线】命令，即可对选定的【顶点】法线锁定，法线变成黄色（见本书光盘上的配套视频），如图 2.181 所示。

步骤 03： 调节【顶点】的位置，如图 2.182 所示。被锁定法线的顶点调节位置之后，法线方向不变，而没有被锁定法线的顶点法线方向发生了改变。

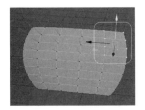

图 2.180　选择的顶点

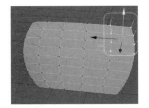

图 2.181　锁定顶点法线
之后的效果

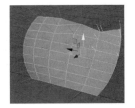

图 2.182　调节顶点位置
之后的效果

9.【解除锁定法线】命令

1）作用

解除顶点法线的锁定。

2）操作方法

步骤 01： 选择模型，切换到【顶点】编辑模式，选择被锁定法线的顶点。

步骤 02： 在菜单栏中单击【网格显示】→【解除锁定法线】命令，解除顶点法线的锁定。此时，读者可以对顶点法线进行编辑和修改。

10. 【顶点法线编辑工具】命令

1）作用

使用操纵器调整用户自定义的顶点（或几个选定的顶点）法线。

2）操作方法

步骤01： 打开场景文件，选择模型，如图2.183所示。

步骤02： 在菜单栏中单击【网格显示】→【顶点法线编辑工具】命令，进入模型顶点法线编辑模式，如图2.184所示。

步骤03： 使用◈（旋转）变换工具，选择顶点法线进行旋转操作，如图2.185所示。旋转之后，模型的着色外观发生了变化。

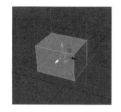
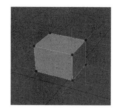
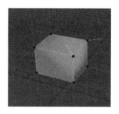

图2.183 选择的模型　　图2.184 顶点法线编辑模式　　图2.185 编辑顶点法线之后的效果

11.【应用颜色】命令

1）作用

添加或移除多边形网格选定顶点上的逐顶点颜色（CPV）。

2）操作方法

步骤01： 打开场景文件，选择模型并进入模型的面编辑模式，选择需要进行应用颜色的面，如图2.186所示。

步骤02： 在菜单栏中单击【网格显示】→【应用颜色】→▣图标，弹出【应用颜色选项】对话框，设置该对话框中的参数，具体设置如图2.187所示。

步骤03： 参数设置完毕，单击"应用颜色"按钮即可。执行【应用颜色】命令之后的效果如图2.188所示。

图2.186 选择的面　　图2.187 【应用颜色选项】　　图2.188 执行【应用颜色】
　　　　　　　　　　　　　对话框参数设置　　　　　　　命令之后的效果

12.【绘制顶点颜色工具】命令

1）作用

使用鼠标或带手写笔的绘图板直接在网格上绘制，在多边形网格上应用逐顶点颜色信息。

2）操作方法

步骤 01： 打开场景文件，选择需要绘制顶点颜色的模型，如图 2.189 所示。

步骤 02： 在菜单栏中单击【网格显示】→【绘制顶点颜色工具】→图图标，弹出【工具设置】对话框。在该对话框中设置参数，具体设置如图 2.190 所示。

步骤 03： 在场景中对模型顶点进行涂抹，涂抹之后的效果如图 2.191 所示。

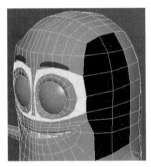
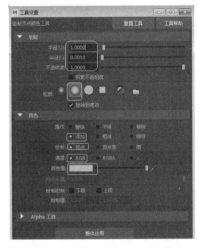
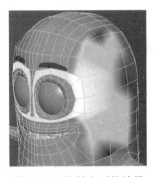

图 2.189　选择的模型　　　图 2.190　【工具设置】对话框参数设置　　　图 2.191　涂抹之后的效果

13.【创建空集】命令

1）作用

为选定的对象创建空的颜色集。

2）操作方法

步骤 01： 打开场景文件，选择需要创建颜色集的对象。

步骤 02： 在菜单栏中单击【网格显示】→【创建空集】命令即可。

14.【删除当前集】命令

1）作用

删除被选择对象的现有颜色集。

2）操作方法

步骤 01： 打开场景文件，选择对象。

步骤 02： 菜单栏中单击【网格显示】→【创建空集】命令即可。

15. 【重命名当前集】命令

1）作用

对现有颜色集进行重命名。

2）操作方法

步骤 01：打开场景文件，选择需要重命名的颜色集对象。

步骤 02：在菜单栏中单击【网格显示】→【重命名当前集】命令，弹出【重命名颜色集】对话框。在该对话框中输入新的颜色集名称，如图 2.192 所示。输入完毕，单击"确定"按钮即可。

16. 【修改当前集】命令

1）作用

给选定的颜色集指定一个 polyColorMod 下游节点，以便把全局颜色修改应用到 HSV 颜色空间或 RGBA 颜色通道基础的颜色集上。适用于此目的的选项也存在颜色集编辑器中。

2）操作方法

步骤 01：打开场景文件，选择对象，如图 2.193 所示。

步骤 02：在菜单栏中单击【网格显示】→【修改当前集】命令，修改【颜色修改器节点】卷展栏中的参数，具体参数设置如图 2.194 所示。调节之后的效果如图 2.195 所示。

  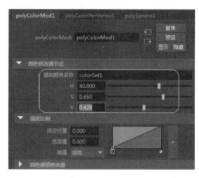

图 2.192 【重命名颜色集】对话框　图 2.193 选择的对象　图 2.194 【颜色修改器节点】参数设置

17.【为顶点颜色设置关键帧】命令

1）作用

为逐顶点颜色属性设置动画关键帧。

2）操作方法

步骤 01：打开场景文件，进入对象的【顶点】编辑模式，选择需要应用颜色的顶点。在菜单栏中单击【网格显示】→【应用颜色】→▢图标，弹出【应用颜色选项】对话框。设置该对话框中的参数，具体设置如图 2.196 所示。单击"应用颜色"按钮，即可把选定的顶点颜色设置为红色，应用颜色之后的效果如图 2.197 所示。

图 2.195　调节之后的效果　　图 2.196　【应用颜色选项】对话框参　图 2.197　应用颜色之后的效果
数设置

步骤 02：在菜单栏中单击【网格显示】→【颜色集编辑器】命令，弹出【颜色集编辑器】。在该编辑器中单选当前的颜色集，如图 2.198 所示。

步骤 03：将时间指针移到第 1 帧，在菜单栏中单击【网格显示】→【为顶点颜色设置关键帧】命令，即可给当前颜色集设定一个颜色关键帧。

步骤 04：将时间指针移到第 10 帧的位置，方法同"步骤 01"，给被选择的【顶点】应用黄色的颜色。

步骤 05：再次在菜单栏中单击【网格显示】→【为顶点颜色设置关键帧】命令，即可给当前的颜色集在第 10 帧的位置设定一个颜色关键帧。

步骤 06：播放动画，可看到颜色由红色逐渐变成黄色（见本书光盘上的配套视频），为顶点颜色设置关键帧之后的效果如图 2.199 所示。

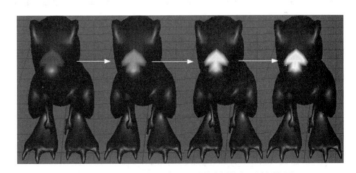

图 2.198　选择当前的颜色集　　　　　图 2.199　为顶点颜色设置关键帧之后的效果

18. 【颜色集编辑器】命令

1）作用

管理所有纹理的颜色集和已完成的预照明工作。

2）操作方法

步骤 01：在菜单栏中单击【网格显示】→【颜色集编辑器】命令，弹出【颜色集编辑器】对话框，如图 2.200 所示。

步骤 02：在该对话框中可以对颜色集进行【新建】、【重命名】、【删除】、【复制】、【修改】、【合并】、【混合】、【上移】和【下移】等操作。

19.【预照明】命令

1）作用

计算来自多边形网格的渲染外观的着色和照明颜色信息，并将其直接保存在网格的逐顶点颜色信息上。此功能也称为"烘焙"照明，它还可以把生成的预照明信息作为纹理贴图导出。

2）操作方法

步骤 01：打开场景文件，在该场景文件中包括一个对象和一束平行光，如图 2.201 所示，在此场景中单选对象模型。

步骤 02：在菜单栏中单击【网格显示】→【预照明】命令，即可对选定的对象进行预照明，效果如图 2.202 所示。

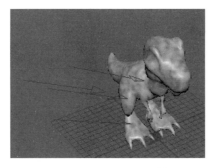
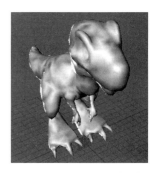

图 2.200　【颜色集编辑器】对话框　　　图 2.201　打开场景文件　　　图 2.202　进行预照明的效果

20.【指定新集】命令组

1）作用

创建新的顶点烘焙集，然后将选定的对象指定给它，以便创建光照贴图。

2）操作方法

步骤 01：打开场景文件，单选对象。

步骤 02：在菜单栏中单击【网格显示】→【指定新集】命令，即可给选定的对象指定一个新集。

21.【指定现有集】命令

1）作用

将选定的对象指定给现有烘焙集。现有烘焙集的列表将显示在下拉列表中以供用户选择。

2）操作方法

步骤 01：打开场景文件，单选对象。

步骤 02：在菜单栏中单击【网格显示】→【指定现有集】命令，弹出现有集列表，如图 2.203 所示。将光标移到需要指定的烘焙集上单击即可。

22.【编辑指定的集】命令

1）作用

显示【属性编辑器】的同时显示当前指定的烘焙集选项卡，以便编辑任一烘焙集属性。

2）操作方法

步骤 01：打开场景文件，单选对象。

步骤 02：在菜单栏中单击【网格显示】→【编辑指定的集】命令，打开【顶点烘焙集属性】面板，如图 2.204 所示。

图 2.203　现有集列表

图 2.204　【顶点烘焙集属性】面板

步骤 03：根据要求进行参数设置即可。

23.【切换显示颜色属性】命令

1）作用

对当前选定的多边形网格启用或禁用【显示颜色】属性。

2）操作方法

步骤 01：打开场景文件，选择对象模型。

步骤 02：在菜单栏中单击【网格显示】→【切换显示颜色属性】命令，即可切换顶点颜色集的启用和禁用。

24.【对材质通道上色】命令组

1）作用

确定现有材质通道和指定的顶点颜色之间的交互。对于"无"以外的所有选项，照明

会影响对象的着色效果。

2）操作方法

步骤 01：打开场景文件，单选已进行预照明的对象。

步骤 02：在菜单栏中单击【网格显示】→【对材质通道上色】命令，弹出二级子菜单，如图 2.205 所示。

步骤 03：将光标移到二级子菜单中的相应命令上单击，即可对材质的不同通道上色。

25.【材质混合设置】命令组

1）作用

将逐顶点颜色（CPV）值与指定的着色材质相混合。

2）操作方法

步骤 01：打开场景文件，单选已进行预照明的对象。

步骤 02：在菜单栏中单击【网格显示】→【材质混合设置】命令，弹出二级子菜单，如图 2.206 所示。

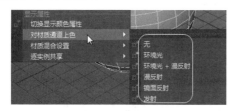

图 2.205 【对材质通道上色】
命令的二级子菜单

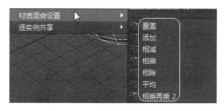

图 2.206 【材质混合设置】
命令的二级子菜单

步骤 03：将光标移到二级子菜单中相应的命令上单击，即可将颜色集与材质通道进行相应的混合。

26.【逐实例共享】命令组

1）作用

设置两个关联对象的颜色集的共享方式，共享方式主要有【选择共享实例】和【共享实例】两种。

【选择共享实例】这一共享方式的作用是显示场景中与选定的实例共享颜色集系列的所有实例。

【共享实例】这一共享方式的作用是将一个实例的颜色集与其他实例共享。先选择具有共享的颜色集的实例，然后选择其他实例。

2）操作方法

步骤 01：打开场景文件，选择关联的对象。

步骤 02：在菜单栏中单击【网格显示】→【逐实例共享】命令，弹出二级子菜单。在弹出的二级子菜单中，选择需要的共享方式命令即可。

视频播放：关于具体介绍，请观看本书光盘上的配套视频"任务七：【网格显示】菜单组命令介绍.wmv"。

七、拓展训练

运用所学知识，参考下图，制作三维模型。

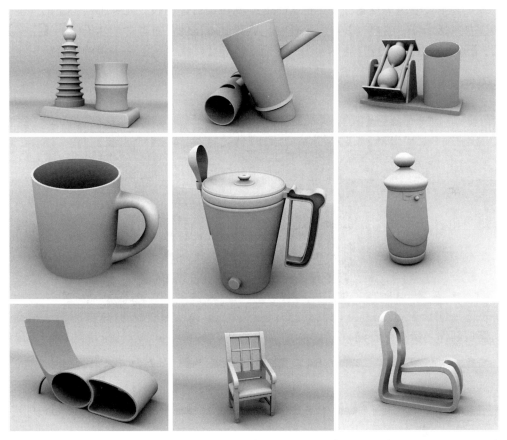

提示：以上模型的具体制作过程演示，请观看本书光盘上的配套视频。原始模型在配套素材的项目文件中。

案例 2　书房一角模型的制作

一、案例内容简介

本案例主要使用本章案例 1 中的 Maya 2019 多边形建模技术制作书房一角的模型。该模型主要包括墙体、窗户、书桌、一体化电脑等。本案例是对多边形建模中的【网格】命令组、【编辑网格】命令组、【网格工具】命令组和【网格显示】命令组的综合应用。

二、案例效果欣赏

三、案例制作（步骤）流程

任务一：墙体模型的制作 ➡ 任务二：窗户模型的制作 ➡ 任务三：书桌模型的制作

任务六：鼠标模型的制作 ⬅ 任务五：键盘模型的制作 ⬅ 任务四：一体化电脑模型的制作

任务七：其他装饰模型的导入

四、制作目的

熟练掌握 Maya 2019 中的【网格】命令组、【编辑网格】命令组、【网格工具】命令组和【网格显示】命令组的综合应用，以及模型结构分析方法和建模的基本流程。

五、制作过程中需要解决的问题

（1）建模过程中各命令的综合应用能力。

（2）一体化电脑主体模型制作的原理、方法和技巧。

（3）键盘模型制作的原理、方法和技巧。

（4）鼠标模型制作的原理、方法和技巧。

（5）文件导入的注意事项。

六、详细操作步骤

本案例通过 7 个任务来完成书房一角模型的制作，主要包括墙体、窗户、书桌、一体化电脑等模型的制作。

任务一：墙体模型的制作

墙体模型的制作主要通过对立方体的编辑来完成。在制作时，要根据脚本和镜头来制作，看不到的模型就不需要制作，只制作能看到的部分。

步骤 01： 在菜单栏中单击【创建】→【多边形基本体】→【立方体】命令。在【透视图】中创建一个立方体并把它命名为"qt"。具体参数设置和效果如图 2.207 所示。

步骤 02： 进入模型的【面】编辑模式，删除多余的面，效果如图 2.208 所示。

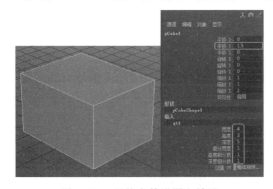

图 2.207　具体参数设置和效果

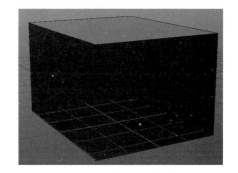

图 2.208　删除多余面之后的效果

步骤 03： 插入循环边，划分出窗户的位置。在菜单栏中单击【网格工具】→【插入循环边】命令，在模型中插入循环边，插入循环边之后的效果如图 2.209 所示。

步骤 04： 挤出窗户。选中需要挤出的面，在菜单栏中单击【编辑网格】→【挤出】命令。对被选择的面进行挤出操作，挤出的效果和参数设置如图 2.210 所示。

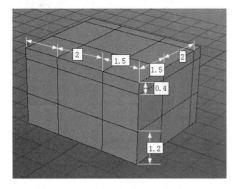

图 2.209　插入循环边之后的效果

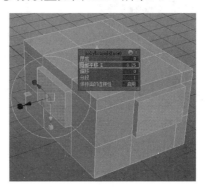

图 2.210　挤出的效果参数设置

步骤 05：提取挤出的面，用于后面的窗户制作。确保挤出的面被选中，在菜单栏中单击【编辑网格】→【提取】命令即可，如图 2.211 所示。

步骤 06：对墙体进行法线翻转。选择墙体模式，在菜单栏中单击【网格显示】→【反向】命令即可，效果如图 2.212 所示。

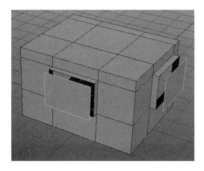
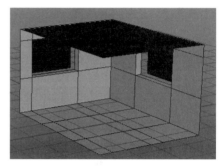

图 2.211　提取的面　　　　　　　图 2.212　执行【反向】命令之后的效果

视频播放：关于具体介绍，请观看本书光盘上的配套视频"任务一：墙体模型的制作.wmv"。

任务二：窗户模型的制作

窗户模型的制作原理是复制前面步骤所提取的面，在复制的面上插入循环边，再对面进行挤出。

步骤 01：单选提取的面，按"Ctrl+D"组合键，复制提取的面。

步骤 02：在复制的面上插入一条循环边。在菜单栏中单击【网格工具】→【插入循环边】命令，插入一条循环边。插入循环边之后的效果如图 2.213 所示。

步骤 03：删除一半的面并复制一份作为制作玻璃备用。按"Ctrl+D"组合键复制一份，单选其中一个平面，再插入一条循环边，效果如图 2.214 所示。

步骤 04：选择模型。进入模型的【面】编辑模式，选择所有面，在菜单栏中单击【编辑网格】→【挤出】命令。对选择的面进行挤出，挤出的效果和参数设置如图 2.215 所示。

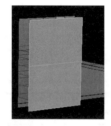
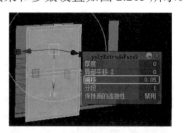

图 2.213　插入循环边之后的效果　　图 2.214　插入第二条循环边　　图 2.215　挤出效果和参数设置

步骤 05：继续挤出面。确保挤出的面被选中，在菜单栏中单击【编辑网格】→【挤出】命令，挤出效果和参数设置如图 2.216 所示。

步骤 06：删除上一步挤出的面。选择最后一次挤出的"面"，按"Delete"键即可，

效果如图 2.217 所示。

步骤 07：进入【边】编辑模式，选择需要挤出的边。在菜单栏中单击【编辑网格】→【挤出】命令，挤出边和参数设置如图 2.218 所示。

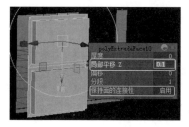

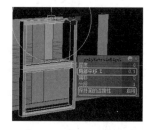

图 2.216　挤出效果和参数设置　　图 2.217　删除面之后的效果　　图 2.218　挤出边和参数设置

步骤 08：对模型进行反向操作。单选窗户，在菜单栏中单击【网格显示】→【反向】命令，效果如图 2.219 所示。

步骤 09：倒角处理。选择需要倒角的边，如图 2.220 所示，在菜单栏中单击【编辑网格】→【倒角】命令即可。倒角参数设置和效果如图 2.221 所示。

图 2.219　执行【反向】　　　　图 2.220　选择需要倒角的边　　图 2.221　倒角参数设置和效果
　　　　命令之后的效果

步骤 10：对前面复制的"面"进行位置调节，并把它作为玻璃模型。单选窗户框架和玻璃，在菜单上单击【网格】→【结合】命令，把两个对象合并成一个对象，命名为"chuanghu01"，如图 2.222 所示。

步骤 11：复制"chuanghu01"。单选"chuanghu01"，按"Ctrl+D"组合键即可复制出一个名为"chuanghu02"的对象。调节"chuanghu01"和"chuanghu02"的位置，效果如图 2.223 所示。

步骤 12：制作另一个窗户，方法同上。最终效果如图 3.224 所示。

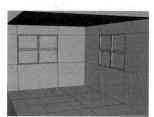

图 2.222　两个对象合并　　　　图 2.223　窗户的位置和效果　　图 2.224　最终效果
　　　　之后的效果

视频播放：关于具体介绍，请观看本书光盘上的配套视频"任务二：窗户模型的制作.wmv"。

任务三：书桌模型的制作

书桌的制作主要通过创建立方体和多边形平面来完成，对创建的立方体和多边形平面进行编辑即可。最终的书桌模型效果如图 2.225 所示。

1．制作桌面模型

步骤 01：创建平面。在菜单栏中单击【创建】→【多边形基本体】→【平面】命令，在【顶视图】中创建一个平面，平面参数设置和效果如图 2.226 所示。

步骤 02：调节【顶点】的位置。进入平面的【顶点】编辑模式，调节顶点的位置，调节之后的效果如图 2.227 所示。

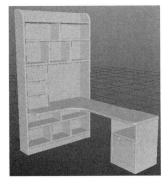
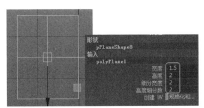

图 2.225　书桌模型效果　　　图 2.226　平面参数设置和效果　　　图 2.227　调节之后的效果

步骤 03：删除多余的面并进行挤出操作。进入平面的【面】编辑模式。删除多余的面，选择留下的面。在菜单栏中单击【编辑网格】→【挤出】命令对面进行挤出操作，挤出效果和参数设置如图 2.228 所示。

步骤 04：进行倒角处理。进入模型的【边】编辑模式，单选需要进行倒角处理的边，在菜单栏中单击【编辑网格】→【倒角】命令即可。倒角效果和参数设置如图 2.229 所示。

图 2.228　挤出效果和参数设置　　　　　图 2.229　前一步骤的倒角效果和参数设置

步骤 05：继续进行倒角处理，方法同上。倒角效果和参数设置如图 2.230 所示，最终效果如图 2.231 所示。

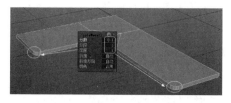

图 2.230 后一步骤的倒角效果和参数设置

图 2.231 最终效果

2. 制作书桌的竖板和横板

书桌的竖板和横板的制作非常简单，主要通过创建立方体，对立方体进行倒角处理和调节顶点来完成。

步骤 01：在【顶视图】创建一个立方体并命名为竖板，效果和参数设置如图 2.232 所示。

步骤 02：对创建的立方体进行倒角处理。进入立方体的【边】编辑模式，在菜单栏中单击【编辑网格】→【倒角】命令，倒角效果和参数设置如图 2.233 所示。

步骤 03：继续选择需要倒角的边进行倒角处理，方法同上。倒角效果和参数设置如图 2.234 所示。

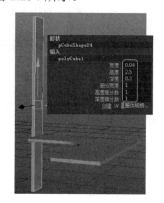

图 2.232 立方体效果和参数设置

图 2.233 前一步骤的倒角效果和参数设置

图 2.234 后一步骤的倒角效果和参数设置

步骤 04：将制作好的竖板复制一份，调整好位置，效果如图 2.235 所示。

步骤 05：继续制作书桌的竖板和横板，方法同上。最终效果如图 2.236 所示。

3. 制作书桌的柜门和背板

书桌的柜门主要通过创建平面并对平面进行【顶点】调节、对【面】进行挤出和对"边"进行倒角处理来制作。

步骤 01：创建一个平面。在菜单栏中单击【创建】→【多边形基本体】→【平面】命令，在【前视图】中创建一个平面，效果和参数设置如图 2.237 所示。

步骤 02：调节顶点并删除多余的面。进入平面的【顶点】编辑模式，调整顶点的位置，删除多余的面，效果如图 2.238 所示。

步骤 03：对剩余的面进行挤出操作。进入平面的【面】编辑模式，选择所有面，在菜单栏中单击【编辑网格】→【挤出】命令，对面进行挤出操作，挤出效果和参数设置如图 2.229 所示。

步骤 04：对边进行倒角操作。选择需要进行倒角的边，在菜单栏中单击【编辑网格】→【倒角】命令即可。倒角效果和参数设置如图 2.240 所示。

图 2.235　复制并调整好
竖板的位置

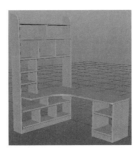

图 2.236　书桌竖板和
横板的最终效果

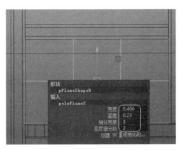

图 2.237　平面效果和
参数设置

图 2.238　调节顶点和删除多余
面之后的效果

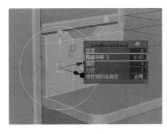

图 2.239　挤出效果和挤出
参数

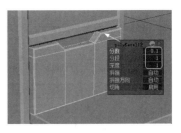

图 2.240　倒角效果和
参数设置

步骤 05：继续制作其他的柜门并调整好位置，方法同上。最终效果如图 2.241 所示。

步骤 06：书桌的背板制作非常简单，只须创建一个立方体并调整好其位置即可，最终效果如图 2.242 所示。

步骤 07：打开墙体模型，调整好书桌与墙体之间的位置，最终效果如图 2.243 所示。

图 2.241　书桌柜门的
最终效果

图 2.242　背板最终
效果

图 2.243　调节好位置之后的
最终效果

视频播放：关于具体介绍，请观看本书光盘上的配套视频"任务三：书桌模型的制作.wmv"。

任务四：一体化电脑模型的制作

一体化电脑模型的制作过程如下：创建多边形基本体，给多边形基本体插入循环边，然后进行倒角和调节顶点。一体化电脑模型效果如图 2.244 所示。

1. 制作一体化电脑的显示器

步骤 01：创建显示器模型。在菜单栏中单击【创建】→【多边形基本体】→【立方体（Cube）】命令，在【顶视图】中创建一个立方体，把它作为显示器模型，效果和参数设置如图 2.245 所示。

步骤 02：通过插入循环边来划分显示器的结构。在菜单栏中单击【网格工具】→【插入循环边】命令，在模型中插入循环边，插入循环边之后的效果如图 2.246 所示。

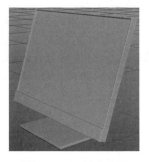

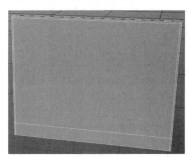

图 2.244　一体化电脑　　　图 2.245　显示器模型效果和　　　图 2.246　插入循环边
　　　模型效果　　　　　　　　　　参数设置　　　　　　　　　　　之后的效果

步骤 03：进行挤出操作。选择需要进行挤出的面，在菜单栏中单击【编辑网格】→【挤出】命令，对面进行挤出操作挤出效果和参数设置如图 2.247 所示。

步骤 04：再继续选择需要进行挤出的面进行操作，挤出效果和参数设置如图 2.248 所示。

步骤 05：进行倒角处理。选择需要倒角的模型对象，在菜单栏中单击【编辑网格】→【倒角】命令即可。倒角效果和参数设置如图 2.249 所示。

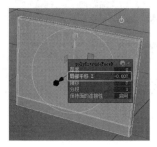

图 2.247　前一步骤的挤出　　　图 2.248　后一步骤的挤出　　　图 2.249　倒角效果和
　　　效果和参数设置　　　　　　　　效果和参数设置　　　　　　　　参数设置

2. 制作一体化电脑的主体模型

步骤 01：创建立方体。在菜单栏中单击【创建】→【多边形基本体】→【立方体】命令，在【侧视图】中创建一个立方体作为一体化电脑的主体模型、效果和参数设置如图 2.250 所示。

步骤 02：调节边的位置并进行挤出操作。进入模型的【边】编辑模式，选择边进行位置调节，然后进入【面】编辑模式，选择需要挤出的面。在菜单栏中单击【编辑网格】→【挤出】命令，对面进行挤出，挤出效果和参数设置如图 2.251 所示。

步骤 03：继续选择面进行挤出操作。并调节其顶点位置，效果如图 2.252 所示。

 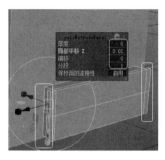 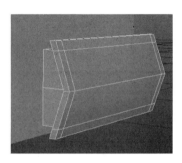

图 2.250　一体化电脑的主体
模型、效果和参数设置　　图 2.251　挤出效果和参数设置　　图 2.252　挤出面并调节其顶点
位置之后的效果

步骤 04：倒角处理。单选模型后，在菜单栏中单击【编辑网格】→【倒角】命令即可。倒角效果和参数设置如图 2.253 所示。

步骤 05：创建立方体。在菜单栏中单击【创建】→【多边形基本体】→【立方体】命令，在【前视图】中创建一个立方体作为一体化电脑主体的上半部分，效果和参数设置如图 2.254 所示。

步骤 06：再次倒角处理。单选模型后，在菜单栏中单击【编辑网格】→【倒角】命令即可。倒角效果和参数设置如图 2.255 所示。

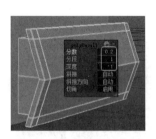 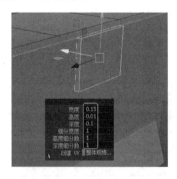 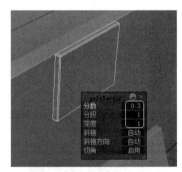

图 2.253　前一步骤的倒角效
果和参数设置　　图 2.254　效果和参数设置　　图 2.255　后一步骤的倒角效果
和参数设置

3. 制作一体化电脑的标志

步骤 01：创建圆柱体。在菜单栏中单击【创建】→【多边形基本体】→【圆柱体】命令，在【前视图】中创建一个圆柱体作为一体化电脑的标志。圆柱体的效果和参数设置如图 2.256 所示。

步骤 02：倒角处理。单选需要倒角的面，在菜单栏中单击【编辑网格】→【倒角】命令，倒角效果和参数设置如图 2.257 所示。

步骤 03：将制作好的标志复制一份并进行缩放操作，调节好其位置，把它作为显示器前面的标志。

步骤 04：进行结合处理。选择所有对象，在菜单栏中单击【网格】→【结合】命令即可。一体化电脑主体模型的前后面效果如图 2.258 所示。

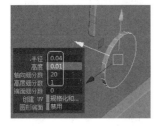
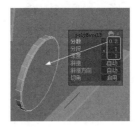

图 2.256　圆柱体的效果和　　　图 2.257　倒角效果和　　　图 2.258　一体化电脑主体模型的
　　　　　参数设置　　　　　　　　　参数设置　　　　　　　　　　　前后面效果

4. 制作一体化电脑的支架和底座模型

步骤 01：制作底座。在菜单栏中单击【创建】→【多边形基本体】→【立方体】命令。在【顶视图】中创建一个立方体，把它作为一体化电脑的底座模型，效果和参数设置如图 2.259 所示。

步骤 02：进行倒角处理。单选底座的底面，在菜单栏中单击【编辑网格】→【倒角】命令即可。倒角效果和参数设置如图 2.260 所示。

步骤 03：继续倒角处理。单选底座模型，执行【倒角】命令，【倒角】参数设置和效果如图 2.261 所示。

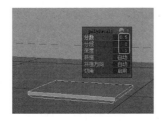

图 2.259　底座效果和　　　图 2.260　前一步骤的倒角　　　图 2.261　后一步骤的倒角
　　　　　参数设置　　　　　　　参数设置和效果　　　　　　　效果和参数设置

步骤 04：制作支架。在菜单栏中单击【创建】→【多边形基本体】→【立方体】命令。在【侧视图】中创建一个立方体，把它作为一体化电脑的支架模型，效果和参数设置如

图 2.262 所示。

步骤 05：调整顶点的位置。先将一体化电脑的主体部分旋转 30°左右，进入支架的【顶点】编辑模式。调整顶点的位置，调整顶点位置之后的效果如图 2.263 所示。

步骤 06：倒角处理。单选支架模型，在菜单栏中单击【编辑网格】→【倒角】命令即可。倒角效果和参数设置如图 2.264 所示。

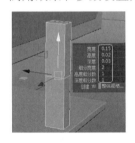
图 2.262　支架的效果和参数设置

图 2.263　调整顶点位置之后的效果

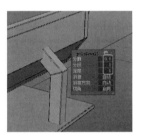
图 2.264 效果和参数设置

步骤 07：挤出操作。选择支架转角处的面，在菜单栏中单击【编辑网格】→【挤出】命令，对面进行挤出。挤出效果和参数设置如图 2.265 所示。

步骤 08：进行结合操作。选择电脑主体部分、支架和底座，在菜单栏中单击【网格】→【结合】命令即可。结合之后的效果如图 2.266 所示。

图 2.265　挤出效果和参数设置

图 2.266　结合之后的效果

视频播放：关于具体介绍，请观看本书光盘上的配套视频"**任务四：一体化电脑模型的制作.wmv**"。

任务五：键盘模型的制作

键盘模型的制作分按键和托盘两部分。先制作按键，根据键盘按键的分布情况，复制已制作好的按键进行布局；再根据按键的布局制作键盘托盘。键盘的最终效果如图 2.267 所示。

1. 制作键盘的按键

步骤 01：创建一个立方体，作为按键的基础模型。在菜单栏中单击【创建】→【多边形基本体】→【立方体】命令，在【顶视图】中创建一个立方体，先把它作为一体化电脑

的支架，效果和参数设置如图 2.268 所示。

图 2.267　键盘的最终效果

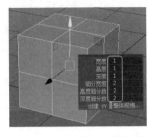

图 2.268　效果和参数设置

步骤 02：倒角操作。进入模型的【边】编辑模式，选择需要进行倒角的边，在菜单栏中单击【编辑网格】→【倒角】命令即可。倒角效果和参数设置如图 2.269 所示。

步骤 03：进行缩放和位置调节。进入模型的【顶点】编辑模式，选择需要缩放的【顶点（Vertex）】进行缩放操作和位置调节，效果如图 2.270 所示。

步骤 04：再次倒角操作。选择需要进行倒角操作的"边"，在菜单栏中单击【编辑网格】→【倒角】命令，调节倒角参数。具体的参数设置需要根据倒角效果而定，倒角处理之后的效果如图 2.271 所示。

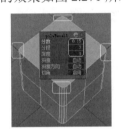

图 2.269　倒角效果和
参数设置

图 2.270　缩放和位置
调整之后的效果

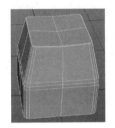

图 2.271　倒角处理
之后的效果

步骤 05：复制操作。将制作好的按键复制 15 个并调整好其位置，如图 2.272 所示。

步骤 06：调整顶点位置。删除右侧倒数第 2 个按键，进入右侧的第 1 个按键的【顶点】编辑模式，然后调整按键的位置，调节之后的效果如图 2.273 所示。

步骤 07：继续复制按键并调整其顶点位置。选择所有按键，进行复制、位置调整和首尾按键顶点位置的调整，效果如图 2.274 所示。

图 2.272　复制并调整好按键位置

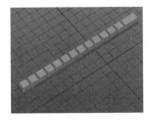

图 2.273　调位置之后的效果

图 2.274　步骤 07 的效果

步骤 08：再继续复制按键并调整其顶点位置，最终的键盘按键效果如图 2.275 所示。

图 2.275　最终的键盘按键效果

步骤 09：结合操作。选择所有键盘按键，在菜单栏中单击【网格】→【结合】命令即可。

2. 制作键盘的托盘模型

键盘的托盘模型制作比较简单。详细步骤如下。

步骤 01：创建一个立方体，调整顶点的位置，最终效果如图 2.276 所示。

步骤 02：插入循环边。在菜单栏中单击【网格工具】→【插入循环边】命令，在模型中插入循环边。插入循环边之后的效果如图 2.277 所示。

图 2.276　创建的立方体效果

图 2.277　插入循环边之后的效果

步骤 03：进行挤出操作。选择需要挤出的面，在菜单栏中单击【编辑网格】→【挤出】命令，对面进行挤出操作，挤出效果和参数设置如图 2.278 所示。

步骤 04：倒角处理。选择需要倒角的边，在菜单栏中单击【编辑网格】→【倒角】命令，根据效果调节倒角参数。经过多次倒角之后的效果如图 2.279 所示。

图 2.278　挤出效果和参数设置

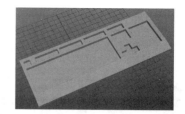

图 2.279　经过多次倒角处理之后的效果

步骤 05：继续倒角处理。选择键盘托盘 4 个竖边，进行倒角处理。倒角的参数调节根据倒角的效果而定，倒角处理之后的效果如图 2.280 所示。

步骤 06：结合和缩放操作。选择键盘的按键和托盘，在菜单栏中单击【网格】→【结合】命令，将结合的键盘进行缩放和位置调节。结合和缩放之后的效果如图 2.281 所示。

图 2.280　键盘托盘 4 个竖边在倒角处理之后的效果　　图 2.281　结合和缩放之后的效果

视频播放：关于具体介绍，请观看本书光盘上的配套视频"任务五：键盘模型的制作.wmv"。

任务六：鼠标模型的制作

鼠标模型的制作主要通过创建球体并对球体进行编辑和调节来制作。制作方法比较简单，但对用户的造型能力要求比较高。

1. 制作鼠标的主体部分

步骤 01：创建一个球体。在菜单栏中单击【创建】→【多边形基本体】→【球体】命令，在【前视图】中创建一个球体作为鼠标的基础模型。球体效果和参数设置如图 2.282 所示。

步骤 02：进入创建球体的【面】编辑模式，删除多余的面。删除多余面之后的效果如图 2.283 所示。

步骤 03：添加【晶格】变形器。大型的调节主要通过【晶格】命令来完成。单选对象，在菜单栏中单击【变形】→【晶格】命令，就可给被选择的对象添加【晶格】变形器。【晶格】变形器的参数设置如图 2.284 所示。

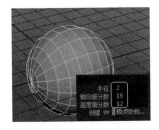

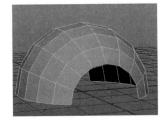

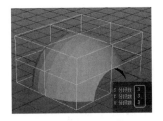

图 2.282　球体效果和　　　图 2.283　删除多余面　　　图 2.284　【晶格】变形器的
　　参数设置　　　　　　　之后的效果　　　　　　　　参数设置

步骤 04：调节大型。切换到【晶格】变形器的【晶格点】编辑模式，使用缩放和移动工具进行调节。调节之后的效果如图 2.285 所示。

步骤 05：删除历史记录。在菜单栏中单击【编辑】→【按类型删除】→【历史】命令，删除变形之后的历史记录。

步骤 06：桥接处理。选择需要进行桥接处理的"边"，在菜单栏中单击【编辑网格】

→【桥接】命令即可，效果和参数设置如图 2.286 所示。

步骤 07：合并顶点。选择需要合并的两个顶点，在菜单栏中单击【编辑网格】→【合并到中心】命令即可，合并之后的效果如图 2.287 所示。

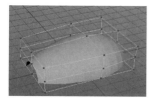

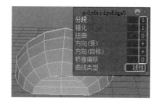

图 2.285　调节之后的效果　　图 2.286　桥接效果和参数设置　　图 2.287　合并之后的效果

步骤 08：对模型的另一端进行桥接和合并，方法同上。

步骤 09：删除模型的一半面。进入模型的【面】编辑模式，删除模型的一半面，如图 2.288 所示。

步骤 10：实例复制。单选模型，在菜单栏中单击【编辑】→【特殊复制】→■图标，弹出【特殊复制选项】选项对话框。该对话框的参数设置如图 2.289 所示，单击【特殊复制】按钮即可，效果如图 2.290 所示。

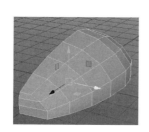

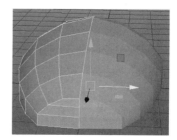

图 2.288　删除一半面的　　　图 2.289　【特殊复制选项】　　图 2.290　特殊复制的效果
　　　　　　效果　　　　　　　　　　对话框参数设置

步骤 11：给模型添加边。单选模型，在菜单栏中单击【网格工具】→【多切割】命令，单击需要进行切割的顶点和边，最后按"Enter"键，完成边的添加，效果如图 2.291 所示。

步骤 12：继续给鼠标模型添加边并调节"顶点"，添加边并调节之后的效果和平滑处理之后的最终效果如图 2.292 所示。

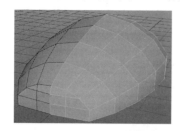

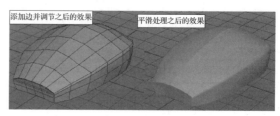

图 2.291　添加边后的效果　　　　图 2.292　添加边并调节之后的效果和平滑处理之后的效果

步骤 13：提取面。选择需要提取的面，如图 2.293 所示。在菜单栏中单击【编辑网格】→【提取】命令，即可将选择的面提取出来，效果和参数设置如图 2.294 所示。

步骤 14：按照步骤 10，把模型以实例方式进行镜像复制，效果如图 2.295 所示。

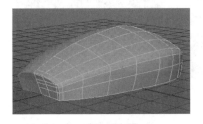
图 2.293　选择需要提取的面

图 2.294　提取面的效果和
参数设置

图 2.295　镜像复制的
效果

步骤 15：进行挤出和调整顶点位置。进入模型的【边】编辑模式，选择如图 2.296 所示的边。在菜单栏中单击【编辑网格】→【挤出】命令，对面进行挤出操作，挤出效果和参数设置如图 2.297 所示。

步骤 16：重复步骤 15，对鼠标的下部分进行挤出并调整顶点位置，最终效果如图 2.298 所示。

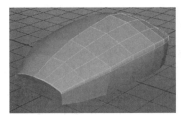
图 2.296　选择的边

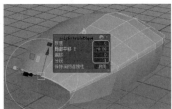
图 2.297　挤出效果和参数设置

图 2.298　最终效果

2. 制作鼠标的细节和滚轮

1）制作鼠标的细节

鼠标的细节主要通过添加循环边、删除面和挤出边的方法来制作。

步骤 01：添加循环边。选择对象，在菜单栏中单击【网格工具】→【插入循环边】命令，在模型中插入循环边，插入循环边之后的效果如图 2.299 所示。

步骤 02：挤出循环边。选择如图 2.300 所示的循环边，在菜单栏中单击【编辑网格】→【挤出】命令对面进行挤出操作。挤出效果和参数设置如图 2.301 所示。

步骤 03：平滑处理之后的效果如图 2.302 所示。选中所有对象，在菜单栏中单击【网格】→【结合】命令合并所有选择对象。

步骤 04：合并顶点。选择需要合并的两个顶点，在菜单栏中单击【编辑网格】→【合并到中心】命令即可，使用相同方法继续合并顶点，如图 2.303 所示。

步骤 05：进行挤出操作。选择如图 2.304 所示的循环边，在菜单栏中单击【编辑网格】→【挤出】命令，进行适当缩放操作，再继续挤出一次并缩放操作，最终效果如图 2.305 所示。

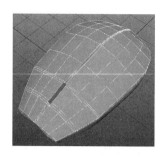

图 2.299　插入循环边之后的效果

图 2.300　选择的循环边

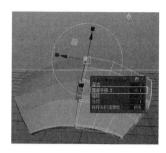

图 2.301　挤出效果和参数设置

图 2.302　平滑处理
之后的效果

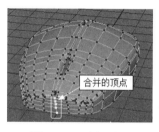

图 2.303　选择需要
合并的顶点

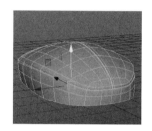

图 2.304　选择需要挤出的
循环边

2）制作鼠标的滚轮

鼠标的滚轮主要通过创建一个球体，并对球体进行缩放和调节来制作。

步骤 01：制作滚轮。在菜单栏中单击【创建】→【多边形基本体】→【球体】命令，在【侧视图】中创建一个球体，并对球体进行缩放操作。制作的滚轮效果如图 2.306 所示。

步骤 02：结合操作。单选鼠标的滚轮和鼠标主体，在菜单栏中单击【网格】→【结合】命令，结合所有选择对象。对鼠标进行缩放操作以匹配场景，效果如图 2.307 所示。

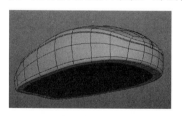

图 2.305　挤出并缩放 2 次之后的效果

图 2.306　制作的滚轮效果

图 2.307　匹配场景的效果

视频播放：关于具体介绍，请观看本书光盘上的配套视频“任务六：鼠标模型的制作.wmv”。

任务七：其他装饰模型的导入

书房中一般还摆放书籍、笔筒和挂画等物品。在此，建议读者在平时多制作一些常用模型，建立自己的模型库，在以后的项目制作中遇到相同的模型时直接导入即可。

在本任务中主要以导入书籍模型为例，介绍怎样导入书籍模型。

步骤 01：导入模型。将【透视图】设置为当前视图，在菜单栏中单击【文件】→【导入…】命令，弹出【导入】对话框，选择需要导入的文件，如图 2.308 所示。

步骤 02：单击"导入"按钮，把"shuji"文件导入场景中。

步骤 03：缩放模型大小并调整位置。使用■移动工具、■旋转工具和■缩放工具对导入的模型进行大小缩放和位置调整，最终效果如图 2.309 所示。

步骤 04：重复以上步骤，继续导入其他装饰模型并调节模型的大小和位置。书房一角的最终效果如图 2.310 所示。

图 2.308　在【导入】对话框选择
需要导入的文件

图 2.309　导入书籍
之后的最终效果

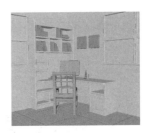
图 2.310　书房一角的
最终效果

视频播放：关于具体介绍，请观看本书光盘上的配套视频"任务七：其他装饰模型的导入.wmv"。

七、拓展训练

应用所学知识，参考下图，制作三维模型。

提示：以上模型的具体制作过程演示，请观看本书光盘上的配套视频。原始模型在配套素材的项目文件中。

案例 3　汽车轮胎模型的制作

一、案例内容简介

　　本案例主要使用多边形建模技术来制作汽车轮胎模型。汽车轮胎主要分外胎和轮毂两部分，外胎通过对圆环基本体进行编辑和调节来制作，轮毂主要通过对圆柱体进行编辑和调节来制作。汽车模型制作的重点是熟练掌握轮胎的结构并找出轮胎的重复结构。对重复的部分只做一个模型，然后进行实例复制，最后对复制的模型进行结合和合并操作。

二、案例效果欣赏

三、案例制作（步骤）流程

任务一：项目文件的创建和参考图的导入　➡　任务二：制作汽车轮胎的外胎模型

⬇

任务四：制作汽车轮胎的螺丝模型　⬅　任务三：制作汽车轮胎的轮毂模型

四、制作目的

　　提高多边形建模技术的综合应用能力，掌握分析模型结构的能力、方法和技巧。熟练掌握汽车轮胎制作的方法和技巧。

五、制作过程中需要解决的问题

　　（1）多边形建模命令的综合应用。

　　（2）汽车轮胎的结构。

　　（3）汽车轮胎制作的原理、方法和技巧。

六、详细操作步骤

本案例通过 4 个任务介绍汽车轮胎模型的制作。

任务一：项目文件的创建和参考图的导入

汽车轮胎模型主要通过参考图来制作。在制作模型之前，先介绍怎样将参考图导入场景中。

1. 创建项目文件

步骤 01：启动 Maya 2019。

步骤 02：在菜单栏中单击【文件】→【项目窗口】，弹出【项目窗口】对话框。在该对话框中设置项目的名称和保存路径，具体设置如图 2.311 所示。

步骤 03：单击"接受"按钮，完成项目文件的创建。

2. 导入参考图

参考图的导入通过在创建的平面上添加贴图来完成。

步骤 01：创建平面。在菜单栏中单击【创建】→【多边形基本体】→【平面】命令，在【前视图】中创建一个平面，效果和参数设置如图 2.312 所示。

步骤 02：给平面添加材质。将光标移到已创建的平面上，单击鼠标右键，弹出快捷菜单。在弹出的快捷菜单中单击【指定新材质…】命令，弹出【创建新材质】对话框；在该对话框中单击【兰伯特】材质，即可给平面添加一个【兰伯特】材质。

步骤 03：单选平面，按"Ctrl+A"组合键，打开【属性编辑器】面板。单击该面板中的【公用材质属性】卷展栏参数中的【颜色】选项右边的■图标，弹出【创建渲染节点】对话框；在该对话框中单击【文件】节点命令，切换到【属性编辑器】面板；在该面板中单击【文件属性】卷展栏中【图像名称】右边的■图标，弹出【打开】对话框；在该对话框中单选需要导入的参考图，然后单击"打开"按钮。导入的参考图和平面的参数设置如图 2.313 所示。

图 2.311　【项目窗口】
对话框设置

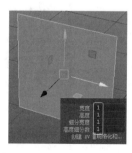

图 2.312　创建的平面效果和
参数设置

图 2.313　导入的参考图和
平面的参数设置

步骤 04：复制平面。使用旋转和移动工具，对平面进行旋转和位置调整。调整好位置的参考图效果如图 2.314 所示。

步骤 05：创建显示层。框选 2 个参考平面，在【通道盒】中的【显示】面板中单击 ▣【创建新层并指定选定对象】按钮，创建一个新的图层并将选定的参考平面添加到该图层中，如图 2.315 所示。

步骤 06：双击"Layer1"图标，弹出【编辑层】对话框。在该对话框中将名称设置为"cankaotu"，单击"保存"按钮，即可对图层重命名。连续两次单击重命名图层中的 ▣ 图标，即可将参考图锁定。【显示】面板状态如图 2.316 所示。

图 2.314 调节好位置的参考图效果　　图 2.315 创建的显示图层　　图 2.316 【显示】面板状态

视频播放：关于具体介绍，请观看本书光盘上的配套视频"任务一：项目文件的创建和参考图的导入.wmv"。

任务二：制作汽车轮胎的外胎

汽车外胎模型制作的难点是外胎花纹的制作，外胎花纹制作需要使用【四边形绘制】命令，以绘制外胎花纹的面，然后对【面】进行挤出操作，最后对挤出的模型进行实例复制。

步骤 01：绘制圆环并调节。在菜单栏中单击【创建】→【多边形基本体】→【圆环】命令。在【前视图】中创建一个圆环，并对圆环的边进行缩放操作，如图 2.317 所示。效果和参数设置如图 2.318 所示。

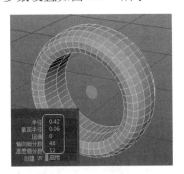
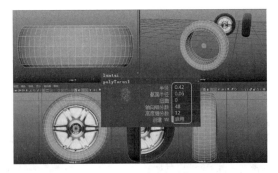

图 2.317 创建的圆环和参数设置　　　　图 2.318 效果和参数设置

步骤 02：激活选定对象。先单选创建的圆环，再单击 ▣（激活选定对象）按钮即可。

步骤 03：绘制花纹。在菜单栏中单击【网格工具】→【四边形绘制】命令，在【侧视图】中绘制顶点，如图 2.319 所示。按住"Shift"键，将光标移到已绘制的 4 个顶点所围

成的范围内单击，即可形成一个四边面，继续单击即可创建一个多边形网格，如图 2.320 所示。

步骤 04：单击 (激活选定对象) 按钮退出对象激活状态。

步骤 05：挤出操作。单选绘制的多边形网格，在菜单栏中单击【编辑网格】→【挤出】命令，对已绘制的多边形网格进行挤出操作，挤出效果和参数设置如图 2.321 所示。

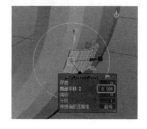

图 2.319　绘制的顶点　　　图 2.320　绘制的多边形网格　　　图 2.321　挤出效果和参数设置

步骤 06：对挤出的对象进行复制操作。单选需要挤出的对象，在菜单栏中单击【编辑】→【特殊复制】→ 图标，弹出【特殊复制选项】对话框，该对话框的具体参数设置如图 2.322 所示。单击"特殊复制"按钮，即可把选定的对象复制 45 个，如图 2.323 所示。

步骤 07：删除面并合并对象。将挤出的对象背面的面删除，然后框选所有挤出的对象，在菜单栏中单击【网格】→【结合】命令，把所有对象结合成一个对象，并把它命名为"huawen01"，最终效果如图 2.324 所示。

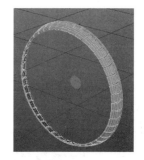

图 2.322　【特殊复制选项】　　　图 2.323　复制 45 个对象　　　图 2.324　最终效果
　　　　　对话框参数设置　　　　　　　之后的效果

步骤 08：继续制作"huawen02""huawen03"和"huawen04"。这些花纹的制作方法与"huawen01"花纹制作的方法完全相同，只是复制时的角度值不同而已。具体效果和旋转的角度大小如图 2.325 所示。

步骤 09：打开"步骤 01"所绘制的圆环，删除圆环内侧的两个循环面，再将圆环和花纹全部选中；在菜单栏中单击【网格】→【结合】命令，即可将圆环和花纹结合成一个对象并命名为"luntai"，外胎效果如图 2.236 所示。

图 2.325　不同旋转角度下外胎的花纹效果

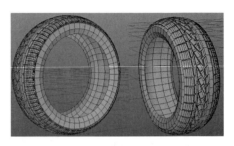

图 2.326　外胎的最终效果

视频播放：关于具体介绍，请观看本书光盘上的配套视频"任务二：制作汽车轮胎的外胎模型.wmv"。

任务三：制作汽车轮胎的轮毂模型

汽车轮胎的轮毂制作方法：先创建一个圆柱体，再删除圆柱基本体多余的面，只留圆柱体的顶面；最后根据轮毂的结构对顶面进行挤出、调节、缩放等相关操作。

步骤 01：创建一个圆柱体。在菜单栏中单击【创建】→【多边形基本体】→【圆柱体】命令，在【前视图】中创建一个圆柱体，具体参数设置及其在各个视图中的位置如图 2.327 所示。

步骤 02：删除多余的面。进入圆柱体的【面】编辑模式，删除多余的面，只留圆柱体的顶面，如图 2.328 所示。

步骤 03：挤出操作。选择剩余面的轮廓边，在菜单栏中单击【编辑网格】→【挤出】命令即可对选择的轮廓边进行挤出操作和缩放操作。继续挤出和缩放操作，最后删除中间的三角面，最终效果如图 2.329 所示。

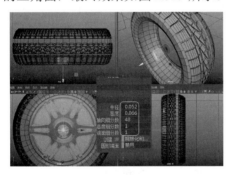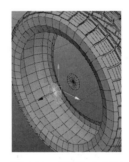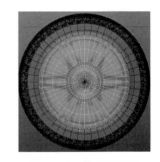

图 2.327　具体参数设置及其在各个　　　　图 2.328　删除多余面　　　图 2.329　继续挤出和
　　　　　　视图中的位置　　　　　　　　　　　　之后的效果　　　　　　　缩放之后的效果

步骤 04：删除多余面并调整顶点位置。根据轮毂的结构，删除多余的面，只留顶面的六分之一，调整顶点的位置，效果如图 2.230 所示。

步骤 05：插入循环边并调整顶点位置。在菜单栏中单击【网格工具】→【插入循环边】命令，插入 4 条循环边并调整位置，效果如图 2.331 所示。

步骤 06：挤出面和调整顶点位置。选择需要挤出的 4 个面，在菜单栏中单击【编辑网

格】→【挤出】命令，对被选择的面进行挤出操作并删除多余的面，对顶点位置进行调整，效果如图 2.332 所示。

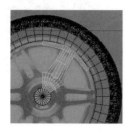

图 2.330　删除多余面并调整
顶点位置之后的效果

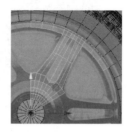

图 2.331　插入 4 条循环
边的效果

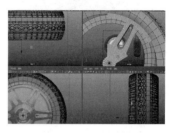

图 2.332　挤出和调整顶点
位置之后的效果

步骤 07：复制操作。单选需要进行复制的对象，在菜单栏中单击【编辑】→【特殊复制】→■图标，弹出【特殊复制选项】对话框，该对话框的具体参数设置如图 2.333 所示。单击"特殊复制"按钮，即可将选定的对象复制 5 个，如图 2.334 所示。

步骤 08：结合和合并操作。框选所有对象，先在菜单栏中单击【网格】→【结合】命令，然后再在菜单栏中单击【编辑网格】→【合并】命令，即可对顶点进行合并操作。结合和合并之后的效果如图 2.335 所示。

图 2.333　【特殊复制选项】
对话框参数设置

图 2.334　复制 5 个对象
之后的效果

图 2.335　结合和合并
之后的效果

步骤 09：挤出、缩放和位置调整操作。选择需要进行挤出的边，在菜单栏中单击【编辑网格】→【挤出】命令，即可对被选择的边进行挤出操作，然后对挤出的边进行缩放和位置调整；最后根据轮毂结构继续对边进行挤出、缩放和位置调整操作，效果如图 2.336 所示。

步骤 10：继续挤出、缩放和位置调整操作，方法同上。根据轮毂结构，继续选择循环边进行挤出和位置调整，最终效果如图 2.337 所示。

步骤 11：制作轮胎标志盖。单击【创建】→【多边形基本体】→【球体】命令，在【前视图】中创建一个球体，然后删除球体的一半，对剩余的一半球体进行压缩操作，最终效果如图 2.338 所示。

图 2.336　进行挤出、缩放和位置
调整之后的效果

图 2.337　继续进行挤出、缩放和
位置调整之后的最终效果

图 2.338　轮胎标志盖最终效果

视频播放：关于具体介绍，请观看本书光盘上的配套视频"任务三：制作汽车轮胎的轮毂模型.wmv"。

任务四：制作汽车轮胎的螺丝模型

汽车轮胎螺丝模型的制作方法：先创建两个圆柱体，再对两个圆柱体进行倒角和布尔运算。

步骤 01：创建圆柱体。在菜单栏中单击【创建】→【多边形基本体】→【圆柱体】命令，在【前视图】中创建一个圆柱体，具体参数设置和圆柱体在各个视图中的位置如图 2.339所示。

步骤 02：倒角处理。单选创建的圆柱体，在菜单栏中单击【编辑网格】→【倒角】命令，倒角参数设置和效果如图 2.240 所示。

步骤 03：布尔运算。将倒角好的螺丝复制一个并进行缩小操作，调整好位置并依次选择圆柱体和复制的圆柱体。在菜单栏中单击【网格】→【布尔】→【差集】命令，即可对选择的圆柱进行布尔运算，最终效果如图 2.241 所示。

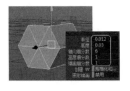

图 2.339　具体参数设置和圆
柱体在各个视图中的位置

图 2.340　倒角参数设置和效果

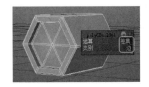

图 2.341　布尔运算最终效果

步骤 04：将制作好的螺丝复制 5 个，调整好位置，效果如图 2.342 所示。最终的轮胎效果如图 2.343 所示。

图 2.342　螺丝效果

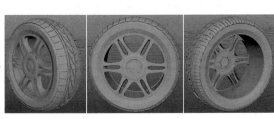

图 2.343　最终的轮胎效果

视频播放：关于具体介绍，请观看本书光盘上的配套视频"任务四：制作汽车轮胎的螺丝模型.wmv"。

七、拓展训练

应用所学知识，参考下图，制作三维模型。

提示：以上模型的具体制作过程演示，请读者观看本书光盘上的配套视频。原始模型在配套素材的项目文件中。

案例 4　飞机模型的制作

一、案例内容简介

　　本案例主要使用多边形建模技术来制作飞机模型（以战斗机为例），飞机模型主要由机身、机翼、驾驶舱和引擎 4 个部分组成。飞机模型的制作主要通过对立方体进行编辑、特殊复制、挤出、添加循环边和调节等操作来完成。

二、案例效果欣赏

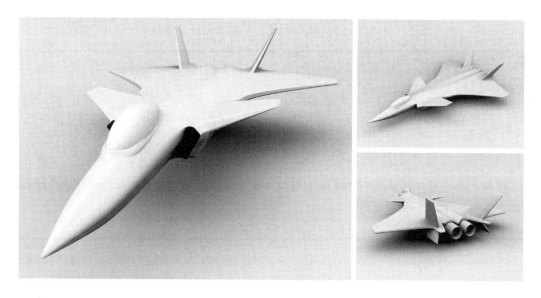

三、案例制作（步骤）流程

　　任务一：项目文件的创建和参考图的导入 ➡ 任务二：制作飞机的主体模型 ➡ 任务三：制作飞机的机翼模型

　　任务六：制作飞机的驾驶舱模型 ⬅ 任务五：合并模型和添加细节 ⬅ 任务四：制作飞机的引擎模型

四、制作目的

　　提高多边形建模技术的综合应用能力，掌握分析模型结构的能力、方法和技巧。熟练掌握飞机模型制作的方法和技巧。

五、制作过程中需要解决的问题

　　（1）多边形建模命令的综合应用。
　　（2）飞机的结构。

（3）飞机制作的原理、方法和技巧。

六、详细操作步骤

本案例主要通过 6 个任务来完成飞机模型的制作。

任务一：项目文件的创建和参考图的导入

飞机模型主要通过本案例提供的参考图来制作。在制作模型之前，先要将参考图导入场景中。

1. 创建项目文件

步骤 01： 启动 Maya 2019。

步骤 02： 在菜单栏中单击【文件】→【项目窗口】，弹出【项目窗口】对话框。在该对话框中设置项目的名称和保存路径，具体参数设置如图 2.344 所示。

步骤 03： 单击"接受"按钮，完成项目文件的创建。

2. 导入参考图

在本章案例 3 中介绍了通过给创建的平面添加贴图来导入参考图的方法，在本案例中，通过视图的【图像平面】来导入参考图。

步骤 01： 在【前视图】中导入参考图。在【前视图】中单击【视图】→【图像平面】→【导入图像…】命令，弹出【打开】对话框。在该对话框中选择"Cfront.png"文件，单击"打开"按钮，即可将参考图导入【前视图】中。然后对导入的参考图进行位置调整，效果如图 2.345 所示。

图 2.344 【项目窗口】对话框参数设置

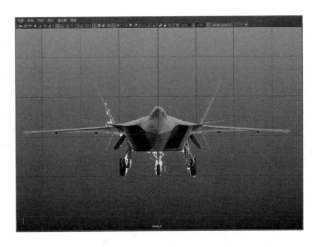

图 2.345　对导入的参考图进行位置调整之后的效果

步骤 02： 其他视图的参考图导入，导入方法同步骤 01。导入的参考图之后的最终效果如图 2.346 所示。

视频播放：关于具体介绍，请观看本书光盘上的配套视频"任务一：项目文件的创建和参考图的导入.wmv"。

任务二：制作飞机的主体模型

飞机主体模型的制作主要通过对立方体进行挤出、插入循环边和调整顶点位置的方法来完成。

步骤 01：创建立方体。在菜单栏中单击【创建】→【多边形基本体】→【立方体】命令，在【顶视图】中创建一个立方体并调整顶点的位置，效果如图 2.347 所示。

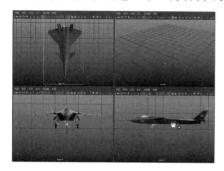

图 2.346 导入参考图之后的
最终效果

图 2.347 创建立方体并调整顶点
位置之后的效果

步骤 02：删除面。进入模型的【面】编辑模式，删除一半模型的面，剩余的一半面如图 2.348 所示。

步骤 03：进行特殊复制。单选剩余的一半面，在菜单栏中单击【编辑】→【特殊复制】→■图标，弹出【特殊复制选项】对话框，具体参数设置如图 2.349 所示，特殊复制的面如图 2.350 所示。

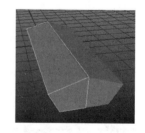

图 2.348 剩余的一半面

图 2.349 【特殊复制选项】
对话框参数设置

图 2.350 特殊复制的面

步骤 04：挤出并调整顶点的位置。单选需要进行挤出的面，在菜单栏中单击【编辑网格】→【挤出】命令，即可对所选择的面进行挤出操作。然后，调整挤出面的位置，调整之后的效果如图 2.351 所示。

步骤 05：插入循环边并调整其位置。在菜单栏中单击【网格工具】→【插入循环边】

命令，给模型插入循环边并调整其位置，调整之后的效果如图 2.352 所示。

步骤 06：挤出并调整顶点的位置。选择前端中间的面，继续使用【挤出】命令，对被选择的面进行挤出并调整其位置，连续挤出几次和调整位置。多次挤出顶点并调整其位置之后的效果如图 2.353 所示。

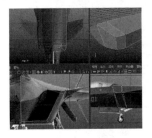
图 2.351　挤出面并调整其位置之后的效果

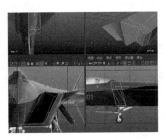
图 2.352　插入边并调整其位置之后的效果

图 2.353　多次挤出顶点并调整其位置之后的效果

步骤 07：删除挤出之后的中间面，效果如图 2.354 所示。

步骤 08：挤出面并缩放。选择需要挤出的面，在菜单栏中单击【编辑网格】→【挤出】命令，对选择的面进行挤出操作，调整挤出面的位置，效果如图 2.355 所示。

步骤 09：插入循环边并调整其位置。使用【挤出】命令，根据参考图的结构插入循环边并调整循环边的位置。在这里，需要插入多条循环边，并且每插入一条都需要调整顶点的位置。多次插入循环边并调整其位置之后的效果如图 2.356 所示。

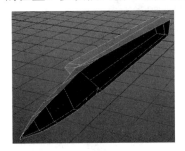
图 2.354　删除挤出之后的中间面效果

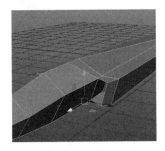
图 2.355　挤出面并调整其位置之后的效果

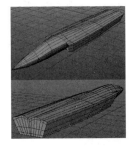
图 2.356　多次插入循环边并调整其位置之后的效果

视频播放：关于具体介绍，请观看本书光盘上的配套视频"任务二：制作飞机的主体模型.wmv"。

任务三：制作飞机的机翼模型

机翼模型的制作是在飞机主体模型的基础上，选择面进行挤出来完成的。

步骤 01：制作前侧翼。选择需要进行挤出前侧面，在菜单栏中单击【编辑网格】→【挤出】命令，对被选择的面进行挤出，调整挤出面的顶点位置，调整之后的前侧翼效果如图 2.357 所示。

步骤 02：制作后侧翼。选择需要进行挤出的后侧面，在菜单栏中单击【编辑网格】→

【挤出】命令，对被选择的面进行挤出操作，调整挤出面的顶点位置，调整之后的后侧翼第一部分效果如图 2.358 所示。继续挤出面并调整其顶点的位置，调整之后的后侧翼第二部分效果如图 2.359 所示。

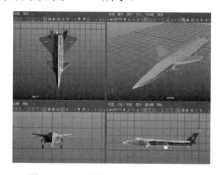

图 2.357　调整之后的前侧翼效果

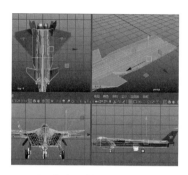

图 2.358　调整之后的后侧翼第一部分效果

步骤 03：制作尾部机翼。选择需要进行挤出的面，在菜单栏中单击【编辑网格】→【挤出】命令，即可对被选择的面进行挤出，然后调整挤出面的顶点位置。继续挤出一次，再调整顶点的位置，两次挤出并调整之后的尾部机翼效果如图 2.360 所示。

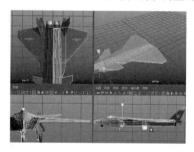

图 2.359　调整之后的后侧翼第二部分效果

图 2.360　两次挤出并调整之后的尾部机翼的效果

步骤 04：尾部上下机翼的制作。在菜单栏中单击【网格工具】→【插入循环边】命令，给模型插入循环边并调整位置，调整之后的效果如图 2.361 所示。选择需要挤出的上下面，进行挤出操作并根据结构对顶点进行位置调整，最终效果如图 2.362 所示。

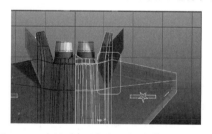

图 2.361　插入循环边并调整位置之后的效果

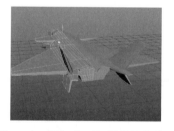

图 2.362　尾部上下机翼的最终效果

视频播放：关于具体介绍，请观看本书光盘上的配套视频"任务三：制作飞机的机翼模型.wmv"。

任务四：制作飞机的引擎模型

飞机引擎模型的制作方法非常简单，主要通过创建一个圆柱体，然后对圆柱体进行挤出和插入循环边。

步骤 01：创建圆柱体。在菜单栏中单击【创建】→【多边形基本体】→【圆柱体】命令，在【前视图】中创建一个圆柱体，如图 2.363 所示。

步骤 02：插入循环边，在菜单栏中单击【网格工具】→【插入循环边】命令，根据引擎的结构插入循环边，插入的循环边效果如图 2.364 所示。

步骤 03：挤出操作。选择需要进行挤出的面，执行【挤出】命令并调整挤出面的顶点位置。在这里，需要挤出多次，并且每挤出一次，都需要调整挤出面的顶点位置，最终效果如图 2.365 所示。

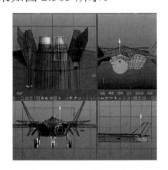 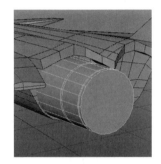 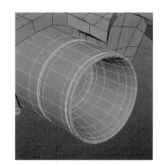

图 2.363　创建的圆柱体　　　图 2.364　插入的循环边效果　　　图 2.365　多次挤出面并调整其
位置之后的最终效果

视频播放：关于具体介绍，请观看本书光盘上的配套视频"任务四：制作飞机的引擎模型.wmv"。

任务五：合并模型和添加细节

本任务主要是合并模型，然后使用【插入循环边】命令，给合并后的模型添加细节。

步骤 01：结合模型。框选除飞机引擎模型之外的所有模型，在菜单栏中单击【网格】→【结合】命令，将被选择模型结合为一个模型。

步骤 02：合并模型。确保结合的模型处于被选中状态，在菜单栏中单击【编辑网格】→【合并】命令，将已结合的模型中处于分离状态的顶点合并，效果如图 2.366 所示。

步骤 03：添加细节。执行【插入循环边】命令，根据飞机结构添加细节。在这里，需要执行多次【插入循环边】命令。添加细节之后的效果如图 2.367 所示。

步骤 04：复制模型。单选引擎模型，按"Ctrl+V"组合键，复制一份引擎模型，调整其位置，最终效果如图 2.368 所示。

视频播放：关于具体介绍，请观看本书光盘上的配套视频"任务五：合并模型和添加细节.wmv"。

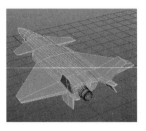

图 2.366　合并之后的效果

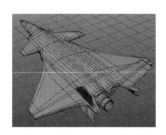

图 2.367　添加细节之后的效果

图 2.368　复制引擎模型并调整其位置之后的最终效果

任务六：制作飞机的驾驶舱模型

飞机驾驶舱模型的制作方法：使用【四边形绘制（Quad Draw）】命令，绘制驾驶舱与飞机主体衔接的部位，再创建一个球体，调节出驾驶舱的效果。

步骤 01：绘制驾驶舱与飞机主体衔接的部分。单选飞机主体模型，单击 （激活选定对象）按钮，再单击【网格工具】→【四边形绘制】命令，在【顶视图】中绘制如图 2.369 所示的曲面。

步骤 02：镜像复制。在工具栏中单击 （镜像）按钮，镜像参数设置和效果如图 2.370 所示。

步骤 03：挤出面。框选所有面，执行【挤出】命令并调整这些面的顶点位置。在这里，需要挤出两次并调整顶点或边的位置，最终效果如图 2.371 所示。

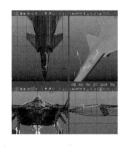

图 2.369　绘制的曲面

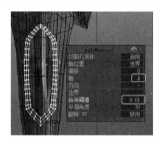

图 2.370　镜像参数设置和效果

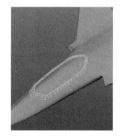

图 2.371　两次挤出并调整位置之后的效果

步骤 04：制作驾驶舱盖。在菜单栏中单击【创建】→【多边形基本体】→【球体（Sphere）】命令，在【前视图】中创建一个球体，删除球体的一半，对剩余一半球体进行缩放、旋转和位置调整，效果如图 2.372 所示。

步骤 05：使驾驶舱盖与飞机主体衔接部分进行匹配。在菜单栏中单击【变形】→【晶格】命令，设置【晶格】命令参数并调整晶格点位置，效果如图 2.373 所示。

步骤 06：删除历史记录。在菜单栏中，单击【编辑】→【按类型删除】→【历史】命令即可。

步骤 07：调整与飞机主体衔接部分的顶点位置，使其与飞机主体更加匹配，最终效果如图 2.374 所示。

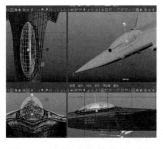

图 2.372　创建和编辑之后的
球体效果

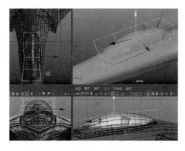

图 2.373　调整晶格点位置
之后的效果

图 2.374　最终效果

视频播放：关于具体介绍，请观看本书光盘上的配套视频"任务六：制作飞机的驾驶舱模型.wmv"。

七、拓展训练

应用所学知识，根据所提供的参考图，制作如下三维模型。

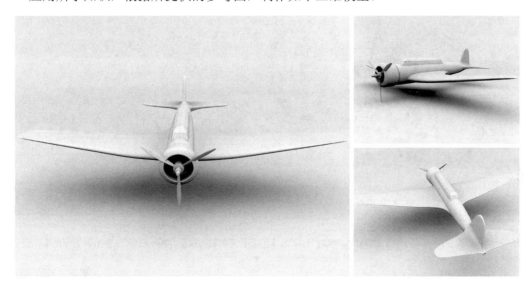

提示：以上模型的具体制作过程演示，请观看本书光盘上的配套视频。原始模型在配套素材的项目文件中。

案例 5　自行车模型的制作

一、案例内容简介

　　本案例主要使用多边形建模技术来制作自行车模型，自行车模型包括轮胎、车架、车把、链轮、链条、操纵线、脚蹬和支架等部件。自行车模型的制作主要通过对创建的基本体进行编辑、挤出、添加循环边和调整等操作来完成。

二、案例效果欣赏

三、案例制作（步骤）流程

任务一：项目文件的创建和参考图的导入　➡　任务二：制作自行车的轮胎模型　➡　任务三：制作自行车的车架模型

⬇

任务六：制作自行车的车把模型　⬅　任务五：制作自行车的链条模型　⬅　任务四：制作自行车的轴承、链轮和链罩模型

⬇

任务七：制作自行车的鞍座模型　➡　任务八：制作自行车的挡泥板模型　➡　任务九：制作自行车的脚蹬模型

⬇

任务十二：制作自行车的车闸模型　⬅　任务十一：制作螺帽和螺杆模型　⬅　任务十：制作自行车的载物框模型

⬇

任务十三：制作操纵线、支架和添加螺帽

四、制作目的

巩固多边形建模技术的综合应用能力，了解自行车的结构，熟练掌握自行车模型制作的原理、流程、方法和技巧。

五、制作过程中需要解决的问题

（1）多边形建模命令的综合应用能力。
（2）自行车的结构。
（3）自行车模型制作的流程。
（4）自行车模型制作的原理、方法和技巧。

六、详细操作步骤

本案例通过 13 个任务来完成自行车模型的制作。自行车模型的制作思路是根据参考图和对自行车结构的理解，先把各部分模型制作出来，再把它们组合在一起。

任务一：项目文件的创建和参考图的导入

创建一个名为"zixingche"的项目文件，导入如图 2.375 所示的参考图。项目文件的创建和参考图的导入，请读者参考本章案例 4 中的任务一或本书提供的配套视频。

视频播放：关于具体介绍，请观看本书光盘上的配套视频"任务一：项目文件的创建和参考图的导入.wmv"。

任务二：制作自行车的轮胎模型

自行车的轮胎主要由外胎、钢圈、轴承和钢丝 4 个部分组成。

1. 制作自行车的轴承模型

自行车的轴承模型制作方法是先创建一个圆柱体，然后对圆柱体进行挤出、插入循环边和调整。

步骤 01：创建圆柱体。在菜单栏中单击【创建】→【多边形基本体】→【圆柱体】命令，在【侧视图】中创建一个圆柱体，创建的圆柱体效果参数设置如图 2.376 所示。

步骤 02：插入循环边。在菜单栏中单击【网格工具】→【插入循环边】命令，插入 6 条循环边，如图 2.377 所示。

  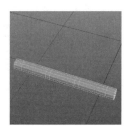

图 2.375　导入参考图　　图 2.376　圆柱体效果和参数设置　　图 2.377　插入 6 条循环边

步骤 03：进行第一次挤出操作。选择需要挤出的面，在菜单栏中单击【编辑网格】→【挤出】命令，对被选择的面进行挤出操作，第一次挤出效果和参数设置如图 2.378 所示。

步骤 04：进行第二次挤出操作。选择需要挤出的面，执行【挤出】命令，第二次挤出效果和参数设置如图 2.379 所示。

步骤 05：倒角处理。选择所有循环边，在菜单栏中单击【编辑网格】→【倒角】命令即可。倒角效果和参数设置如图 2.380 所示。

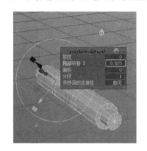
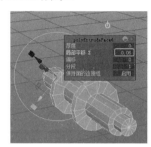
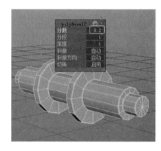

图 2.378　第一次挤出效果和　　　　图 2.379　第二次挤出　　　　图 2.380　倒角效果和参数设置
　　　　参数设置　　　　　　　　　　效果和参数设置

2. 制作自行车的外胎

自行车的外胎模型的制作重点是轮胎的花纹制作。花纹的制作按以下方法进行：先制作一部分，再对制作好的部分通过实例复制、结合和合并。

步骤 01：创建圆环。在菜单栏中单击【创建】→【多边形基本体】→【圆环（Torus）】命令，在【侧视图】中间通过拖曳方法创建一个圆环。圆环效果和参数设置如图 2.381 所示。

步骤 02：删除面。选中圆环中的内环两个面，按"Delete"键，删除被选择的面，效果如图 2.382 所示。

步骤 03：添加切割线。在菜单栏中单击【网格工具】→【多切割】命令，在圆环中添加切割线，按"Enter"键完成添加；按"G"键，继续添加切割线，最终效果如图 2.383 所示。

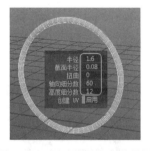
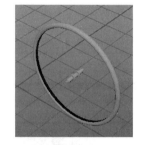
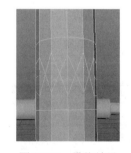

图 2.381　圆环效果和参数设置　　　图 2.382　删除面之后的效果　　　图 2.383　最终效果

步骤 04：进行挤出操作。选择需要挤出的面，在菜单栏中单击【编辑网格】→【挤出】命令，对选择的面进行挤出和缩放，再挤出一次并调节挤出面的位置，最终效果如图 2.384

所示。

步骤 05：倒角处理。确保被挤出的面被选中，在菜单栏中单击【编辑网格】→【倒角】命令即可。倒角效果和参数设置如图 2.385 所示。

步骤 06：删除面。删除所有没有进行挤出的面，只保留已挤出花纹效果的面，如图 2.386 所示。

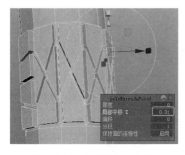

图 2.384　再挤出一次并
调整位置之后的效果

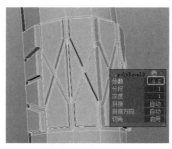

图 2.385　倒角效果和
参数设置

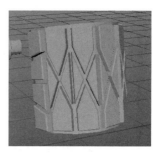

图 2.386　只保留已挤出
花纹效果的面

步骤 07：特殊复制。单选保留的挤出面，在菜单栏中单击【编辑】→【特殊复制】→■图标，弹出【特殊复制选项】对话框。在该对话框中设置参数，具体设置如图 2.387 所示。单击"特殊复制"按钮，即可对选定对象进行实例复制，特殊复制的效果如图 2.388 所示。

步骤 08：调节顶点的位置。任意选择一个复制的对象，进入【顶点】编辑模式，调整顶点的位置以改变轮胎的花纹效果。调整顶点位置之后的效果如图 2.389 所示。

图 2.387　【特殊复制选项】
对话框参数设置

图 2.388　特殊复制的效果

图 2.389　调整顶点位置
之后的效果

步骤 09：结合操作。框选所有复制的对象，在菜单栏中单击【网格】→【结合】命令，对框选的面进行结合操作。

步骤 10：合并操作。确保结合之后的对象被选中，在菜单栏中单击【编辑网格】→【合并】命令，将结合对象中没有合并的顶点进行合并操作。

3. 制作轮胎的钢圈模型

轮胎钢圈模型的制作比较简单，先创建一个圆环，然后对圆环位置进行适当调整即可。

步骤 01：创建圆环。在菜单栏中单击【创建】→【多边形基本体】→【圆环】命令，在【侧视图】中间通过拖曳方法创建一个圆环。圆环的效果和参数设置如图 2.390 所示。

步骤 02：对循环边进行缩放和倒角处理。根据钢圈的结构，通过双击选择循环边并进行缩放操作。再选择钢圈的内侧两条循环边，在菜单栏中单击【编辑网格】→【倒角】命令，对选择的边进行倒角处理。倒角处理之后的效果如图 2.391 所示。

4．制作轮胎的钢丝模型

轮胎钢丝模型的制作是通过创建一个圆柱体，再对圆柱体进行编辑和沿路径挤出来完成的。

步骤 01：创建圆柱体，在菜单栏中单击【创建】→【多边形基本体】→【圆柱体】命令，在【侧视图】中创建一个圆柱体。具体参数设置、位置和效果如图 2.392 所示。

图 2.390　圆环的效果和　　　　图 2.391　倒角处理　　　　图 2.392　圆柱体参数设置、
　　　　参数设置　　　　　　　　　之后的效果　　　　　　　　　位置和效果

步骤 02：调整循环边的位置并进行挤出操作。双击选中圆柱体中间的循环边，调整好位置，选择需要挤出的面，在菜单栏中单击【编辑网格】→【挤出】命令，对选择的面进行挤出操作，挤出效果和参数设置如图 2.393 所示。

步骤 03：倒角处理。确保挤出的面被选中，在菜单栏中单击【编辑网格】→【倒角】命令，对选择的边进行倒角处理。倒角效果参数设置如图 2.394 所示。

步骤 04：创建曲线。在菜单栏中单击【创建】→【曲线工具】→【CV 曲线工具】命令，在【前视图】中绘制曲线并对创建的曲线进行调节和旋转操作，曲线最终效果如图 2.395 所示。

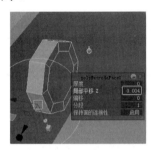  

图 2.393　挤出效果和参数设置　　图 2.394　倒角效果参数设置　　图 2.395　曲线最终效果

步骤 05：进行挤出操作。单选螺丝的顶面和曲线，在菜单栏中单击【编辑网格】→【挤出】命令，调节挤出参数。挤出效果和参数设置如图 2.396 所示。

步骤 06：复制操作。将挤出之后的对象复制一份，在【通道盒】中将复制的对象"缩放 X 轴"改为"-1"，调整好位置，如图 2.397 所示。

步骤 07：进行结合操作。选择挤出和复制出来的钢丝，框选所有复制的对象，在菜单栏中单击【网格】→【结合】命令，对框选的面进行结合操作。调整已结合对象的坐标点，使之与轮胎的轴承中心对齐。

步骤 08：进行复制。单选结合的对象，按"Shift+D"组合键，复制一份并旋转一定的角度；继续按"Shift+D"组合键，以相同角度旋转，等角度复制的效果如图 2.398 所示。

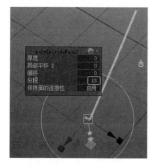

图 2.396　挤出效果和
参数设置

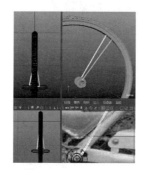

图 2.397　复制和调整位置
之后的效果

图 2.398　等角度复制的效果

步骤 09：选中所有对象，按"Ctrl+G"组合键，将所有对象组成一组并命名为"luntai01"。再选中"luntai01"组，按"Ctrl+D"组合键复制一份，调整好位置，效果如图 2.399 所示。

视频播放：关于具体介绍，请观看本书光盘上的配套视频"任务二：制作自行车的轮胎模型.wmv"。

任务三：制作自行车的车架模型

自行车车架模型主要通过绘制曲线、沿路径挤出和缩放操作来完成。

步骤 01：创建曲线。在菜单栏中单击【创建】→【曲线工具】→【CV 曲线工具】命令，根据自行车的车架结构绘制曲线。再单击【创建】→【NURBS 基本体】→【圆形】命令绘制圆，对所绘制的圆进行压缩和位置调整，绘制的曲线和圆如图 2.400 所示。

步骤 02：进行挤出操作。单选圆并加选挤出的曲线，在菜单栏中单击【曲面】→【挤出】→▣图标，弹出【挤出选项】对话框。该对话框的参数设置如图 2.401 所示。设置完毕，单击"挤出"按钮，挤出效果如图 2.402 所示。

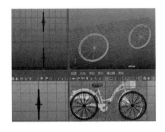

图 2.399　复制和调整位置
之后的效果

图 2.400　绘制的
曲线和圆

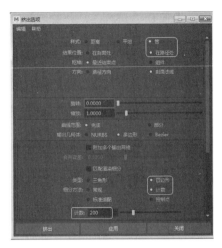

图 2.401　【挤出选项】对话框
参数设置

步骤 03：继续进行挤出，方法同上。最终挤出的车架效果如图 2.403 所示。

图 2.402　挤出效果

图 2.403　最终挤出的车架效果

步骤 04：根据自行车的结构，对挤出的对象进行顶点缩放和位置调节，调整之后的效果如图 2.404 所示。

步骤 05：进行填充洞操作。双击需要填充洞的边界边，在菜单栏中单击【网格】→【填充洞】命令即可，填充洞效果如图 2.405 所示。

步骤 06：方法同上。继续对其他边界进行填充洞操作，效果如图 2.406 所示。

图 2.404　调整之后的效果

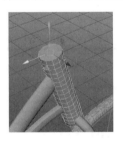

图 2.405　填充洞效果

图 2.406　继续填充洞之后的效果

步骤 07：进行挤出操作。选择需要进行挤出的面，在菜单栏中单击【编辑网格】→【挤出】命令，先对选择的面进行挤出，再对挤出的面进行适当缩放，缩放之后的效果如图 2.407 所示。继续使用【挤出】命令进行挤出、缩放和顶点调整，效果如图 2.408 所示。

步骤 08：继续挤出。选择鞍管的顶面，执行【挤出】命令 4 次并调整位置，效果如图 2.409 所示。

图 2.407　缩放之后的效果

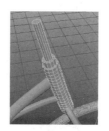

图 2.408　继续挤出缩放和顶点调整之后的效果

图 2.409　挤出 4 次并调整位置之后的效果

视频播放：关于具体介绍，请观看本书光盘上的配套视频"任务三：制作自行车的车架模型.wmv"。

任务四：制作自行车的轴承、链轮和链罩模型

自行车的轴承、链轮和链罩模型的制作比较简单，都是通过对多边形基本体进行挤出、编辑和调整来完成的。

1. 制作自行车的轴承

步骤 01：创建圆柱体。在菜单栏中单击【创建】→【多边形基本体】→【圆柱体】命令，在【侧视图】中创建第一个圆柱体。圆柱体效果、位置和参数设置如图 2.410 所示。

步骤 02：创建第二个圆柱体，圆柱体效果、位置和参数设置如图 2.411 所示。再创建第三个圆柱体，效果、位置和参数设置如图 2.412 所示。

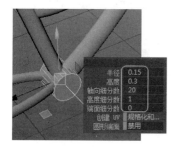

图 2.410　第一个圆柱体效果、位置和参数设置

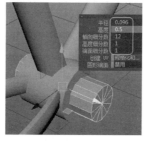

图 2.411　第二个圆柱体效果、位置和参数设置

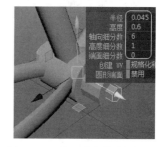

图 2.412　第三个圆柱体效果、位置和参数设置

2. 制作自行车的链轮模型

自行车链轮模型的制作主要通过对圆柱体进行挤出来完成。

步骤 01：创建圆柱体。在菜单栏中单击【创建】→【多边形基本体】→【圆柱体】命令，在【侧视图】中创建一个圆柱体，具体参数设置、位置和效果如图 2.413 所示。

步骤 02：进行挤出和缩放操作。选择需要进行挤出的面，在菜单栏中单击【编辑网格】→【挤出】命令，对选择的面进行挤出，并对挤出的面进行适当缩放。缩放效果和参数设置如图 2.414 所示。

步骤 03：复制缩放操作。将制作好的链轮复制一个，对复制的链轮进行缩放和位置调节，效果和位置如图 2.415 所示。

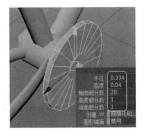  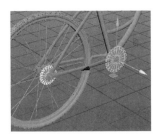

图 2.413　圆柱体具体参数设置、　　　　图 2.414　缩放效果和参数设置　　　　图 2.415　效果和位置
　　　　　　位置和效果

3. 制作自行车链罩模型

自行车链罩模型制作通过创建圆柱体，对圆柱体进行编辑来完成。

步骤 01：创建圆柱体。在菜单栏中单击【创建】→【多边形基本体】→【圆柱体】命令，在【侧视图】中创建一个圆柱体。具体参数设置、位置和效果如图 2.416 所示。

步骤 02：删除面。切换到对象的【面】编辑模式，删除多余的面，效果如图 2.417 所示。

步骤 03：进行挤出、缩放和删除操作。选择对象的边界边，在菜单栏中单击【编辑网格】→【挤出】命令，对选择的边进行挤出和缩放操作，再将中间面删除，效果如图 2.418 所示。

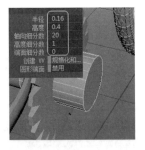  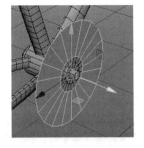

图 2.416　圆柱体的参数设置、　　　　图 2.417　删除多余的面　　　　图 2.418　挤出、缩放和删除面
　　　　　　位置和效果　　　　　　　　　　　　之后的效果　　　　　　　　　　　之后的效果

步骤 04：挤出边。选择需要挤出的边，在菜单栏中单击【编辑网格】→【挤出】命令，对选择的边进行挤出、缩放和顶点位置调整，效果如图 2.419 所示。

步骤 05：继续对被选择的边进行挤出 4 次，并调整位置，效果如图 2.420 所示。

步骤 06：挤出操作。选择需要挤出的边，在菜单栏中单击【编辑网格】→【挤出】命令，对选择的进行挤出，挤出效果和参数设置如图 2.421 所示。

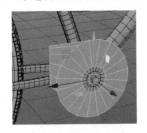　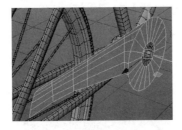　

图 2.419　挤出缩放和顶点　　　图 2.420　挤出 4 次并调整位置　　　图 2.421　挤出效果和参数
　　　位置调整之后的效果　　　　　　　之后的效果　　　　　　　　　　　设置

步骤 07：进行挤出操作。选择对象，在菜单栏中单击【编辑网格】→【挤出】命令，对选择的边进行挤出。挤出效果和参数设置如图 2.422 所示。

步骤 08：插入循环边。在菜单栏中单击【网格工具】→【插入循环边】命令，插入 4 条循环边，效果如图 2.423 所示。

步骤 09：继续插入循环边。执行【插入循环边】命令，继续插入 6 条循环边并调整循环边的位置，效果如图 2.424 所示。

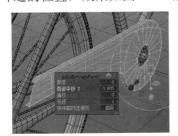　　

图 2.422　挤出效果和　　　　图 2.423　插入 4 条循环　　　图 2.424　插入 6 条循
　　参数设置　　　　　　　　　　边的效果　　　　　　　　　　环边的效果

步骤 10：创建立方体。在菜单栏中单击【创建】→【多边形基本体】→【立方体】命令，在【侧视图】中间通过拖曳方法创建一个立方体。立方体的参数设置、位置和效果如图 2.425 所示。

视频播放：关于具体介绍，请观看本书光盘上的配套视频"任务四：制作自行车的轴承、链轮和链罩模型.wmv"。

任务五：制作自行车的链条模型

自行车链条模型的制作方法是先创建链条的基本模型，再通过路径动画创建重复的链条子模型。

1. 绘制曲线路径

步骤 01：绘制圆形。在菜单栏中单击【创建】→【NURBS 基本体】→【圆形（Circle）】

命令，在【侧视图】中绘制圆。

步骤 02：重建曲线并调节曲线形状。单选创建的圆，在菜单栏中单击【曲线】→【重建】→▣图标，弹出【重建曲线选项】对话框。该对话框参数设置如图 2.426 所示，单击"重建"按钮即可对曲线进行重建。

步骤 03：调整曲线位置。切换到曲线【控制顶点】编辑模式，在【侧视图】中调整控制点的位置，效果如图 2.427 所示。

图 2.425　立方体的参数设置、　　　图 2.426　【重建曲线选项】　　　图 2.427　调整位置
　　　　　位置和效果　　　　　　　　　　　对话框参数设置　　　　　　　　　之后的效果

2. 制作链条模型

链条模型的制作主要是通过对圆柱体进行编辑、结合、桥接、插入循环边来完成的。

步骤 01：创建圆柱体。在菜单栏中单击【创建】→【多边形基本体】→【圆柱体】命令，在【侧视图】中创建一个圆柱体。圆柱体参数设置和效果如图 2.428 所示。

步骤 02：删除面和复制对象操作。切换到创建对象的【面】编辑模式，删除不需要的面并复制剩余的对象，调整好位置，效果如图 2.429 所示。

步骤 03：进行结合操作。确保两个对象被选中，在菜单栏中单击【网格】→【结合】命令，将两个对象结合成一个对象。

步骤 04：进行桥接操作。选择需要桥接的面，在菜单栏中单击【编辑网格】→【桥接】命令，桥接效果和参数设置如图 2.430 所示。

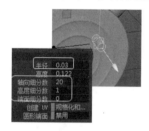 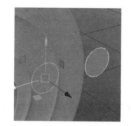 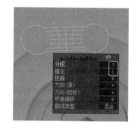

图 2.428　圆柱体参数　　　　　图 2.429　删除不需要的面并　　　　图 2.430　桥接效果和
　　　　设置和效果　　　　　　　　　　复制剩余对象的效果　　　　　　　参数设置

步骤 05：进行挤出和缩放操作。选择需要挤出的面，在菜单栏中单击【编辑网格】→【挤出】命令，对选择的边进行两次挤出，适当缩放已挤出的面和上一步骤桥接的边，效果如图 2.431 所示。

步骤 06：进行挤出操作。选择整个对象，执行【挤出】命令，效果和参数设置如图 2.432 所示。

步骤 07：插入循环边。在菜单栏中单击【网格工具】→【插入循环边】命令，插入 4 条循环边，效果如图 2.433 所示。

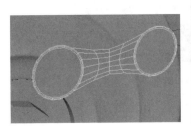

图 2.431　挤出和缩放
之后的效果

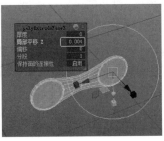

图 2.432　挤出效果和参数设置

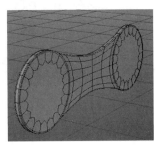

图 2.433　插入 4 条循
环边之后的效果

步骤 08：复制对象。将对象复制 4 份并调整好位置，效果如图 2.434 所示。

步骤 09：创建圆柱体。在菜单栏中单击【创建】→【多边形基本体】→【圆柱体】命令，在【侧视图】中创建两个圆柱体，位置和大小如图 2.435 所示。

步骤 10：倒角处理。选择已创建的其中一个圆柱体两端的面，在菜单栏中单击【编辑网格】→【倒角】命令，倒角效果和参数设置如图 2.436 所示。

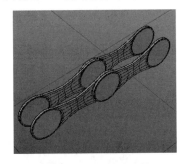

图 2.434　复制并调整
位置之后的效果

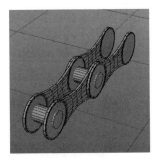

图 2.435　两个圆柱体的
位置和大小

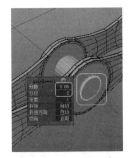

图 2.436　倒角效果和
参数设置

步骤 11：再对另一个圆柱体两端的面进行倒角处理，方法同上。

步骤 12：进行结合操作。把所有对象选中，在菜单栏中单击【网格】→【结合】命令，把所选对象结合成一个对象。

步骤 13：复制并调整位置。选择已结合的对象，按 "Shift+D" 组合键，复制已结合的对象，沿着绘制的路径进行摆放；继续按 "Shift+D" 组合键复制对象，对复制的对象进行旋转和位置调节，直到沿路径形成一个闭合的链条为止。效果如图 2.437 所示。

图 2.437　复制并调整好位置的链条效果

视频播放：关于具体介绍，请观看本书光盘上的配套视频"任务五：制作自行车的链条模型.wmv"。

任务六：制作自行车的车把模型

自行车车把和车闸制作主要通过对绘制的曲线进行挤出和编辑来完成。

1. 制作自行车车把横支架模型

步骤 01：绘制曲线。在菜单栏中单击【创建】→【曲线工具】→【CV 曲线工具】命令，在【前视图】中绘制曲线，效果和位置如图 2.438 所示。

步骤 02：绘制圆形。在菜单栏中单击【创建】→【NURBS 基本体】→【圆形】命令，在【前视图】中绘制圆形，位置和大小如图 2.439 所示。

步骤 03：进行挤出操作。单选圆形并加选曲线，在菜单栏中单击【曲面】→【挤出】命令，挤出效果如图 2.440 所示。

　　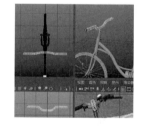

图 2.438　绘制的曲线效果和位置　　图 2.439　绘制的圆形位置和大小　　图 2.440　挤出效果

步骤 04：进行填充洞操作。选择挤出对象两端的边界边，在菜单栏中单击【网格】→【填充洞】命令即可。

步骤 05：进行挤出操作。选择需要挤出的面，在菜单栏中单击【编辑网格】→【挤出】命令 3 次。每次执行【挤出】命令时，需要挤出一定的厚度，最终效果如图 2.441 所示。

2. 制作自行车闸把模型

制作自行车闸把模型的方法是通过复制面、挤出面和调整位置来完成的。

步骤 01：复制面。选择如图 2.442 所示的循环面，在菜单栏中单击【编辑网格】→【复制】命令，即可将选择的面复制一份，如图 2.443 所示。

 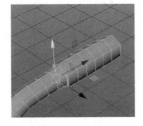 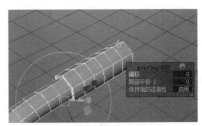

图 2.441　挤出 3 次的最终效果　　图 2.442　选择的循环面　　图 2.443　复制的面

步骤 02：对复制的面进行挤出操作。单选复制的面，在菜单栏中单击【编辑网格】→【挤出】命令，进行挤出，挤出效果和参数设置如图 2.444 所示。

步骤 03：继续挤出和调节。选择需要进行挤出的面，执行【挤出】命令 2 次，并调节挤出顶点的位置，效果如图 2.445 所示。

步骤 04：继续挤出 3 次并调整顶点位置，最终效果如图 2.446 所示。

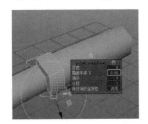 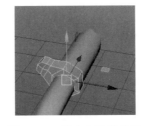 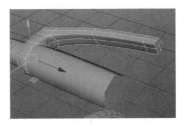

图 2.444　挤出效果和参数设置　　图 2.445　挤出 2 次的效果　　图 2.446　最终效果

步骤 05：插入循环边。在菜单栏中单击【网格工具】→【插入循环边】命令，插入 5 条循环边，效果如图 2.447 所示。

步骤 06：进行挤出操作。选择需要挤出的面，在菜单栏中单击【编辑网格】→【挤出】命令，执行多次挤出和调整位置，最终效果如图 2.448 所示。

步骤 07：将制作好的闸把复制一份，调整好其位置，效果如图 2.449 所示。

图 2.447　插入 5 条循环　　图 2.448　多次挤出和　　图 2.449　复制闸把并调整好其
边的效果　　　　　　　调整位置之后的最终效果　　　　　位置的效果

视频播放：关于具体介绍，请观看本书光盘上的配套视频"任务六：制作自行车的车把模型.wmv"。

任务七：制作自行车的鞍座模型

自行车鞍座模型的制作主要是通过对多边形基本体进行顶点位置调整来完成的。

步骤 01： 创建立方体。在菜单栏中单击【创建】→【多边形基本体】→【立方体（Cube）】命令，在【侧视图】中创建一个立方体。参数设置和效果如图 2.450 所示。

步骤 02： 调整顶点位置。进入立方体的【顶点】编辑模式，根据参考图进行顶点位置调整，调整顶点位置之后的效果如图 2.451 所示。

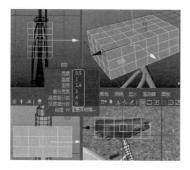
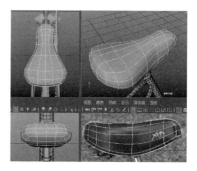

图 2.450　立方体参数设置和效果　　　　图 2.451　调整顶点位置之后的效果

视频播放： 关于具体介绍，请观看本书光盘上的配套视频"任务七：制作自行车的鞍座模型.wmv"。

任务八：制作自行车的挡泥板模型

自行车挡泥板模型的制作主要是通过对圆环进行编辑、调整和挤出来完成的。

步骤 01： 创建圆环基本体。在菜单栏中单击【创建】→【多边形基本体】→【圆环】命令，在【侧视图】中创建一个圆环。参数设置和效果如图 2.452 所示。

步骤 02： 删除多余的面，调整保留面的顶点和边，调整之后的效果如图 2.453 所示。

步骤 03： 进行挤出和调整操作。选择需要进行挤出的面，在菜单栏中单击【编辑网格】→【挤出】命令，对选择的面进行挤出，在此，挤出两次，挤出之后的效果如图 2.454 所示。

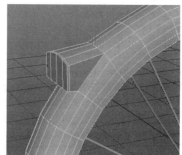

图 2.452　圆环参数设置和效果　　图 2.453　删除多余的面和调整　　图 2.454　挤出两次的效果
　　　　　　　　　　　　　　　　　　　　其顶点与边之后的效果

步骤 04：插入循环边并调整顶点。在菜单栏中单击【网格工具】→【插入循环边】命令，插入 4 条循环边，调整顶点的位置，调整之后的效果如图 2.455 所示。

步骤 05：进行挤出操作。选择需要挤出的边，在菜单栏中单击【编辑网格】→【挤出】命令，对选择的面进行挤出。在这里，要挤出 3 次，挤出之后的效果如图 2.456 所示。

步骤 06：制作自行车前轮的挡泥板，方法同上。前后挡泥板效果如图 2.457 所示。

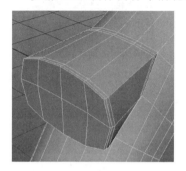

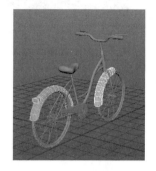

图 2.455　插入 4 条循环边并调整　　图 2.456　挤出 3 次的效果　　图 2.457　前后挡泥板效果
顶点位置之后的效果

步骤 07：制作挡泥板的支撑钢丝。挡泥板支撑钢丝的制作方法同自行车车架的方法相同，绘制曲线和截面圆形，进行挤出即可，具体操作步骤可以参考"自行车车架制作"。挡泥板的前后支撑钢丝效果如图 2.458 所示。

视频播放：关于具体介绍，请观看本书光盘上的配套视频"任务八：制作自行车的挡泥板模型.wmv"。

任务九：制作自行车的脚蹬模型

自行车脚蹬模型的制作是通过对创建的圆柱体进行编辑、复制、桥接和挤出等操作来完成的。

步骤 01：创建一个圆柱体并删除多余的面。在菜单栏中单击【创建】→【多边形基本体】→【圆柱体】命令，在【侧视图】中创建一个圆柱体；删除其中多余的面，将剩余的面复制一份，调整好位置。两个面的位置和效果如图 2.459 所示。

步骤 02：将两个对象结合成一个对象。框选两个面，在菜单栏中单击【网格】→【结合】命令，即可将两个面结合为一个对象。

步骤 03：进行桥接操作。进入对象的【边】编辑模式，选择需要进行桥接的面，在菜单栏中单击【编辑网格】→【桥接】命令。桥接效果和参数设置如图 2.460 所示。

步骤 04：进行挤出、缩放和删除操作。选择需要挤出和缩放的面，在菜单栏中单击【编辑网格】→【挤出】命令，即可对选择的面进行挤出，并对挤出的面进行缩放，缩放之后将多余的面删除。然后再选择面进行挤出和缩放操作，最终效果如图 2.461 所示。

步骤 05：继续进行挤出操作。选择需要挤出的面，执行【挤出】命令，并对挤出的面进行调整，效果如图 2.462 所示。

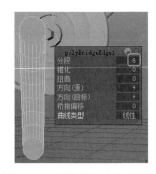

图 2.458　挡泥板的支撑钢丝　　　图 2.459　两个面的位置和效果　　　图 2.460　桥接效果和参数设置

步骤 06：进行倒角处理。进入对象的【边】编辑模式，选择需要挤出的边，在菜单栏中单击【编辑网格】→【倒角】命令，倒角参数设置和效果如图 2.463 所示。

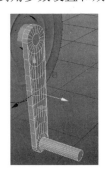

图 2.461　进行挤出、缩放和删除　　　图 2.462　继续挤出的效果　　　图 2.463　倒角参数
操作之后的最终效果　　　　　　　　　　　　　　　　　　　　　　　设置和效果

步骤 07：创建平面并删除多余的面。在菜单栏中单击【创建】→【多边形基本体】→【平面】命令，在【顶视图】中创建一个平面并删除多余的面，效果如图 2.464 所示。

步骤 08：进行挤出操作。选择需要进行操作的平面，在菜单栏中单击【编辑网格】→【挤出】命令，对选择的平面进行挤出，调整挤出之后的边，效果如图 2.465 所示。

步骤 09：倒角处理，选择需要倒角的边，在菜单栏中单击【编辑网格】→【倒角】命令，根据效果调节倒角参数，效果如图 2.466 所示。

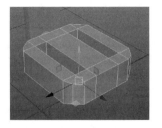
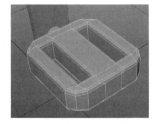

图 2.464　创建平面并删除　　　图 2.465　挤出并调整边　　　图 2.466　倒角处理
多余的面之后的效果　　　　　　　之后的效果　　　　　　　　　之后的效果

步骤 10：进行挤出操作。选择需要进行挤出的面，在菜单栏中单击【编辑网格】→【挤出】命令，对选择的面进行挤出。按键盘上的"3"键，调整挤出面的高度，效果如图 2.467 所示。

步骤 11：复制操作，将制作好的脚蹬和连杆复制一份，通过移动和旋转，调整好位置，效果如图 2.468 所示。

视频播放：关于具体介绍，请观看本书光盘上的配套视频任务九：制作自行车的脚蹬模型.wmv"。

任务十：制作自行车的载物框模型

自行车载物框模型的制作比较简单，主要通过对创建的立方体进行编辑来完成。

步骤 01：创建曲线。在菜单栏中单击【创建】→【曲线工具】→【CV 曲线工具】命令，在【前视图】中创建一条曲线，如图 2.469 所示。

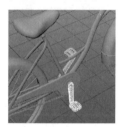

图 2.467　调整挤出面之后的效果　　图 2.468　复制和调整位置之后的效果　　图 2.469　创建一条曲线

步骤 02：创建圆形。在菜单栏中单击【创建】→【NURBS 基本体】→【圆形】命令，在【顶视图】中创建一个圆形，位置和大小如图 2.470 所示。

步骤 03：进行挤出操作。选择圆形并加选曲线，在菜单栏中单击【曲面】→【挤出】→■图标，弹出【挤出选项】对话框。在该对话框设置参数，具体参数设置如图 2.471 所示。设置完毕，单击"挤出"按钮，得到如图 2.472 所示的效果。

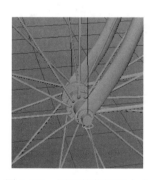
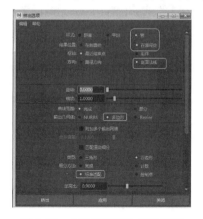

图 2.470　圆形的位置和大小　　图 2.471　【挤出选项】参数设置　　图 2.472　挤出的效果

步骤 04：进行缩放操作。进入挤出对象的【顶点】编辑模式，对顶点进行缩放，缩放之后的效果如图 2.473 所示。

步骤 05：创建立方体。在菜单栏中单击【创建】→【多边形基本体】→【立方体】命令，在【侧视图】中创建一个立方体。调节其顶点的位置并删除立方体的顶面，效果如图 2.474 所示。

步骤 06：倒角处理。选择需要倒角处理的边，在菜单栏中单击【编辑网格】→【倒角】命令，倒角效果和参数设置如图 2.475 所示。

图 2.473　缩放之后的效果　　图 2.474　创建立方体并调整其顶　　图 2.475　倒角效果和
　　　　　　　　　　　　　　　　　　　点位置之后的效果　　　　　　　　　参数设置

步骤 07：插入循环边。在菜单栏中单击【网格工具】→【插入循环边】命令，给对象插入一条循环边，如图 2.476 所示。

步骤 08：挤出操作，选择需要挤出的面，在菜单栏中单击【编辑网格】→【挤出】命令，对选择的面进行挤出。在这里，需要进行多次挤出。挤出多次的效果如图 2.477 所示。

步骤 09：再次插入循环边。在菜单栏中单击【网格工具】→【插入循环边】命令，根据要求插入 5 条循环边，效果如图 2.478 所示。

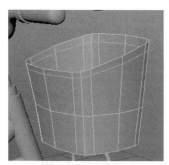
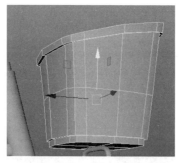

图 2.476　插入循环边的效果　　图 2.477　挤出多次的效果　　图 2.478　插入 5 条循环边的效果

步骤 10：制作圆形面。在菜单栏中单击【创建】→【多边形基本体】→【圆柱体】命令，在【顶视图】中创建一个圆柱体。然后，删除多余的面。只保留该圆柱体的顶面，如图 2.479 所示。

步骤 11：进行挤出和缩放操作。选择需要挤出的边进行挤出操作，对挤出的边进行缩放，使其压平。然后，对压平的边进行多次挤出并调整位置，效果如图 2.480 所示。

步骤 12：对整个对象进行挤出，效果如图 2.481 所示。

图 2.479　制作的圆形面　　图 2.480　多次挤出并调整　　图 2.481　对整个对象进行
位置之后的效果　　　　挤出之后的效果

视频播放：关于具体介绍，请观看本书光盘上的配套视频"任务十：制作自行车的载物框模型.wmv"。

任务十一：制作螺帽和螺杆模型

螺帽和螺杆模型的制作主要通过对圆柱体进行编辑、合并和挤出等操作来完成。

1. 制作螺帽模型

步骤 01：创建一个圆柱并删除多余的面。在菜单栏中单击【创建】→【多边形基本体】→【圆柱体】命令，在【顶视图】中创建一个圆柱体。然后，删除多余的面，只保留该圆柱体的顶面，效果如图 2.482 所示。

步骤 02：挤出和删除操作。进入顶面的【面】编辑模式后再选择面，在菜单栏中单击【编辑网格】→【挤出】命令。对选择的面进行挤出，删除多余面，效果如图 2.483 所示。

步骤 03：合并顶点。进入模型的【顶点】编辑模式，选择需要合并的两个顶点。在菜单栏中单击【编辑网格】→【合并到中心】命令，即可将选择的两个顶点合并到两点的中心位置。继续重复【合并到中心】命令 5 次，依次合并 5 次。合并顶点之后的效果如图 2.484 所示。

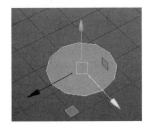 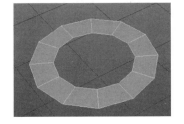 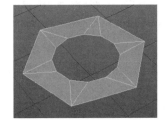

图 2.482　保留的顶面效果　　图 2.483　挤出并删除多　　图 2.484　合并顶点
余面之后的效果　　　　之后的效果

步骤 04：进行挤出操作。单选对象，在菜单栏中单击【编辑网格】→【挤出】命令，对选择对象进行挤出操作。挤出效果如图 2.485 所示。

步骤 05：倒角处理。选择需要进行倒角处理的边，在菜单栏中单击【编辑网格】→【倒角】命令，倒角效果和参数设置如图 2.486 所示。

步骤 06：继续进行倒角处理，方法同"步骤 05"。选择需要倒角的边进行倒角，倒角参数根据要求进行设置，最终效果如图 2.487 所示。

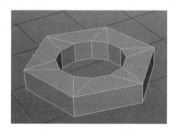
图 2.485　挤出效果

图 2.486　倒角效果和参数设置

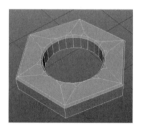
图 2.487　继续进行倒角处理之后的效果

2. 制作螺杆模型

步骤 01：创建一个圆柱并删除多余的面。在菜单栏中单击【创建】→【多边形基本体】→【圆柱体】命令，在【顶视图】中创建一个圆柱体。然后，删除多余的面，只保留该圆柱体的顶面如图 2.488 所示。

步骤 02：进行挤出操作。选择需要挤出的面，在菜单栏中单击【编辑网格】→【挤出】命令，对选择对象进行挤出操作。挤出两次并调整位置，效果如图 2.489 所示。

步骤 03：合并顶点。选择需要合并的 4 个顶点，在菜单栏中单击【编辑网格】→【合并到中心】命令，即可将选择的 4 个顶点合并到这 4 个顶点的中心位置。继续重复【合并到中心】命令 5 次，依次合并 5 次，效果如图 2.490 所示。

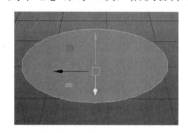
图 2.488　保留的圆柱体顶面

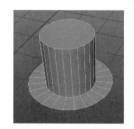
图 2.489　挤出两次并调整位置之后的效果

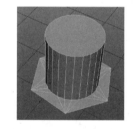
图 2.490　多次合并顶点之后的效果

步骤 04：进行挤出操作。选择底面，在菜单栏中单击【编辑网格】→【挤出】命令，对选择的面进行挤出，挤出效果如图 2.491 所示。

步骤 05：倒角处理。选择需要倒角的边，在菜单栏中单击【编辑网络】→【倒角】命令，即可进行倒角处理，效果如图 2.492 所示。

步骤 06：把前面制作的螺帽显示出来，与螺杆组合。组合后的螺杆和螺帽效果如图 2.493 所示。

图 2.491　挤出的效果　　图 2.492　进行倒角处理之后的效果　　图 2.493　组合后的螺杆和螺帽效果

视频播放：关于具体介绍，请观看本书光盘上的配套视频"任务十一：制作螺帽和螺杆模型.wmv"。

任务十二：制作自行车的车闸模型

自行车的车闸分前车闸和后车闸。车闸的制作是通过对创建的圆柱体进行编辑和挤出来完成。

步骤 01：创建一个圆柱并删除多余的面。在菜单栏中单击【创建】→【多边形基本体】→【圆柱体】命令。在【前视图】中创建一个圆柱体，删除多余的面，只保留该圆柱体的顶面，如图 2.494 所示。

步骤 02：挤出并删除多余的面。选择顶面，在菜单栏中单击【编辑网格】→【挤出】命令，对选择的面进行挤出，删除多余的面并调整顶点的位置，效果如图 2.495 所示。

步骤 03：继续进行挤出操作。选中对象继续挤出和调整操作，效果如图 2.496 所示。

图 2.494　保留的顶面　　图 2.495　挤出并删除多余面之　　图 2.496　继续挤出之后的效果
　　　　　　　　　　　　　　　　　　后的效果

步骤 04：将制作好的对象复制一份，调整好位置，效果如图 2.497 所示。

步骤 05：将"任务十一"中制作好的螺杆和螺帽复制一份，对它们进行缩放并调整位置。效果和位置如图 2.498 所示。

步骤 06：制作自行车的后车闸，方法同上。效果如图 2.499 所示。

图 2.497　复制之后的效果　　图 2.498　螺杆和螺帽的效果　　图 2.499　后车闸效果

视频播放：关于具体介绍，请观看本书光盘上的配套视频"任务十二：制作自行车的车闸模型.wmv"。

任务十三：制作操纵线、支架和添加螺帽

1. 操纵线模型的制作

操纵线模型的制作通过绘制曲线和截面曲线，再对截面沿曲线挤出来完成。

步骤 01：绘制曲线。在菜单栏中单击【创建】→【曲线工具】→【CV 曲线工具】命令。绘制两条曲线，如图 2.500 所示。

步骤 02：创建两个圆形作为截面。在菜单栏中单击【创建】→【NURBS 基本体】→【圆形】命令，绘制两个圆形，如图 2.501 所示。

步骤 03：进行挤出操作。单选圆形并加选曲线，在菜单栏中单击【曲面】→【挤出】命令即可。效果如图 2.502 所示。

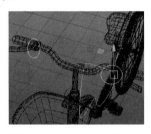

图 2.500　绘制的两条曲线　　　图 2.501　绘制的两个圆形　　　图 2.502　挤出之后的曲线效果

步骤 04：创建操纵线的固定装置。操纵线的固定装置比较简单，只要创建一个圆柱体，调整好其大小和位置即可，如图 2.503 所示。

2. 制作自行车的支架

自行车的支架模型制作比较简单，在侧视图中创建一个立方体，调整顶点并进行适当的倒角处理即可，效果如图 2.504 所示。

3. 添加螺帽

将前面制作好的螺帽，进行复制、缩放和调节操作。最终效果如图 2.505 所示。

图 2.503　操纵线的固定装置　　　图 2.504　自行车支架　　　图 2.505　螺帽效果

视频播放： 关于具体介绍，请观看本书光盘上的配套视频 "任务十三：制作操纵线、支架和添加螺帽.wmv"。

七、拓展训练

应用所学知识，根据提供的参考图，制作如下三维模型。

提示： 以上模型的具体制作过程演示，请观看本书光盘上的配套视频。原始模型在配套素材的项目文件中。

案例6 乡村酒馆模型的制作

一、案例内容简介

本案例主要使用多边形建模技术来制作室外场景——乡村酒馆。乡村酒馆模型主要由墙体、屋顶、柱子、窗户、围栏、楼梯、灯笼、酒坛、旗杆、旗帜、基座以及阶梯等模型组成。通过该模型的制作，使读者对场景模型制作的流程、原理、方法和技巧有一个基本的了解，使多边形建模技术的综合应用能力得到了进一步的提高。

二、案例效果欣赏

三、案例制作（步骤）流程

任务一：创建项目文件和模型制作分析 ➡ 任务二：制作酒馆一楼模型 ➡ 任务三：制作酒馆一楼顶面模型

任务六：制作乡村酒馆二楼模型 ⬅ 任务五：制作酒馆前面的遮瓦模型 ⬅ 任务四：制作酒馆围栏和楼梯模型

任务七：制作乡村酒馆西楼模型 ➡ 任务八：制作乡村酒馆基座和旗杆（包括旗帜）模型

任务九：乡村酒馆的其他装饰道具的合并

四、制作目的

（1）掌握场景模型制作的原理、基本流程、方法和技巧。

（2）提高多边形建模技术综合应用的能力。

五、制作过程中需要解决的问题

（1）场景模型制作的原理。

（2）场景模型制作的基本流程。

（3）场景模型中各个对象之间的比例关系。

（4）多边形建模技术的综合应用。

六、详细操作步骤

本案例通过 9 个任务来完成室外场景——乡村酒馆模型的制作。乡村酒馆模型主要分场景主体、装饰和配件三大部分，在制作这些模型的时候，一般没有准确的尺寸大小，只要确保它们之间的比例合理即可。

任务一：创建项目文件和模型制作分析

创建一个名为"xcjg"的项目文件，要制作的模型参考图如图 2.506 所示。项目文件的创建和模型效果制作分析，请读者参考本章"案例 6 中的任务一"或本书光盘上的配套视频。

图 2.506　模型参考图

视频播放：关于具体介绍，请观看本书光盘上的配套视频"任务一：创建项目文件和模型制作分析.wmv"。

任务二：制作酒馆一楼模型

酒馆一楼模型制作分墙体、柱子、窗户和装饰木条 4 个部分。

1. 制作酒馆墙体

酒馆墙体的制作比较简单，主要通过创建立方体，再对立方体进行编辑来完成。

步骤 01：创建墙体。在菜单栏中单击【创建】→【多边形基本体】→【立方体】命令，在【透视图】中创建一个立方体，如图 2.507 所示。

步骤 02：插入循环边。在菜单栏中单击【网格工具】→【插入循环边】命令，在【透视图】中给创建的立方体添加 3 条循环边并调整好位置，效果如图 2.508 所示。

步骤 03：继续插入循环边并将多余的面删除，方法同上。效果如图 2.509 所示。

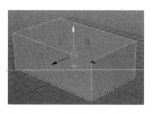
图 2.507　创建的立方体

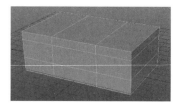
图 2.508　插入的 3 条循环边

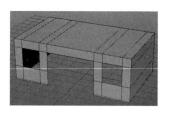
图 2.509　插入循环边和删除
多余面之后的效果

2. 制作柱子

柱子模型包括柱子石垫和柱子主体两部分。

步骤 01：创建一个球体并删除多余的面。在菜单栏中单击【创建】→【多边形基本体】→【球体】命令，在【顶视图】中创建一个默认参数下的球体，删除其上下多余的面，如图 2.510 所示。

步骤 02：进行填充洞。双击球体上端的边界边，在菜单栏中单击【网格】→【填充洞】命令，即可将选择的边界边填充，效果如图 2.511 所示。

步骤 03：创建柱子主体模型。在菜单栏中单击【创建】→【多边形基本体】→【圆柱体】命令，在【顶视图】中创建一个圆柱体并删除圆柱体的底面和顶面，调整好其位置和大小，如图 2.512 所示。

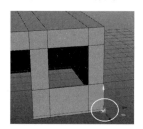
图 2.510　创建的球体

图 2.511　填充洞之后的效果

图 2.512　创建的柱子主体

步骤 04：复制柱子石垫和柱子主体。将创建好的柱子石垫和柱子主体复制 5 份并调整好它们位置，效果 2.513 所示。

步骤 05：继续复制柱子石垫和柱子主体。对复制的柱子石垫和柱子主体进行适当缩放，使之比其他石垫和柱子主体稍大一点，效果如图 2.514 所示。

3. 制作装饰木条和窗户

1）制作装饰木条
装饰木条的制作比较简单，通过对创建的立方体进行简单编辑即可。

步骤 01：制作横向装饰木条。在菜单栏中单击【创建】→【多边形基本体】→【立方体】命令，在【透视图】中创建一个立方体并删除其左右两端的顶面，效果如图 2.515 所示。

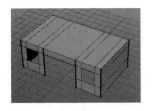

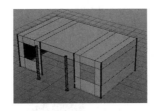

图 2.513　复制 5 份之后的柱 　　　图 2.514　复制和缩放之后的柱子 　　图 2.515　删除左右两端顶面之后
子石垫和柱子主体效果 　　　　　　石垫和柱子主体效果 　　　　　　的立方体效果

　　步骤 02： 对创建的立方体进行倒角处理。切换到上一步创建的立方体，进入【边】编辑模式，选择横向的 4 条边；在菜单栏中单击【编辑网格】→【倒角】命令，对选择的边进行倒角处理，效果如图 2.516 所示。

　　步骤 03： 通过对倒角处理之后的立方体进行复制、旋转、移动和顶点调整来制作装饰木条，最终效果如图 2.517 所示。

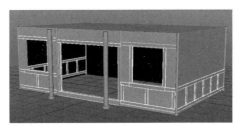

图 2.516　进行倒角处理之后的效果 　　　　　　图 2.517　装饰木条的最终效果

　　2）窗户的制作

　　窗户的制作是根据窗户结构，复制前面制作的装饰木条，对复制的装饰木条进行移动、旋转和缩放来完成的。

　　步骤 01： 分析窗户的结构。需要制作的窗户结构如图 2.518 所示。

　　步骤 02： 复制前面制作的装饰木条，通过缩放、移动和顶点位置调整制作窗户，窗户模型效果如图 2.519 所示。

　　步骤 03： 制作窗户纸。窗户纸主要使用一个平面来表现。在菜单栏中单击【创建】→【多边形基本体】→【平面】命令，在【前视图】中绘制一个平面并调整好位置，效果如图 2.520 所示。

图 2.518　窗户的结构 　　　　图 2.519　窗户模型效果 　　　图 2.520　制作窗户纸之后的效果

步骤 04：将制作好的窗户复制一份，调整好其位置，效果如图 2.521 所示。

步骤 05：调整比例大小。从整体效果来看，"柱子"有点小，需要进行缩放，调整比例之后的效果如图 2.522 所示。

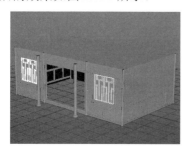 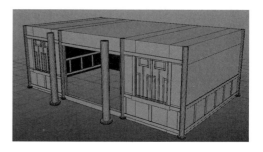

图 2.521　复制的窗户效果　　　　　　图 2.522　调整比例之后的效果

视频播放：关于具体介绍，请观看本书光盘上的配套视频"任务二：制作酒馆一楼模型.wmv"。

任务三：制作酒馆一楼顶面模型

酒馆一楼顶面的制作是通过选择顶面进行提取，对提取的面添加边和基础操作来完成的。

步骤 01：提取面。选择需要提取的顶面，如图 2.523 所示。在菜单栏中单击【编辑网格】→【提取】命令，将选择的面提取出来。

步骤 02：进行挤出操作。选择需要挤出的边，在菜单栏中单击【编辑网格】→【挤出】命令，对选择的面进行挤出并调整其位置，效果如图 2.524 所示。

步骤 03：插入循环边。在菜单栏中单击【网格工具】→【插入循环边】命令，插入循环边。插入的循环边位置如图 2.525 所示。

 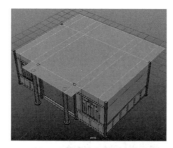 

图 2.523　选择需要提取的面　　图 2.524　挤出边并调整其位　　图 2.525　插入的循环边位置
　　　　　　　　　　　　　　　　　　　　置之后的效果

步骤 04：进行挤出操作。选择需要挤出的边，在菜单栏中单击【编辑网格】→【挤出】命令，对挤出的边进行位置调整，效果如图 2.526 所示。

步骤 05：挤出厚度。选择整个顶面，在菜单栏中单击【编辑网格】→【挤出】命令，对挤出的面进行位置调节。挤出的厚度效果如图 2.527 所示。

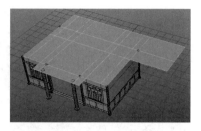

图 2.526　挤出边的效果

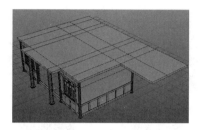

图 2.527　挤出的厚度效果

视频播放：关于具体介绍，请观看本书光盘上的配套视频"任务三：酒馆一楼顶面制作.wmv"。

任务四：制作酒馆围栏和楼梯模型

酒馆围栏和楼梯的制作没有什么技术难点，主要通过创建圆柱体和立方体，并对所创建的圆柱体和立方体进行复制和位置调整。

1. 制作围栏

步骤 01：制作围栏的主立柱。创建一个圆柱体，在菜单栏中单击【创建】→【多边形基本体】→【圆柱体】命令，在【顶视图】中创建一个圆柱体，如图 2.528 所示。

步骤 02：对面进行倒角处理。选择圆柱体的顶面，在菜单栏中单击【编辑网格】→【倒角】命令，对顶面进行倒角处理。倒角效果如图 2.529 所示。

步骤 03：复制和位置调整。删除圆柱体的底面并复制 10 份，调整好位置，如图 2.530 所示。

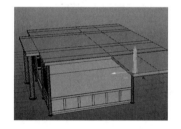

图 2.528　创建的圆柱体

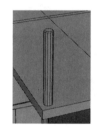

图 2.529　倒角效果

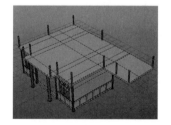

图 2.530　复制的效果

步骤 04：制作围栏的方形横条和竖条。在菜单栏中单击【创建】→【多边形基本体】→【立方体】命令，在【顶视图】中创建一个立方体，如图 2.531 所示。

步骤 05：删除面和进行倒角处理。将所创建的立方体两端的面删除，选择立方体的 4 条边。在菜单栏中单击【编辑网格】→【倒角】命令，对选择的边进行倒角处理，效果如图 2.532 所示。

步骤 06：复制、旋转和移动。复制倒角处理之后的立方体并调整好其位置，最终的围栏效果如图 2.533 所示。

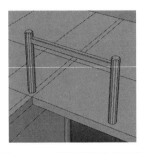

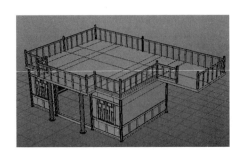

图 2.531　创建的立方体　　图 2.532　删除面和进行倒角　　　　图 2.533　最终的围栏效果

处理之后的效果

2. 制作楼梯

楼梯的制作也很简单，主要通过对创建的立方体进行编辑和复制来完成。

步骤 01：创建一个立方体并删除其两端的顶面。在菜单栏中单击【创建】→【多边形基本体】→【立方体】命令，在【透视图】中创建一个立方体并删除其两端的顶面，大小和效果如图 2.534 所示。

步骤 02：倒角处理。单选需要进行倒角处理的边，在菜单栏中单击【编辑网格】→【倒角】命令，对选择的边进行倒角处理，效果如图 2.535 所示。

步骤 03：对倒角处理后的立方体进行特殊复制。单选倒角处理之后的立方体，按"Shift+D"组合键，复制一份并调整好其位置；继续按"Shift+D"组合键 7 次，复制出 7 个等距离的立方体，最终效果如图 2.536 所示。

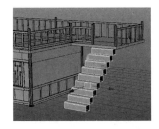

图 2.534　创建的立方体　　　图 2.535　进行倒角处理　　　图 2.536　连续复制之后的最终效果

大小和效果　　　　　　　　之后的效果

步骤 04：使用前面创建围栏的方法，复制围栏模型并对它们进行缩放、旋转、移动和顶点位置调整，以便制作楼梯扶手，效果如图 2.537 所示。

步骤 05：复制柱子。再复制 7 根柱子作为楼梯和飘台的支撑，最终效果如图 2.538 所示。

视频播放：关于具体介绍，请观看本书光盘上的配套视频"任务四：制作酒馆围栏和楼梯模型.wmv"。

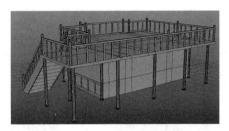

图 2.537　楼梯扶手效果　　　　　　图 2.538　多次复制柱子之后的最终效果

任务五：制作酒馆前面的遮瓦模型

酒馆前面的遮瓦模型主要由支撑瓦片支架、瓦片和瓦片上面的压条组成。

1. 制作瓦片支架模型

瓦片支架模型的制作是通过创建立方体，对立方体进行缩放、移动、顶点位置调整和复制等操作来完成。

步骤 01：创建立方体。在菜单栏中单击【创建】→【多边形基本体】→【立方体】命令，在【顶视图】中创建一个立方体，如图 2.539 所示。

步骤 02：复制并调整立方体位置，对创建的立方体进行复制和位置调整，最终效果如图 2.540 所示。

2. 制作瓦片

瓦片的制作是通过先创建圆柱体再对创建的圆柱体进行删除、挤出和复制操作来完成的。

步骤 01：创建一个圆柱体，在菜单栏中单击【创建】→【多边形基本体】→【圆柱体】命令，在【前视图】中创建两个圆柱体，对其中一个圆柱体的尾部进行缩放，如图 2.541 所示。

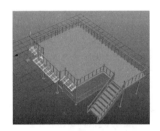

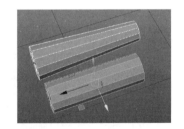

图 2.539　创建的立方体　　图 2.540　瓦片支架模型的　　图 2.541　对其中一个圆柱体的
　　　　　　　　　　　　　　　　　最终效果　　　　　　　　　　尾部进行缩放

步骤 02：倒角处理。选择尾部已被缩小的圆柱体头部所在的面，在菜单栏中单击【编辑网格】→【倒角】命令，对选择的面进行倒角处理。倒角处理之后的效果如图 2.542 所示。

步骤 03：删除面、挤出和缩放。将第二个圆柱体上不需要的面删除，对剩下的面进行挤出；选择剩下的面，在菜单栏中单击【编辑网格】→【挤出】命令，对选择的面进行挤出并对圆柱体的前部进行适当缩小，最终效果如图 2.543 所示。

步骤 04：倒角处理。选择瓦片前端的顶面，在菜单栏中单击【编辑网格】→【倒角】命令，对选择的面进行倒角处理，效果如图 2.544 所示。

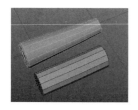

图 2.542　倒角处理
之后的效果

图 2.543　删除面、挤出和
缩放之后的效果

图 2.544　倒角处理之后的效果

步骤 05：对制作好的瓦片进行变换复制。选择需要复制的瓦片，按"Shift+D"组合键，复制一份，调整好其位置；继续按"Shift+D"组合键 5 次，变换复制出等距离的瓦片，如图 2.545 所示。

步骤 06：进行结合操作。选择所有瓦片，在菜单栏中单击【网格】→【结合】命令，将选择的所有瓦片结合成一个瓦片条。

步骤 07：复制和变换操作。继续复制瓦片，对复制的瓦片进行移动操作，瓦片的最终效果如图 2.546 所示。

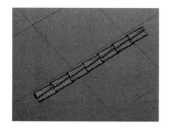

图 2.545　变换复制的瓦片

图 2.546　瓦片的最终效果

步骤 08：再创建一个立方体，方法同上。调整好其大小，再复制 4 个同时调整好大小和位置的立方体。乡村酒馆一楼的最终效果如图 2.547 所示。

图 2.547　乡村酒馆一楼的最终效果

视频播放：关于具体介绍，请观看本书光盘上的配套视频"任务五：制作酒馆前面的遮瓦模型.wmv"。

任务六：制作乡村酒馆二楼模型

乡村酒馆二楼模型制作的原理、方法和技巧与一楼基本一致，主要使用圆柱体制作二楼框架结构。

步骤 01：创建二楼的墙体部分。创建一个立方体，调整好立方体的比例大小，删除不需要的面；进入【顶点】编辑模式，调整顶点位置，二楼墙体模型效果如图 2.548 所示。

步骤 02：使用【圆柱体】命令创建圆柱体，需要制作 6 根柱子并调整好它们的位置，最终效果如图 2.549 所示。

步骤 03：使用【立方体】命令来制作二楼其他框架结构，效果如图 2.550 所示。

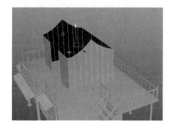
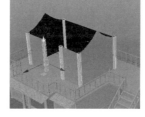

图 2.548　二楼墙体模型效果　　图 2.549　二楼 6 根柱子的模型效果　　图 2.550　二楼框架结构效果

步骤 04：瓦片的制作。瓦片的制作同一楼瓦片制作的方法完全相同，在此就不再详细介绍，具体操作步骤可以参考本书光盘上的配套视频。最终效果如图 2.551 所示。

步骤 05：制作二楼瓦片的压条。创建一个立方体，调整该立方体的顶点位置，再对立方体进行倒角处理。瓦片压条的最终效果如图 2.552 所示。

步骤 06：创建 3 个球体。对创建的球体进行缩放和位置调整，球体的最终效果如图 2.553 所示。

图 2.551　二楼瓦片的最终效果　　图 2.552　瓦片压条的最终效果　　图 2.553　球体的最终效果

步骤 07：二楼门帘的制作。在前视图中创建一个立方体，并对该立方体进行倒角处理，门帘效果如图 2.554 所示。

视频播放：关于具体介绍，请观看本书光盘上的配套视频"任务六：制作乡村酒馆二楼模型.wmv"。

任务七：制作乡村酒馆配楼模型

乡村酒馆配楼模型的制作比较简单，读者可以参考主楼制作的方法，或者参考本书光盘上的配套视频。配楼制作完成之后的效果如图 2.555 所示。

视频播放：关于具体介绍，请观看本书光盘上的配套视频"任务七：制作乡村酒馆配楼模型.wmv"。

任务八：制作乡村酒馆基座和旗杆（包括旗帜）模型

乡村酒馆基座和旗杆的制作非常简单，只要创建立方体和圆柱体，对创建的立方体和圆柱体进行倒角和位置调整即可。旗帜的制作也比较简单，创建平面并对平面的顶点进行适当调整即可。具体操作步骤请参考本书光盘上的配套视频，乡村酒馆基座和旗杆（包括旗帜）模型的最终效果如图 2.556 所示。

 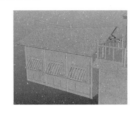 

图 2.554　二楼门帘效果　　　　图 2.555　乡村酒馆配楼效果　　　　图 2.556　乡村酒馆基座和旗杆
　　　　　　　　　　　　　　　　　　　　　　　　　　　　　　　　　　　（包括旗帜）模型的最终效果

视频播放：关于具体介绍，请观看本书光盘上的配套视频"任务八：制作乡村酒馆基座和旗杆（包括旗帜）模型.wmv"。

任务九：乡村酒馆的其他装饰道具的合并

乡村酒馆的其他装饰道具主要有收银台、桌椅、灯笼和酒坛等，这些道具主要通过外部文件的导入，对导入的文件（参考图）进行缩放和位置调整。

步骤 01：在菜单栏中单击【文件】→【导入…】命令，弹出【导入】对话框。在【导入】对话框中选择需要导入的文件，再次单选"zuoyi.obj"文件，单击"导入"按钮。

步骤 02：对导入的桌椅模型进行缩放和位置调整，最终效果如图 2.557 所示。

步骤 03：再将灯笼和酒坛等道具模型导入场景，进行复制和位置调节，最终效果如图 2.558 所示。

 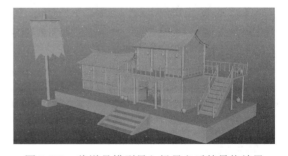

图 2.557　导入的桌椅模型最终效果　　　　图 2.558　将道具模型导入场景之后的最终效果

视频播放：关于具体介绍，请观看本书光盘上的配套视频"任务九：乡村酒馆的其他装饰道具的合并.wmv"。

七、拓展训练

应用所学知识，根据提供的参考图，制作如下三维模型。

提示：以上模型的具体制作过程演示，请观看本书光盘上的配套视频。原始模型在配套素材的项目文件中。

案例 7 动画角色模型的制作

一、案例内容简介

本案例主要使用多边形建模技术来制作一个动画角色模型，动画角色模型包括头部模型、身体模型和靴子模型。其中身体模型还包括衣服、裤子、手套和腰包模型。通过该模型的制作，使读者对动画角色模型制作的流程、原理、方法和技巧有一个基本的了解，提高多边形建模技术的综合应用能力。

二、案例效果欣赏

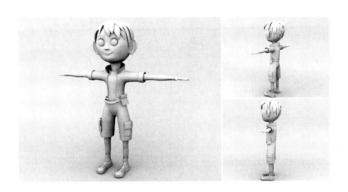

三、案例制作（步骤）流程

任务一：创建项目文件和模型制作分析 ➡ 任务二：制作动画角色的头部模型 ➡ 任务三：制作动画角色的眼睛模型

任务六：制作动画角色的耳朵模型 ⬅ 任务五：制作动画角色的嘴巴模型 ⬅ 任务四：制作动画角色的鼻子模型

任务七：制作动画角色的眉毛和头发模型 ➡ 任务八：制作动画角色的身体模型 ➡ 任务九：制作动画角色的配件模型

任务十：合并模型和制作衣领

四、制作目的

（1）掌握动画角色模型制作的原理、基本流程、方法和技巧。
（2）提高多边形建模技术的综合应用能力。

五、制作过程中需要解决的问题

（1）动画角色模型制作的原理。
（2）动画角色模型制作的基本流程。

（3）动画角色模型的整体比例关系。

（4）多边形建模技术的综合应用能力。

六、详细操作步骤

本案例通过 10 个任务来完成动画角色模型的制作。在制作这个模型的时候，一般没有准确的尺寸大小，只要确保它们之间的大小比例合理即可。

任务一：创建项目文件和模型制作分析

创建一个名为 "dhjs" 的项目文件，要制作的动画角色参考图如图 2.559 所示。本项目文件的创建和模型效果制作分析，请参考本书光盘上的配套视频。

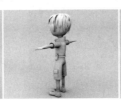

图 2.559　动画角色参考图

视频播放：关于具体介绍，请观看本书光盘上的配套视频"任务一：创建项目文件和模型制作分析.wmv"。

任务二：制作动画角色的头部模型

根据前面"任务一"的分析，在这里使用【立方体】命令创建基础模型，使用【平滑】命令对创建的立方体进行平滑处理。然后，进入模型的【顶点】编辑模式进行位置调整。

步骤 01：创建立方体。在菜单栏中单击【创建】→【多边形基本体】→【立方体】命令，在【顶视图】中创建一个立方体，如图 2.560 所示。

步骤 02：对创建的立方体进行平滑处理。在菜单栏中单击【网格】→【平滑】命令，对创建的立方体进行平滑处理。

步骤 03：按"G"键，再次对选择的对象进行平滑处理。然后，使用【缩放】工具对平滑处理后的对象进行适当的缩放。

提示：在 Maya 中，"G"键是重复使用上一次命令的快捷键。

步骤 04：切换到【顶点】编辑模式，对顶点进行适当缩放，最终效果如图 2.561 所示。

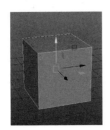

图 2.560　创建的立方体

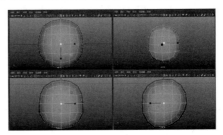

图 2.561　对平滑处理后的模型进行适当缩放之后的最终效果

步骤 05：进入模型的【面】编辑模式，在【前视图】中选择对象的一半并将其删除，如图 2.562 所示。

步骤 06：切换到模型的【对象】编辑模式，在菜单栏中单击【编辑】→【特殊复制】→■图标，弹出【特殊复制选项】对话框，具体参数设置如图 2.563 所示。设置完毕，单击"特殊复制"按钮，即可到如图 2.564 所示的效果。

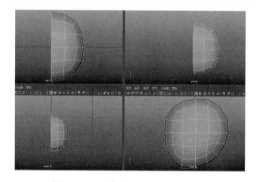

图 2.562　删除一半之后的效果

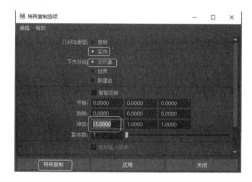

图 2.563　【特殊复制选项】对话框参数设置

步骤 07：进入模型的【顶点】编辑模式，根据参考图，通过调整顶点位置来调整头部的形状，使头部模型基本符合参考图效果，如图 2.565 所示。

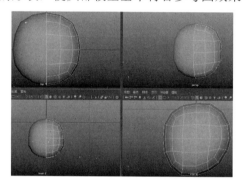

图 2.564　特殊复制之后的效果

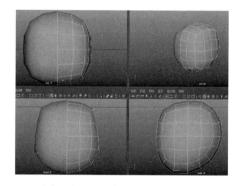

图 2.565　调整顶点之后的效果

提示：在此调整的头部模型可能与参考图存在一定差异，不要太在意，尽量接近参考图即可，在后面制作完五官之后，还需要对头部模型比例和形态进行调整。

步骤 08：进入模型的【面】编辑模式，选择挤出颈部的 4 个面，如图 2.566 所示。

步骤 09：在菜单栏中单击【编辑网格】→【挤出】命令，对选择的面进行挤出操作；再对挤出的面进行调位置调整，最终效果如图 2.567 所示。

步骤 10：进入模型的【面】编辑模式，将挤出后的底面和中间重合的面删除，按键盘上的"3"键，效果如图 2.568 所示。

提示：分别按键盘上的"1""2"和"3"，模型则分别以低精度、中精度和高精度显示模式。在对模型进行调节时，建议在低精度显示模式下调节。观看最终效果时，则选择高精度显示模式。

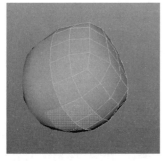

图 2.566　选择的面

图 2.567　挤出的最终效果

图 2.568　删除面之后的效果

视频播放：关于具体介绍，请观看本书光盘上的配套视频"任务二：制作动画角色的头部模型.wmv"。

任务三：制作动画角色的眼睛模型

动画角色五官（主要指眼睛、嘴巴、鼻子和耳朵）的制作相对于真实人体的五官制作要简单得多。在本任务中，主要制作动画角色的眼睛。

步骤 01：执行【插入循环边】命令，插入两条循环边，划分出眼睛和鼻子的区域，如图 2.569 所示。

步骤 02：进入对象的【顶点】编辑模式，对顶点的位置进行调整，效果如图 2.570 所示。

步骤 03：切换到对象的【面】编辑模式，选择需要挤出的面，如图 2.571 所示。

添加的两条循环边

图 2.569　插入的两条循环边

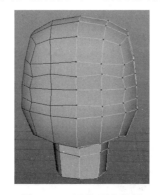

图 2.570　调整顶点位置
之后的效果

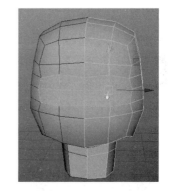

图 2.571　选择需要挤出的面

步骤 04：在菜单栏单击【编辑网格】→【挤出】命令（或按"Ctrl+E"组合键），对选择的面进行挤出，再对挤出的面进行缩放和顶点位置调整，最后删除挤出的面。效果如图 2.572 所示。

步骤 05：选择眼睛位置的边界边，执行【挤出】命令并调整顶点位置。在这里，【挤出】命令需要执行 3 次，并且每执行一次挤出操作，都需要根据角色结构对挤出的边或顶点进行位置调整，效果如图 2.573 所示。

步骤 06：在菜单栏中单击【网格工具】→【多切割】命令（或在工具栏中单击▱按钮），给对象添加边并删除多余的边和调整顶点。效果如图 2.574 所示。

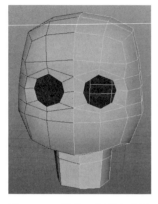
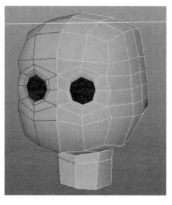
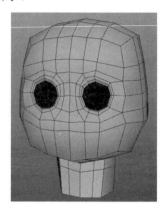

图 2.572　挤出、调整和删除　　　　图 2.573　挤出和调整 3 次　　　　图 2.574　添加边并删除多余的
　　　　　　面之后的效果　　　　　　　　　　　之后的效果　　　　　　　　　　边和调整顶点之后的效果

　　步骤 07：创建一个球体，调整好其位置，把它作为眼睛。然后，根据球体再适当调整眼睛部位的顶点。添加眼睛之后的效果如图 2.575 所示。

　　提示：眼睛的大致形状暂时调整到这里，等脸部的其他器官制作完毕之后再进行整体位置调整。

　　视频播放：关于具体介绍，请观看本书光盘上的配套视频"任务三：制作动画角色的眼睛模型.wmv"。

　　任务四：制作动画角色的鼻子模型

　　动画角色的鼻子制作比真实人体的鼻子简单得多，只要选择鼻子的面进行挤出，再对挤出的面进行适当调整即可。

　　步骤 01：切换到头部模型的【面】编辑模式，选择需要挤出的面，如图 2.576 所示。

　　步骤 02：执行【挤出】命令，对选择的面进行挤出并调整顶点的位置，调整之后的效果如图 2.557 所示。

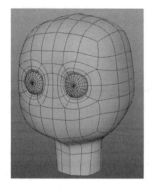
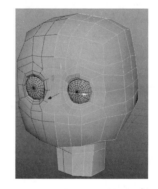
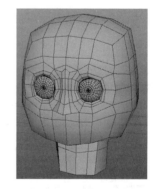

图 2.575　添加眼睛之后的效果　　　图 2.576　选择需要挤出的面　　　图 2.577　挤出并调整之后的效果

步骤 03：使用 ✐（多切割）工具和 ▦（插入循环边）工具，给对象添加循环边和边，对多余的边进行删除并调整顶点的位置。鼻子的最终效果如图 2.578 所示。

视频播放：关于具体介绍，请观看本书光盘上的配套视频"任务四：制作动画角色的鼻子模型.wmv"。

任务五：制作动画角色的嘴巴模型

动画角色嘴巴的制作主要通过添加环形边，调整边以及顶点的位置来完成。

步骤 01：执行【插入循环边】命令，插入循环边，确定嘴巴的位置。选择面进行挤出和调整，如图 2.579 所示。

步骤 02：继续插入循环边并调整嘴巴的形状，调整之后的嘴巴效果如图 2.580 所示。

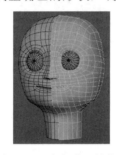

图 2.578　鼻子的最终效果　　　图 2.579　确定嘴巴的位置　　　图 2.580　调整之后的嘴巴效果

视频播放：关于具体介绍，请观看本书光盘上的配套视频"任务五：制作动画角色的嘴巴模型.wmv"。

任务六：制作动画角色的耳朵

动画角色耳朵的制作与鼻子的制作方法一样，都是通过选择面进行挤出和调整。

步骤 01：进入头部模型的【面】编辑模式，选择需要挤出耳朵的面，如图 2.581 所示。

步骤 02：执行【挤出】命令，对选择的面进行挤出，再对挤出的面进行缩放和顶点位置调整。这些操作步骤执行 3 次。挤出和调整之后的耳朵效果如图 2.582 所示。

步骤 03：执行【插入循环边】命令，插入循环边，并调整顶点的位置。此操作步骤根据造型要求需要重复几次。多次插入循环边和调整之后的耳朵效果如图 2.583 所示。

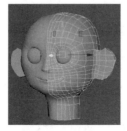

图 2.581　选择需要　　　图 2.582　挤出和调整之后的　　　图 2.583　多次插入循环边和
挤出耳朵的面　　　　　　耳朵效果　　　　　　　　　调整之后的耳朵效果

步骤 04：选择耳朵前面需要进行挤出的面，如图 2.584 所示。

步骤 05：对选择的面进行挤出和顶点位置调整，该操作步骤执行两次，最终效果如图 2.585 所示。

步骤 06：使用【网格工具】菜单组中的【雕刻工具】命令组中的命令，对头部模型进行调整，调整之后的头部效果如图 2.586 所示。

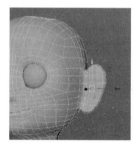
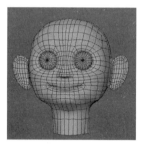
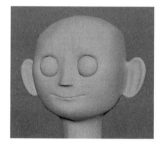

图 2.584　选择需要挤出的面　　图 2.585　挤出和调整两次　　图 2.586　调整之后的头部效果
　　　　　　　　　　　　　　　　　　　　之后的耳朵效果

视频播放：关于具体介绍，请观看本书光盘上的配套视频"任务六：制作动画角色的耳朵模型.wmv"。

任务七：制作动画角色的眉毛和头发模型

1. 制作眉毛

眉毛的制作方法：使用【激活选定对象】和【四边形绘制】命令先绘制出面片，再对绘制出的面片进行挤出和调整。

步骤 01：单选头部模型，在工具栏中单击 （激活选定对象）按钮，将选定对象激活为吸附对象。

步骤 02：在菜单栏中单击【网格工具】→【四边形绘制】命令，在激活的对象上绘制出动画角色的眉毛，如图 2.587 所示。

步骤 03：再次单击 （激活选定对象）按钮，打开对象吸附状态，对已绘制的面进行挤出和调整，挤出的眉毛效果如图 2.588 所示。

步骤 04：对挤出的眉毛进行镜像复制一份，调整好其位置，效果如图 2.589 所示。

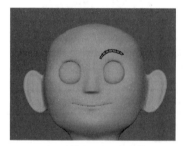
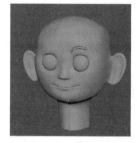
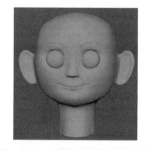

图 2.587　绘制的眉毛　　　　图 2.588　挤出的眉毛效果　　图 2.589　镜像复制的眉毛效果

2. 头发模型的制作

头发模型的制作是使用 NURBS 基本体中的【球体】命令，先创建 NURBS 球体，再对创建的球体的控制点或壳线进行缩放、旋转和移动来完成的。

步骤 01：创建 NURBS 球体。在菜单栏中单击【创建】→【NURBS 基本体】→【球体】命令，在【顶视图】中创建一个 NURBS 球体。对该球体进行缩放、移动、旋转等操作，创建的第一束头发效果如图 2.590 所示。

步骤 02：继续创建头发，方法同上。制作好的头发从不同角度观看的效果如图 2.591 所示。

图 2.590 创建的第一束 头发效果　　　　　图 2.591 制作好的头发从不同角度观看的效果

视频播放：关于具体介绍，请观看本书光盘上的配套视频"任务七：制作动画角色的眉毛和头发模型.wmv"。

任务八：制作动画角色的身体模型

这次做的动画角色为人物角色，整个人的高度是 3.5 个头部高度之和，身体部位主要体现衣服和裤子，因此对身体的制作要求不高。读者可以创建一个立方体或圆柱体，把它作为挤出模型，通过挤出、调整和布线来制作。

1. 制作动画角色的衣服和裤子的模型

步骤 01：在菜单栏中单击【创建】→【多边形基本体】→【圆柱体】命令，在【顶视图】中创建一个圆柱体，删除其上下两个面，效果如图 2.592 所示。

步骤 02：根据参考图和设计稿，对创建的圆柱进行缩放和调节，最终效果如图 2.593 所示。

步骤 03：进入模型的【面】编辑模式，在【前视图】中删除模型的一半，对另一半进行特殊复制。在菜单栏单击【编辑】→【特殊复制】命令（或按"Ctrl+Shift+D"组合键），弹出【特殊复制选项】对话框，在对话框中设置参数，具体参数设置如图 2.594 所示。特殊复制之后的效果如图 2.595 所示。

步骤 04：选择底部需要进行桥接的边，在菜单栏中单击【编辑网格】→【桥接】命令，对选择的边进行桥接，桥接之后的效果如图 2.596 所示。

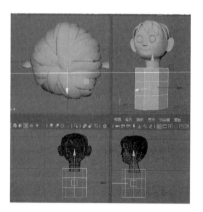

图 2.592　创建的圆柱体被删除上下
两个面之后的效果

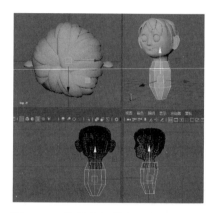

图 2.593　缩放和调整之后的最终效果

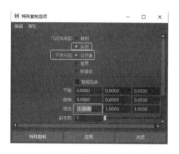

图 2.594　【特殊复制选项】
对话框参数设置

图 2.595　特殊复制
之后的效果

图 2.596　桥接
之后的效果

步骤 05：在菜单栏中单击【网格工具】→【插入循环边】命令，对桥接之后的面插入一条循环边。

步骤 06：切换到模型的【顶点】编辑模式，在工具栏中单击目标焊接工具按钮■，对顶点进行焊接，焊接之后的效果如图 2.597 所示。

步骤 07：选择需要挤出的面进行多次挤出和调整，效果如图 2.598 所示。

步骤 08：执行【插入循环边】命令，给模型插入循环边并调整顶点的位置，调整之后的效果如图 2.599 所示。

图 2.597　插入循环边和焊接
顶点之后的效果

图 2.598　进行多次挤出和
调整之后的效果

图 2.599　插入循环边并
调整顶点位置之后的效果

步骤 09：执行【插入循环边】命令，插入循环边并选择面进行挤出和调整，调整之后的效果如图 2.600 所示。

步骤 10：继续执行【插入循环边】命令插入循环边，调整顶点和边，制作出衣服和裤子的大型如图 2.601 所示。

2. 制作动画角色的外套和裤脚卷起的模型效果

动画角色外套的制作是在衣服的基础上挤出和复制面来完成的。

步骤 01：选择需要挤出外套的面，如图 2.602 所示。

图 2.600 插入循环边、挤出和
调整之后的效果

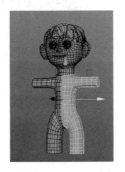

图 2.601 衣服和裤子的大型

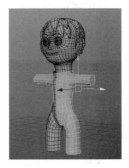

图 2.602 选择需要
挤出外套的面

步骤 02：根据设计图，对选择的面进行多次挤出和调整，最终效果如图 2.603 所示。

步骤 03：继续选择面，挤出衣袖卷起来的效果，挤出和调整之后的效果如图 2.604 所示。

步骤 04：继续选择面，挤出裤脚卷起来的效果，挤出和调整之后的效果如图 2.605 所示。

图 2.603 多次挤出和调整
之后的最终效果

图 2.604 挤出和调整
之后的衣袖卷起的效果

图 2.605 挤出和调整
之后的裤脚卷起的效果

3. 制作动画角色的腿模型

动画角色下肢模型的制作比较简单，只须制作其大型即可，因为该动画角色是穿了鞋子的，所以没有必要制作脚板和脚趾效果。

步骤 01：选择需要挤出脚的底面进行多次挤出和调整，挤出的下肢效果如图 2.606 所示。

步骤 02：继续选择需要挤出脚掌的面，进行挤出和调整，效果如图 2.607 所示。

4. 制作动画角色的手臂模型

动画角色的上肢相对真实人体的上肢丰满一些，制作也比较简单。选择需要挤出上肢的面，进行挤出并调整，调整之后的手臂效果如图 2.608 所示。

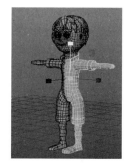

图 2.606　挤出的腿效果　　　图 2.607　挤出脚掌的效果　　　图 2.608　挤出和调整之后的手臂效果

5. 制作手掌和手指模型

手掌和手指模型的制作是根据手掌和手指的结构进行挤出和调整来完成的。

步骤 01： 挤出手掌的大型。选择需要挤出手掌的面，进行多次挤出和调整，手掌形状如图 2.609 所示。

步骤 02： 使用多切割工具按钮█对手掌进行分割，挤出手指的布线，如图 2.610 所示。

步骤 03： 选择需要挤出食指的面，进行挤出和调整，制作好的食指模型如图 2.611 所示。

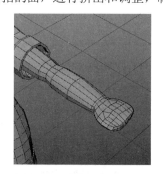
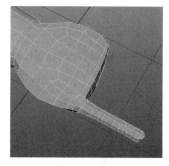

图 2.609　挤出的手掌形状　　　图 2.610　挤出手指的布线　　　图 2.611　制作好的食指

步骤 04： 将需要制作中指、无名指和小指的面删除，将制作好的食指复制 3 份，进行适当缩放，调整好它们的位置，如图 2.612 所示。

步骤 05： 选择复制的手指和手臂，在菜单栏中单击【网格】→【结合】命令，将手指与手臂结合为一个对象。

步骤 06： 切换到对象的【顶点】编辑模式，使用目标焊接工具按钮█将手指与手掌进行焊接，并对焊接之后的顶点进行适当的调整，效果如图 2.613 所示。

步骤 07： 选择需要挤出拇指的面，进行挤出和调节，方法同上。制作的拇指效果如图 2.614 所示。

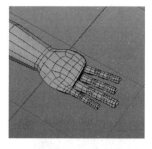

图 2.612　复制的手指

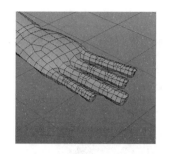

图 2.613　合并、焊接、调节之后的效果

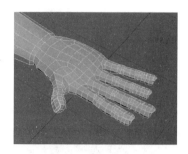

图 2.614　制作的拇指效果

步骤 08：对模型进行调整，调整之后的整体效果如图 2.615 所示。

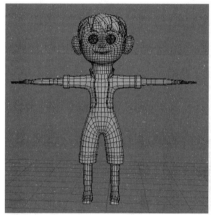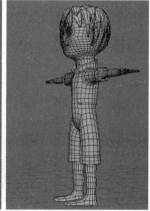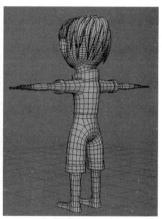

图 2.615　调整之后的整体效果

视频播放：关于具体介绍，请观看本书光盘上的配套视频"任务八：制作动画角色的身体模型.wmv"。

任务九：制作动画角色的配件模型

动画角色的配件有裤兜、皮带、腰包和靴子 4 个配件。

1．制作裤兜模型

裤兜模型的制作是通过选择裤子的面进行挤出和调整来完成的。

步骤 01：选择裤子模型，切换到【面】编辑模式，选择需要复制的面，如图 2.616 所示。

步骤 02：复制面。在菜单栏中单击【编辑网格】→【复制】命令，对选择的面进行复制，效果如图 2.617 所示。

步骤 03：对复制的面进行压平和挤出操作。选择复制的面，使用"缩放工具"对面进行压平操作。在菜单栏中单击【编辑网格】→【挤出】命令，对挤出并压平的面进行厚度调节，再次进行挤出和调整，效果如图 2.618 所示。

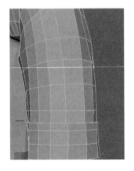

图 2.616　选择需要
复制的面

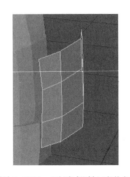

图 2.617　对选择的面进行
复制的效果

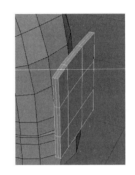

图 2.618　两次挤出和调整
之后的效果

步骤 04：制作裤兜盖。选择需要挤出裤兜盖的面，进行挤出和调整，效果如图 2.619 所示。

步骤 05：插入循环边。在菜单栏中单击【网格工具】→【插入循环边】命令，给裤兜插入循环边，效果如图 2.620 所示。

步骤 06：使用【晶格】命令进行变形操作。切换到【动画】编辑模式。在菜单栏中单击【变形】→【晶格】命令，对裤兜进行变形操作，最终效果如图 2.621 所示。

图 2.619　挤出的裤兜
盖效果

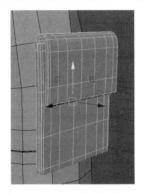

图 2.620　插入循环边之后的
裤兜效果

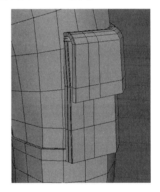

图 2.621　裤兜最终效果

2．制作皮带模型

皮带模型的制作是通过选择身体部分的面进行复制，然后进行结合和合并来完成的。

步骤 01：复制面。切换到【面】编辑模式，选择需要复制的面，如图 2.622 所示，在菜单栏中单击【编辑网格】→【复制】命令，将选择的面进行复制，如图 2.623 所示。

步骤 02：对模型进行特殊复制，效果如图 2.624 所示。

步骤 03：选择用来制作皮带的两个模型。在菜单栏中单击【网格】→【结合】命令，将两个模型结合为一个模型。

步骤 04：切换到【顶点】编辑模式，对顶点进行合并，再插入两条循环边，效果如图 2.625 所示。

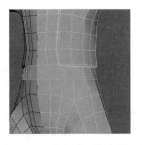

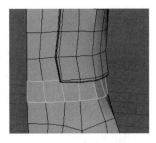

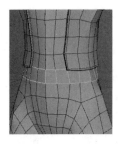

图 2.622　选择需要复制的面　　　　图 2.623　复制的面　　　　图 2.624　特殊复制的效果

步骤 05：皮带扣模型的制作比较简单，通过复制皮带上的面，对复制的面进行挤出、插入循环边和调整位置来制作，如图 2.626 所示。制作的皮带扣效果如图 2.627 所示。

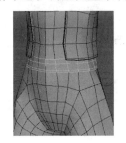

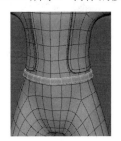

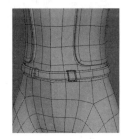

图 2.625　插入两条循环边　　　　图 2.626　对复制的面　　　　图 2.627　制作的皮带
　　　　之后的效果　　　　　　　　　　进行挤出　　　　　　　　　　扣效果

3．制作腰包模型

腰包模型的制作方法与裤兜模型和皮带模型的制作方法基本一致，这里不再详细介绍，读者可以观看本书光盘上配套视频。制作的腰包效果如图 2.628 所示。

4．制作靴子模型

靴子的制作是通过提取脚板和小腿部分的面，再对提取的面进行顶点位置调整和挤出来完成的。

步骤 01：提取面。选择需要提取的面，如图 2.629 所示。在菜单栏中单击【编辑网格】→【提取】命令，完成面的提取，如图 2.630 所示。

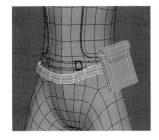

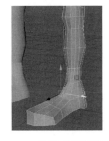

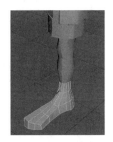

图 2.628　制作的腰包效果　　　　图 2.629　选择需要提取的面　　　　图 2.630　提取的面

步骤 02：插入循环边并调整边和顶点的位置。在菜单栏中单击【网格工具】→【插入循环边】命令，根据靴子的结构插入多条循环边并对顶点和边的进行调整。效果如图 2.631 所示。

步骤 03：挤出靴底和靴帮效果。选择需要挤出的面，在菜单栏中单击【编辑网格】→【挤出】命令，对选择的面进行挤出，再对挤出面进行顶点和边的调整，效果如图 2.632 所示。

步骤 04：添加线段，分割出鞋带的结构，在菜单栏中单击【网格工具】→【多切割】命令，添加边，分割出鞋带的结构，如图 2.633 所示。

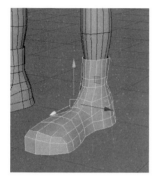

图 2.631　插入多条循环边
并调整之后的效果

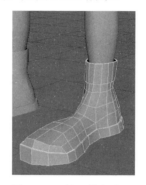

图 2.632　挤出的靴底和
靴帮的效果

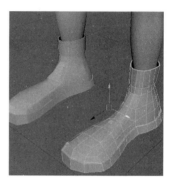

图 2.633　鞋带的结构

步骤 05：选择需要挤出鞋带的面，如图 2.634 所示。进行两次挤出和调整，效果如图 2.635 所示。

步骤 06：继续选择需要挤出鞋带的面，如图 2.636 所示。

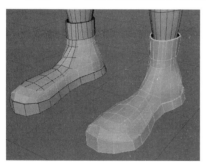

图 2.634　选择需要挤出鞋带的面

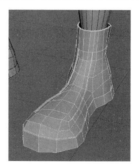

图 2.635　进行两次挤出和
调整之后的效果

图 2.636　继续选择需要
挤出鞋带的面

步骤 07：再执行两次挤出和调整，效果如图 2.637 所示。

步骤 08：制作装饰扣。装饰扣的制作比较简单，主要通过创建面片，再对面片进行挤出和调整。装饰扣效果如图 2.638 所示。

视频播放：关于具体介绍，请观看本书光盘上的配套视频"任务九：制作动画角色的配件模型.wmv"。

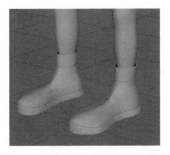

图 2.637　多次挤出和调整之后的效果

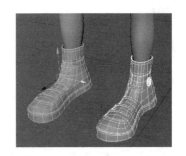

图 2.638　装饰扣效果

任务十：合并模型和制作衣领

本任务主要介绍动画角色整个身体的结合、衣领的制作和整体比例的调整。

步骤 01：结合模型。选择需要结合的身体模型，如图 2.639 所示。在菜单栏中单击【网格】→【结合】命令，将选择的模型结合为一个模型。

步骤 02：对已结合的模型进行合并操作。选择结合之后的模型，在菜单栏中单击【编辑网格】→【合并】命令，对模型进行顶点合并，合并之后的效果如图 2.640 所示。

步骤 03：执行【挤出】命令，挤出衣领的效果，如图 2.641 所示。

图 2.639　选择需要结合的身体

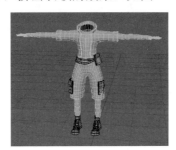

图 2.640　合并之后的效果

2.641　挤出的衣领效果

步骤 04：对头部模型进行结合、合并和调整，方法同上。最终的动画角色模型效果如图 2.642 所示。

图 2.642　最终的动画角色模型效果

视频播放：关于具体介绍，请观看本书光盘上的配套视频"任务十：合并模型和制作衣领.wmv"。

七、拓展训练

应用所学知识，根据提供的参考图，制作如下动画角色模型。

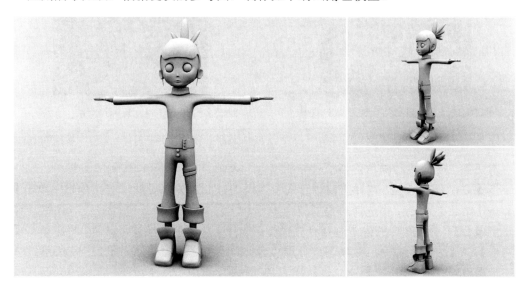

第 3 章　NURBS 建模技术

知识点：

案例 1　NURBS 建模技术基础
案例 2　酒杯和矿泉水瓶模型的制作
案例 3　功夫茶壶模型的制作
案例 4　手机模型的制作

说明：

本章主要通过 4 个案例介绍 Maya 2019 的 NURBS 建模技术的原理、方法和技巧；NURBS 建模命令的作用、参数调节、使用方法和技巧。

教学建议课时数：

一般情况下需要 16 课时，其中理论 6 课时，实际操作 10 课时（特殊情况下可做相应调整）。

随着 Maya 软件的不断升级和改进，Maya 建模技术不断完善和成熟。NURBS 建模技术已经形成一套完善的建模造型工具，用户通过使用 NURBS 建模的相关命令就可以制作出一个完美的模型，它特别适合流线型的模型制作，如工业造型和生物建模等。

在这里，需要提醒读者的是，不要误认为 NURBS 建模技术就大大优越于传统的多边形建模技术和其他建模技术，其实它们各有各的优势。用户只有将各种建模技术结合起来，发挥它们各自的优势，才能获得最理想的建模方法，才能事半功倍。

本章通过 4 个案例来介绍 NURBS 技术的相关知识。

案例 1　NURBS 建模技术基础

一、案例内容简介

本案例主要介绍 NURBS 的基本概念、NURBS 建模的基本流程、使用【创建】菜单组中的命令创建曲线、NURBS 基本体的创建、【曲线】命令组的使用和【曲面】命令组的使用等知识点。

二、案例效果欣赏

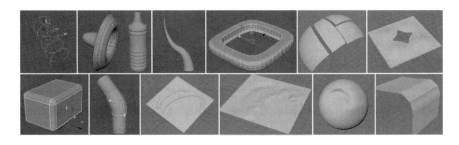

三、案例制作（步骤）流程

任务一：NURBS的基本概念 ➡ 任务二：NURBS建模的基本流程 ➡ 任务三：使用【创建】菜单组中的命令创建曲线

任务六：【曲面】命令组的使用 ⬅ 任务五：【曲线】命令组的使用 ⬅ 任务四：NURBS基本体的创建

四、制作目的

使读者熟练掌握 NURBS 模型的创建方法、NURBS 模型的基本编辑方法，以及常用建模命令的作用、使用方法与技巧。

五、制作过程中需要解决的问题

（1）NURBS 模型的创建方法。
（2）NURBS 模型的基本编辑。

（3）【曲线】命令组中各个命令的作用和使用方法。

（4）【曲面】命令组中各个命令的作用和使用方法。

六、详细操作步骤

任务一：NURBS 的基本概念

在学习 NURBS 建模技术之前，先了解有关 NURBS 建模的一些基本概念，对后面学习 NURBS 建模技术有很大的帮助。在任务一中，主要为用户介绍 NURBS 概念、NURBS 曲线和 NURBS 曲面的相关概念。

1. NURBS 的概念

NURBS 的全称为 Non-Uniform Rational B-Spline，它是曲线和曲面的一种数学描述，中文名称为非均匀有理 B 样条曲线，其特征是可以在曲线任一点上分割和合并。NURBS 的具体含义如下。

（1）【Non-Uniform】（非均匀）：指在一个 UNRBS 曲面的两个方向上可以有不同的权重。

（2）【Rational】（有理）：指 NURBS 曲面可以用数学公式定义。

（3）【B-Spline】（B 样条）：指三维空间的线，而且可以在任一方向上进行弯曲。

2. NURBS 曲线的构成元素

NURBS 曲线是 NURBS 曲面的构成基础，只有很好地理解 NURBS 曲线的构成元素，才能成为 NURBS 曲面的造型高手。NURBS 曲线的构成元素由控制顶点（Control Vertex）、编辑点（Edit Point）、曲线点（Cure Point）、壳线（Hull）、起点、终点和曲线方向构成，如图 3.1 所示（编辑点和曲线点无须标出）。

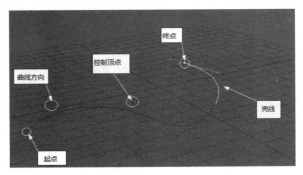

图 3.1　NURBS 曲线的构成元素

（1）【Control Vertex】（控制顶点）：简称 CV 点，主要用来控制曲线的形态，在编辑 CV 点时，附近的多个编辑点会受影响，这样使曲线保持良好的连续性。

（2）【Edit Point】（编辑点）：简称 EP 点，主要通过移动 EP 点来改变曲线形状，在曲线上以×作为标识。

（3）【Cure Point】（曲线点）：曲线上的任一点。它不能改变曲线形状，有可能与控制

点和编辑点的位置相同，但不是同一种曲线元素类型。用户可以选择"曲线点"，将曲线剪成两部分。

（4）【Hull】（壳线）：指连接两个 CV 点之间的线段，主要用来观察 CV 点的位置。当物体上的控制点非常多时，若需要扭曲模型的一部分，则不知道会影响到哪个可控点，这时通过"壳线"就很容易看清楚。当选择影响表面指定区域的相关可控点时，也会用到"壳线"。

（5）【起点】：指绘制 NURBS 曲线的第一个点，它以一个小的中空盒作为标识。

（6）【终点】：指绘制 NURBS 曲线的最后一个点，在曲线上没有什么特殊的标识，用户在建模时会对曲线的起点和终点有所要求。

（7）【曲线方向】：在 NURBS 曲线上用字母 U 表示。曲线方向对以后生成 NURBS 曲面的操作有一定的影响。

显示或选择曲线元素的具体操作方法如下。

步骤 01：将光标移到 NURBS 曲线上右击，弹出快捷菜单，如图 3.2 所示。

步骤 02：按住鼠标右键不放的同时，将光标移到需要选择的 NURBS 曲线的元素命令上，然后松开鼠标，即可选择元素。

3. NURBS 曲面的构成元素

NURBS 曲面是指由曲线构成的网状组合。NURBS 曲面的构成元素包括控制顶点（Control Vertex）、等参线（Isoparm）、曲面点（Surface Point）、曲面（Surface Patch）和壳线（Hull），如图 3.3 所示（图中只显示部分元素）。

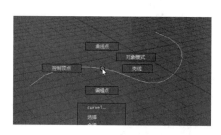

图 3.2　弹出的快捷菜单

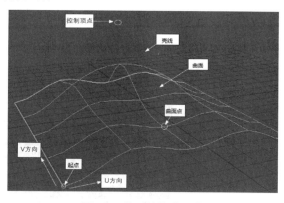

图 3.3　曲面的构成元素

（1）【Control Vertex】（控制顶点）：含义同曲线的控制顶点一样，主要通过调节 CV 点来调节曲面的外形。

（2）【Isoparm】（等参线）：指 U 方向或 V 方向的网格线，主要用来控制曲面的精度和段数。

（3）【Surface Point】（曲面点）：指"等参线（Isoparm）"的交叉点，位于曲面上，以×符号显示，用户不能对它进行变换操作。

（4）【Surface Patch】（曲面）：指由"等参线（Isoparm）"分隔而成的矩形面片。当它被选中时以黄色显示，用户不能对它进行变换操作。

（5）【Hull】（壳线）：在 NURBS 物体的 U 方向或 V 方向上的控制面。"壳线"只有显示作用。

显示或选择曲面元素的具体操作方法如下。

步骤 01：将光标移到 NURBS 曲面上右击，弹出快捷菜单，如图 3.4 所示。

步骤 02：按住鼠标右键不放的同时，将光标移到需要选择的 NURBS 曲面元素命令上，然后松开鼠标，即可选择元素。

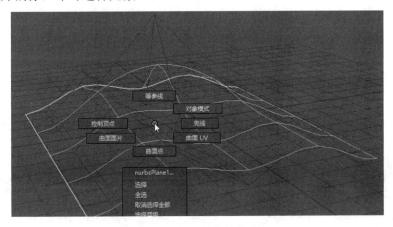

图 3.4　弹出的快捷菜单

视频播放：关于具体介绍，请观看本书光盘上的配套视频"任务一：NURBS 的基本概念.wmv"。

任务二：NURBS 建模的基本流程

NURBS 建模的基本流程如下。

步骤 01：使用【创建】曲线命令创建曲线。

步骤 02：使用编辑【曲线】命令组中的相关命令对创建的曲线进行编辑。

步骤 03：使用【曲面】命令组中的相关命令将编辑好的曲线生成曲面，或使用创建【NURBS 基本体】命令直接创建 NURBS 几何体对象。

步骤 04：再使用【曲面】命令组中的相关命令对生成的曲面或 NURBS 几何体对象进行编辑。

视频播放：关于具体介绍，请观看本书光盘上的配套视频"任务二：NURBS 建模的基本流程.wmv"。

任务三：使用【创建】菜单组中的命令创建曲线

曲线的创建比较简单。在 Maya 2019 中有 4 个曲线创建工具和一组圆弧命令，分别是【CV 曲线工具】、【EP 曲线工具】、【Bezier 曲线工具】、【铅笔曲线工具】、【三点圆弧】和【两

点圆弧】。各个工具的作用和具体操作步骤如下。

1.【CV 曲线工具】命令

1）作用

该命令主要以 CV 点方式创建 NURBS 曲线，这是最常用的曲线创建工具。

2）操作方法

步骤 01：在菜单栏中单击【创建】→【曲线工具】→【CV 曲线工具】右边的▣图标，弹出【工具设置】对话框，根据要求设置参数。【CV 曲线工具】的参数设置如图 3.5 所示。

步骤 02：单击【工具设置】右上角的 × 按钮，关闭【工具设置】对话框。

步骤 03：在视图中连续单击以创建曲线，如图 3.6 所示。创建完毕，按"Enter"键以结束操作。

提示：按住鼠标左键，同时拖动光标可以改变 CV 点的位置。若已经松开鼠标左键，则可以按鼠标中键修改最后创建的 CV 点的位置。

图 3.5 【CV 曲线工具】的参数设置

图 3.6　CV 曲线的创建

2.【EP 曲线工具】命令

1）作用

该命令主要以编辑点的方式创建 NURBS 曲线。控制点会以类似于磁性吸附的方式控制曲线的形状。如果不是绘制需要精确定位的曲线，建议使用【CV 曲线工具】创建曲线，因为使用【CV 曲线工具】命令创建的曲线比较方便控制形状。

2）操作方法

步骤 01：在菜单栏中单击【创建】→【曲线工具】→【EP 曲线工具】右边的▣图标，弹出【工具设置】对话框。根据要求设置参数。【EP 曲线工具】的参数设置如图 3.7 所示。

步骤 02：单击【工具设置】右上角的 × 按钮，关闭【工具设置】对话框。

步骤 03：在视图中连续单击以创建曲线，如图 3.8 所示。创建完毕，按"Enter"键以结束操作。

3.【Bezier 曲线工具】命令

1）作用

该命令主要是以贝塞尔曲线模式创建 NURBS 曲线。用户可以通过正切手柄，对贝塞尔曲线的切角进行调节，这是一项非常有用的功能。在这里需要提醒用户注意的是，贝塞

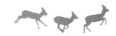

尔曲线不能等同于 NURBS 曲线。在默认情况下，需要将它转换为常规的 NURBS 曲线才能正常使用。

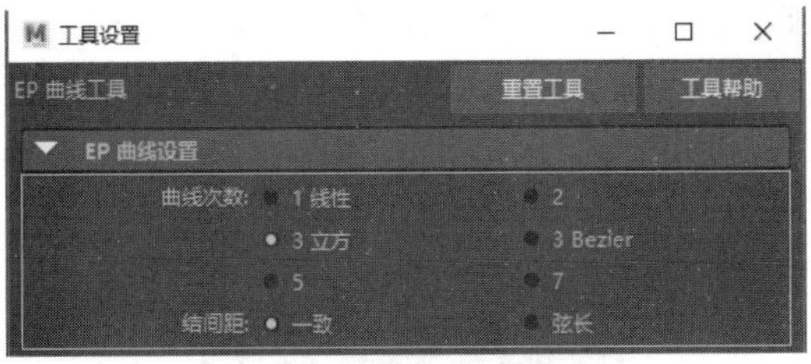

图 3.7 【EP 曲线工具】的参数设置

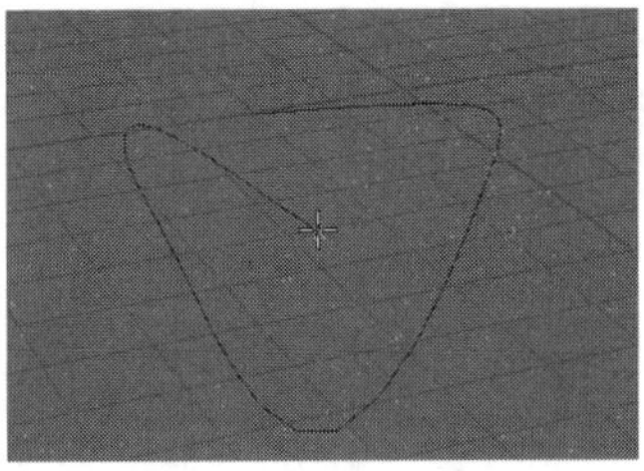

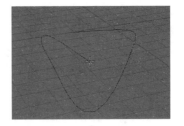

图 3.8　EP 曲线的创建

2）操作方法

步骤 01：在菜单栏中单击【创建】→【曲线工具】→【Bezier 曲线工具】右边的■图标，弹出【工具设置】对话框，根据要求设置参数。【Bezier 曲线工具】的参数设置如图 3.9 所示。

步骤 02：单击【工具设置】右上角的 × 按钮，关闭【工具设置】对话框。

步骤 03：在视图中单击以创建曲线（如果在绘制过程中按住鼠标左键不放的同时拖动光标，就会在曲线上出现两个手柄，用户可以通过调节手柄来改变曲线的形态），如图 3.10 所示。绘制完毕，按“Enter”键以结束操作。

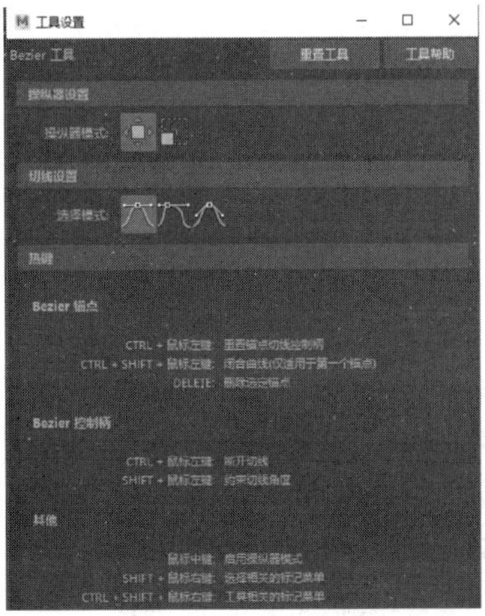

图 3.9 【Bezier 曲线工具】的参数设置

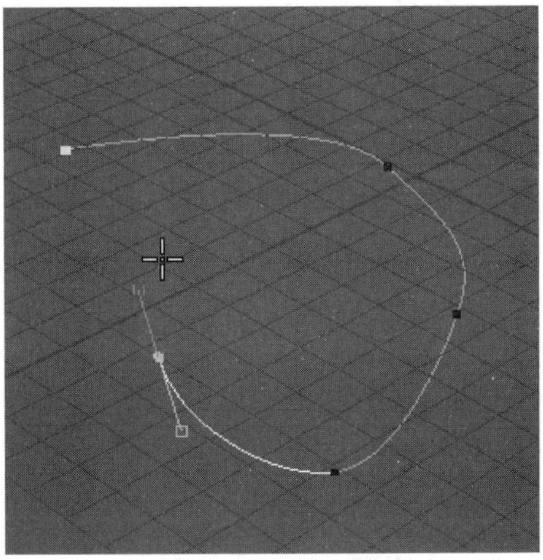

图 3.10　Bezier 曲线的绘制

4.【铅笔曲线工具】命令

1）作用

该命令的作用就是像铅笔一样在视图中绘制曲线。

2）操作方法

步骤 01：在菜单栏中单击【创建】→【曲线工具】→【铅笔曲线工具】右边的■图标，

弹出【工具设置】对话框，根据要求设置参数。【铅笔曲线工具】的参数设置如图 3.11 所示。

步骤 02：单击【工具设置】右上角的⊠按钮，关闭【工具设置】对话框。

步骤 03：将光标移到视图中，此时光标变成☑形状，按住鼠标左键不放把光标在视图中进行移动，光标经过的路径就是绘制的曲线，如图 3.12 所示。松开鼠标左键，即可完成曲线的绘制。

图 3.11 【铅笔曲线工具】的参数设置

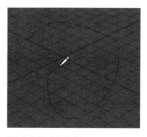

图 3.12 使用【铅笔曲线工具】命令绘制曲线

5.【三点圆弧】命令

1）作用
该命令就是通过三点绘制圆弧。

2）操作方法

步骤 01：在菜单栏中单击【创建】→【曲线工具】→【三点圆弧】右边的▣图标，弹出【工具设置】对话框，根据要求设置参数。【三点圆弧】的参数设置如图 3.13 所示。

步骤 02：单击【工具设置】右上角的⊠按钮，关闭【工具设置】对话框。

步骤 03：将光标移到视图中，单击 3 个不同的位置以绘制圆弧。在单击第 3 个点之后，按住鼠标左键不放，移动光标来确定圆弧的大小（圆弧的半径）如图 3.14 所示。确定好之后松开鼠标左键，再按"Enter"键完成圆弧的绘制。

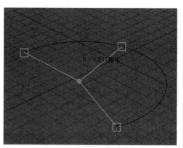

图 3.13 【三点圆弧】参数设置

图 3.14 使用【三点圆弧】命令绘制圆弧

6.【两点圆弧】命令

1）作用
通过两个点来绘制圆弧。

2）操作方法

步骤 01：在菜单栏中单击【创建】→【曲线工具】→【两点圆弧】右边的■图标，弹出【工具设置】对话框，根据要求设置参数。具体参数设置如图 3.15 所示。

步骤 02：单击【工具设置】右上角的 × 按钮，关闭【工具设置】对话框。

步骤 03：将光标移到视图中单击，确定圆弧的第一个点，再单击并按住鼠标左键不放移动光标来确定第二个点的位置，绘制圆弧的半径和弧长，如图 3.16 所示。

步骤 04：松开鼠标左键后，按"Enter"键，完成圆弧的绘制。

图 3.15　【两点圆弧】参数设置　　　　图 3.16　使用【两点圆弧】命令绘制圆弧

视频播放：关于具体介绍，请观看本书光盘上的配套视频"任务三：使用【创建】菜单组中的命令创建曲线.wmv"。

任务四：NURBS 基本体的创建

Maya 2019 中包括球体、立方体、圆柱体、圆锥体、平面、圆环、圆形和方形 8 个 NURBS 的基本体。

1. NURBS 基本体创建的具体操作方法

步骤 01：在菜单栏中单击【创建】→【NURBS 基本体】命令，弹出二级子菜单，如图 3.17 所示。

步骤 02：在二级子菜单中，单击需要创建的 NURBS 基本体命令。这里，以创建一个立方体为例。

步骤 03：将光标移到视图中，第一次按住鼠标左键不放的同时拖动光标以确定立方体的地面大小；待大小确定之后，松开鼠标左键，第二次按住鼠标左键不放的同时，往上移动光标以确定立方体的高度；待高度确定之后，松开鼠标左键，即可完成立方体的创建，如图 3.18 所示。

步骤 04：如果在创建立方体之前将【交互式创建】命令前的"√"取消，在二级子菜单中单击【立方体】命令，即可在视图中创建一个默认大小的 NURBS 立方体。

步骤 05：编辑已创建的 NURBS 立方体的参数。框选已创建的立方体，在通道盒中的【输入】选项下面显示该立方体可以修改的参数，如图 3.19 所示。用户可以根据需要设置参数。

图 3.17　弹出的二级子菜单

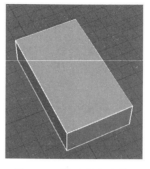

图 3.18　创建的立方体

图 3.19　可设置的立方体参数

2. 在创建 NURBS 基本体之前设置参数

这里，以创建一个 NURBS 球体为例，介绍在创建 NURBS 基本体之前设置参数的方法。

步骤 01：在菜单栏中单击【创建】→【NURBS 基本体】→【球体】→▣图标，弹出【工具设置】面板。

步骤 02：根据要求设置【工具设置】面板参数，具体设置如图 3.20 所示。单击【工具设置】面板右上角的⊠按钮，关闭【工具设置】面板。

步骤 03：将光标移到视图中，按住鼠标左键不放的同时移动光标，即可创建一个球体，如图 3.21 所示。

图 3.20　【工具设置】面板参数设置

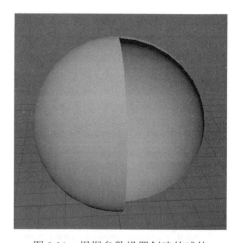

图 3.21　根据参数设置创建的球体

提示：在创建完球体之后，建议读者单击【工具设置】面板右上角的"重置工具"按钮，将参数恢复默认设置。因为 Maya 2019 中会保留用户设置的参数，即使重新启动 Maya 2019。

步骤 04：其他 NURBS 基本体的创建方法同上，在此就不再重复介绍。

3. 使用【工具架】（Shelf）创建 NURBS 基本体

步骤 01：在【工具架】中单击【曲线/曲面】工具架按钮，切换到【曲线/曲面】工具架，如图 3.22 所示。

图 3.22　【曲线/曲面】工具架

提示：【曲线/曲面】工具架包括曲线创建、NURBS 基本体创建和 NURBS 曲线/曲面编辑 3 大类常用的快捷图标。

步骤 02：在【工具架】中单击需要创建的 NURBS 基本体图标。

步骤 03：将光标移到视图中，按住鼠标左键不放的同时移动光标，即可创建 NURBS 基本体。

视频播放：关于具体介绍，请观看本书光盘上的配套视频"任务四：NURBS 基本体的创建.wmv"。

任务五：【曲线】命令组的使用

Maya 2019 为用户提供了一系列编辑曲线的工具，用户只有熟练掌握这些【曲线】命令组中各个命令的作用和使用方法，才能创建出复杂结构的曲线。

Maya 2019 中包括如图 3.23 所示的【曲线】命令组。

图 3.23　【曲线】命令组

1.【锁定长度】和【解除锁定长度】命令

1）作用

【锁定长度】命令的作用是锁定所选定曲线的长度。用户在调节曲线控制点的时候，曲线的总长度不变，只能改变曲线的控制点来改变曲线的形状。该命令在调节头发形状时非常有用，通过该命令可以改变头发的形状而保持头发的长度不变。

【解除锁定长度】的作用是将锁定了长度的曲线解除锁定。

2）操作方法

步骤 01：单击需要锁定长度的曲线，在菜单栏中单击【曲线】→【锁定长度】命令，将曲线的长度锁定。

步骤 02：切换到锁定曲线的【控制顶点】编辑模式，选择需要调整的控制顶点，如图 3.24 所示。

步骤 03：在视图中调整选定的控制顶点，调整之后的效果如图 3.25 所示。此曲线的形状发生改变，但总长度却保持不变。

步骤 04：单选此曲线，在菜单栏中单击【曲线】→【解除锁定长度】命令，把曲线锁定长度限制解除，切换到曲线的【控制顶点】编辑模式，调整控制点，效果如图 3.26 所示。曲线的形状和长度都发生了改变。

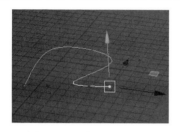 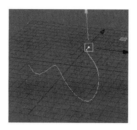 

图 3.24　选择需要调整的　　　图 3.25　调整之后的　　　图 3.26　解除锁定并调整之后的
　　　　控制顶点　　　　　　　　　　曲线效果　　　　　　　　　曲线效果

2.【弯曲】命令

1）作用

对选定曲线在空间内进行弯曲操作。曲线弯曲程度的高低与曲线的控制顶点数量有关，控制顶点越多，弯曲程度就越高。

2）操作方法

步骤 01：选择需要进行弯曲处理的曲线，如图 3.27 所示。

步骤 02：在菜单栏中单击【曲线】→【弯曲】→▣图标，弹出【弯曲曲线选项】对话框。在该对话框中设置参数，如图 3.28 所示。

步骤 03：单击"弯曲曲线"按钮完成曲线的弯曲处理，弯曲之后的曲线效果如图 3.29 所示。

  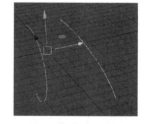

图 3.27　选择需要进行弯曲　　　图 3.28　【弯曲曲线选项】　　　图 3.29　弯曲之后的
　　　　处理的曲线　　　　　　　　　参数设置　　　　　　　　　曲线效果

提示：从图 3.29 可以看出，在相同参数下，左侧的曲线弯曲程度比右侧曲线的弯曲程度高，因为左侧曲线的控制顶点数量比右侧曲线的控制顶点多，如图 3.30 所示。这说明曲线弯曲程度的高低与曲线的控制顶点数量有关。

3.【卷曲】命令

1）作用

对选择的曲线进行卷曲操作，被卷曲的曲线控制顶点要达到一定的数量，才能达到好的效果。该命令一般用于对头发的卷曲操作，不适合对同一条曲线进行重复操作，因为这样会产生一些莫名其妙的形状。因此，建议用户尽量找到一个合理的参数设置进行卷曲操作。

2）操作方法

步骤 01：单选需要进行卷曲操作的曲线，如图 3.31 所示。

步骤 02：在菜单栏中单击【曲线】→【卷曲】→▢图标，弹出【卷曲曲线选项】对话框。在该对话框中设置参数，如图 3.32 所示。

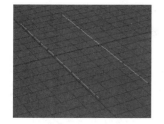
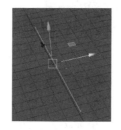

图 3.30 曲线控制顶点　　图 3.31 选择需要进行　　图 3.32 【卷曲曲线选项】
　　　　　　　　　　　　　　卷曲操作的曲线　　　　　　　　参数设置

步骤 03：单击"卷曲曲线"按钮完成曲线的卷曲，卷曲之后的曲线效果如图 3.33 所示。

4.【缩放曲率】命令

1）作用

该命令的作用是修改曲线的弯曲程度。主要通过"比例因子"和"最大曲率"两个参数共同作用决定曲线的形状和弯曲程度。该命令比较适合用来调整头发的形态。

2）操作方法

步骤 01：选择需要进行缩放曲率的曲线，如图 3.34 所示。

步骤 02：在菜单栏中单击【曲线】→【缩放曲率】→▢图标，弹出【缩放曲率选项】对话框。在该对话框中设置参数，如图 3.35 所示。

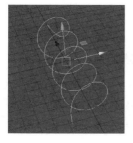
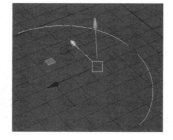

图 3.33 卷曲之后的曲线效果　　图 3.34 选择的曲线　　图 3.35 【缩放曲率选项】参数设置

步骤 03：单击"缩放曲率"按钮，完成曲率的缩放，缩放曲率之后的效果如图 3.36 所示。

5.【平滑】命令

1）作用

对不平滑的曲线进行平滑操作。该命令比较适合用来调整毛发的平滑程度。

2）操作方法

步骤 01：选择需要进行平滑操作的曲线，如图 3.37 所示。

步骤 02：在菜单栏中单击【曲线】→【平滑】→▣图标，弹出【平滑曲线选项】对话框。在该对话框中设置参数，如图 3.38 所示。

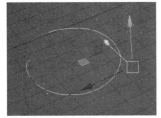

图 3.36　缩放曲率之后的效果　　图 3.37　选择的曲线　　图 3.38　【平滑曲线选项】参数设置

　步骤 03：单击"平滑曲线"按钮，完成对所选择曲线的平滑操作。平滑之后的曲线效果如图 3.39 所示。

6.【拉直】命令

1）作用

对选定曲线进行拉直处理。拉直程度与"平直度"参数有关，但该值大于或等于"1"时，不管多么弯曲的曲线，在执行该命令之后，都被拉直。该命令比较适合用来调整头发的形状。

2）操作方法

步骤 01：单选需要拉直的曲线，如图 3.40 所示。

步骤 02：在菜单栏中单击【曲线】→【拉直】→▣图标，弹出【拉直曲线选项】对话框。在该对话框中设置参数，如图 3.41 所示。

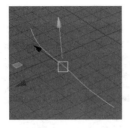
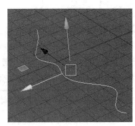

图 3.39　平滑之后的曲线效果　　图 3.40　被选择的曲线　　图 3.41　【拉直曲线选项】参数设置

步骤 03：单击"拉直曲线"按钮，完成曲线的拉直，拉直之后的效果如图 3.42 所示。

7.【复制曲面曲线】命令

1）作用

可以复制 U 方向上的曲线，也可以复制 V 方向上的曲线，还可以复制曲面上所有的曲线。

2）操作方法

步骤 01：单选需要复制的曲面，在选择的曲面上单击鼠标右键，在弹出的快捷菜单中单击"等参线"按钮，切换到【等参线】编辑模式。

步骤 02：选择需要复制的等参线。如果需要复制多条曲线，在按住"Shift"键不放的同时，再选择第 2 条等参线（可以连续选择多条），如图 3.43 所示。

步骤 03：在菜单栏中单击【曲线】→【复制曲面曲线】→▣图标，弹出【复制曲面曲线】对话框。在该对话框中设置参数，如图 3.44 所示。

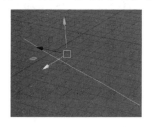
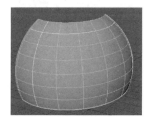
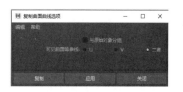

图 3.42　拉直之后的效果　　　图 3.43　选择的等参线　　　图 3.44　【复制曲面曲线】参数设置

步骤 04：单击"复制"按钮完成曲面曲线的复制。复制的曲面曲线如图 3.45 所示。

提示：如果需要复制曲面上的所有曲线，只须单选曲面，执行【复制曲面曲线】命令即可，如图 3.46 所示。如果需要复制 U 方向或 V 方向的曲面曲线，就在【复制曲面曲线选项】对话框单选 U 方向或 V 方向选项，单击"复制"按钮即可。图 3.47 所示为复制 U 方向的曲线。

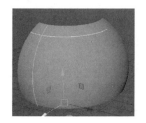

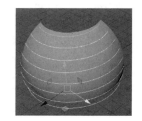

图 3.45　复制的曲面曲线　　　图 3.46　复制所有曲面曲线　　　图 3.47　复制 U 方向的曲线

8.【对齐】命令

1）作用

将选择的两条曲线进行对齐操作。

2）操作方法

步骤 01：框选需要对齐的两条曲线，并切换到【曲线点】编辑模式。

步骤 02：将光标移到第一条曲线上，按住鼠标左键移动光标以确定曲线的连接点，再按住"Shift"键和鼠标左键，移动光标以确定第二条曲线的连接点，如图 3.48 所示。

步骤 03：在菜单栏中单击【曲线】→【对齐】→▣图标，弹出【对齐曲线选项】对话框。根据实际要求在该对话框中设置参数，如图 3.49 所示。单击"对齐"按钮，对齐之后的效果如图 3.50 所示。

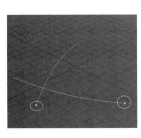

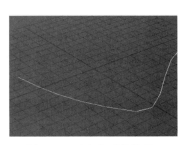

图 3.48　选择的两个连接点　　图 3.49　【对齐曲线选项】参数设置　　图 3.50　对齐之后的效果

9.【添加点工具】命令

1）作用

继续沿着被选择曲线末端的顶点绘制曲线。

2）操作方法

步骤 01：单选需要添加顶点的曲线，如图 3.51 所示。

步骤 02：在菜单栏中单击【曲线】→【添加顶点工具】命令，此时，选择的曲线末端顶点显示黄色，如图 3.52 所示。

步骤 03：继续单击以绘制曲线，绘制的曲线如图 3.53 所示，按"Enter"键结束曲线的绘制。

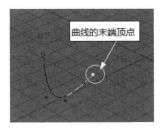
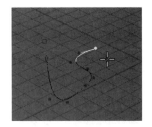

图 3.51　选择需要添加顶点的曲线　　图 3.52　曲线的末端顶点　　图 3.53　继续绘制的曲线

10.【附加】命令

1）作用

将选择的两条曲线进行连接，连接的方式根据用户设定的参数而定。

2）操作方法

步骤 01：选择需要附加连接的曲线，如图 3.54 所示。

步骤 02：在菜单栏中单击【曲线】→【附加】→⬛图标，弹出【附加曲线选项】对话框。在该对话框中设置参数，如图 3.55 所示。

步骤 03：单击"附加"按钮，即可将两条曲线附加为一条曲线。附加之后的效果如图 3.56 所示。

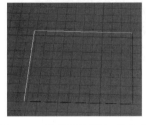　　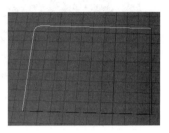

图 3.54　选择需要连接的曲线　　图 3.55　【附加曲线选项】参数设置　　图 3.56　附加之后的效果

11.【分离】命令

1）作用

将一条曲线沿用户指定的位置断开而成为两条曲线。

2）操作方法

步骤 01：选择需要分离的曲线，切换到【曲线点】编辑模式，将光标移到曲线上，按住鼠标左键不放，把光标移到需要断开的位置再松开鼠标，以确定曲线断开的位置，如图 3.57 所示。

步骤 02：在菜单栏中单击【曲线】→【分离】命令，即可将曲线沿指定位置断开而成为两条曲线，如图 3.58 所示。

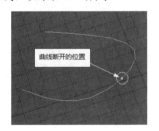　　　　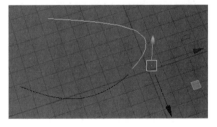

图 3.57　曲线断开的位置　　　　　　　图 3.58　分离为两条曲线的效果

12.【编辑曲线工具】命令

1）作用

调节曲线的曲率、位置和形状。

2）操作方法

步骤 01：单选需要编辑的曲线。

步骤 02：在菜单栏中单击【曲线】→【编辑曲线工具】命令，此时，在曲线上出现提供编辑功能的曲率手柄和位置框，如图 3.59 所示。

步骤 03：调整曲率手柄和移动位置框，调整之后的效果，如图 3.60 所示。

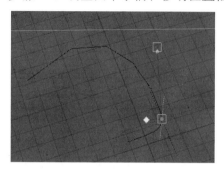

图 3.59　曲率手柄和位置框

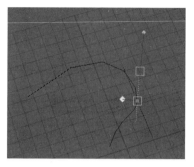

图 3.60　调整之后的效果

13.【移动接缝】命令

1）作用

移动闭合曲线的接缝顶点位置。

2）操作方法

步骤 01：选择闭合曲线，切换到闭合【曲线点】编辑模式，确定接缝顶点的位置，如图 3.61 所示。

步骤 02：在菜单栏中单击【曲线】→【移动接缝】命令，完成接缝顶点的移动，如图 3.62 所示。

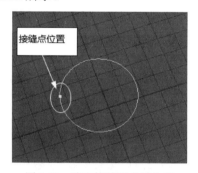

图 3.61　确定接缝顶点的位置

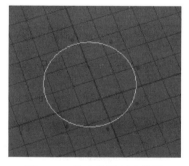

图 3.62　移动接缝顶点位置

14.【打开/关闭】命令

1）作用

该命令为一个复合命令，可对闭合曲线进行打开操作，或对开放曲线进行闭合操作。

2）操作方法

步骤 01：选择需要打开的闭合曲线，如图 3.63 所示。

步骤 02：在菜单栏中单击【曲线】→【打开/关闭】命令，就可打开闭合曲线，如图 3.64 所示。

步骤 03：确保打开曲线被选中，再单击【曲线】→【打开/关闭】命令，完成被打开曲线的关闭操作。

提示：对同一个闭合曲线进行打开/关闭操作时，如果再继续执行两次【打开/关闭】操作，闭合曲线的形状会有所改变，如图 3.65 所示。

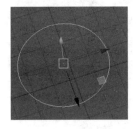
图 3.63　选择需要打开的闭合曲线

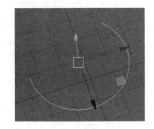
图 3.64　首次执行【打开/关闭】命令之后的效果

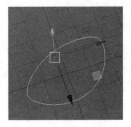
图 3.65　再次执行【打开/关闭】命令之后的效果

15.【圆角】命令

1）作用

对两条曲线进行圆角连接。

2）操作方法

步骤 01：选择需要进行圆角连接的两条曲线，切换到【曲线点】编辑模式，确定需要进行圆角连接的两个曲线点位置，如图 3.66 所示。

步骤 02：在菜单栏中单击【曲线】→【圆角】→▢图标，弹出【圆角曲线选项】对话框。该对话框的参数设置如图 3.67 所示。

步骤 03：设置完成之后，单击"圆角"按钮，完成曲线的圆角连接，如图 3.68 所示。

图 3.66　需要进行圆角连接的两个曲线点位置

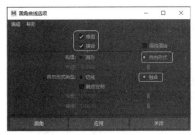
图 3.67　【圆角曲线选项】参数设置

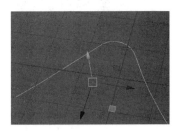
图 3.68　圆角连接效果

16.【剪切】命令

1）作用

对选择的曲线进行剪切操作。

2）操作方法

步骤 01：选择两条需要进行剪切操作的曲线，如图 3.69 所示。

步骤 02：在菜单栏中单击【曲线】→【剪切】→▢图标，弹出【切割曲线选项】对话

框。在该对话框中设置参数，如图 3.70 所示。

步骤 03：单击"切割"按钮，完成切割操作，两条曲线被切割为 4 条曲线，如图 3.71 所示。

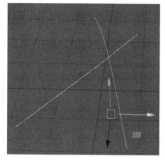
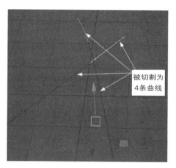

图 3.69　选择需要剪切的曲线　　图 3.70　【切割曲线选项】参数设置　　图 3.71　切割之后的效果

17.【相交】命令

1）作用

检查所选择的两条曲线是否具有投影交叉点。

2）操作方法

步骤 01：选择需要相交的两条曲线，如图 3.72 所示。

步骤 02：在菜单栏中单击【曲线】→【相交】→▢图标，弹出【曲线相交选项】对话框。在该对话框中设置参数，如图 3.73 所示。

步骤 03：单击"相交"按钮，完成操作，相交之后的效果如图 3.74 所示。

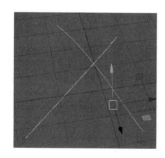

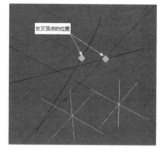

图 3.72　选择需要相交的两　　图 3.73　【曲线相交选项】　　图 3.74　相交之后的效果
　　　　　条曲线　　　　　　　　　　　参数设置

提示：使用【相交】命令得到的交叉一般要结合 Maya 2019 中的吸附到顶点功能按钮来确定"曲线点"位置，以便用户沿该曲线点位置进行分离等操作。

18.【延伸】命令组

【延伸】命令组包括【延伸曲线】命令和【延伸曲面上的曲线】命令。

1）作用

（1）【延伸曲线】命令的主要作用是对选择的曲线进行延长操作。

（2）【延伸曲面上的曲线】命令的主要作用是对曲面上的曲线进行延长操作。

2）操作方法

【延伸曲线】命令操作步骤如下。

步骤 01：在【透视图】中选择需要进行延伸的曲线，如图 3.75 所示。

步骤 02：在菜单栏中单击【曲线】→【延伸】→【延伸曲线】→▣图标，弹出【延伸曲线选项】对话框。根据要求在该对话框中设置参数，如图 3.76 所示。

步骤 03：单击"延伸"按钮，即可对选择的曲线进行延伸操作，延伸之后的效果如图 3.77 所示。

图 3.75　选择需要进行
延伸的曲线

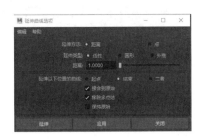

图 3.76　【延伸曲线选项】
参数设置

图 3.77　延伸之后的曲线

【延伸曲面上的曲线】命令操作步骤如下。

步骤 01：在【透视图】中选择曲面上需要进行延伸的曲线，如图 3.78 所示。

步骤 02：在菜单栏中单击【曲线】→【延伸】→【延伸曲面上的曲线】→▣图标，弹出【延伸曲面上的曲线选项】对话框。根据要求在该对话框中设置参数，如图 3.79 所示。

步骤 03：单击"延伸 CoS"按钮，即可对选定的曲线进行延伸。图 3.80 所示为进行两次延伸之后的效果。

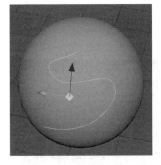

图 3.78　选择的曲线

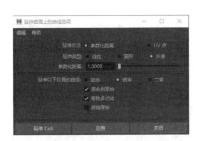

图 3.79　【延伸曲面上的曲线选项】
参数设置

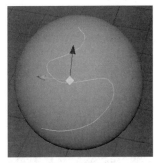

图 3.80　进行两次延伸
之后的效果

19.【插入结】命令

1）作用

为选定的曲线添加控制顶点。

2）操作方法

步骤 01：选择曲线，将曲线切换到【曲线点】编辑模式，在需要插入控制顶点的位置单击，如图 3.81 所示。

步骤 02：在菜单栏中单击【曲线】→【插入结】→■图标，弹出【插入结选项】对话框，具体参数设置如图 3.82 所示。

步骤 03：设置完参数，单击"插入"按钮，完成控制顶点的插入，如图 3.83 所示。

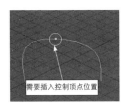  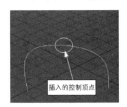

图 3.81　插入控制顶点的位置　　图 3.82　【插入结选项】参数设置　　图 3.83　插入的控制顶点

20.【偏移】命令组

1）作用

【偏移】命令组包括【偏移曲线】和【偏移曲面上的曲线】两个命令，主要作用是对选择的曲线或曲面上的曲线进行偏移操作。

2）操作方法

下面只介绍【偏移曲线】命令的操作步骤。

步骤 01：选择需要偏移的曲线，如图 3.84 所示。

步骤 02：在菜单栏中单击【曲线】→【偏移】→【偏移曲线】→■图标，弹出【偏移曲线选项】对话框。在该对话框中设置参数，如图 3.85 所示。

步骤 03：设置完参数后，单击"偏移"按钮，完成偏移操作。偏移之后的效果如图 3.86 所示。

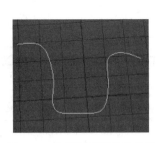  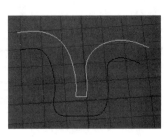

图 3.84　选择需要偏移的曲线　　图 3.85　【偏移曲线选项】参数设置　　图 3.86　偏移之后的效果

21.【CV 硬度】命令

1）作用

将选定的"CV 点"设为多点结，以形成一个锐利的顶角。

2）操作方法

步骤 01：选择曲线，切换到曲线的【控制顶点】编辑模式，选择需要进行"CV 硬度"操作的控制顶点，如图 3.87 所示。

步骤 02：在菜单栏中单击【曲线】→【CV 硬度】→回图标，弹出【CV 硬度选项】对话框。在该对话框中设置参数，如图 3.88 所示。

步骤 03：设置完参数后，单击"硬化"按钮，完成"CV 硬度"操作，效果如图 3.89 所示。

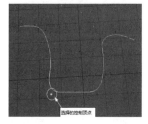

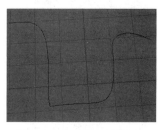

图 3.87　选择的控制顶点　　图 3.88　【CV 硬度选项】参数设置　　图 3.89　硬化之后的效果

22.【拟合 B 样条线】命令

1）作用

将选择的曲线转换为光滑的拟合曲线。

2）操作方法

步骤 01：选择需要进行"拟合 B 样条线"操作的曲线，如图 3.90 所示。

步骤 02：在菜单栏中单击【曲线】→【拟合 B 样条线】→回图标，弹出【拟合 B 样条线选项】对话框。在该对话框中设置参数，如图 3.91 所示。

步骤 03：设置完参数后，单击"拟合 B 样条线"按钮，完成曲线的"拟合 B 样条线"操作，拟合之后的效果如图 3.92 所示。

图 3.90　选择的曲线　　图 3.91　【拟合 B 样条线选项】参数设置　　图 3.92　拟合之后的效果

23. 【投影切线】命令

1）作用

使曲线与 NURBS 曲面按照切线的方式或曲率的方式进行衔接，使曲线更加平滑。

2）操作方法

步骤 01：选择曲面并加选需要进行投影切线的曲线，如图 3.93 所示。

步骤 02：在菜单栏中单击【曲线】→【投影切线】→▣图标，弹出【投影切线选项】对话框。在该对话框中设置参数，如图 3.94 所示。

步骤 03：设置完参数后，单击"投影"按钮，完成投影切线操作。投影切线之后的效果如图 3.95 所示。

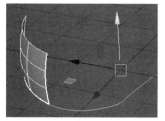 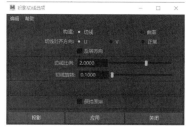 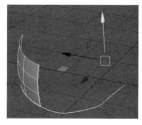

图 3.93　选择的曲面和曲线　　图 3.94　【投影切线选项】参数设置　　图 3.95　投影切线之后的效果

24. 【平滑】命令

1）作用

对选择的曲线进行平滑操作，该平滑操作不产生多余的控制顶点，主要通过移动曲线的控制顶点来完成。

2）操作方法

步骤 01：选择需要进行平滑处理的曲线，如图 3.96 所示。

步骤 02：在菜单栏中单击【曲线】→【平滑】→▣图标，弹出【平滑曲线选项】对话框。在该对话框中设置参数，如图 3.97 所示。

步骤 03：设置完参数后，单击"平滑"按钮，完成平滑操作。平滑之后的曲线效果如图 3.98 所示。

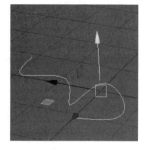  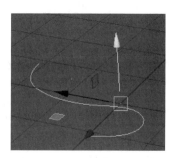

图 3.96　选择的曲线　　图 3.97　【平滑曲线选项】参数设置　　图 3.98　平滑之后的曲线效果

25.【Bezier 曲线】命令组

1）作用

对选择的 Bezier 曲线角点进行转换，方便用户调整曲线的形状。

2）操作方法

步骤 01：选择 Bezier 曲线，切换到【控制顶点】编辑模式，选择需要切换的控制顶点，如图 3.99 所示。

步骤 02：在菜单栏中单击【曲线】→【Bezier 曲线】→【切线选项】→【断开锚点切线】命令，完成控制顶点的切换操作。

步骤 03：用户可以对控制顶点的手柄进行操作，操作之后的效果如图 3.100 所示。

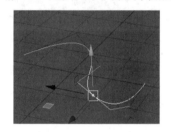
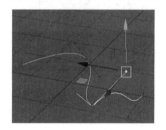

图 3.99　选择需要切换的控制顶点　　　　图 3.100　操作之后的效果

提示：其他【Bezier 曲线】命令的操作方法同上，在此不再赘述。

26.【重建】命令

1）作用

对选择的曲线进行重建，使曲线按设定的跨度均匀分布。

2）操作方法

步骤 01：选择需要重建的曲线，切换到【控制顶点】编辑模式，如图 3.101 所示。

步骤 02：在菜单栏中单击【曲线】→【重建】→■图标，弹出【重建曲线选项】对话框。在该对话框中设置参数，如图 3.102 所示。

步骤 03：设置完参数后，单击"重建"按钮，完成曲线的重建。重建之后的曲线控制顶点数量和控制顶点之间的间隔如图 3.103 所示。

图 3.101　选择需要重建的　　　图 3.102　【重建曲线选项】　　　图 3.103　重建之后的
　　　　　　曲线　　　　　　　　　　　　参数设置　　　　　　　　　　　　曲线效果

27.【反转方向】命令

1）作用

对所选择曲线的起点进行反转方向操作，即把起点变为终点，把终点变为起点。

2）操作方法

步骤 01：选择需要反转方向的曲线，曲线的起点和终点位置如图 3.104 所示，

步骤 02：在菜单栏中单击【曲线】→【反转方向】命令，完成曲线方向的反转。反转方向之后的曲线起点和终点如图 3.105 所示。

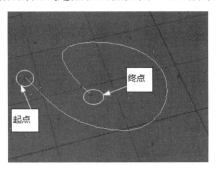
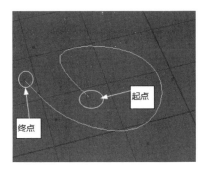

图 3.104　进行反转方向操作之前的曲线起点和终点　　图 3.105　反转方向之后的曲线起点和终点

视频播放：关于具体介绍，请观看本书光盘上的配套视频"任务五：【曲线】命令组的使用.wmv"。

任务六：【曲面】命令组的使用

Maya 2019 为用户提供了一系列编辑曲面的工具，用户要熟练掌握这些【曲面】命令组中的各个命令的作用和使用方法，才能创建出复杂结构的曲面效果。

【曲面】命令组包括图 3.106 所示的命令。

图 3.106　【曲面】命令组

1.【放样】命令

1）作用

该命令的作用是把用户选择的两条或两条以上的曲线生成曲面。曲面的生成与用户选择曲线的顺序有关，曲面是按照用户选择的顺序依次生成的。

2）操作方法

步骤 01：打开"fangyang.mb"文件，依次选择曲线，选择的曲线序号如图 3.107 所示。

步骤 02：在菜单栏中单击【曲面】→【放样】→ ▣ 图标，弹出【放样选项】对话框。在该对话框中设置参数，如图 3.108 所示。

步骤 03：设置参数之后，单击"放样"按钮，完成放样操作。放样的效果如图 3.109 所示。

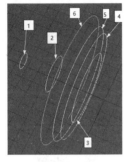

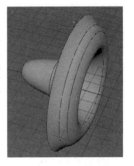

图 3.107 选择的曲线序号 　　图 3.108 【放样选项】参数设置 　　图 3.109 放样的效果

提示：放样曲线可以是闭合的曲线也可以是不闭合的曲线，但进行放样的曲线一定要有相等的控制顶点数量。

2.【平面】命令

1）作用

把选择的闭合或首尾相连的且在同一个平面内的曲线生成平面。

2）操作方法

步骤 01：在【透视图】中选择曲线，如图 3.110 所示。

步骤 02：在菜单栏中单击【曲面】→【平面】→ ▣ 图标，弹出【平面修剪曲面选项】对话框。在该对话框中设置参数，如图 3.111 所示。

步骤 03：设置完参数，单击"平面修剪"按钮，即可生成一个平面，如图 3.112 所示。

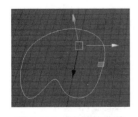

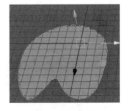

图 3.110 选择的曲线 　　图 3.111 【平面修剪曲面选项】对话框 　　图 3.112 生成的平面

3.【旋转】命令

1）作用

把选择的曲线沿枢轴旋转成面，可以旋转成 NURBS 曲面，也可以直接旋转成多边形

曲面。

2）操作方法

步骤 01：选择视图中如图 3.113 所示的曲线。

步骤 02：在菜单栏中单击【曲面】→【旋转】→▣图标，弹出【旋转选项】对话框。在该对话框中设置参数，如图 3.114 所示。

步骤 03：设置完参数后，单击"旋转"按钮，完成旋转操作，旋转生成的曲面效果如图 3.115 所示。

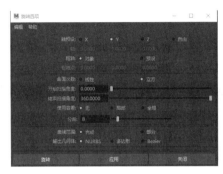

图 3.113　选择的曲线　　　　图 3.114　【旋转选项】参数设置　　　图 3.115　旋转生成的曲面效果

4.【双轨成形】命令组

1）作用

其作用是把抛面线沿轨道生成曲面。该命令组包括【双轨成形 1 工具】命令、【双轨成形 2 工具】命令和【双轨成形 3+工具】命令。

（1）【双轨成形 1 工具】命令使两条轨道线和一条抛面线生成曲面。

（2）【双轨成形 2 工具】命令使两条轨道线和两条抛面线生成曲面。

（3）【双轨成形 3+工具】命令使两条轨道线和三条或三条以上的抛面线生成曲面。

2）操作方法

（1）【双轨成形 1 工具】命令操作方法如下。

步骤 01：在菜单栏中单击【曲面】→【双轨成形】→【双轨成形 1 工具】命令。

步骤 02：在视图中依次单击抛面线和两条轨道线，即可生成一个曲面，如图 3.116 所示。

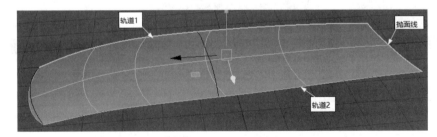

图 3.116　使用【双轨成形 1 工具】命令生成的曲面

（2）【双轨成形 2 工具】命令操作方法如下。

步骤 01：在菜单栏中单击【曲面】→【双轨成形】→【双轨成形 2 工具】命令。

步骤 02：依次单击两条抛面线，按"Enter"键；再依次单击两条轨道线，即可生成一个曲面，如图 3.117 所示。

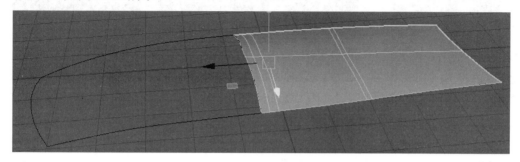

图 3.117　使用【双轨成形 2 工具】命令生成的曲面

（3）【双轨成形 3+工具】命令操作方法如下。

步骤 01：在菜单栏中单击【曲面】→【双轨成形】→【双轨成形 3+工具】命令。

步骤 02：依次单击多条抛面线，按"Enter"键；再依次单击两条轨道线，即可生成一个曲面，如图 3.118 所示。

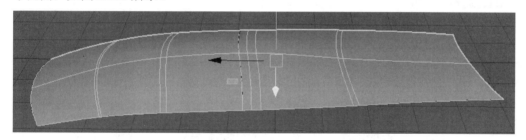

图 3.118　使用【双轨成形 3+工具】命令生成的曲面

5.【挤出】命令

1）作用

将剖面曲线沿着路径曲线进行挤出。

2）操作方法

步骤 01：打开场景文件，在视图中单选剖面曲线。然后按住"Shift"键，单击需要挤出的路径曲线，如图 3.119 所示。

步骤 02：在菜单栏中单击【曲面】→【挤出】→▣图标，弹出【挤出选项】对话框。根据要求在该对话框中设置参数，如图 3.120 所示。单击"挤出"按钮，完成挤出操作，挤出的效果如图 3.121 所示。

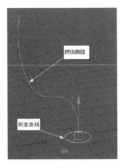

图 3.119 选择的剖面曲线和
路径曲线

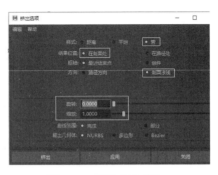

图 3.120 【挤出选项】
参数设置

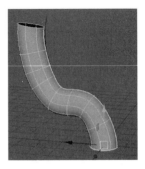

图 3.121 挤出的效果

步骤 03：如果对挤出的效果不满意，还可以通过【通道盒】面板修改【挤出】参数以改变挤出的效果。【通道盒】中【挤出】参数的修改如图 3.122 所示，修改参数之后的效果如图 3.123 所示。

6. 【边界】命令

1）作用

通过选择三条或四条边界曲线来生成曲面。

2）操作方法

步骤 01：打开场景文件，框选需要进行边界成面的 4 条曲线，如图 3.124 所示

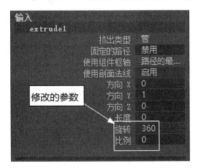

图 3.122 修改的参数

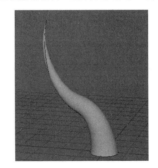

图 3.123 修改参数之后的效果

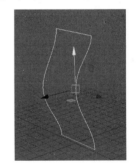

图 3.124 选择 4 条曲线

步骤 02：在菜单栏中单击【曲面】→【边界】→▣图标，弹出【边界选项】对话框。在该对话框中设置参数，如图 3.125 所示。单击"边界"按钮，完成边界成面的操作。边界成面之后的效果如图 3.126 所示。

步骤 03：如果选择 3 条边，那么所有参数采用默认值。单击"边界"按钮，也可以边界成面，效果如图 3.127 所示。

图 3.125　【边界选项】
参数设置

图 3.126　边界成面
之后的效果

图 3.127　选择三条边时
边界成面的效果

7.【方形】命令

1）作用

沿顺时针或逆时针方向选择 4 条相连的曲线以生成曲面。对生成的曲面，要考虑其相邻曲面的连续性。

2）操作方法

步骤 01：打开场景文件。在场景中按顺时针方向选择 4 条需要方形成面的曲线或等参线，如图 3.128 所示。

步骤 02：在菜单栏中单击【曲面】→【方形】→▣图标，弹出【方形曲面选项】对话框。在该对话框中设置参数，如图 3.129 所示。

步骤 03：单击"方形曲面"按钮，完成方形成面操作，效果如图 3.130 所示。

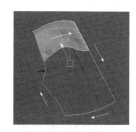

图 3.128　选择的曲线

图 3.129　【方形曲面选项】参数设置

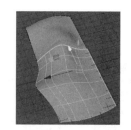

图 3.130　方形成面的效果

8.【倒角】命令

1）作用

把选择的曲线生成倒角曲面。

2）操作方法

步骤 01：选择用来生成倒角曲面的曲线，如图 3.131 所示。

步骤 02：在菜单栏中单击【曲面】→【倒角】→▣图标，弹出【倒角选项】对话框。在该对话框中设置参数，如图 3.132 所示。

步骤 03：单击"倒角"按钮，倒角曲面就生成了，如图 3.133 所示。

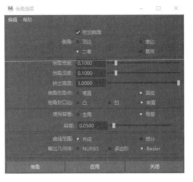

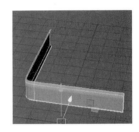

图 3.131　选择的曲线　　　图 3.132　【倒角选项】参数设置　　　图 3.133　生成的倒角曲面

9.【倒角+】命令

1）作用

【倒角+】命令是对【倒角】命令的一个加强，为倒角提供很多"外部倒角样式"选项。

2）操作方法

步骤 01：选择需要进行【倒角+】操作的曲线，如图 3.134 所示。

步骤 02：在菜单栏中单击【曲面】→【倒角+】→□图标，弹出【倒角+选项】对话框。在该对话框中设置参数，如图 3.135 所示。

步骤 03：单击"倒角"按钮，效果如图 3.136 所示。

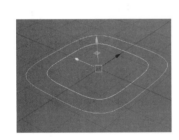

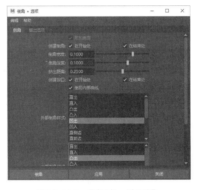

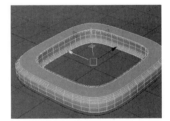

图 3.134　选择的曲线　　　图 3.135　【倒角+选项】　　　图 3.136　执行【倒角+】命
　　　　　　　　　　　　　　　参数设置　　　　　　　　　　令之后的效果

10.【复制 NURBS 面片】命令

1）作用

把选择的曲面面片生成新的曲面。

2）操作方法

步骤 01：选择曲面对象，切换到【曲面面片】编辑模式，框选需要复制的曲面面片，如图 3.137 所示。

步骤 02：在菜单栏中单击【曲面】→【复制 NURBS 面片】命令，即可将框选的面片复制出来，如图 3.138 所示。

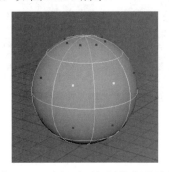

图 3.137　选择需要复制的曲面面片

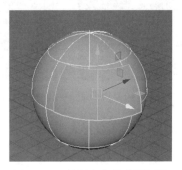

图 3.138　复制出来的曲面面片

11.【对齐】命令

1）作用

把选择的两个 NURBS 曲面对齐。

2）操作方法

步骤 01：选择需要对齐的两个曲面，如图 3.139 所示。

步骤 02：在菜单栏中单击【曲面】→【对齐】→▣图标，弹出【对齐曲面选项】对话框。在该对话框中设置参数，如图 3.140 所示。

步骤 03：单击"对齐"按钮，完成对齐操作。对齐之后的效果如图 3.141 所示。

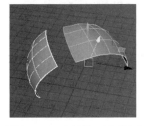

图 3.139　选择的两个曲面

图 3.140　【对齐曲面选项】参数设置

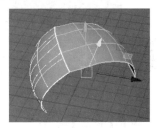

图 3.141　对齐之后的效果

12.【附加】命令

1）作用

把选择的两个 NURBS 曲面附加成一个 NURBS 曲面。

2）操作方法

步骤 01：选择需要进行附加操作的两个 NURBS 曲面，如图 3.142 所示。

步骤 02：在菜单栏中单击【曲面】→【附加】→▣图标，弹出【附加曲面选项】对话框。在该对话框中设置参数，如图 3.143 所示。

步骤 03：单击"附加"按钮，完成附加操作。附加之后的效果如图 3.144 所示。

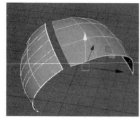
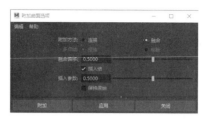
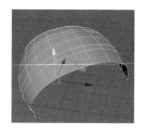

图 3.142　选择的两个曲面　　图 3.143　【附加曲面选项】参数设置　　图 3.144　附加之后的效果

13.【附加而不移动】命令

1）作用

沿选择的两个 NURBS 曲面的等参线进行附加操作。

2）操作方法

步骤 01： 在视图中选择两个 NURBS 曲面的等参线，如图 3.145 所示。

步骤 02： 在菜单栏中单击【曲面】→【附加而不移动】命令，完成曲面的附加而不移动曲面的位置。效果如图 3.146 所示。

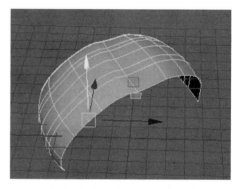

图 3.145　选择的等参线　　　　　　　　图 3.146　附加而不移动的效果

14.【分离】命令

1）作用

依据选择的等参线，将曲面沿【等参线】位置分成多个曲面。

2）操作方法

步骤 01： 切换到曲面的等参线编辑模式。

步骤 02： 使用 "Shift" 键并配合鼠标左键，确定需要进行分离的等参线位置，如图 3.147 所示。

步骤 03： 在菜单栏中单击【曲面】→【分离】→▣图标，弹出【分离曲面选项】对话框，具体参数设置如图 3.148 所示。

步骤 04： 设置完毕，单击 "分离" 按钮，完成分离操作。分离之后的效果如图 3.149 所示。

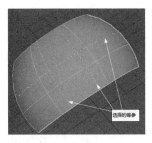
图 3.147　选择的等参线

图 3.148　【分离曲面选项】参数设置

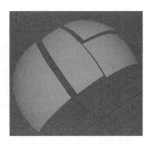
图 3.149　分离之后的效果

15.【移动接缝】命令

1）作用

改变闭合曲线面的接缝位置。

2）操作方法

步骤 01：选择对象，进入所选对象的【等参线】编辑模式，在需要放置接缝的位置拖曳出一条等参线，如图 3.150 所示。

步骤 02：在菜单栏中单击【曲面】→【移动接缝】命令，完成闭合曲面接缝的移动，效果如图 3.151 所示。

16.【打开/关闭】命令

1）作用

把选择的曲面沿接缝处进行关闭或打开。

2）操作方法

步骤 01：单选需要执行【打开/关闭】命令操作的曲面，如图 3.152 所示。

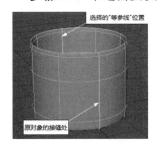
图 3.150　选择的等参线

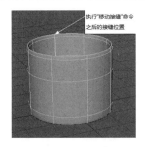
图 3.151　移动接缝的效果

图 3.152　选择的曲面

步骤 02：在菜单栏中单击【曲面】→【打开/关闭】→▢图标，弹出【开放/闭合曲面选项】对话框，具体参数设置如图 3.153 所示。

步骤 03：单击【打开/关闭】命令，效果如图 3.154 所示。

步骤 04：在对象被选中的情况下，再一次单击【曲面】→【打开/关闭】命令，把"打开"的对象进行"关闭"操作，效果如图 3.155 所示。

图3.153 【开放/关闭曲面选项】
参数设置

图3.154 执行【打开/
关闭】命令之后的效果

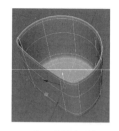

图3.155 再一次执行【打开/关闭】
命令之后的效果

17.【相交】命令

1）作用

沿两个相交面生成曲线，通过生成的曲线可以对曲面进行修剪等相关操作。

2）操作方法

步骤01： 打开场景文件，选择需要进行相交处理的两个曲面，如图3.156所示。

步骤02： 在菜单栏中单击【曲面】→【相交】→■图标，弹出【曲面相交选项】对话框，具体参数设置如图3.157所示。

步骤03： 参数设置完毕，单击"相交"按钮，生成的相交线如图3.158所示。

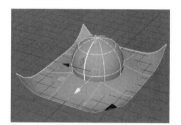

图3.156 选择的两个曲面

图3.157 【曲面相交选项】
参数设置

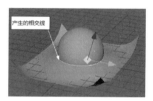

图3.158 生成的相交线

18.【在曲面上投影曲线】命令

1）作用

把选定的曲线沿选定的曲面投影。利用投影产生的曲线，用户可对曲面进行修剪等相关操作。

2）操作方法

步骤01： 打开场景文件，在场景中依次选择曲面和曲线，如图3.159所示。

步骤02： 将视图切换到【顶视图】。

步骤03： 在菜单栏中单击【曲面】→【在曲面上投影曲线选项】→■图标，弹出【在曲面上投影曲线选项】对话框，具体参数设置如图3.160所示。

步骤04： 参数设置完毕，单击"投影"按钮，投影得到的曲线如图3.161所示。

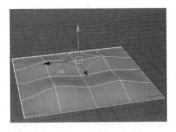

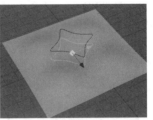

图 3.159　依次选择的　　　图 3.160　【在曲面上投影曲　　　图 3.161　投影得到
　　　曲面和曲线　　　　　　　线选项】参数设置　　　　　　的曲线

提示：使用【在曲面上投影曲线选项】生成投影曲线时，一般需要配合正交视图（顶视图、前视图和侧视图）进行操作，如果在透视图或摄影机视图中进行投影操作，那么得到的曲线并不理想。

19.【修剪工具】命令

1）作用

依据曲面的投影曲线或相交曲线，对曲面进行修剪操作。

2）操作方法

步骤 01：单选需要进行修剪的曲面，在该曲面上有一条封闭的且不规则的曲线，如图 3.162 所示。

步骤 02：在菜单栏中单击【曲面】→【修剪工具】命令，光标变成一个三角形箭头。这时，将光标移到需要保留的曲面部分单击，在单击处就出现一个四边形方块，曲面上的线以实粗线显示，如图 3.163 所示。

步骤 03：若有多个部分需要保留，则继续单击需要保留部分即可，然后按"Enter"键，完成对曲面的修剪。修剪之后的效果如图 3.164 所示。

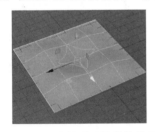

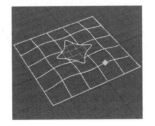

图 3.162　选择需要修剪的曲面　　图 3.163　单击需要保留的曲面部分　　图 3.164　修剪之后的效果

20.【取消修剪】命令

1）作用

把修剪之后的曲面恢复到修剪之前的状态。

2）操作方法

步骤 01：单选需要恢复到修剪之前状态的曲面，如图 3.165 所示。

步骤 02：在菜单栏中单击【曲面】→【取消修剪】→▣图标，弹出【取消修剪选项】对话框，具体参数设置如图 3.166 所示。

步骤 03：参数设置完毕，单击"应用"按钮，取消修剪之后的效果如图 3.167 所示。

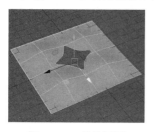

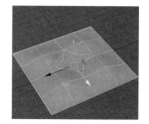

图 3.165　单选需要恢复的曲面　　图 3.166　【取消修剪选项】参数设置　　图 3.167　取消修剪之后的效果

21.【延伸】命令

1）作用

沿所选择曲面的 U、V 和 UV 方向，根据设置要求对曲面进行延伸。

2）操作方法

步骤 01：打开场景文件。选择需要进行延伸操作的曲面，如图 3.168 所示。

步骤 02：在菜单栏中单击【曲面】→【延伸】→▣图标，弹出【延伸曲面选项】对话框，具体参数设置如图 3.169 所示。

步骤 03：设置完毕，单击"延伸"按钮，完成延伸操作。延伸之后的效果如图 3.170 所示。

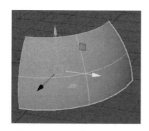

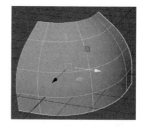

图 3.168　选择的曲面　　图 3.169　【延伸曲面选项】参数设置　　图 3.170　延伸之后的效果

22.【插入等参线】命令

1）作用

为选择的曲面添加分段。

2）操作方法

步骤 01：打开场景文件，选择需要插入等参线的对象，切换到对象的【等参线】编辑模式，沿边拖曳出需要插入的等参线。如果需要同时插入多条等参线，可以按住"Shift"键的同时沿边先拖曳出多条等参线，再拖曳出需要插入等参线的虚线，如图 1.171 所示。

步骤 02：在菜单栏中单击【曲面】→【插入等参线】→▣图标，弹出【插入等参线选

项】对话框，具体参数设置如图 3.172 所示。

　　步骤 03：参数设置完毕，单击"插入"按钮，完成等参线的插入。插入等参线之后的效果如图 3.173 所示。

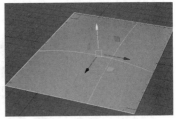

图 3.171　拖曳出的虚线　　　　图 3.172　【插入等参线选项】　　　图 3.173　插入等参线
　　　　　　　　　　　　　　　　　　　　参数设置　　　　　　　　　　　　之后的效果

23.【偏移】命令

1）作用

使选择的曲面按"曲面拟合"或"CV 拟合"方式，偏移出新的曲面。

2）操作方法

　　步骤 01：打开场景文件，选择需要进行偏移的曲面，如图 3.174 所示。

　　步骤 02：在菜单栏中单击【曲面】→【偏移】→▣图标，弹出【偏移曲面选项】对话框，具体参数设置如图 3.175 所示。

　　步骤 03：参数设置完毕，单击"偏移"按钮，完成偏移操作。偏移得到的曲面如图 3.176 所示。

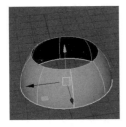

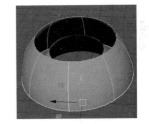

图 3.174　选择的曲面　　　图 3.175　【偏移曲面选项】参数设置　　　图 3.176　偏移得到的曲面

24.【圆化工具】命令

1）作用

在两个或两个以上曲面之间生成圆滑的过渡曲面。

2）操作方法

　　步骤 01：打开场景文件，在菜单栏中单击【曲面】→【圆化工具】命令，在场景中框选需要进行圆化处理的两个曲面的交界线。

　　步骤 02：如果需要同时对多个曲面进行圆化处理，可以继续框选需要进行圆化处理的曲面交界线，如图 3.177 所示。

步骤 03：在【通道盒】窗口中，设置圆化角度的半径值，具体设置如图 3.178 所示。

步骤 04：设置完毕，按 "Enter" 键，完成圆化处理。圆化效果如图 3.179 所示。

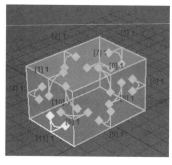

图 3.177　选择多条需要圆化
处理的交界线

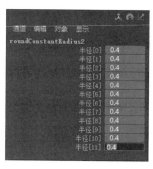

图 3.178　圆化角度的半径值

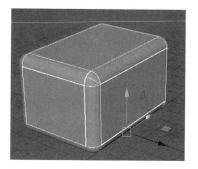

图 3.179　圆化效果

25.【缝合】命令组

【缝合】命令组包括【缝合曲面点】、【缝合边工具】和【全局缝合】3 个命令。

1）作用

【缝合曲面点】命令的作用是对两个或两个以上的曲面顶点进行缝合处理。

【缝合边工具】命令的作用是对两个或两个以上的曲面边进行缝合处理。

【全局缝合】命令的作用是同时对多个曲面进行缝合处理。

2）【缝合曲面点】命令的操作方法

步骤 01：单选第 1 个曲面，进入曲面的【控制顶点】编辑模式，选择需要缝合的顶点。

步骤 02：加选第 2 个曲面，进入曲面的【控制顶点】编辑模式，选择需要缝合的顶点。

步骤 03：加选第 3 个曲面，进入曲面的【控制顶点】编辑模式，选择需要缝合的顶点。如图 3.180 所示。

步骤 04：在菜单栏中单击【曲面】→【缝合】→【缝合曲面点】→▣图标，弹出【缝合曲面点选项】对话框，具体参数设置如图 3.181 所示。

步骤 05：参数设置完毕，单击 "缝合" 按钮，完成曲面点的缝合。缝合之后的效果如图 3.182 所示。

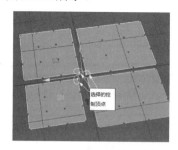

图 3.180　选择的控制顶点

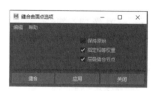

图 3.181【缝合曲面点选项】
参数设置

图 3.182　缝合之后的效果

3）【缝合边工具】命令的操作方法

步骤 01：在菜单栏中单击【曲面】→【缝合】→【缝合边工具】→▢图标，弹出【工具设置】面板，设置其中的【缝合边工具】参数，如图 3.183 所示。

步骤 02：在视图中先单击第 1 个曲面的等参线边界，再单击第 2 个曲面的等参线边界，得到如图 3.184 所示的缝合边调整图标。

步骤 03：此时，读者可以根据需要调节四边形方块。最后，按"Enter"键，完成边的缝合，效果如图 3.185 所示。

图 3.183　【缝合边工具】参数设置

图 3.184　缝合边调整图标

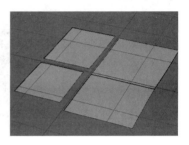
图 3.185　缝合之后的效果

4）【全局缝合】命令的操作方法

步骤 01：选择需要进行缝合的曲面，如图 3.186 所示。

步骤 02：在菜单栏中单击【曲面】→【缝合】→【全局缝合】→▢图标，弹出【全局缝合选项】对话框，具体参数设置如图 3.187 所示。

步骤 03：参数设置完毕，单击"全局缝合"按钮，完成全局缝合操作。缝合之后的效果如图 3.188 所示。

图 3.186　选择的曲面

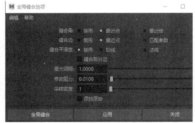
图 3.187　【全局缝合选项】
参数设置

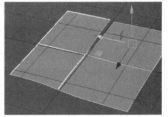
图 3.188　缝合之后的效果

26.【曲面圆角】命令组

【曲面圆角】命令组包括【圆形圆角】、【自由形式圆角】和【圆角融合工具】3 个命令。

1）作用

【圆形圆角】命令的作用是根据两个相交的曲面生成连接两个曲面的新曲面。

【自由形式圆角】命令的作用是根据两个曲面上的等参线生成连接两个曲面的新曲面。

【圆角融合工具】命令的作用是根据两个曲面上手动选择的等参线生成新的连接曲面。

2）【曲面圆角】命令操作方法

步骤 01：打开场景文件，在场景中选择需要执行【曲面圆角】命令的曲面，如图 3.189 所示。

步骤 02：在菜单栏中单击【曲面】→【曲面圆角】→【圆形圆角】→■图标，弹出【圆形圆角选项】对话框，具体参数设置如图 3.190 所示。

步骤 03：设置完参数后，单击"圆角"按钮，完成圆形圆角操作。生成的圆形圆角曲面如图 3.191 所示。

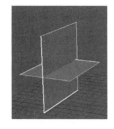 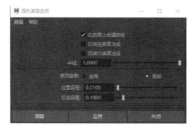 

图 3.189　选择的曲面　　　图 3.190　【圆形圆角选项】参数设置　　　图 3.191　生成的圆形圆角曲面

3）【自由形式圆角】命令操作方法

步骤 01：打开场景文件，在场景中选择两个曲面上需要进行自由形式圆角处理的等参线，确定连接的位置，如图 3.192 所示。

步骤 02：在菜单栏中单击【曲面】→【曲面圆角】→【自由形式圆角】→■图标，弹出【自由形式圆角选项】对话框，具体参数设置如图 3.193 所示。

步骤 03：设置参数后，单击"圆角"按钮，完成自由形式圆角操作。生成的自由形式圆角曲面，如图 3.194 所示。

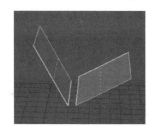 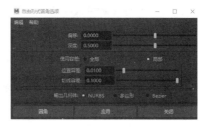 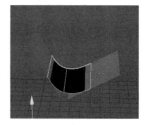

图 3.192　选择等参线并确定　　　图 3.193　【自由形式圆角选项】　　　图 3.194　生成的自由形式
　　　　　　连接位置　　　　　　　　　　　　参数设置　　　　　　　　　　　　圆角曲面

4）【圆角融合工具】命令操作方法

步骤 01：在菜单栏中单击【曲面】→【曲面圆角】→【圆角融合工具】→■图标，弹出【圆角混合选项】对话框，具体参数设置如图 3.195 所示。

步骤 02：参数设置完毕，单击"圆角融合工具"按钮，在场景中选择第 1 个曲面的等参线，如图 3.196 所示。然后，按"Enter"键。

步骤 03：选择第二个曲面的等参线，如图 3.197 所示。然后，按"Enter"键，完成圆角融合操作。生成的自由形式圆角效果如图 3.198 所示。

图 3.195　【圆角混合选项】
参数设置

图 3.196　第 1 个曲面的
等参线

图 3.197　第 2 个曲面的
等参线

27.【雕刻几何体工具】命令

1）作用

对曲面进行雕刻。被雕刻的曲面一定要有足够多的控制顶点，【雕刻几何体工具】命令的工作原理是，通过调整曲面控制的位置来改变曲面的形状。

2）【雕刻几何体工具】命令操作方法

步骤 01：打开场景文件，在菜单栏中单击【曲面】→【雕刻几何体工具】→▣图标，弹出【雕刻几何体工具】面板，具体参数设置如图 3.199 所示。

提示：在使用【雕刻几何体工具】进行雕刻之前，需要记住几个快捷的调节方式：按住"B"键不放，再按住鼠标中键，左右移动光标，调节雕刻笔刷的大小；按住"M"键不放，再按住鼠标中键，左右移动光标以调节雕刻笔刷的强度；按住"Ctrl"键不放再按鼠标左键，对曲面进行方向调节。

步骤 02：在【雕刻几何体工具】面板中单击▣（推动）图标并设置参数，在场景中对曲面进行雕刻。雕刻的效果如图 3.200 所示。

图 3.198　自由形式圆角效果

图 3.199　【雕刻几何体工具】
面板参数设置

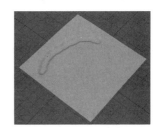

图 3.200　雕刻的效果

步骤 03：单击█（拉动）图标，设置雕刻参数，对曲面进行拉动雕刻，效果如图 3.201 所示。

步骤 04：单击█（平滑）图标，设置雕刻参数，对曲面雕刻之后的地方进行平滑处理。处理之后的效果如图 3.202 所示。

步骤 05：单击█（松弛）图标，设置雕刻参数，对曲面雕刻之后的地方进行松弛处理。松弛处理之后的效果如图 3.203 所示。

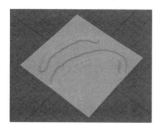 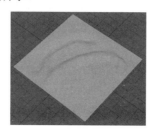 

图 3.201　进行拉动雕刻　　　图 3.202　进行平滑处理　　　图 3.203　进行松弛处理
　　　之后的效果　　　　　　　　　之后的效果　　　　　　　　　之后的效果

步骤 06：单击█（收缩）图标，设置雕刻参数，对曲面雕刻之后的地方进行收缩处理。收缩处理之后的效果如图 3.204 所示。

步骤 07：单击█（滑动）图标，设置雕刻参数，对曲面雕刻之后的地方进行滑动处理。滑动处理之后的效果如图 3.205 所示。

步骤 08：单击█（擦除）图标，设置雕刻参数，对曲面雕刻之后的地方进行擦除处理。擦除处理之后的效果如图 3.206 所示。

图 3.204　进行收缩处理　　　图 3.205　进行滑动处理　　　图 3.206　进行擦除处理
　　　之后的效果　　　　　　　　　之后的效果　　　　　　　　　之后的效果

28.【曲面编辑】命令组

【曲面编辑】命令组包括【曲面编辑工具】、【断开切线】和【平滑切线】3 个命令。

1）作用

【曲面编辑工具】的作用是通过调节曲面的等参线来对曲面进行调节。

【断开切线】的作用是将曲面的平滑曲线转换成尖锐的曲线。

【平滑切线】的作用是将曲面的尖锐曲线转换成平滑过渡效果。

2）【曲面编辑工具】操作方法

步骤 01：打开一个场景文件，在该场景中有一个 Nurbs 球体。

步骤 02：在菜单栏中单击【曲面】→【曲面编辑】→【曲面编辑工具】命令，启用该命令。

步骤 03：在曲面上单击需要编辑的位置，此时，在单击处出现编辑手柄，如图 3.207 所示。

步骤 04：对手柄进行编辑操作，编辑之后的效果如图 3.208 所示。

3）【断开切线】命令操作方法

步骤 01：选择需要进行断开切线操作的等参线，如图 3.209 所示。

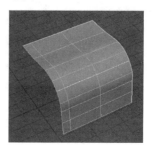

图 3.207　选择需要编辑的位置　　图 3.208　编辑之后的效果　　图 3.209　选择的等参线

步骤 02：在菜单栏中单击【曲面】→【曲面编辑】→【断开切线】命令，完成断开切线操作。

步骤 03：切换到曲面的【壳】编辑模式，选择断开切线的壳线，把它稍微移动，调节出尖锐的转角效果，如图 3.210 所示。

4）【平滑切线】命令操作方法

步骤 01：选择需要进行平滑切线操作的等参线，如图 3.211 所示。

步骤 02：在菜单栏中单击【曲面】→【曲面编辑】→【平滑切线】命令，完成平滑切线操作。进行平滑切线操作之后的效果如图 3.212 所示。

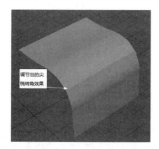
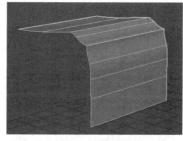

图 3.210　调节出的尖锐　　图 3.211　选择需要进行平滑　　图 3.212　进行平滑切线操作
　　　　　转角效果　　　　　　　　　切线操作的等参线　　　　　　　之后的效果

29.【布尔】命令组

【布尔】命令组包括【并集工具】、【差集工具】和【交集工具】3 个命令。

1）作用

主要作用是对两个相交曲面进行并集、差集和交集操作。

2）【布尔】命令组的操作方法

步骤 01：在菜单栏中单击【曲面】→【布尔】→【并集工具】命令，先单击立方体，再按"Enter"键，如图 3.213 所示。

步骤 02：单击球体，再按"Enter"键，完成并集操作。并集之后的效果如图 3.214 所示。

步骤 03：方法同步骤 01 和步骤 02，执行【差集】和【交集】操作命令。差集和交集之后的效果如图 3.215 所示。

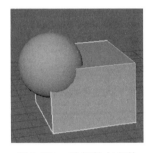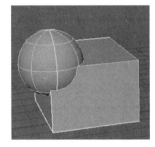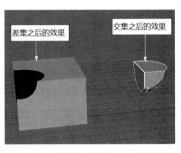

图 3.213　选择的立方体　　　图 3.214　并集之后的效果　　　图 3.215　差集和交集之后的效果

30.【重建】命令

1）作用

对曲面的布线进行重新分布，使曲面布线均匀。

2）操作方法

步骤 01：在场景中单选需要进行重建的曲面对象，如图 3.216 所示。

步骤 02：在菜单栏中单击【曲面】→【重建】→▣图标，弹出【重建曲面选项】对话框，具体参数设置如图 3.217 所示。

步骤 03：参数设置完毕，单击"重建"按钮完成曲面的重建。重建之后的曲面效果如图 3.218 所示。

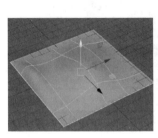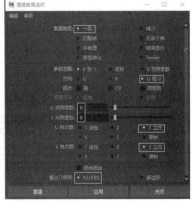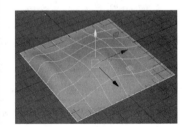

图 3.216　选择的曲面对象　　　图 3.217　【重建曲面选项】参数选项　　　图 3.218　重建之后的曲面效果

31.【反转方向】命令

1）作用

主要作用是将 NURBS 曲面的法线进行反转操作。

2）操作方法

步骤 01：选择需要进行反转方向的 NURBS 曲面，如图 3.219 所示。

步骤 02：在菜单栏中单击【曲面】→【反转方向】→▣图标，弹出【反转曲面方向选项】对话框，具体参数设置如图 3.220 所示。

步骤 03：参数设置完毕，单击"方向"按钮，完成反转方向操作。反转方向之后的效果如图 3.221 所示。

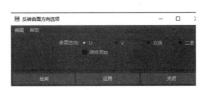

图 3.219　选择的曲面　　　图 3.220　【反转曲面方向选项】　　图 3.221　反转方向
　　　　　　　　　　　　　　　　　　参数设置　　　　　　　　　　　之后的效果

视频播放：关于具体介绍，请观看本书光盘上的配套视频"任务六：【曲面】命令组的使用.wmv"。

七、拓展训练

应用所学知识，根据提供的参考图，制作如下三维模型。

提示：读者可以打开本书光盘上配套的源文件，了解这个模型的结构。

案例 2　酒杯和矿泉水瓶模型的制作

一、案例内容简介

本案例主要介绍使用 NURBS 技术制作酒杯和矿泉水瓶模型。

二、案例效果欣赏

三、案例制作（步骤）流程

任务一：创建项目和导入参考图 ➡ 任务二：根据参考图绘制曲线并旋转成曲面 ➡ 任务三：给酒杯中的酒制作模型

任务五：旋转成曲面和制作标签贴图模型 ⬅ 任务四：导入矿泉水瓶参考图和绘制曲线

任务六：制作矿泉水瓶瓶盖模型

四、制作目的

使读者熟练掌握 NURBS 技术制作酒杯和矿泉水瓶模型的原理、方法和技巧，提高建模能力。

五、制作过程中需要解决的问题

（1）酒杯模型制作的原理。
（2）矿泉水瓶模型制作的原理。
（3）NURBS 建模相关命令的作用和使用方法。

六、详细操作步骤

任务一：创建项目和导入参考图

酒杯制作的原理比较简单：导入参考图，根据参考图绘制曲线，对绘制的曲线进行旋转操作即可。

步骤 01：根据前面所学知识，创建一个名为"jbkqsp"的项目文件。

步骤 02：保存场景，把场景命名为"jiubei.mb"。

步骤 03：将视图切换到【前视图】。在视图菜单中单击【视图】→【图像平面】→【导入图像…】命令，弹出【打开】对话框。在该对话框中，选择需要导入的参考图，如图 3.222 所示。

步骤 04：单击"打开"按钮，把所选择的参考图导入场景中。调整参考图的位置，其在各个视图中的效果如图 3.223 所示。

图 3.222　选择需要导入的参考图

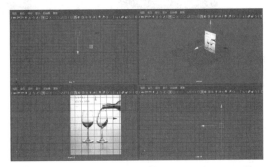

图 3.223　导入的参考图在各个视图中的位置

步骤 05：选择已导入的参考图，按"Ctrl+A"组合键，弹出【imagePlaneShape1】节点参数面板。在该面板中勾选【沿摄影机观看】选项，如图 3.224 所示。此时，参考图在【透视图】中不显示参考图，如图 3.225 所示，因为这样方便制作模型。

图 3.224　【imagePlaneShape1】节点参数面板

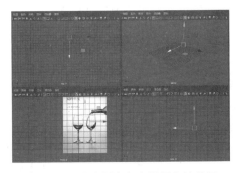

图 3.225　参考图在各个视图中的效果

步骤 06：单击 Maya 2019 界面右上角的显示/隐藏通道盒按钮，在【通道盒】中框选参考图的所有属性，如图 3.226 所示。

步骤 07：将光标移到所框选的任一属性上，单击鼠标右键，在弹出的快捷菜单中单击【锁定选定项】命令，完成所有选定属性的锁定操作。

步骤 08：被锁定之后，再选择锁定参考图时，移动、旋转和缩放图标变成灰色，如图 3.227 所示。

图 3.226　框选的属性

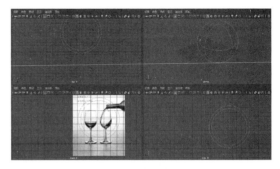

图 3.227　锁定之后，旋转等图标变成灰色

步骤 09：如果需要再调整参考图的位置，对它进行缩放和旋转操作，需要重新框选参考图的所有属性。在框选的任一属性上单击鼠标右键，在弹出的快捷菜单中，单击【解除锁定选定项】命令即可。

视频播放：关于具体介绍，请观看本书光盘上的配套视频"任务一：创建项目和导入参考图.wmv"。

任务二：根据参考图绘制曲线并旋转成曲面

1. 绘制酒杯的旋转曲线

步骤 01：切换到【前视图】，在菜单栏中单击【创建】→【曲线工具】→【CV 曲线工具】命令。

步骤 02：在【前视图】中绘制如图 3.228 所示的曲线。如果对绘制的曲线不满意，可以进入曲线的元素级别对曲线的 CV 点的位置进行调整。

2. 将曲线旋转成面

步骤 01：切换到【透视图】，选择前面绘制的曲线，如图 3.229 所示。

步骤 02：在菜单栏中单击【曲面】→【旋转】命令，使曲线旋转成曲面，效果如图 3.230 所示。

图 3.228　绘制的曲线

图 3.229　选择前面绘制的曲线

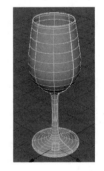

图 3.230　旋转得到的效果

步骤 03：确定旋转成曲面的酒杯造型没有问题之后，在菜单栏中单击【编辑】→【按类型删除全部】→【历史】命令，完成历史记录的删除。

提示：如果对旋转成曲面的酒杯效果不满意，读者还可以调整所绘制的曲线以改变酒杯的造型。

视频播放：关于具体介绍，请观看本书光盘上的配套视频"任务二：根据参考图绘制曲线并旋转成曲面.wmv"。

任务三：给酒杯中的酒制作模型

步骤 01：复制酒杯模型并把它隐藏。单选酒杯模型，按"Ctrl+D"组合键，复制一个酒杯模型，在【层】编辑器中单击创建新层并指定选定对象按钮■，创建一个新层并将复制的酒杯模型放到该层。【层】编辑器的具体设置如图 3.231 所示。

步骤 02：在【透视图】中选择未隐藏的酒杯，选择需要断开的等参线，如图 3.232 所示。

步骤 03：在菜单栏中单击【曲面】→【分离】命令，完成分离操作。然后，删除多余的曲面，效果如图 3.233 所示。

图 3.231 【层】编辑器的设置　　　图 3.232 选择的等参线　　　图 3.233 删除多余的曲面之后的效果

步骤 04：对分离的曲面进行平面化处理。选择如图 3.234 所示的等参线，在菜单栏中单击【曲面】→【平面】命令，完成平面化处理，效果如图 3.235 所示。

步骤 05：将隐藏的模型显示出来，最终效果如图 3.236 所示。

图 3.234 选择的等参线　　　图 3.235 平面化处理之后的效果　　　图 3.236 最终效果

步骤 06：删除历史记录。选择所有模型，在菜单栏中单击【编辑】→【按类型删除全部】→【历史】命令，完成历史记录的删除。

步骤 07：优化场景。在菜单栏中单击【文件】→【优化场景大小】，弹出对话框。在该对话框中单击"确定"按钮，完成场景优化。

视频播放：关于具体介绍，请观看本书光盘上的配套视频"任务三：为酒杯中的酒制作模型.wmv"。

任务四：导入矿泉水瓶参考图和绘制曲线

步骤 01：方法同"任务二"。导入矿泉水瓶参考图，如图 3.237 所示。

步骤 02：绘制曲线。在菜单栏中单击【创建】→【曲线工具】→【CV 曲线工具】命令。

步骤 03：在【前视图】中绘制如图 3.238 所示的曲线。如果对绘制的曲线效果不满意，可以进入曲线的元素级别，对曲线的 CV 点进行调整。

视频播放：关于具体介绍，请观看本书光盘上的配套视频"任务四：导入矿泉水瓶参考图和绘制曲线.wmv"。

任务五：旋转成曲面和制作标签贴图模型

步骤 01：切换到【透视图】，选择要绘制的曲线，如图 3.239 所示。

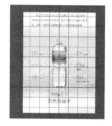
图 3.237　导入的参考图

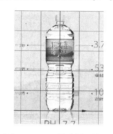
图 3.238　绘制的曲线

图 3.239　选择的曲线

步骤 02：在菜单栏中单击【曲面】→【旋转】命令，使曲线旋转成面。完成之后的效果如图 3.240 所示。

步骤 03：删除历史记录。选择矿泉水瓶，在菜单栏中单击【编辑】→【按类型删除全部】→【历史】命令，完成历史记录的删除。

步骤 04：复制曲面并把它隐藏。选择旋转得到的矿泉水瓶模型，按"Ctrl+D"组合键，复制矿泉水瓶。在【层】编辑器中单击创建新层并指定选定对象按钮█，创建一个新层并将复制得到的矿泉水瓶放在该层。【层】编辑器的设置如图 3.241 所示。

步骤 05：在【透视图】中，选择没有隐藏的矿泉水瓶中需要断开的等参线，如图 3.242 所示。

步骤 06：在菜单栏中单击【曲面】→【分离】命令，完成分离操作。然后，删除多余的曲面，剩余部分的效果如图 3.243 所示。

步骤 07：设置剩余部分的曲面通道参数，将其调整到视图中心位置并把它稍微放大一点，缩放参数设置如图 3.244 所示。

步骤 08：显示隐藏的矿泉水瓶，最终效果如图 3.245 所示。

图 3.240 旋转得到的效果

图 3.241 【层】编辑器的设置

图 3.242 选择的等参线

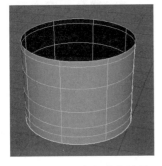

图 3.243 剩余部分的效果

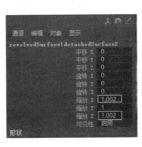

图 3.244 缩放参数设置

图 3.245 最终效果

视频播放： 关于具体介绍，请观看本书光盘上的配套视频"任务五：旋转成曲面和制作标签贴图模型.wmv"。

任务六：制作矿泉水瓶瓶盖模型

矿泉水瓶瓶盖的制作主要通过【放样】和【壳线】调节相结合来完成。

步骤 01： 选择矿泉水瓶口的等参线，如图 3.246 所示。

步骤 02： 复制选择的等参线。在菜单栏中单击【曲线】→【复制曲面曲线】命令，将选择的曲线复制出一条曲线，如图 3.247 所示。

步骤 03： 调节复制得到的曲线缩放参数，具体设置如图 3.248 所示。

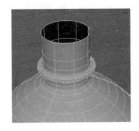

图 3.246 选择的等参线

图 3.247 复制的曲线

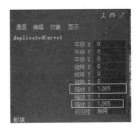

图 3.248 曲线缩放参数调节

步骤 04： 重建曲线。选择前面复制的曲线，在菜单栏中单击【曲线】→【重建】→■图标，弹出【重建曲线选项】对话框，具体参数设置如图 3.249 所示。设置完毕，单击"重建"按钮，完成曲线的重建。

步骤 05：调节曲线的控制顶点。切换到重建曲线的【控制顶点】编辑模式，间隔一个控制顶点选择一个并进行适当缩放操作，缩放之后的效果如图 3.250 所示。

步骤 06：将缩放的曲线复制一份，调整好位置，效果如图 3.251 所示。

图 3.249 【重建曲线选项】
参数设置

图 3.250 缩放之后的效果

图 3.251 调整好位置
之后的效果

步骤 07：放样操作。选择需要放样的两条闭合曲线，在菜单栏中单击【曲面】→【放样】命令，完成放样操作。放样得到的曲面如图 3.252 所示。

步骤 08：插入等参线，拖曳出 3 条等参线，如图 3.253 所示，在菜单栏中单击【曲面】→【插入等参线】命令，完成等参线的插入。

步骤 09：切换到曲面的【壳线】编辑模式，选择顶端的壳线进行缩放操作，效果如图 3.254 所示。

图 3.252 放样得到的曲面

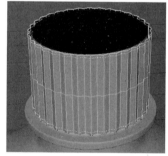
图 3.253 拖曳出来的等参线

图 3.254 缩放得到的效果

步骤 10：删除历史记录。框选所有模型，在菜单栏中单击【编辑】→【按类型删除全部】→【历史】命令，完成历史记录的删除。

步骤 11：按"Ctrl+S"组合键，保存文件。

视频播放：关于具体介绍，请观看本书光盘上的配套视频"任务六：制作矿泉水瓶瓶盖模型.wmv"。

七、拓展训练

应用所学知识，制作如下三维模型。

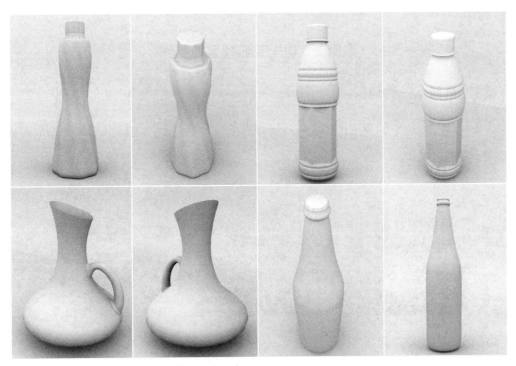

提示：读者可以打开本书光盘上配套的源文件，了解这个模型的结构。

案例 3 功夫茶壶模型的制作

一、案例内容简介

本案例主要介绍使用 NURBS 技术制作功夫茶壶模型。

二、案例效果欣赏

三、案例制作（步骤）流程

任务一：创建项目和导入参考图 ➡ 任务二：根据参考图绘制曲线 ➡ 任务三：利用曲线生成曲面

⬇

任务四：对功夫茶壶进行细节调节

四、制作目的

使读者熟练掌握使用 NURBS 技术制作功夫茶壶模型的原理、方法和技巧，提高NURBS 建模水平。

五、制作过程中需要解决的问题

（1）功夫茶壶模型制作的原理。

（2）NURBS 建模相关命令的作用和使用方法。

六、详细操作步骤

任务一：创建项目和导入参考图

功夫茶壶模型制作的原理：导入参考图，根据参考图，绘制曲线，对曲线进行旋转、放样，得到功夫茶壶壶体、壶把和壶嘴；再使用【曲面圆角】组中的命令，得到连接曲面；最后通过修剪，完成功夫茶壶模型的制作。

步骤 01：根据前面所学知识，创建一个名为"gfch"的项目文件。

步骤 02：保存场景，把场景命名为"gfch.mb"。

步骤 03：将视图切换到【前】图，在视图菜单中单击【视图】→【图像平面】→【导

入图像…】命令，弹出【打开】对话框。在该对话框中单选需要导入的参考图，如图 3.255 所示。

　　步骤 04：单击"打开"按钮，即可把选择的参考图导入场景中。然后，调整参考图的位置，其在各个视图中的位置如图 3.256 所示。

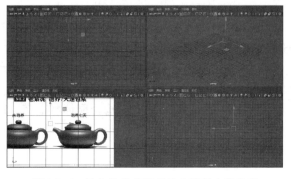

　　图 3.255　选择需要导入的参考图　　　　　图 3.256　导入的参考图在各个视图中的位置

　　步骤 05：选择已导入的参考图，按"Ctrl+A"组合键，弹出【imagePlaneShape1】节点参数面板。在该面板中勾选"沿摄影机观看"选项，完成参考图的导入和设置。

　　视频播放：关于具体介绍，请观看本书光盘上的配套视频"任务一：创建项目和导入参考图.wmv"。

　　任务二：根据参考图绘制曲线

　　步骤 01：将视图切换到【前视图】。

　　步骤 02：绘制第 1 条曲线。在菜单栏中单击【创建】→【曲线工具】→【CV 曲线工具】命令，在【前视图】中根据参考图，绘制功夫茶壶的壶体轮廓曲线，如图 3.257 所示。

　　步骤 03：继续绘制其他曲线，方法同上。绘制好的曲线在【前视图】和【透视图】中的位置和效果如图 3.258 所示。

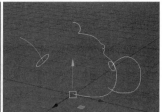

　　图 3.257　绘制轮廓曲线　　　　　　　　　图 3.258　在视图中的位置和效果

　　视频播放：关于具体介绍，请观看本书光盘上的配套视频"任务二：根据参考图绘制曲线.wmv"。

任务三：利用曲线生成曲面

曲面包括功夫茶壶的壶体、壶盖、壶嘴和壶把 4 个部分。

1. 通过旋转曲线生成壶体和壶盖

步骤 01：单选壶体的轮廓曲线，在菜单栏中单击【曲面】→【旋转】命令，生成壶体曲面，如图 3.259 所示。

步骤 02：单选壶盖的轮廓曲线，在菜单栏中单击【曲面】→【旋转】命令，生成壶盖曲面，如图 3.260 所示。

步骤 03：删除历史记录。选择壶体和壶盖，在菜单栏中单击【编辑】→【按类型删除全部】→【历史】命令，完成历史记录的删除。

2. 通过挤出生成壶嘴和壶把曲面

步骤 01：选择需要挤出壶嘴的截面图形和路径，如图 3.261 所示。

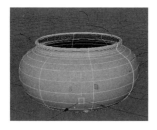  

图 3.259　生成的壶体曲面　　　图 3.260　生成壶盖曲面　　　图 3.261　选择的截面图形和路径

步骤 02：在菜单栏中单击【曲面】→【挤出】→■图标，弹出【挤出选项】对话框，具体参数设置如图 3.262 所示。

步骤 03：参数设置完毕，单击"挤出"按钮，完成挤出操作。

步骤 04：在【通道盒】中设置【挤出】参数，具体设置如图 3.263 所示。挤出的壶嘴效果如图 3.264 所示。

图 3.262　【挤出选项】参数设置　　　图 3.263　【挤出】参数设置　　　图 3.264　挤出的壶嘴效果

步骤 05：选择需要挤出壶把的截面图形和路径，如图 3.265 所示。挤出的壶把效果如图 3.267 所示。

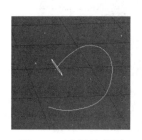

图 3.265　选择的截面
图形和路径

图 3.266　【挤出选项】
参数设置

图 3.267　挤出的
壶把效果

步骤 06：删除历史记录。选择壶体和壶盖，在菜单栏中单击【编辑】→【按类型删除全部】→【历史】命令，完成历史记录的删除。

提示：一般情况下，在生成曲面和操作相关命令之后，为了不影响后续操作，都要删除历史记录。在后面的案例中，就不再提示删除历史记录了。

视频播放：关于具体介绍，请观看本书光盘上的配套视频"任务三：利用曲线生成曲面.wmv"。

任务四：对功夫茶壶进行细节调节

步骤 01：单选功夫茶壶的壶体和壶嘴，在菜单栏中单击【曲面】→【曲面圆角】→【圆形圆角】命令，在【通道盒】中调节"圆形圆角"的参数，具体参数调节如图 3.268 所示。

步骤 02：调节参数之后的效果如图 3.269 所示。

步骤 03：修剪操作。单选壶嘴，在菜单栏中单击【曲面】→【修剪工具】命令，在【透视图】中单选壶嘴需要保留的部分。此时，出现一个立方体，以粗线显示，不被保留的部分以虚线显示，如图 3.270 所示。按"Enter"键，完成修剪操作，修剪之后的效果如图 3.271 所示。

图 3.268　"圆形圆角"的
参数调节

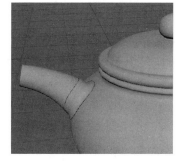

图 3.269　调节参数
之后的效果

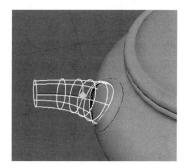

图 3.270　选择保留的部分

步骤 04：对壶把进行圆形圆角和修剪操作，方法同上。圆形圆角和修剪操作之后的效果如图 3.272 所示。

图 3.271　修剪之后的效果

图 3.272　圆形圆角和修剪操作之后的效果

　　视频播放：关于具体介绍，请观看本书光盘上的配套视频"任务四：对功夫茶壶进行细节调节.wmv"。

七、拓展训练

　　应用所学知识，制作如下茶壶三维模型。

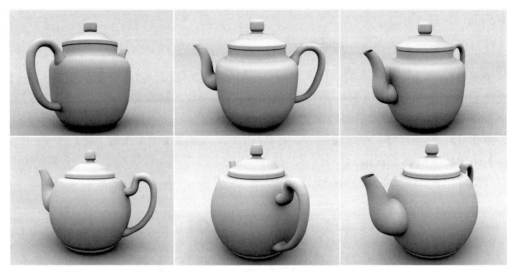

　　提示：读者可以打开本书光盘上的源文件，了解这个模型的结构。

案例 4 手机模型的制作

一、案例内容简介

本案例主要介绍使用 NURBS 技术制作手机模型。

二、案例效果欣赏

三、案例制作（步骤）流程

任务一：创建项目和导入参考图 ➡ 任务二：制作手机上下曲面模型 ➡ 任务三：制作手机按钮和屏幕

⬇

任务六：制作手机侧面模型 ⬅ 任务五：制作手机的前置摄像头 ⬅ 任务四：制作手机按键

四、制作目的

使读者熟练掌使用 NURBS 技术制作手机模型的原理、方法和技巧，提升 NURBS 建模技术的综合应用能力。

五、制作过程中需要解决的问题

（1）手机模型制作的原理和流程。

（2）手机组成。

（3）层级的概念。

（4）独立性的概念。

六、详细操作步骤

通过前面 3 个案例的学习，读者已经对 NURBS 建模的各个命令有了一定的了解。在本案例中制作一个难度较大的复杂模型——手机模型。在手机模型制作过程中，除了了解 NURBS 中各个命令的使用，还需要掌握以下两个知识点。

（1）明确层级的概念。根据需要进行相关操作的对象性质，进入不同的层级中制作。

（2）理解独立性的概念。也就是说，手机模型的各个曲面在什么情况下应该独立，什

么情况下不能独立。

任务一：创建项目和导入参考图

手机模型制作的原理：导入参考图，根据参考图绘制曲线，对曲线进行挤出、放样、分离、投影和修剪等操作。

步骤 01： 根据前面所学知识，创建一个名为"shouji"的项目文件。

步骤 02： 保存场景，把场景命名为"shouji_01.mb"。

步骤 03： 根据前面案例所学知识，在【顶视图】和【侧视图】中导入参考图，调整好参考图的位置并将其锁定。参考图在各视图中的效果如图 3.273 所示。

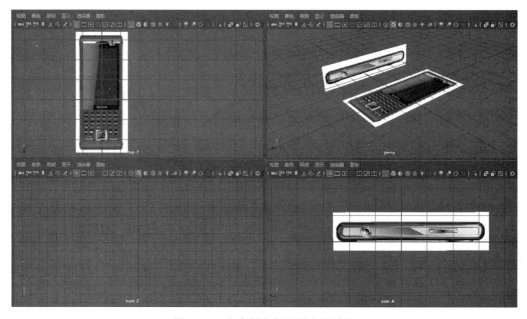

图 3.273　参考图在各视图中的效果

视频播放： 关于具体介绍，请观看本书光盘上的配套视频"任务一：创建项目和导入参考图.wmv"。

任务二：制作手机上下曲面模型

步骤 01： 创建一个 NURBS 圆形。在菜单栏中单击【创建】→【NURBS 基本体】→【圆形】命令，在【侧视图】中绘制一个 NURBS 圆形。

步骤 02： 对绘制的 NURBS 圆形进行重建。选择创建的圆形，在菜单栏中单击【曲线】→【重建】→■图标，弹出【重建曲线选项】对话框，具体参数设置如图 3.274 所示。参数设置完毕，单击"重建"按钮，完成圆形曲线的重建。

步骤 03： 调整好圆形曲线位置，进行适当缩放，再切换到【控制顶点】编辑模式，对控制顶点进行缩放和位置调整。调速之后的曲线形状及其在各个视图中的效果如图 3.275 所示。

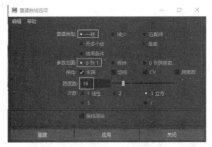

图 3.274 【重建曲线选项】参数设置　　　图 3.275 调整之后的曲线形状及其在各个视图中的效果

步骤 04：选择调整好的曲线，按"Ctrl+D"组合键，复制一份并调整好其位置，如图 3.276 所示。

步骤 05：放样操作。框选已创建和复制的曲线，在菜单栏中单击【曲面】→【放样】命令，完成放样操作，效果如图 3.277 所示。

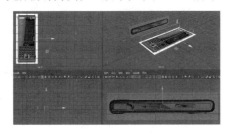

图 3.276 复制曲线之后的效果　　　　　图 3.277 放样之后的效果

步骤 06：删除历史记录。在菜单栏中单击【编辑】→【按类型删除全部】→【历史】命令，完成删除历史记录。

步骤 07：插入等参线。拖曳出两条等参线，如图 3.278 所示。在菜单栏中单击【曲面】→【插入等参线】命令，完成等参线的插入，效果如图 3.279 所示。

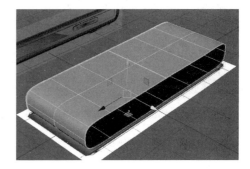

图 3.278 拖曳出的两条等参线　　　　　图 3.279 插入等参线的效果

步骤 08：切换到曲面的【壳线】编辑模式，对壳线进行缩放和位置调整，调整之后的效果如图 3.280 所示。

步骤 09：在两个侧面各插入 1 条等参线，方法同上。调整等参线的位置，效果如图 3.281 所示。

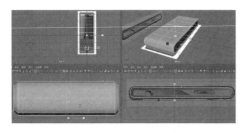

图 3.280　调整之后的效果

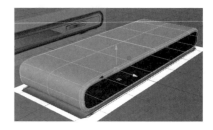

图 3.281　插入等参线并调整其位置之后的效果

步骤 10：复制等参线。选择曲面上如图 3.282 所示的等参线，在菜单栏中单击【曲线】→【复制曲面曲线】命令，即可根据选择的等参线复制出 1 条等参线，如图 3.283 所示。

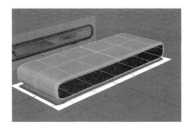

图 3.282　选择的等参线

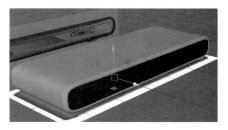

图 3.283　复制的等参线

提示：复制的等参线是用来制作手机侧面的，这里需要暂时将复制的曲线隐藏。

步骤 11：分离曲面。选择如图 3.284 所示的两条等参线，在菜单栏中单击【曲面】→【分离】命令，将曲面沿着选择的等参线位置分离成两个曲面，效果如图 3.285 所示。

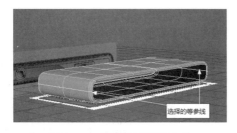

图 3.284　选择的两条等参线

图 3.285　分离得到的效果

步骤 12：给分离的曲面两端各插入 1 条等参线，方法同上。插入等参线之后的效果如图 3.286 所示。

步骤 13：切换到曲面的【壳线】编辑模式，对曲面两端的壳线进行缩放，效果如图 3.287 所示。

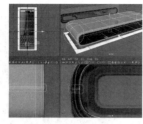

图 3.286　插入的等参线　　　　图 3.287　缩放曲面两端壳线之后的效果

视频播放：关于具体介绍，请观看本书光盘上的配套视频"任务二：制作手机上下曲面模型.wmv"。

任务三：制作手机按钮和屏幕

手机按钮和屏幕的制作需要综合应用【曲面】菜单组中的【放样】、【倒角】、【在曲面上投射曲线】和【修剪工具】命令。

1．绘制曲线

步骤 01：绘制方形曲线。在菜单栏中单击【创建】→【UNRBS 基本体】→【方形】命令，在【顶视图】中绘制一个正方形。调整大小使其与手机屏幕大小匹配，如图 3.288 所示。

步骤 02：选择两条相邻的曲线。在菜单栏中单击【曲线】→【附加】→▣图标，弹出【附加曲线选项】对话框，具体参数设置如图 3.289 所示。设置完毕，单击"附加命令"，完成附加处理。附加之后的效果如图 3.290 所示。

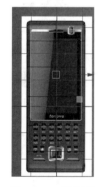

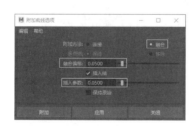

图 3.288　绘制的
正方形
图 3.289　【附加曲线选项】参数设置
图 3.290　附加处理之后的效果

步骤 03：继续进行附加处理，方法同"步骤 02"。处理之后的效果如图 3.291 所示。

步骤 04：对曲线进行关闭操作。单选附加之后的曲线，在菜单栏中单击【曲线】→【打开/关闭】命令→▣图标，弹出【开放/闭合曲线选项】命令，具体设置如图 3.292 所示。单击"打开/关闭"按钮，完成闭合操作，闭合之后的效果如图 3.293 所示。

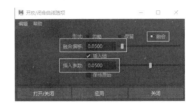

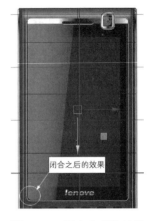

图 3.291　继续附加处理　　　图 3.292　【开放/闭合曲线选项】　　　图 3.293　闭合之后的效果
　　　　　之后的效果　　　　　　　　　　参数设置

提示：如果在结合最后两条曲线的时候，出现不正确的情况，如图 3.294 所示，那么可先按"Ctrl+Z"组合键进行撤销，再选择最后一条曲线，在菜单栏中单击【曲线】→【反转方向】命令。

步骤 05：继续绘制手机其他按钮的闭合曲线，方法同上。效果如图 3.295 所示。

步骤 06：在【图层编辑】中新建一个图层，并将绘制好的曲线加入该图层中，如图 3.296 所示。

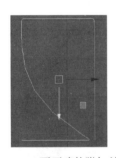

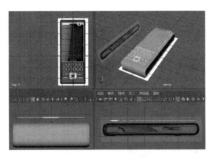

图 3.294　不正确的附加效果　　　图 3.295　绘制好的所有按钮闭合曲线　　　图 3.296　放置曲线的图层

2. 对曲面进行修剪操作

步骤 01：选择需要进行投影的曲线和曲面，如图 3.297 所示。

步骤 02：切换到【顶视图】，在菜单栏中单击【曲面】→【在曲面上投影曲线】命令，完成曲线投影。投影效果如图 3.298 所示。

步骤 03：将投影之后的曲面复制一份并把它隐藏，作为手机屏幕备用。

步骤 04：修剪操作。单选投影的曲面，在菜单栏中单击【曲面】→【修剪工具】命令。在需要保留的曲面上单击，此时，不被保留的曲面以虚线显示，如图 3.299 所示。按"Enter"键，完成修剪操作。修剪之后的效果如图 3.300 所示。

图 3.297　选择的曲线和曲面　　　　图 3.298　投影效果　　　　图 3.299　单击保留的部分

步骤 05：将隐藏的复制曲面显示出来，继续进行修剪操作，制成手机屏幕，如图 3.301 所示。

步骤 06：选择修剪之后的所有曲面，删除历史记录。

视频播放：关于具体介绍，请观看本书光盘上的配套视频"任务三：制作手机按钮和屏幕.wmv"。

任务四：制作手机按键

步骤 01：选择手机壳面。切换到曲面的【修剪边】编辑模式，选择按钮位置的修剪边，如图 3.302 所示。

图 3.300　修剪之后的效果　　　　图 3.301　手机屏幕　　　　图 3.302　选择的修剪边

步骤 02：复制修剪边。在菜单栏中单击【曲线】→【复制曲面曲线】命令，完成曲线复制。将复制的曲线稍微缩小一点，将缩小的曲线再复制一份并调整好其位置，如图 3.303 所示。

步骤 03：放样操作。选择这两闭合曲线，在菜单栏中单击【曲面】→【放样】命令，完成放样操作。放样得到的曲面效果如图 3.304 所示。

步骤 04：给放样曲面插入一条等参线。切换到曲面的【壳线】编辑模式，进行缩放操作，效果如图 3.305 所示。

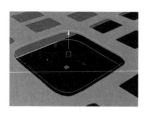

图 3.303　复制和缩小的曲线

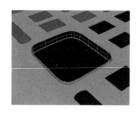

图 3.304　放样得到的
曲面效果

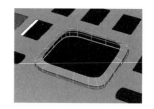

图 3.305　插入等参线并缩放
壳线的效果

步骤 05：继续插入等参线，切换到【壳线】编辑模式对壳线进行缩放。此操作需要重复 3 次，效果如图 3.306 所示。

步骤 06：制作手机的其他按键，方法同上。效果如图 3.307 所示。

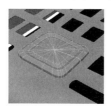

图 3.306　制作的第一个按键效果

图 3.307　手机的其他按键效果

视频播放：关于具体介绍，请观看本书光盘上的配套视频"任务四：制作手机按键.wmv"。

任务五：制作手机的前置摄像头

步骤 01：手机前置摄像头的制作方法同手机按键的制作方法相同，利用前面绘制的闭合曲线进行放样、插入等参线、缩放和位置调整，效果如图 3.308 所示。

步骤 02：再创建一个 NURBS 球体，选择球体的等参线，如图 3.309 所示。在菜单栏中单击【曲面】→【分离】命令，将球体分离成上下两部分，删除下部分，对上部分球体进行缩放和位置调整，效果如图 3.310 所示。

图 3.308　前置摄影机外壳效果

图 3.309　选择的等参线

图 3.310　缩放和位置调整之后的效果

视频播放：关于具体介绍，请观看本书光盘上的配套视频"任务五：制作手机的前置摄像头.wmv"。

任务六：制作手机侧面模型

手机侧面模型的制作相对于手机按钮和屏幕的制作要简单一些。使用前面绘制的闭合

曲线，进行平面化处理；绘制闭合曲线，将闭合曲线与平面进行曲线投影处理，最后进行修剪即可。

步骤 01：选择前面绘制的侧面闭合曲线，在菜单栏中单击【曲面】→【平面】命令，完成曲面操作。手机侧面效果如图 3.311 所示。

步骤 02：利用前面所学知识，在【侧视图】中绘制一条闭合曲线，如图 3.312 所示。

图 3.311　手机侧面　　　　　　　　　图 3.312　绘制的闭合曲线

步骤 03：选择曲线和曲面，在【侧视图】中先进行曲线投影，再进行修剪。修剪之后的侧面效果如图 3.313 所示。

步骤 04：制作侧面的摄像头和按键，读者可以参考前面按键和前置摄像头的制作方法或参考本书光盘上的配套视频。效果如图 3.314 所示。

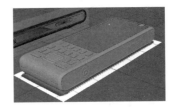

图 3.313　修剪之后的侧面效果　　　　　图 3.314　制作的摄像头和按键效果

步骤 05：制作手机的另一个侧面。只须使用前面绘制的曲线，执行【平面】命令即可。

视频播放：关于具体介绍，请观看本书光盘上的配套视频"任务六：制作手机侧面模型.wmv"。

七、拓展训练

应用所学知识，制作如下三维模型。

提示：读者可以打开本书光盘上的源文件，了解这个模型的结构。

第4章 灯光技术

说明：

　　本章主要通过 4 个案例详细介绍 Maya 2019 中的默认灯光和 Arnold 灯光的作用、属性和使用方法。

教学建议课时数：

　　一般情况下需要 8 课时，其中理论 3 课时，实际操作 5 课时（特殊情况下可做相应调整）。

在本章中，主要介绍 Maya 2019 中的默认灯光的基本类型、灯光基础属性设置和三点布光技术，Arnold 灯光的基本类型、灯光的作用、基础属性设置和使用方法，【灯光编辑器】的操作方法和灯光过滤。通过本章的学习，要求读者熟练掌握以下 5 个方面内容：

（1）摄影机的创建和灯光的基本设置。

（2）灯光基本参数的作用和设置。

（3）各种灯光类型之间的参数差别。

（4）三点布光技术在实际案例中的应用。

（5）综合布光技术。

案例 1　Maya 2019 中的默认灯光基础知识

一、案例内容简介

本案例主要介绍 Maya 2019 中的默认灯光的基本类型、灯光的创建方法、灯光的作用、灯光的基本参数设置以及灯光的连接与断开。

二、案例效果欣赏

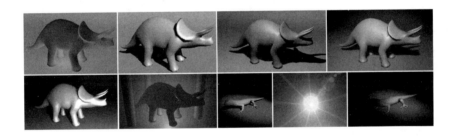

三、案例制作（步骤）流程

任务一：灯光的基本类型 ➡ 任务二：灯光的创建方法 ➡ 任务三：灯光的作用 ➡ 任务四：灯光的基本参数设置

⬇

任务五：灯光的连接与断开

四、制作目的

使读者熟练掌握 Maya 2019 中的默认灯光和 Arnold 灯光的分类、作用、参数设置以及综合布光。

五、制作过程中需要解决的问题

（1）灯光的分类。

（2）灯光的作用、灯光属性的设置和作用。

（3）综合布光技术。

（4）与照明相关的概念。

（5）Maya 2019 中的默认灯光和 Arnold 灯光与现实生活中灯光的区别与联系。

六、详细操作步骤

当使用 Maya 2019 制作三维动画时，灯光设置是非常重要的一个环节。如果没有灯光，就失去了整个环境的氛围，再好的模型和材质效果也没法表现出来；反过来，如果没有复杂的模型和多样的材质，那么最终渲染出来的效果也不会精彩。因此，模型、灯光、材质和动画是相辅相成的，每一环节都会影响到最终的动画效果。

任务一：灯光的基本类型

在 Maya 2019 中，灯光包括如下 6 种类型，6 种灯光类型在场景中的形态如图 4.1 所示。

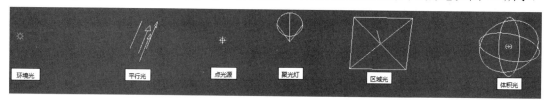

图 4.1　6 种灯光类型在场景中的形态

（1）环境光：在工具架中的快捷图标为█。环境光是指充实环境效果的光，用于体现例如光照进室内的感觉或室外光照效果。

（2）平行光：在工具架中的快捷图标为█。平行光也称方向光，范围无限大，但只有一个方向，一般作为辅助光，可以通过布置多个方向光达到一个逼真的效果。

（3）点光源：在工具架中的图标为█。点光源好比蜡烛，光线从一个点发散出来。其主要用来模拟灯泡等光源效果。

（4）聚光灯：在工具架中的图标为█。聚光灯相当于一个有范围限制的方向光，光线从一个点发出，照亮一小片地方，就像舞台上面的聚光灯照在舞台上形成一个圆形或方形的明亮区域。一般为了突出物体而选择聚光灯作为主要光源。

（5）区域光：在工具架中的图标为█。区域光的效果就像日光灯照在它周围的墙上，照亮一小片地方，光源不明显，一般作为补充光源。

（6）体积光：在工具架中的图标为█。体积光的效果就是光由四周照亮物体的各个面，好像物体沐浴在光里面，被光完全包裹住。它主要用来模拟物体发光和有体积的光源效果。

以上灯光的使用范围没有固定的模式，使用不同灯光都可以达到同样的效果。例如，使用聚光灯作为照明的主光或使用平行光作为主光都可以调节出一样的效果。也就是说，在实际布光中要根据实际情况和自己爱好进行选择，没有一成不变的规则。

视频播放：关于具体介绍，请观看本书光盘上的配套视频"任务一：灯光的基本类型.wmv"。

6.【Sheen】(光泽)

该参数主要用来控制高光的光滑程度和光泽的颜色。【Sheen】卷展栏参数如图 6.29 所示。

【Sheen】卷展栏参数介绍如下。

(1)【Weight】：主要用来控制光泽的占比值。

(2)【Color】：主要用来控制光泽的颜色。

(3)【Roughness】：主要用来控制光泽的粗糙度。

图 6.30 所示为调节之后的参数和渲染效果。

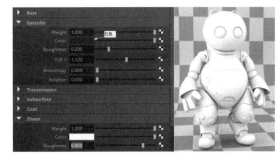

图 6.29 【Sheen】卷展栏参数　　　　图 6.30　调节之后的参数和渲染效果

7.【Emission】(发光属性)

该参数主要用来控制物体的发光效果，一般不使用该属性，而通过【网格灯光】(Mesh Light) 来控制物体的发光效果。【Emission】卷展栏参数如图 6.31 所示。

【Emission】卷展栏参数介绍如下。

(1)【Weight】：主要用来控制发光的程度。

(2)【Color】：主要用来控制发光的颜色。

8.【Thin Film】(薄膜)

该参数主要用来模拟电镀的薄膜效果。【Thin Film】卷展栏参数如图 6.32 所示。

图 6.31 【Emission】卷展栏参数　　　　图 6.32　【Thin Film】卷展栏参数

(1)【Thickness】(厚度)：主要用来控制所模拟的电镀薄膜效果。通过调节厚度可以产生一些不同颜色的光泽效果，就像电镀的效果。该值越大，薄膜层次就越明显。

(2)【IOR】(折射率)：主要用来控制所模拟的生物表面效果。例如，模拟甲虫效果。

9.【Geometry】(几何属性)

该参数主要用来控制物体的透明度和凹凸效果。例如，模拟树叶、边缘带有锯齿形状

2. 平行光

平行光的英文为 Directional Light，主要用来模拟太阳光线效果。平行光的照明效果只受灯光的方向影响，与灯光的位置无关。读者可以将平行光理解为从无穷远的光源照射过来的光线，光线没有夹角，几乎接近环境光的照明效果。

提示： 平行光没有明显的光照范围，可使用它来模拟室内外全局照明。

平行光无灯光衰减效果，但可以设置阴影效果，其灯光产生的阴影有如下两种效果供用户选择。

（1）深度贴图阴影。

（2）光线跟踪阴影。

平行光的照明光线是平行的，所以它的阴影也是平行的阴影，没有透视变化，如图 4.6 所示。

3. 点光源

点光源的英文为 Point Light，主要用来模拟从一个发光点发射光线的效果。

点光源是从一个发光点发射光线，灯光照明效果会因光源的位置变化而变化，而与灯光旋转角度或缩放无关。灯光位置的变化会影响被照射对象的阴影透视效果。点光源的位置越远，被照对象光线就越接近于真实平行光的效果，如图 4.7 所示。

  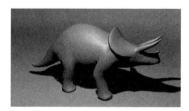

图 4.5　环境光效果　　　　图 4.6　平行光效果　　　　图 4.7　点光源效果

提示： 在 Maya 2019 的 6 种灯光类型中。除了环境光和平行光，其他 4 种灯光都有各种衰减效果。用户可以通过设置灯光的衰减类型，产生细腻的光照效果，这些效果常用于室内照明或制作场景的局部细节。例如，用户可以使用点光源来模拟灯泡或蜡烛的照明效果，使用聚光灯模拟汽车灯或手电筒的照明效果。

4. 聚光灯

聚光灯的英文为 Spot Light，主要用来模拟聚光效果，如手电筒、汽车灯和舞台灯效果。

聚光灯具有清晰的照明范围和照明方向，其照明方式是从一个点以一定的角度方向发射，照明效果为锥状形，如图 4.8 所示。

提示： 聚光灯的使用范围非常广泛，用户可以通过聚光灯的相关参数设置，使聚光灯适用于不同场景和不同环境氛围的照明，如室内外、舞台、早晨和傍晚等照明效果。

5. 区域光

区域光的英文为 Area Light，主要用来模拟区域照明效果。

区域光是 Maya 的新版本中增加的一种灯光效果，相对于其他灯光，它是一种比较特殊的灯光效果。

区域光的外观是一个平面，光线从一个平面发射出来。用户在使用【区域光】时，需要注意以下 3 点。

（1）区域光的平面大小直接影响光照的范围和光照的强弱。

（2）区域光的长宽比例直接影响灯光的照射范围。

（3）区域光照射对象具有高光贴图阴影效果，会在被照对象上产生一个矩形高光效果。高光的强弱变化与区域光的强度、灯光到物体的距离、灯光形状的面积大小和对象材质的高光属性有关。

区域光与其他灯光相比，具有以下 3 个特点。

（1）区域光的亮度同时受照明强度和照明面积大小的影响。

（2）区域光本身具有衰减效果，即使用户不设置它的衰减参数，也会产生光线的衰减。

（3）区域光具有"深度贴图阴影"和"光线跟踪阴影"两种阴影效果，供用户选择。"深度贴图阴影"的效果与其他灯光的效果差别不大，只是在透视角度上有一点差别。区域光中的"光线跟踪阴影"效果随着灯光与被照对象之间距离的改变而改变，因此可以模拟真实阴影的衰减效果，如图 4.9 所示。

提示：使用区域光可以产生非常细腻的且具有层次变化的效果，但由于它的衰减性（其"深度贴图阴影"效果与其他灯光的效果差别不大；使用光线跟踪阴影方式，在渲染时会占用大量的计算时间），故不适合用于大场景的照明效果。

6. 体积光

体积光的英文为 Volume Light，主要用来产生场景的局部照明效果。使用【体积光】命令时，用户非常容易控制灯光的照明范围、灯光的颜色和衰减效果。

体积光的体积大小决定灯光的照明范围和灯光的强度衰减，被照对象必须在体积光的照明范围内才能被照亮。

体积光有如下 4 种体积形状，用户可以根据不同情况选择不同的体积光照明方式。

（1）立方体形状。

（2）球体形状。

（3）圆柱体形状。

（4）圆锥体形状。

体积光的照明效果如图 4.10 所示。

图4.8　聚光灯效果

图4.9　区域光效果

图4.10　体积光效果

视频播放：关于具体介绍，请观看本书光盘上的配套视频"任务三：灯光的作用.wmv"。

任务四：灯光的基本参数设置

只有了解了灯光类型中各个参数的作用和设置方法，才能很好地掌握灯光的调节和布置方法。在这里，以【聚光灯】为例来介绍灯光参数的作用和调节方法。因为【聚光灯】与其他灯光相比，它的参数比较全面，而且应用范围也比较广泛。通过对【聚光灯】的参数的了解，读者可以举一反三地掌握其他灯光参数的作用和使用方法。

1. 调出【聚光灯】参数设置面板

调出【聚光灯】参数设置面板的方法很简单，具体操作方法如下。

步骤01：在菜单栏中单击【创建】→【灯光】→【聚光灯】命令（或在工具架中单击图标），在视图中创建一盏聚光灯。

步骤02：选择已创建的聚光灯，按"Ctrl+A"组合键，调出【聚光灯】属性参数设置面板，如图4.11所示。

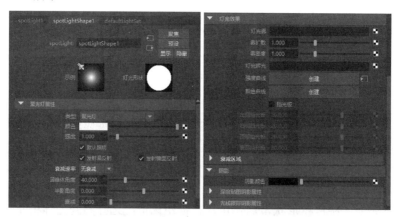
图4.11　【聚光灯】属性参数设置面板

在操作过程中，要求了解灯光属性中的【聚光灯】属性、灯光效果和阴影3个选项当中的参数作用和设置方法。

2.【聚光灯】属性参数介绍

（1）【类型】：主要用于设置灯光的类型，单击【类型】右边的图标，弹出下拉菜单，

如图 4.11 所示。用户可以在这个下拉菜单中改变灯光的类型。

（2）【颜色】：主要用来设置灯光的颜色。设置颜色的具体操作方法如下。

步骤 01：单击【颜色】右边的色块图标，弹出【颜色历史】面板，具体参数设置如图 4.12 所示，渲染效果如图 4.13 所示。

步骤 02：用户可以通过调节色块或色环来设置颜色。

步骤 03：用鼠标按住【颜色】右边的滑块▊并向左右移动，可以调节颜色的明暗程度。

步骤 04：单击【颜色】右边的◨按钮，可以使用图片或程序纹理控制灯光颜色。

（3）【强度】：主要用来控制灯光的照明度。在 Maya 2019 中，该参数默认值为1。数其值越大，灯光越亮；数值越小，灯光越暗。

提示：如果场景中的灯光照明非常亮，那么用户可以在【强度】右边的文本框中输入负值，以吸收场景中的光照，减弱照明效果。

（4）若【默认照明】、【发射漫反射】和【发射镜面反射】这 3 个选项前面出现勾选图标，则表示该项起作用；否则，表示该项不起作用。

（5）【衰减速率】：主要用来选择灯光照明的衰减类型。单击【衰减速率】右边的▼图标，弹出如图 4.14 所示的下拉菜单。用户可以根据实际需要，选择不同的衰减类型。

 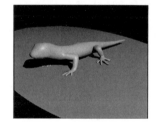 

图 4.12 【颜色历史】面板参数设置　　图 4.13 渲染效果　　图 4.14 下拉菜单

【衰减速率】类型有【无衰减】、【线性】、【二次方】和【立方】4 种。【二次方】比较接近真实世界灯光的衰减效果，【线性】衰减比较慢，【立方】衰减比较快，【无衰减】没有衰减，灯光所照范围亮度均匀。Maya 2019 默认选择【无衰减】类型。

（6）【圆锥体角度】：主要用来调节聚光灯的散射角度。

Maya 2019 中的【圆锥体角度】默认 40°，最大可以为 179.5°，最小为 0.5°。但是，创建灯光之后，在【属性编辑器】中可以把【圆锥体角度】的最大值设置为 179.994°，最小值设置为 0.006°。图 4.15 所示是【圆锥体角度】为 25°时的效果，图 4.16 所示是【圆锥体角度】为 45°时的效果。

（7）【半影角度】：主要用来调节圆锥边缘的衰减大小。在 Maya 2019 中，【半影角度】的默认参数值为 0°，最大值为 179.5°，最小值为-179.5°。但是，创建灯光之后，在【属性编辑器】中可以把【半影角度】的最大值设置为 179.994°，最小值可以设置为-179.994°。图 4.17 所示是【圆锥体角度】为 15°、【半影角度】为 10°时的效果。

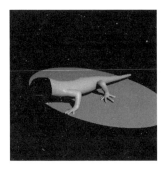

图 4.15 【圆锥体角度】
为 25°时的效果

图 4.16 【圆锥体角度】
为 45°时的效果

图 4.17 【圆锥体角度】为 15°、
【半影角度】为 10°时的效果

（8）【衰减】：主要用来调节【聚光灯】强度从中心到边缘的衰减速率。在 Maya 2019 中，【衰减】的默认参数为 0，最大值为 1，最小值为 0。但是，创建灯光之后，在【属性编辑器】中可以把【衰减】的最小值设置为 0，最大值为 255。

图 4.18 所示是在上面的参数不变的情况下，把【衰减】的参数值设置为 60°时的效果。

3.【灯光效果】参数简介

【灯光效果】参数如图 4.19 所示。

（1）【灯光雾】：主要用来模拟空气中的尘埃在光线中扬起、手电筒的光柱、汽车灯的光柱、夜色中的路灯。

【灯光雾】属性仅适用于点光源、聚光灯和体积光。【灯光雾】的创建方法很简单，单击【灯光雾】右边的按钮■，系统自动创建一个【灯光雾】节点。

如果不需要【灯光雾】节点，就把将光标移到【灯光效果】属性中的【灯光雾】参数上，单击鼠标右键，弹出快捷菜单。在弹出的快捷菜单中单击【断开连接】命令即可，如图 4.20 所示。

图 4.18 【衰减】参数值为
60°时的效果

图 4.19 【灯光效果】参数

图 4.20 断开灯光雾节点

（2）【雾扩散】：该参数的值越大，产生的雾从聚光灯的锥体中心到两侧越均匀；【雾扩散】的值越小，产生的雾中心比两侧亮，如图 4.21 所示。

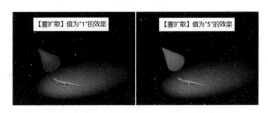

图 4.21　不同【雾扩散】值对应的效果

（3）【雾密度】：主要用来调节雾的强度大小，图 4.22 所示为不同【雾密度】值对应的效果。

（4）【灯光辉光】：主要用来模拟发光体产生的辉光，如图 4.23 所示。

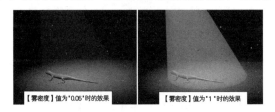

图 4.22　不同【雾密度】值对应的效果　　　　图 4.23　【灯光辉光】效果

（5）【强度曲线】：主要用来精确调节灯光的强度变化，只要单击【创建】按钮，系统就会创建一条【强度曲线】，也可以在【图表编辑器】中调节强度曲线。

（6）【颜色曲线】：主要用来精确调节灯光颜色的变化。只要单击【创建】按钮，系统就会创建一条颜色曲线。

（7）【挡光板】：通过调节【挡光板】参数来改变灯光照射的形状，通过参数的调节可以使灯光类似从门缝照射进来的光效果。【挡光板】的参数设置如图 4.24 所示，设置参数之后灯光的照射效果如图 4.25 所示。

图 4.24　【挡光板】的参数设置　　　　　　图 4.25　灯光的照射效果

4.【阴影】参数简介

阴影的设置在三维动画中非常重要，设置灯光的阴影是增加场景层次感和真实感的重要途径。

1）阴影在动画中的作用

阴影在动画中的作用体现在以下 4 个方面。

（1）定义空间关系。通过阴影可以显示出物体的相对空间关系，例如，表现物体是否与地面连接、表现物体与地面的距离、表现物体与物体之间的层次关系等。

（2）表现角色差别。通过摄影机只能看到靠近摄影机的物体正面，而通过阴影提供物

体的侧面形状。

（3）增加画面的层次感。一个放置合理的斜阴影或其他形状的阴影可以分割空间，增加画面的层次感，避免画面单一、形成连续的平面。

（4）指示画外的空间。通过阴影可以联想到画面以外的人或物。

Maya 2019 有两种阴影方式，即深度贴图阴影和光线跟踪阴影。

2）深度贴图阴影和光线跟踪阴影之间的区别

深度贴图阴影和光线跟踪阴影之间的区别主要体现在以下几点。

（1）深度贴图阴影是一种模拟的阴影效果，是通过计算机灯光和被照对象之间的位置来产生阴影效果的。

它的优点如下：

① 渲染时可以设置深度贴图的分辨率、阴影颜色和阴影过滤尺寸。

② 渲染速度相对快。

它的缺点是在渲染透明对象时，不用考虑灯光穿过透明对象所产生的阴影效果，阴影仍然为黑色，所以不适用于透明对象。

（2）光线跟踪阴影是通过追踪光线路径来产生阴影的，即跟踪光线到被照对象的每一点所经过的路径。

它的缺点是渲染速度相对慢。它的优点如下：

① 渲染出来的阴影质量高。

② 支持透明对象的渲染，光线通过透明对象进行折射，自动对阴影进行着色，产生具有透明的阴影。

提示： 在 Maya 2019 中，不是所有灯光都具有深度贴图阴影，有些灯光不支持深度贴图阴影，一盏灯只能使用一种阴影方式。如果要在场景产生两种阴影，可以通过在场景中创建两盏灯来实现。

视频播放： 关于具体介绍，请观看本书光盘上的配套视频"任务四：灯光的基本参数设置.wmv"。

任务五：灯光的连接与断开

在表现三维场景时，需要经常对灯光进行"排除（断开）"和"包含（连接）"操作来制作场景的灯光效果。Maya 2019 中的灯光控制比真实的灯光控制要灵活得多，可以很方便地对场景中指定的对象或区域进行照明，而不影响其他对象或区域。

1. 灯光的连接

灯光的连接有两种方式，一种是使用菜单进行连接，另一种是使用【关联编辑器】进行连接。

1）使用菜单连接

步骤 01： 创建一盏聚光灯，在【属性编辑】面板中将【默认照明】选项前面的"√"去掉。

步骤02：选择灯光和需要照明的对象，将模块切换到【渲染】模块。

步骤03：在菜单栏中单击【照明/着色】→【生成灯光连接】命令即可。

2）使用【灯光连接编辑器】连接

步骤01：在菜单栏中单击【照明/着色】→【灯光连接编辑器】命令，弹出二级子菜单，如图4.26所示。

步骤02：单击【以灯光为中心灯光连接】命令，弹出【关系编辑器】对话框，如图4.27所示。该对话框左侧为【光源】列表，右侧为【受照明对象】列表。

步骤03：在该对话框左侧选择需要连接的灯光，在右侧选择需要接受照明的对象即可。

图4.26　弹出的二级子菜单

图4.27　【关系编辑器】对话框

提示：单击【以对象为中心连接】命令，弹出【关系编辑器】对话框。该对话框左侧为【受照明对象】列表，右侧为【光源】列表。

2. 取消灯光的连接

取消灯光的连接方法很简单，具体操作方法如下。

步骤01：选择对象和灯光。

步骤02：在菜单栏中选择【照明/着色】→【断开灯光连接】命令即可。

视频播放：关于具体介绍，请观看本书光盘上的配套视频"任务五：灯光的连接与断开.wmv"。

七、拓展训练

根据本案例所学知识和下图左侧场景，使用 Maya 2019 中的默认灯光，布置下图右侧灯光效果。

案例 2　三点布光技术

一、案例内容简介

本案例主要介绍使用 Maya 2019 中的默认灯光，来模拟三点布光效果。

二、案例效果欣赏

三、案例制作（步骤）流程

任务一：主光介绍　➡　任务二：辅助光介绍　➡　任务三：背景光介绍

四、制作目的

使读者熟练掌握三点布光技术的原理、方法和技巧，并了解主光、辅助光和背景光的概念、作用以及参数调节原则。

五、制作过程中需要解决的问题

（1）三点布光的原理。

（2）主光、辅助光和背景光的概念。

（3）主光、辅助光和背景光参数调节的原则。

六、详细操作步骤

三点布光技术是好莱坞电影中常使用的一种传统布光模式，也是当今三维动画布光中比较流行的一种。使用三点布光技术能够很好地表现物体的形体，无论是道具还是角色，都可提供令用户满意的光照效果。

光影的一般规律是，物体受光照射时，在物体上主要表现为高光、亮区、灰度过渡区、明暗交界区、暗区和反光区。而三点布光技术能够很好地表现出现实生活中的这些光影规律，这也是三点光源的基本原理。

在三维场景中，三点布光技术的主要目的是塑造物体对象，通过光照来表现物体的三维形体。

所谓三点布光元素，主要是指主光、辅助光和背景光，这 3 种光源在场景中具有不同作用。

任务一：主光介绍

主光是指场景中的主要照明光源，主光主要用来确定光照的方向、满足主要照明、确定阴影和保证画面的逻辑合理。

一般情况下，主光的照明强度比其他灯光的照明强度强，主光的投射也比其他灯光强和清晰。主光的位置位于物体的上方，而且偏离物体中心一定距离。以摄影机作为参考位置时，一般将主光放置在摄影机的一侧（左侧或右侧），两者之间呈 15°～45° 角，与摄影机的上部也呈 15°～45° 角。摄影机与主光在各个视图中的位置如图 4.28 所示，主光渲染效果如图 4.29 所示。

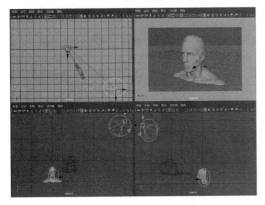

图 4.28　摄影机与主光在各个视图中的位置

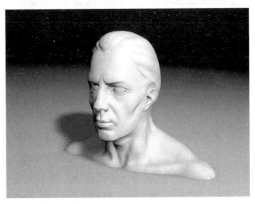

图 4.29　主光渲染效果

提示： 这里所说的主光的位置设置，只是采用一种常见的折中的布光方法，只能作为一个大致的指导原则，在一些特定场景中应根据实际情况调整。关于主光的具体参数设置，读者可以打开本书光盘上的源文件，选择主光后按 "Ctrl+A" 组合键，就可以了解参数的详细设置过程。

视频播放： 关于具体介绍，请观看本书光盘上的配套视频 "任务一：主光介绍.wmv"。

任务二：辅助光介绍

辅助光的主要作用是辅助主光照明，照亮没有主光照亮的区域，使场景照明效果具有一定的自然过渡效果，避免被照对象的明暗区域过渡不自然。

辅助光的照明强度不能大于主光的照明强度。如果大于主光的照明强度，辅助光就变成主光了，一般情况下，辅助光的照明强度是主光的一半左右。

辅助光的位置一般与主光位置相对，其目的是发挥辅助光的最大作用。在垂直的方向上与摄影机的角度很小，其值一般为 15°～60°。摄影机与辅助光在各个视图中的位置如图 4.30 所示，渲染效果如图 4.31 所示。

提示： 辅助光的位置设定在这里也同样依从一个指导性原则，在实际应用中用户应灵活运用。三点布光不是一成不变的，所以用户可以进行调整和修改。例如，调整辅助光的数量和位置等。此外，还有背光、反射光和轮廓灯光。

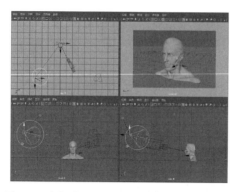

图 4.30　摄影机与辅助光在各个视图中的位置

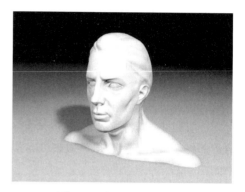

图 4.31　辅助光渲染效果

在创建辅助光时，可以参考以下创建原则。

（1）一般情况下，在创建辅助光时，可以通过复制主光，再进行重命名、参数调节和位置调整。

（2）一般情况下，辅助光设置在主光所产生的阴影处。

（3）辅助光的颜色一般设置成主光的互补色。

（4）辅助光的照明强度一般是主光照明强度的一半以下（左右）。

（5）辅助光的阴影要比主光的阴影柔和一些。

（6）在实际布光中，可能会创建多份辅助光。

（7）反射光主要用来模拟物体与物体之间的反射效果，并且灯光之间的颜色会相互影响。

视频播放：关于具体介绍，请观看本书光盘上的配套视频"任务二：辅助光介绍.wmv"。

任务三：背景光介绍

背景光主要用来照亮物体的边缘，以区别前景和背景，使场景更加生动。一般情况下，在使用背景光表现物体的轮廓时，较少考虑它的合理性，这是一种很主观的表现手法。

背景光的位置一般在摄影机或主光的对面。摄影机与背景光在各个视图中的位置如图 4.32 所示，渲染效果如图 4.33 所示。

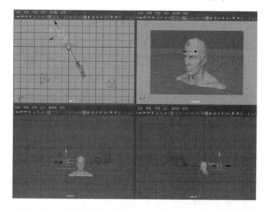

图 4.32　摄影机与背景光在各个视图中的位置

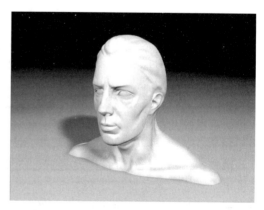

图 4.33　背景光渲染效果

提示：在实际项目制作中，用户也经常使用 Maya 2019 节点工具模拟背景光（轮廓光）。

视频播放：关于具体介绍，请观看本书光盘上的配套视频"任务三：背景光介绍.wmv"。

七、拓展训练

根据本案例所学知识利用三点布光技术，对下图所示场景进行布光。

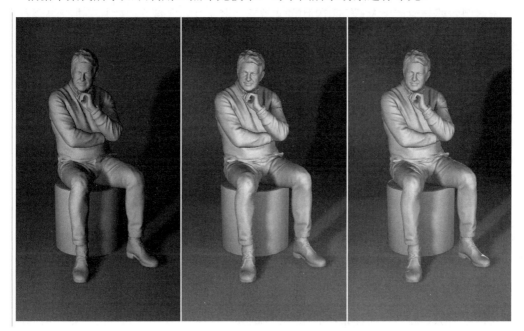

案例3 综合应用案例——书房布光技术

一、案例内容简介

本案例主要介绍使用 Maya 2019 中的点光源、聚光灯和区域光，对书房进行综合布光。

二、案例效果欣赏

三、案例制作（步骤）流程

任务一：点光源的创建 ➡ 任务二：聚光灯的创建 ➡ 任务三：创建区域光为场景布光 ➡ 任务四：调节环境颜色

四、制作目的

使读者熟练掌握室内综合布光的原理、方法和技巧，以及综合布光的原则，巩固所学的灯光知识。

五、制作过程中需要解决的问题

（1）灯光的创建方法和技巧。

（2）综合布光的原则。

（3）背景调节。

六、详细操作步骤

使用灯光营造场景的整体氛围是三维动画制作的重要环节。如果没有灯光，复杂和精细的模型就没法表现出来。灯光效果营造得好不好直接关系到整个场景的氛围效果。

如果灯光使用合理，就可以将同一个场景营造成或喜庆、庄严或阴森恐怖等多种效果，使场景更加接近于真实环境；如果灯光使用不合理，那么营造出来的场景氛围具有明显的人工处理痕迹。

在营造场景氛围时，注意不要设置过强的反射和折射效果、太洁净的空气和平板的画面等；否则，营造出来的场景就是堆砌的积木。

营造真实的场景环境主要从灯光调节、衰减、阴影、排除和灯光投影图像等方面入手。

在本案例中，主要以书房为例对场景氛围进行调节。

任务一：点光源的创建

点光源的照明效果类似白炽灯的照明效果。用户可以使用该灯光来模拟室内的主光照明，也可以把它作为辅助光照明，选择哪一种根据实际项目而定。创建点光源的具体操作方法如下。

步骤 01：打开本书提供的书房场景文件。

步骤 02：在菜单栏中单击【创建】→【灯光】→【点光源】命令（或在【渲染】工具架中单击图标），即可在视图中创建一个点光源。

步骤 03：调整点光源的位置，点光源在各个视图中的位置如图 4.34 所示。

步骤 04：设置点光源的参数。单选创建的点光源，按"Ctrl+A"组合键，调出点光源的参数设置面板，具体参数设置如图 4.35 所示。

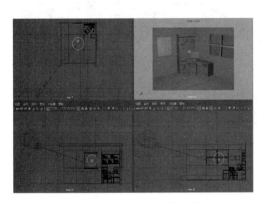

图 4.34　点光源在各个视图中的位置

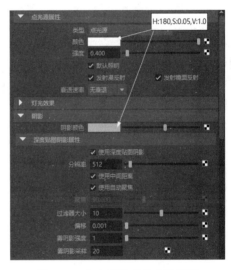

图 4.35　点光源的具体参数设置

步骤 05：在【Camera 1】视图菜单中单击【照明】→【使用所有灯光】命令，即可使用所有全局灯光照明，渲染效果如图 4.36 所示。

视频播放：关于具体介绍，请观看本书光盘上的配套视频"任务一：点光源的创建.wmv"。

任务二：聚光灯的创建

在这里，创建聚光灯的目的是把它作为模拟室外太阳光的主光源。

步骤 01：在菜单栏中单击【创建】→【灯光】→【聚光灯】命令（或在【渲染】工具架中单击图标），即可在视图中创建一盏聚光灯。

步骤 02：调整聚光灯的位置。单选已创建的聚光灯，按"T"键，显示出聚光灯调节手柄，在各个视图中调整聚光灯的位置。聚光灯在各个视图中的位置如图 4.37 所示。

图 4.36　添加点光源后的渲染效果

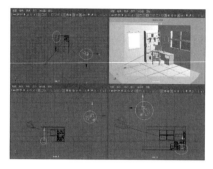

图 4.37　聚光灯各个视图中的位置

步骤 03：设置聚光灯的参数。单选创建的聚光灯，按 "Ctrl+A" 组合键，调出聚光灯的参数设置面板，具体参数设置如图 4.38 所示。

步骤 04：参数设置完毕，进行渲染，渲染效果如图 4.39 所示。

图 4.38　聚光灯的参数设置

图 4.39　设置聚光灯之后的渲染效果

视频播放：关于具体介绍，请观看本书光盘上的配套视频"任务二：聚光灯的创建.wmv"。

任务三：创建区域光为场景布光

在这里，创建两份区域光给整个室内书房进行布光。

步骤 01：在菜单栏中单击【创建】→【灯光】→【区域光】命令（或在【渲染】工具架中单击█图标），即可在视图中创建一份区域光。

步骤 02：再创建一份区域光，方法同上。两份区域光在各个视图中的位置如图 4.40 所示。

步骤 03：设置这两份区域光的参数。这两份区域光的参数完全相同，具体参数设置如图 4.41 所示。

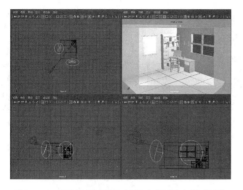

图 4.40 两份区域光在各个视图中的位置

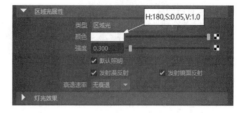

图 4.41 区域光参数设置

步骤 04：设置完参数之后，进行渲染，渲染效果如图 4.42 所示。

视频播放：关于具体介绍，请观看本书光盘上的配套视频"任务三：创建区域光为场景布光.wmv"。

任务四：调节环境颜色

从渲染的效果可以看出，主光是从外面照射进来的，但窗外渲染效果是全黑，这与现实不符。为了模拟真实的环境效果，可以通过调节背景颜色达到效果。具体调节方法如下。

步骤 01：在【Camera 1】视图菜单中单击【视图】→【选择摄影机】命令。

步骤 02：按"Ctrl+A"组合键，调出【Camera 1】的参数设置面板，具体参数设置如图 4.43 所示。

图 4.42 设置区域光参数之后的渲染效果

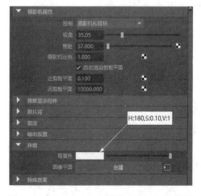

图 4.43 【Camera 1】的环境参数设置

步骤 03：参数设置完之后，进行渲染，渲染效果如图 4.44 所示。

步骤 04：调整摄影机的角度，再渲染两个效果，渲染的效果如图 4.45 所示。

视频播放：关于具体介绍，请观看本书光盘上的配套视频"任务四：调节环境颜色.wmv"。

图 4.44　设置环境参数之后的效果

图 4.45　不同摄影机角度下的渲染效果

七、拓展训练

根据本案例所学布光技术，对提供的书房场景进行布光，布光之后的效果如下图所示。

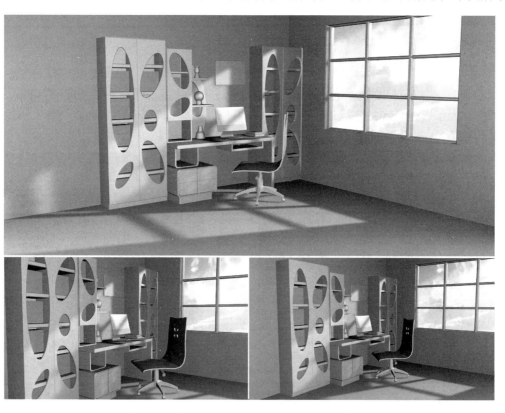

案例 4　Arnold 灯光技术

一、案例内容简介

在本案例中，主要介绍 Arnold 渲染器的应用领域和优势，Arnold 各种灯光的作用、参数和使用方法。

二、案例效果欣赏

三、案例制作（步骤）流程

任务一：Arnold渲染器的应用领域、优势及更新　➡　任务二：Arnold 5.0渲染窗口的基本操作

任务四：Maya 2019中的默认灯光在Arnold渲染器中的运用　⬅　任务三：Arnold 5.0渲染设置及品质控制

任务五：Arnold灯光类型详解　➡　任务六：Arnold 5.0渲染教程——产品布光　➡　任务七：IES光域网灯光

任务十：灯光总结　⬅　任务九：物理天光　⬅　任务八：Light Portal灯光

四、制作目的

使读者熟练掌握 Arnold 灯光的使用，以及根据项目要求对各种场景进行布光的技巧。

五、制作过程中需要解决的问题

（1）Arnold 渲染器的应用领域和优势。

（2）渲染和渲染器的基本概念。

（3）Arnold 中各种灯光的应用范围、作用和灯光中各个参数的调节方法。

（4）Arnold 灯光的灵活布光技术。

（5）Arnold 灯光的布光原则。

六、详细操作步骤

任务一：Arnold 渲染器的应用领域、优势及更新

1. 渲染的定义

渲染是计算机动画（Computer Graphics，CG）的最后一道工序（除了后期制作），也是最终图像符合三维场景的阶段，其英文名称为 Render，也有人把它称为着色，但在一般情况下，把 Shade 称为着色，而把 Render 称为渲染。因为 Render 和 Shade 这两个词在三维软件中是截然不同的两个概念，虽然它们的功能很相似，但还有不同之处。Shade 是一种显示方案，一般出现在三维软件的主要窗口中，和三维模型的线框图一样起到辅助观察模型的作用。很明显，着色模式比线框模式更容易让我们理解模型的结构，但它只能简单地显示，在数字图像中把它称为明暗着色法。

在 Maya 三维软件中，还可以用 Shade 表现简单的灯光效果、阴影效果和表面纹理效果。当然，高质量的着色效果是需要专业三维图形显卡来支持的，它可以加速和优化三维图形的显示。但无论怎样优化，它都无法把显示出来的三维图形变成高质量的图形，这是因为 Shade 采用的是一种实时显示技术，硬件（显卡等）的速度限制它无法实时地反馈出场景中的反射、折射等光线追踪效果。而现实工作中，我们往往要把模型或场景输出转化成图像文件、视频信号或者电影胶片，这就必须经过 Render 程序。

【Shade】窗口提供了非常直观、实时的表面基本着色效果，根据硬件的能力，还能显示出纹理贴图、光源影响甚至阴影效果。但这一切都是粗糙的，特别是在硬件能力不足的情况下，它的显示甚至是无序的。

渲染就是把三维场景中的模型，按照设定好的环境、灯光、材质参数，以二维方式投影成数字图像的过程，它包括几何、视点、纹理、照明和阴影等信息。渲染前后的效果如图 4.46 所示。

2. Arnold 渲染器简介和优势

1）Arnold 渲染器简介

Arnold 渲染器是无差别渲染器，是基于物理性质的光线追踪的渲染器，由 SolidAngle 公司开发，广泛应用于电影级别的写实画面制作。因为是由 Marcos Fajardo 最早开发的，所以命名为 RenderAPI，后来以阿诺德·施瓦辛格的名字进行正式命名。

图 4.46　渲染前后的效果

2）Arnold 的优势

Arnold 的优势主要体现在以下 8 个方面：

（1）渲染速度快。对以前接触过 Arnold 的用户来说，Arnold 的渲染速度并不快，这是为什么呢？因为 Arnold 在初期渲染的时候，它计算了基于物理性质的光照，所以它的渲染速度相对于其他单布光的渲染器来说速度慢一些。但是，如果这些渲染器也要达到 Arnold 那样的写实标准的话，Arnold 的渲染速度就比较快了。Arnold 将很多需要手工操作的流程都集成到了软件中进行自动计算，在更大程度上节约了人工操作的成本，所以 Arnold 的渲染速度就相对快些。

（2）实时渲染操作流畅。很多软件都有实时展示的效果，但是，消耗的内存空间比较大，计算机 CPU 的负载也比较大，造成操作过程经常被卡住，并不流畅。而 Arnold 很好地优化了这一操作流程，使操作过程非常流畅，实时渲染效果也能在第一时间内显示出来。

（3）PBR 计算模式。PBR 是渲染器中经常出现的一个词，PBR 就是基于物理性质的计算机模式。

（4）操作简单。Arnold 将很多手工操作集成到软件中，自行计算。因为它遵循一些相应的规律，所以这些操作变得相对简单，需要操作的参数和调整性的内容也比较直观，而且比较少。

（5）效果好。之所以选择 Arnold 渲染器，是因为它的渲染效果好。它的渲染效果完全基于 PBR 渲染模式和 PBR 计算流程。

（6）更加合理。材质球和节点的整合更加合理和易操作。

（7）功能增强。增加了很多预设功能，简化了工作流程。

（8）5.0 以上版本的 Arnold 将 GPU（图形处理器，用于加速图形的渲染和填充）整合到了 UI 当中，使渲染器中最让人头疼的噪点问题得到了很好的解决。

用 Arnold 制作的电影有《地心引力》《爱丽丝梦游仙境》《雷神》《美国队长》《复仇者联盟》《X 战警》和《环太平洋》等，如图 4.47 所示。

在国内播放的动画有 Arnold 制作的《斗战神》，读者对它感兴趣的话，可以去看一看。

图 4.47　Arnold 参与制作的电影

3. Arnold 渲染流程涉及的对象

（1）摄影机（光圈、快门、ISO、景深等）。

（2）被摄物体（多边形模型、毛发、粒子、体积等）。

（3）灯光（Maya 默认灯光和 Arnold 灯光）。

（4）材质（材质球、材质节点）。

（5）渲染设置（采样、通道）。

4. Arnold 渲染的操作流程

（1）打开场景文件，对场景文件进行检查，看是否符合要求。例如，场景中是否有多余的模型和节点等。

（2）根据项目要求，架设摄影机并布置灯光。

（3）给模型进行贴图并添加材质。

（4）根据项目要求，设置渲染输出的相关参数。

（5）对设置好渲染输出参数的场景进行输出。

5. Arnold 的更新

（1）在 Maya 2018 及之后的版本中内置了 Arnold 5.0。

（2）Arnold 渲染器界面得到了优化，增加了预设材质效果。

（3）实现了与 Maya 的完全兼容，实现了实时显示和预览。

（4）材质球整合。把不同用途的材质球整合为一个【aiStandardSurface】材质，该材质也称为万能材质球。之所以称为万能材质球是因为通过该材质的属性调节可以模拟出任何一种我们需要模拟的材质。

（5）渲染速度优化，之前的版本在渲染透明物体时会消耗很多时间，到了 Arnold 5.0 及以上版本，渲染消耗时间大幅度降低。

视频播放：关于具体介绍，请观看本书光盘上的配套视频"任务一：Arnold 渲染器的应用领域、优势及更新.wmv"。

任务二：Arnold 5.0 渲染窗口的基本操作

在本任务中，重点介绍 Arnold 5.0 渲染窗口的基本操作。该窗口位于【Arnold】菜单下，它包含【Render】和【Arnold RenderView】（阿诺德渲染视窗）两个渲染视窗。

1.【Arnold RenderView】的具体操作

步骤 01：打开场景文件，检查场景环境。

步骤 02：在菜单栏中单击【Arnold】→【Arnold RenderView】命令，即可打开该窗口，并进行渲染，如图 4.48 所示。

【Arnold RenderView】窗口。

（1）cameraShape1 按钮：为用户提供渲染的摄影机或透视视图。在这里，选择该项就可在视窗中进行实时的修改和渲染。

（2）Isolate Selected（单独选择）按钮：单独渲染用户选择的对象。在【Arnold RenderView】窗口选择需要单独渲染的对象，单击 Start IPR（开始 IPR）按钮，即可单独渲染选择的对象。例如，在这里，若选择机器猫的腿部模型，则只渲染机器猫两条腿的模型，如图 4.49 所示。

图 4.48 【Arnold RenderView】窗口

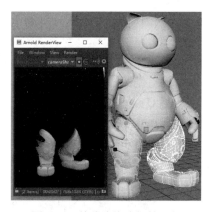

图 4.49 单独渲染选择的对象

（3）（通道选择）按钮：提供渲染各种通道的选择，主要提供 R、G、B、A、L 这 5 个通道的选择。

（4）Alpha Channel（Alpha 通道）按钮：快速直接显示 Alpha 通道效果。

（5）（比例缩放）按钮：单击该按钮，可快速放大或缩小渲染对象，还可恢复到渲染前的原始大小。

（6）Crop Region（区域）按钮，单击该按钮，在渲染窗口中框选需要渲染的区域即可对框选的区域进行渲染。

（7）Display Toolbar（曝光度）按钮：单击该按钮，可对渲染窗口中当前的渲染图像

进行曝光度调节。但它没有提供在场景中渲染图像时的曝光度调节功能，可以说该按钮没有什么实质性的作用。

（8）■Stop IPR（停止 IPR）按钮：单击该按钮，停止 IPR 渲染。此时，图标变成■Start IPR（开始 IPR）。

（9）■Refresh Render（刷新渲染）按钮：对渲染窗口中的渲染进行刷新。

（10）■Store a Snapshot（保存快照）按钮：对当前渲染的图像进行快速保存。

步骤 04：保存渲染图像。在菜单栏中单击【File】（文件）菜单，弹出下拉菜单；在下拉菜单中单击需要保存的方式，弹出保存对话框；在保存对话框中设置保存的路径和格式，单击"保存"按钮即可。

2. 快照的相关操作

快照的相关操作主要用来对两张快照图像进行交互式显示、对图像进行重命名以及删除等。

1）对两张快照图像进行交互式操作

步骤 01：将光标放到快速保存的第一张快照图像上，单击鼠标右键，弹出快捷菜单。在弹出的快捷菜单中单击【Set as（A）】命令，即可将该快照图像设置为 A 图像。

步骤 02：将光标放到快速保存的第二张快照图像上，单击鼠标右键，弹出快捷菜单。在弹出的快捷菜单中单击【Set as（B）】命令，即可将该快照图像设置为 B 图像，如图 4.50 所示。

步骤 03：将光标移到渲染视窗中的竖直分割线上，按住鼠标左键不放并把光标左右移动，可对这两张快照图像进行交互式观看。

2）对渲染图像进行重命名

步骤 01：将光标放到快照图像上，单击鼠标右键，弹出快捷菜单。在弹出的快捷菜单中单击【Rename Snapshot】命令，图像名称呈蓝色。

步骤 02：输入需要修改的名字。在这里，输入"jiqimao"，按"Enter"键即可，如图 4.51 所示。

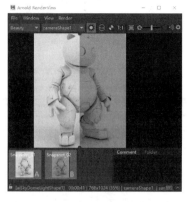
图 4.50　设置为 A 和 B 的交互图像

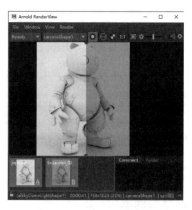
图 4.51　重命名的效果

3）清除交互设置以及删除快照图像

步骤 01：清除交互设置。将光标移到需要清除交互设置的快照图像上，单击鼠标右键，弹出快捷菜单。在弹出的快捷菜单中单击【Clear（A 或 B）】按钮清除（A 或 B）即可。

步骤 02：删除快照图像。将光标移到需要删除的图像上，单击鼠标右键，弹出快捷菜单。在该菜单中，单击【Delete Snapshot（Del）】命令（删除快照）即可。

3. 设置渲染尺寸

在【Arnold RenderView】中，可以对渲染图像以百分比的方式进行渲染，这样可以合理地利用界面，提高工作效率。在测试阶段，读者可以按原始尺寸的 50% 或 30% 进行渲染，到最终结果时，以 100% 的尺寸渲染。它的设置非常简单，具体操作如下。

在【Arnold RenderView】视窗中单击【View】（视图）→【Test Resolution】（测试分辨率）命令，弹出二级下拉菜单。在该菜单中，单击相应的测试分辨率项即可。

视频播放：关于具体介绍，请观看本书光盘上的配套视频"任务二：Arnold 5.0 渲染窗口的基本操作.wmv"。

任务三：Arnold 5.0 渲染设置及品质控制

Arnold 5.0 渲染设置及品质控制会贯穿整个学习过程，因此，在前期需要读者很好地理解这些功能。在此，简单总结一下与 Arnold 有关的问题和相应的分析方法。

一般情况下，解决渲染的效果问题，都从画面质量出发，然后去分析画面当中产生的问题和相应的解决途径。

1. 画面产生马赛克

产生马赛克的原因是渲染的尺寸设置与渲染图之间形成了不对等关系，如渲染尺寸的百分比设置不合适。

2. 画面存在噪点

噪点产生的原因如下。

1）从摄影机和被摄对象方面来分析

主要是场景光照不足造成的。例如，在现实生活中，使用手机拍摄时，在暗光或亮光环境下拍摄的画面还比较清晰；在夜景或夜晚比较暗的地方拍摄时，画面就会产生大量的噪点。

2）从灯光和被摄对象方面来分析

灯光采样不足，使阴影部分产生大量的噪点。

解决办法如下：单选灯光，按"Ctrl+A"组合键，弹出【灯光属性】面板。在该面板中，提高灯光【Shape】（形状）属性中的【Samples】（采样）值即可。

3）从渲染采样值来分析

渲染采样计算值的大小决定渲染作品品质的高低，因为采样值的大小会影响渲染时间。

不同噪点类别如下。

（1）【Camera AA】（摄影机 AA）：主要作用是控制渲染作品的整体品质。该值一般设置为"6"。

（2）【Diffuse】（漫反射）：主要作用是控制漫反射或间接照明的渲染品质。该值一般设置为"4"。

（3）【Specular】（高光）：主要作用是控制高光或反射光照射的渲染品质。

（4）【Transmission】（透明度）：主要作用是控制透明物体的渲染品质。

（5）【3S】（次表面散射）：主要作用是控制次表面散射物体的渲染品质。如人体皮肤和玉石的渲染品质等。

在实际项目中，一个场景有很多材质表现和光照表现，需要尝试和对比，才能知道到底是哪一个属性能够提高相应的采样值。不要盲目地去提高某一个采样参数的值，因为这样会大大增加渲染的时间。

视频播放：关于具体介绍，请观看本书光盘上的配套视频"任务三：Arnold 5.0 渲染设置及品质控制.wmv"。

任务四：Maya 2019 中的默认灯光在 Arnold 渲染器中的运用

在本任务中，主要介绍 Maya 2019 中的默认灯光在 Arnold 渲染器的运用。Maya 2019 中的默认灯光主要包括环境光、平行光、点光源、聚光灯、区域光和体积光 6 种灯光。这些灯光并不是都与 Arnold 灯光兼容的，例如：环境光和体积光都不是一种写实的灯光，所以兼容性不是很好。

下面，主要介绍可兼容的 4 种灯光：平行光、点光源、聚光灯和区域光。

1. 平行光

1）平行光的作用

主要用来模拟自然界中的太阳光。对平行光进行位移和缩放对光照效果没有影响，但旋转灯光对光照和阴影效果有影响。

2）平行光的属性

（1）【类型】：主要用来切换灯光的类型。建议不要切换灯光类型，因为对已经调节好的灯光，如果切换灯光类型会造成一些参数的丢失，显示结构不正确。

（2）【颜色】：主要用来调节灯光的颜色。Arnold 灯光在一般情况下很少用来调节灯光的颜色，除了在一些有特殊需求的场合。例如，模拟霓虹灯照射的效果。

（3）【强度】：主要用来控制灯光的强度。

（4）【默认照明】：主要用来控制是否开启灯光照明。

（5）【发射漫反射】：主要用来控制是否开启灯光的漫反射。

（6）【发射镜面反射】：主要用来控制是否开启镜面反射。

提示：一般情况下，在 Arnold 灯光调节过程中，建议不要调节【默认照明】、【发射漫反射】和【发射镜面反射】这 3 个参数，否则，会出现意想不到的问题。

3）平行光的 Arnold 属性

（1）【Use Color Temperature（使用色温）】：主要用来控制是否使用色温来调节灯光的颜色。

（2）【Temperature（温度）】：主要用来调节色温值。例如，6500K 是一个中间值，当温度值小于 6500K 时画面偏暖色；当温度值大于 6500K 时，画面偏冷色。

（3）【Exposure（曝光度）】：主要用来控制灯光的强度。

（4）【Angle（角度）】：主要用来控制平行光的散射角度，使灯光在平行光的基础上略微偏转角度，使阴影呈现一种散开的状态，这样更接近真实的阴影状态。

（5）【Samples（采样）】：主要用来控制阴影边缘的噪点（品质）。

（6）【Normal（法线）】：主要用来控制普通和写实的状态，一般情况下为勾选状态。

（7）【Cast Shadows（产生阴影）】：主要用来控制是否产生阴影。若勾选该选项，则表示产生阴影；若不勾选，则不产生阴影。

（8）【Shadow Density（阴影强度）】：主要用来控制阴影的强度。

（9）【Volume Samples（体积采样）】：主要用来控制体积灯产生的灯光雾的品质。

2. 点光源

1）点光源的作用

主要用来模拟灯泡或蜡烛等小光源的照射效果。

2）点光源的属性

点光源的属性与平行光的属性基本一致，只多了一个【衰减速率】属性，但这个属性在 Arnold 灯光中不起作用。因为 Arnold 是一种写实光线，它能够计算光源的大小、强度值和写实环境当中产生的真实衰减，所以该值在 Arnold 灯光中无法调节。

3）点光源的 Arnold 属性

点光源的 Arnold 属性与平行光的 Arnold 属性基本相同，只多了一个【Radius】（半径）属性，该属性主要用来控制灯光阴影的虚化程度。该值越大，虚化程度就越高。

3. 聚光灯

1）聚光灯的作用

主要用来模拟台灯、灯罩以及舞台灯光的照射效果。

2）聚光灯的属性

与前面介绍的灯光参数属性相同，在此不再介绍，下面只介绍聚光灯独有的 3 个灯光参数。

（1）【圆锥体角度】：主要用来控制灯光照射的开角角度大小。

（2）【半影角度】：主要用来控制聚光灯等照射出来的边缘虚化效果。

（3）【衰减】：定义灯光从中间到四周的强度变化（类似暗角）。

3）聚光灯的 Arnold 属性

聚光灯的 Arnold 属性与前面介绍的其他灯光的 Arnold 属性相同，在此不再介绍，下面只介绍聚光灯独有的两个 Arnold 灯光属性。

（1）【Roundness】（圆度）：主要用来控制光线照射在平面上的光滑程度。

（2）【Aspect Ratio】（纵横比）：主要用来控制灯光照射出来的纵横比例，从而使照射范围产生畸变，可以利用该值得到椭圆形聚光灯。

4. 区域光

1）区域光的作用

主要用来模拟灯箱、发光灯灯槽或者方形的灯发射出来的光线效果。

2）区域光的属性

与前面介绍的其他灯光参数属性相同，在此不再介绍。

3）区域光的 Arnold 属性

区域光的 Arnold 属性与前面介绍的其他灯光的 Arnold 属性有部分相同的参数，下面只介绍区域光独有的两个 Arnold 灯光属性。

（1）【Resolution】（分辨率）：主要用来控制灯光在物体上产生的反射现象或结果。该值越大，反射出来效果就越清楚，就不会出现锯齿现象。

（2）【Spread】（分散）：主要用来控制光源分散程度。该值越大，分散程度就越高。当该值调到最大值时，就接近聚光灯的照射效果。

视频播放：关于具体介绍，请观看本书光盘上的配套视频"任务四：Maya 2019 中的默认灯光在 Arnold 渲染器中的运用.wmv"。

任务五：Arnold 灯光类型详解

Arnold 灯光类型有 Area Light（区域光）、SkyDomeLight（天光）、Mesh Light（网格光）、Photometric Light（光域网灯光）、Light Portal（灯光入口）和 Physical Sky（物理天光）6 种。这些灯光可以弥补 Maya 2019 中的默认灯光不能表现出来的效果，下面简单介绍其中的 3 种类型。

1. Area Light（区域光）

1）作用

模拟区域光照效果。

2）Arnold Area Light Attributes（阿诺德区域光属性）介绍

（1）【Color】（颜色）：主要用来控制灯光的颜色。

（2）【Intensity】（强度）：主要用来控制灯光的强度。

（3）【Exposure】（曝光度）：主要用来控制灯光的曝光度，它是强度的倍增值，亮度等于曝光度乘以强度。

（4）【Use Color Temperature】（使用色温）：主要用来控制是否开启"使用色温"功能；

（5）【Temperature】（色温）：主要用来调节色温值的大小，6500K 代表"正白色"，数值越高，颜色给人感觉越冷；反之，给人感觉越暖。

（6）【Illuminates By Default】（使用默认照明）：主要用来控制是否启用照明功能。在这里，需要提醒读者注意，此项不要随意取消，如果取消了再开启，照明的阴影就会消失，出现错误，需要再次重新启动 Maya 软件，阴影才能恢复正常。

（7）【Light Shape】（灯光的形状）：主要用来控制灯光的形状，它提供了 Quad（四边形）、Cylinder（圆柱）和 Disk（圆盘）3 种形状。

（8）【Spread】（分散）：主要用来控制灯光分散范围的大小，发射沿法线方向聚焦的灯光。默认的分散值为 1，会提供漫反射发射，该值越低，灯光聚焦程度越高，直到几乎变成一束激光为止（此时值为 0）。当前不支持完全聚焦的激光束（值为 0），始终有一个非零的最小分散值。相比默认的高分散值，分散值越低，产生的噪点越多。因此请谨慎使用低分数值。

（9）【Resolution】（分辨率）：主要用来控制灯光在物体上产生的反射现象或结果。该值越大，反射出来效果就越清楚，就不会出现锯齿现象。该值与灯光贴图有关，尽量将该值设为与图像分辨率一致，这样可以渲染得更快些，噪波更少。

（10）【Roundness】（圆度）：类似 Photoshop 中的圆角，该值为 1 时，聚光灯为圆形；该值越小，聚光灯越接近四边形。

（11）【Soft Edge】（软边）：指定灯光边缘的平滑衰减。该值指定软边的宽度，从值为 0 时的无软边平滑衰减至值为 1 时的灯光中心。其工作原理与聚光灯的【Penumbra Angle】（半影角度）类似。

（12）【Samples】（采样）：主要用来控制阴影边缘的噪点。

（13）【Normalize】（法线）：主要用来控制普通和写实的状态，一般情况下为勾选状态。

（14）【Cast Shadows】（产生阴影）：主要用来控制是否产生阴影，若勾选该选项，则产生阴影；若不勾选，则不产生阴影。

（15）【Shadow Density】（阴影强度）：主要用来控制阴影的强度。

（16）【Shadow Color】（阴影颜色）：主要用来控制阴影的颜色。

（17）【Cast Volumetric Shadows】（投射体积阴影）：主要用来控制是否产生体积阴影。

（18）【Volume Samples】（体积采样）：主要用来控制体积灯产生的灯光雾的品质。

3）Visibility（能见度）属性介绍

（1）【Diffuse】（漫反射）：主要用来控制区域光的漫反射强度。

（2）【Specular】（高光）：主要用来控制区域光的高光强度。

（3）【3S】（次表面散射）：主要用来调节灯光的次表面散射是否在场景散射。

（4）【Indirect】（间接照明）：主要用来调节灯光间接照明的亮度。

（5）【Volume】（体积雾）：主要用来调节照明效果的强度。

2．SkyDomeLight（天光）

1）作用

为场景提供基础照明。

2）SkyDomeLight Attributes（天光属性）介绍

SkyDomeLight Attributes 与 Arnold Area Light Attributes（阿诺德区域光属性）完全相同，在此就不再介绍。

3）Visibility（能见度）属性介绍

SkyDomeLight（天光）中的 Visibility 属性与 Area Light（区域光）中的 Visibility 属性相同，在此就不再介绍，只介绍它自己独有的参数。

（1）【Camera】（摄影机）：主要用来控制天光环境球（Env Ball）中的贴图是否渲染显示。

（2）【Transmission】（透明度）：主要用来控制是否在透明和折射中显示。

3. Mesh Light（网格光）

1）作用

模拟物体对象发光效果。

2）【Mesh Light Attributes】（网格光属性）介绍

【Show Original Mesh】（显示原始网格）：主要用来控制是否显示原始对象。

3）【Light Attributes】（灯光属性）

【Light Visible】（灯光显示）：主要用来控制是否显示灯光光源。

提示：其他 Light Attributes（灯光属性）在此就不再介绍了，请读者参考前面灯光的详细介绍。

视频播放：关于具体介绍，请观看本书光盘上的配套视频"任务五：Arnold 灯光类型详解.wmv"。

任务六：**Arnold 5.0 渲染教程——产品布光**

在本任务中，主要介绍产品布光的基本流程。首先观看一张参考图，如图 4.52 所示。

图 4.52　产品渲染的参考图

从图 4.52 可以看出，产品展示的细节都能很好地体现，而且产品身上有很多的光线反射效果，为产品增色不少。这就是我们在产品渲染当中需要达到的理想效果。

先了解一下在摄影棚当中是怎样对这些产品进行拍摄的，下面提供一些照片，让读者了解产品拍摄现场状况，如图 4.53 所示。

图 4.53　产品拍摄现场照片

1. 打开场景，检查场景环境

步骤 01：打开场景文件，检查场景环境是否符合产品渲染布光要求，该场景主要包括一个产品渲染模型、背光板和一台架设好的摄影机。

步骤 02：锁定摄影机。切换到摄影机视图，单击锁定摄影机按钮，将渲染的摄影机视图锁定。

2. 添加区域光并调节参数

步骤 01：创建 3 份区域光，区域光的位置和大小如图 4.54 所示。

步骤 02：设置第一份区域光（也就是主光）的参数。把【Intensity】（强度）参数值设置为"2"，把【Exposure】（曝光度）参数值设置为"7"。

步骤 03：设置第二份区域光（也就是辅助光）的参数。把【Intensity】设置为"2"，把【Exposure】参数值设置为"5"。

步骤 04：设置第三份区域光（也就是从顶面照射出来的光）的参数。把【Intensity】设置为"2"，把【Exposure】参数值设置为"5"。

提示：架设的区域光不要离对象太近，应适当远一点。因为如果离得太近，灯光太亮，有可能在反光板上产生很明显的过渡效果。

3. 添加 SkyDomeLight（天光），增加画面的整体亮度

步骤 01：添加 SkyDomeLight。在菜单栏中单击【Arnold】→【Lights】→【SkyDomeLight】命令即可。

步骤 02：连接外部图片。单击【SkyDomeLight Attributes】→【Color】→棋盘格图标，弹出【创建渲染节点】对话框，在该对话框中选择【File】。单击【图像名称】右边的

按钮 📷，弹出【Open】对话框，在该对话框单选如图 4.55 所示的外部图片，再单击"Open"
按钮即可。

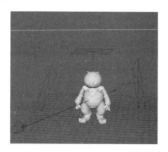

图 4.54　区域光的位置和大小

图 4.55　外部图片

步骤 03：设置 SkyDomeLight 的参数。把【Intensity】参数设置为"2"。

4. 调节画面的冷暖色对比

步骤 01：单选第一份灯光（主光），勾选【Use Color Temperature】（使用色温），把
【Temperature（色温）】参数值设置为"5500"左右，以增加画面的暖色。

步骤 02：单选第二份灯光（辅助光），勾选【Use Color Temperature】，将【Temperature】
参数值设置为"7500"，以增加画面的冷色。调节色温之后的效果如图 4.56 所示。

5. 提高渲染品质

步骤 01：提高灯光的品质，单击打开灯光编辑器按钮 📷，打开【灯光编辑器】对话框，
如图 4.57 所示。在该编辑器对话框的左侧单选灯光，在右侧把【Samples】参数值设置
为"3"。

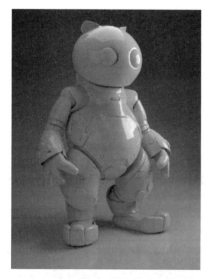

图 4.56　添加色温之后的效果

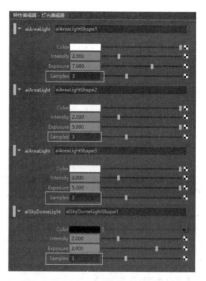

图 4.57　【灯光编辑器】对话框

步骤 02：调节渲染后的品质。单击显示【渲染设置】按钮 ，打开【渲染设置】对话框，具体参数设置如图 4.58 所示。

步骤 03：设置完毕，进行渲染。最终渲染效果如图 4.59 所示。

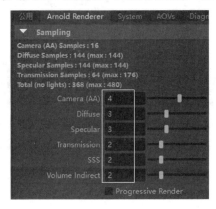

图 4.58　【渲染设置】参数设置

图 4.59　最终渲染效果

视频播放：关于具体介绍，请观看本书光盘上的配套视频"任务六：Arnold 5.0 渲染教程——产品布光.wmv"。

任务七：IES 光域网灯光

本任务主要介绍 Arnold 灯光类型中的 IES 光域网灯光。主要介绍该灯光在 Arnold 灯光中的运用以及参数设置。图 4.60 所示为台灯、筒灯照射在墙上的灯光效果，如果使用其他灯光模拟这些效果非常困难。在 Arnold 灯光中，为用户提供了一种 IES 光域网灯光，通过它就可以很容易模拟出这些灯光效果。IES 光域网灯光产生的效果如图 4.61 所示。

图 4.60　现实生活中的灯光效果

图 4.61　IES 光域网灯光产生的效果

下面介绍 IES 光域网灯光操作步骤和有关参数。

步骤 01：打开场景文件。该场景文件包括 1 把椅子、4 个筒灯和 1 面墙体，如图 4.62 所示。

步骤 02：创建 IES 光域网灯光。在菜单栏中单击【Arnold】→【Lights】→【Photometric Light】（光域网灯光）命令，即可在场景中创建一种光域网灯光，该灯光效果如图 4.63 所示。

步骤 03：连接外部灯光文件。单击【Photometric Light Attributes】→【Photometry File】（光域网文件）右边的 图标，弹出【Load Photometry File】（载入光域网文件）对话框。

在该对话框中，单选需要载入的 IES 光域网灯光，然后单击【Load】（载入）按钮即可。

步骤 04：调节灯光参数。把【Intensity】参数值调节为"10"，把【Exposure】（曝光度）参数值调节为"5"；勾选【Use Color Temperature】选项，把【Temperature】参数值调节为"5500"。

步骤 05：调整灯光的位置和方向，如图 4.64 所示。

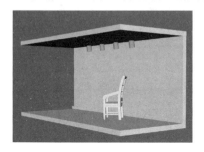　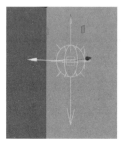　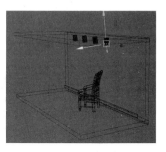

图 4.62　场景中的对象　　　图 4.63　光域网灯光效果　　　图 4.64　灯光位置和方向

步骤 06：再复制 3 份灯光并调整好其位置，如图 4.65 所示，渲染的效果如图 4.66 所示。

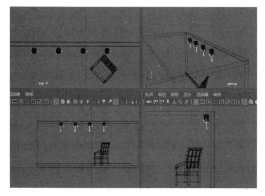　

图 4.65　复制的灯光及其位置　　　　　图 4.66　调整灯光参数后的渲染效果

步骤 07：添加环境光。从渲染画面效果可以看出，画面比较暗，需要添加辅助光，在此，添加天光效果。在菜单栏中单击【Arnold】→【Lights】→【SkyDome-Light】命令即可。

步骤 08：调节灯光参数。把【SkyDomeLight Attributes】中的【Intensity】参数值调节为"0.2"；勾选【Use Color Temperature】选项，把【Temperature】参数值调节为"7500"。渲染效果如图 4.67 所示。

步骤 09：从渲染的效果可以看出，效果质量不高，需要提高灯光的采样值。将所有灯光的【Samples】采样值调节为"3"。在工具栏中单击灯光编辑器图标，打开【灯光编辑器】，在【灯光编辑器】左侧选择所有灯光，在右侧把所有选择的灯光【Samples】采样值调节为"3"，如图 4.68 所示。

图 4.67 渲染效果

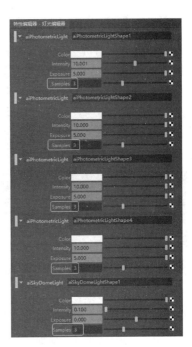

图 4.68 调节所有灯光【Samples】采样值

调节【Samples】采样值之后的最终渲染效果如图 4.69 所示。

图 4.69 最终渲染效果

提示：在载入 IES 光域网灯光时，IES 光域网灯光的路径不能出现中文路径，IES 光域网灯光的名称也不能出现中文，否则，就会出错。

视频播放：关于具体介绍，请观看本书光盘上的配套视频"任务七：IES 光域网灯光.wmv"。

任务八：**Light Portal** 灯光

Light Portal（灯光入口）灯光类型不能独立存在，需要依靠 SkyDomeLight（天光）存在。因此，在添加 Light Portal 时，需要先添加 SkyDomeLight。添加 SkyDomeLight 的具体操作和相关介绍如下。

步骤 01：打开场景文件。场景中的对象如图 4.70 所示。该场景是一个封闭的室内场景，摄影机角度也是完全封闭的，两面墙体上有窗户和一扇门。需要渲染的最终效果如图 4.71 所示。

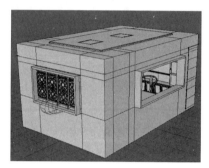

图 4.70　场景中的对象　　　　　　　　图 4.71　需要渲染的最终效果

步骤 02：添加天光。在菜单栏中单击【Arnold】→【Lights】→【SkyDome-Light】命令即可。

步骤 03：创建 Light Portal。单击【Arnold】→【Lights】→【Light Portal】命令即可。

步骤 04：调节【Light Portal】。将创建的【Light Portal】的灯光进行缩放和位置调整，如图 4.72 所示。

步骤 05：将创建的【Light Portal】的灯光复制两份，进行缩放和位置调整，如图 4.73 所示。

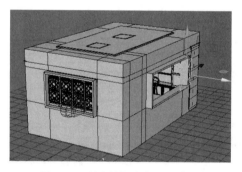

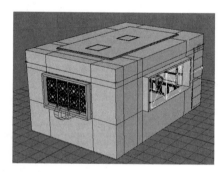

图 4.72　创建的灯光位置和大小　　　　图 4.73　复制和调整位置之后的效果

提示：【Light Portal】的位置不能靠窗户太近，【Light Portal】灯光方向表示灯光照射的位置。

步骤 06：对场景进行渲染。渲染的效果如图 4.74 所示。

提示：从渲染效果可以看出，空间内还有很多比较暗的部分，这是因为，室内光线照

射强度不够，需要提高光线的亮度。

步骤 07：把【SkyDomeLight】灯光中的【SkyDomeLight Attributes】中的【Intensity】参数值调节为"2"，把【Samples】参数值调节为"3"，再进行渲染。调节强度之后的效果如图 4.75 所示。

图 4.74　渲染的效果

图 4.75　调节强度之后的效果

步骤 08：创建平行光，在菜单栏中单击【Create】（创建）→【Light】（灯光）→【Directional Light】（平行光）命令即可。根据最终需要达到的效果，调整灯光的位置。

步骤 09：调节参数。把【Arnold】属性中的【Angle】（角度）参数值设置为"1"，把【Intensity】（强度）参数值调节为"2"，把【Exposure】（曝光度）参数值调节为"1.5"，勾选【Use Color Temperature】（使用颜色温度）选项，把【Temperature】（温度）参数值调节为"6000"，把【Samples】参数值调节为"3"。

步骤 10：调节【渲染设置】参数。单击显示渲染设置按钮，弹出【渲染设置】对话框，把【Arnold Renderer】（阿诺德渲染器）选项中的【Camera（AA）】的参数值调节为"4"，把【Diffuse】（漫反射）的参数值调节为"4"。用户可以再根据画面效果适当调节参数，最终渲染效果如图 4.76 所示。

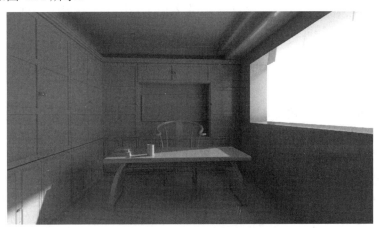

图 4.76　最终渲染效果

视频播放：关于具体介绍，请观看本书光盘上的配套视频"任务八：Light Portal 灯光.wmv"。

任务九：物理天光

1. Physical Sky（物理天光）的作用

Physical Sky 能够在场景当中模拟出真实的环境，经常被用来模拟室外场景的照明效果。

2. Physical Sky 的创建和相关参数介绍

步骤 01：打开场景文件，如图 4.77 所示，该场景包括地面、一座房子和两棵树。

步骤 02：在菜单栏中单击【Arnold】→【Lights】→【Physical Sky】命令即可，创建 Physical Sky 之后的场景如图 4.78 所示。

图 4.77　打开的场景文件

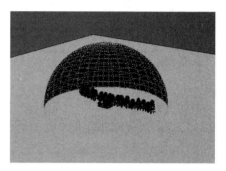

图 4.78　创建 Physical Sky（物理天光）之后的场景

步骤 03：Physical Sky（物理天光）参数介绍。

（1）【Turbidity】（浊度）：主要用来控制画面的混浊度，也就是大气的混浊度。

（2）【Ground Albedo】（地面反射率）：主要用来控制地平线以下的亮度，也就是地面受天空颜色的影响程度。

（3）【Elevation】（海拔）：主要用来控制太阳光照射在时间上的变化。例如，把该值设置为"5"的作用是模拟太阳在黄昏时刻的照射效果，天空颜色也发生相应变化。该值增大，表示向正午的阳光偏移，最大值为"90"，也就是正午时的阳光照射效果，默认值为"45"。

（4）【Azimuth】（方位角）：主要用来控制太阳光的方位角度。

（5）【Intensity】（强度）：主要用来控制太阳光的照射强度。

（6）【Sky Tint】（天空色调）：主要用来调节天空的色调。

（7）【Sun Tint】（太阳光色调）：主要用来调节太阳光照射的色调。

（8）【Sun Size】（太阳光覆盖区域大小）：主要用来控制太阳光覆盖区域的大小。

（9）【Enable Sun】（开启太阳光）：主要用来控制【Physical Sky】（物理天光）是否开启。

步骤 04：设置【Physical Sky Attributes】的参数，具体参数设置如图 4.79 所示。

步骤 05：单击按钮▣，返回【SkyDomeLight】（天光）参数设置对话框，根据要求设置相应参数，具体参数设置如图 4.80 所示。

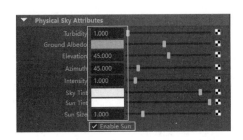

图 4.79 【Physical Sky Attributes】的参数设置　　图 4.80 【SkyDomeLight Attributes】参数设置

步骤 06：参数设置完毕，进行渲染，最终的渲染效果如图 4.81 所示。

图 4.81　最终渲染效果

视频播放：关于具体介绍，请观看本书光盘上的配套视频"任务九：物理天光.wmv"。

任务十：灯光总结

1. 灯光类型

1）Maya 2019 中的默认灯光

Maya 2019 中的默认灯光类型主要有 6 种，其中的平行光、点光源、聚光灯和面积光在 Arnold 灯光中的兼容性比较好。

2）Arnold 灯光

Arnold 灯光类型主要有面积光、环境球照明、物体灯光、光域网灯光、灯光入口和物理天光 6 种。

Arnold 灯光的属性有一些共同点，这些属性主要包括灯光强度、曝光度、色温、阴影边缘虚化、采样和显示属性。

2. 灯光用途

（1）用于产品及角色照明的灯光：Maya 面积光、Arnold 面积光、环境球照明、聚光灯等。

（2）用于室内照明的灯光：环境球照明、灯光入口、平行光、物理天光、点光源、物体灯光、光域网灯光等。

（3）用于室外照明的灯光：平行光、环境球照明、物理天光等。

（4）用于氛围照明的灯光：Maya 面积光、Arnold 面积光、点光源、光域网灯光、物体灯光等。

3. 布光方法

（1）可作为主光源的灯光类型：平行光、点光源、聚光灯、Maya 面积光、Arnold 面积光、环境球照明（带有照明信息的 HDR，即环境贴图）、物理天光等。

（2）可作为辅助照明的灯光类型：Maya 面积光、Arnold 面积光、环境球照明、平行光、点光源等。

（3）可作为光源的灯光类型：物体灯光、光域网灯光和物理天光。

4. 灯光在渲染画面中的重要元素

（1）照明：灯光强度、曝光度。根据不同灯光的照射需求，选择不同的灯光强度。例如，给产品布光，灯光强度就需要大一点，这样能够看清场景中的所有细节；作为夜景照明或者作为艺术类表现较强的照明，就要使用比较弱的灯光强度。因此，灯光强度是灯光布置中第一重要的元素。

（2）阴影：阴影的位置和品质。阴影要产生写实的效果，就必须有边缘羽化的效果，边缘羽化大小可以通过半径值和角度等来控制。品质由灯光中的采样参数来控制。

（3）对比：明暗对比、色温对比。画面中有对比才能产生很好的艺术效果，因此，要注重灯光的明暗对比、色温对比和冷暖对比。

视频播放： 关于具体介绍，请观看本书光盘上的配套视频"任务十：灯光总结.wmv"。

七、拓展训练

根据本案例所介绍的布光技术，对提供的场景进行布光，要求布光之后达到如下效果。

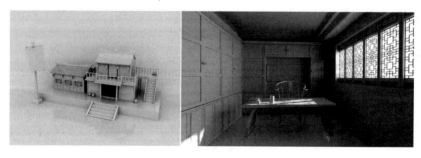

第 5 章　UV 技术与材质基础

知识点：

案例 1　Maya 2019 中的 UV 技术

案例 2　Maya 2019 中的材质基础

说明：

本章主要通过 2 个案例详细介绍 Maya 2019 中的 UV 技术和材质基础知识。

教学建议课时数：

一般情况下需要 8 课时，其中理论 3 课时，实际操作 5 课时（特殊情况下可做相应调整）。

在本章中，主要介绍 Maya 2019 中的 UV 技术、材质基础和 Arnold 材质的作用、使用方法与技巧，以及渲染的相关设置，生活中常用的各种玻璃、金属、塑料、半透明材料、布料和头发等材质的表现方法和技巧。

案例 1　Maya 2019 中的 UV 技术

一、案例内容简介

本案例主要介绍 UV 的概念和作用，展开 UV 的基本流程、UV 的创建、【UV 编辑器】的使用，再通过综合案例使读者进一步熟悉 UV 技术。

二、案例效果欣赏

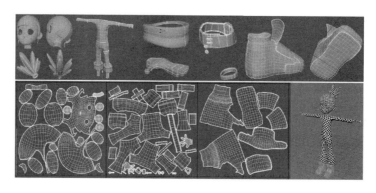

三、案例制作（步骤）流程

任务一：UV的概念和基本操作流程 ➡ 任务二：创建UV ➡ 任务三：【UV编辑器】、快捷图标和基本操作

任务五：UV工具包功能介绍——变换操作 ⬅ 任务四：UV工具包功能介绍——选择方法

任务六：UV工具包功能介绍——创建UV ➡ 任务七：UV工具包功能介绍——切割和缝合 ➡ 任务八：UV工具包功能介绍——展开

任务十：UV工具包功能介绍——排列和布局 ⬅ 任务九：UV工具包功能介绍——对齐和捕捉

任务十一：UV工具包功能介绍——UV集 ➡ 任务十二：展开UV实例1——水杯 ➡ 任务十三：展开UV实例2——卡通角色

四、制作目的

（1）理解 UV 的含义。

（2）掌握展开 UV 的流程、方法和技巧。

（3）能够对各种模型熟练应用 UV 技术。

五、制作过程中需要解决的问题

（1）理解 UV 的概念。

（2）展开 UV 的流程。

（3）UV 的创建。

（4）【UV 编辑器】中各个工具的作用和操作方法。

（5）UV 分割的原则、方法和技巧。

六、详细操作步骤

展开 UV 是三维模型材质制作前的重要环节，合理的 UV 是制作好材质效果的前提。在 Maya 之前的版本中展开 UV 是个大难题，展开 UV 用的时间比制作三维模型所用的时间还要长。Maya 2017 之后的版本集成了一些优秀的展开 UV 插件，展开 UV 变成了一件很轻松的事情。用户只须根据项目的需求，对 UV 进行合理的分割，自动展开，再进行适当的调节和排布即可。

任务一：UV 的概念和基本操作流程

1. 了解 UV 的基本概念

UV 是指定位 2D 纹理的坐标，并直接与模型上的顶点相对应，每个 UV 点直接依附在模型的每个对应的顶点上，位于某个 UV 点的纹理像素将被映射在 UV 点所依附的模型顶点上。

在理解 UV 概念的时候，需要注意以下 6 方面事项。

（1）一个模型顶点可以对应一个或多个 UV 点，也就是说，多个 UV 点依附于一个模型的一个顶点，如图 5.1 所示。

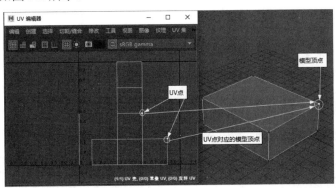

图 5.1 UV 点与模型顶点之间的关系

（2）UV 点不能在场景中进行编辑操作，如移动、旋转和缩放等操作，只能通过【UV 编辑器】进行编辑。

（3）一个模型可以有多套 UV，一套 UV 也可以应用于多个模型。

（4）UV 用于控制坐标（U：左右方向，V：上下方向），确定贴图在模型上的坐标位置。

（5）UV 点使用二维空间坐标（U,V）表示，三维模型上的顶点使用三维空间坐标（X，Y，Z）表示。

（6）NURBS 三维模型的 UV 不能进行编辑，只有多边形模型的 UV 才能进行编辑。

2．展开 UV 的基本流程

展开 UV 的大致流程如下：

（1）打开场景文件，对场景文件进行整理。

（2）给模型创建 UV。

（3）根据项目要求对创建的 UV 进行分割。

（4）对分割之后的 UV 进行展开。

（5）对展开的 UV 进行适当的调节。

（6）对调节之后的 UV 进行排布。

（7）把排布好的 UV 输出。

（8）使用第三方软件绘制贴图。

（9）给绘制好的贴图添加模型。

视频播放：关于具体介绍，请观看本书光盘上的配套视频"任务一：UV 的概念和基本操作流程.wmv"。

任务二：创建 UV

1．创建 UV 的途径

在 Maya 2019 中，给模型创建 UV 的途径主要有两种。

（1）通过菜单栏创建。在菜单栏中单击【UV】菜单，弹出下拉菜单，如图 5.2 所示。下拉菜单中主要包括 8 种创建 UV 的方法。

（2）使用【UV 工具包】创建。在菜单栏中单击【UV】→【UV 编辑器】（或在"多边形建模"工具架中单击▩图标）→弹出【UV 编辑器】面板。在该面板右侧的【UV 工具包】中单击【创建】卷展栏。展开该选项，该选项包括 8 种创建 UV 的按钮，如图 5.3 所示。

图 5.2　弹出的下拉菜单

图 5.3　在【UV 工具包】中创建 UV 的选项

2. 使用【自动】选项创建 UV

1）作用

同时从多个角度将 UV 纹理坐标投影到选定的对象上。

2）操作方法

步骤 01：打开场景文件。在这里打开的是一个"水杯"模型。对场景进行整理，主要是删除多余节点、文件分组和属性冻结变换等操作。

步骤 02：给模型添加一个"棋盘格"材质，方便后续 UV 的调节。

步骤 03：单选"水杯"模型，在菜单栏种单击【UV】→【自动】→▣图标（或按住"Shift"键的同时，单击【UV 工具包】中的 ▨ 自动 按钮）。弹出【多边形自动映射选项】对话框，具体参数设置如图 5.4 所示。

步骤 04：参数设置完毕，单击"投影"按钮，完成 UV 的创建。创建的 UV 和模型效果如图 5.5 所示。

图 5.4　【多边形自动映射选项】参数设置

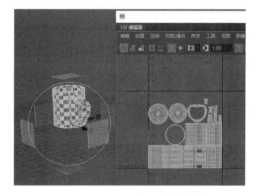

图 5.5　UV 和模型的效果

3）【多边形自动映射选项】对话框各项参数介绍

【映射设置】参数介绍如下。

（1）【平面】：主要作用是为【自动】投影选择平面数。根据 3、4、5、6、8、12 个平面的形状，可以选择其中一个进行投影映射。使用的平面越多，发生的扭曲就越少，并且在【UV 编辑器】中创建的 UV 壳越多。

（2）【以下项的优化】：主要作用是为自动投影设定优化类型，为用户提供了 3 种优化类型。

① 【较少的扭曲】：均衡投影所有平面。该方法可以为任一平面提供最佳投影，但结

束时可能会创建更多的壳。如果模型是对称的，并且需要投影的壳也是对称的，那么该方法是最佳选择。

②【较少的片数】：投影每个平面，直到投影遇到不理想的投影角度。选择该项，会导致壳增大而壳的数量减少，该项为默认设置。

③【在变形器之前插入投影】：当多边形对象应用了变形效果时，【在变形器之前插入投影】选项才起作用。如果该选项已禁用并且为变形设置了动画，那么纹理的放置会受到顶点位置变更的影响，将导致"游移"纹理。

启用该选项，会在变形应用到多边形对象之前将纹理放置应用到该对象。在变形器依存关系图的节点之前插入纹理放置依存关系图节点，即使在变形之后纹理也会"黏住"几何体。

【投影】参数介绍如下。

（1）【加载投影】：主要作用是允许用户指定一个自定义多边形对象作为自动映射的投影对象。

（2）【投影对象】：主要作用是标识当前在场景中加载的投影对象。用户可以在【投影对象】右侧的文本框中，输入投影对象的名称，以指定投影对象。

（3）【投影全部两个方向】：该选项默认为禁用。当该选项禁用时，加载投影，会将 UV 投影到多边形对象上，该对象的法线指向与加载投影对象的投影平面方向大致相同；当该选项启用时，投影面两侧的法线对齐，会确定哪些对象将从特定投影平面接收投影。即法线从"加载投影"对象两侧向外投影，并相应地对法线对齐的曲面求值。

（4）【加载选定项】：主要作用是加载当前场景中选定的多边形面作为指定的投影对象，指定的面用于更新自动投影操纵器。可以为投影对象指定的最大多边形面数为 31 个，但建议的数量范围是 3～8 个。

【排布】参数介绍如下。

（1）【壳布局】：主要作用是设定排布的 UV 壳在 UV 纹理空间中的位置。该选项为用户提供了 4 种壳布局方式。

①【重叠】：在【UV 编辑器】中在 0～1 范围的 UV 纹理空间内重叠结果投影。当 UV 壳需要共享相同的纹理时，该选项很有用。当【加载投影】选项启用时，【重叠】选项为默认布局。

②【沿 U 方向】：沿 U 轴定位壳。【沿 U 方向】的排布结果如图 5.6 所示。

③【置于方形】：在 0～1 范围的 UV 纹理空间内定位壳，这是默认设置。【置于方形】的排布结果如图 5.7 所示。

④【平铺】：对分离结果进行 UV 投影，以便其位于单独的 0～1 的 UV 纹理空间内。当期望对 UV 投影进行额外的编辑或操纵并需要其保持分离状态时，【平铺】为最佳选项。【平铺】的排布效果如图 5.8 所示。

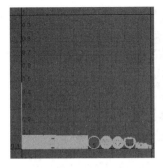
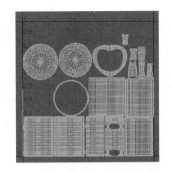
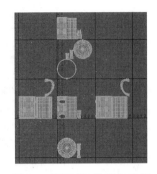

图 5.6　【沿 U 方向】的排布效果　　图 5.7　【置于方形】的排布效果　　图 5.8　【平铺】的排布效果

（2）【比例模式】：主要用来设置 UV 壳在 UV 纹理空间内的缩放模式，该选项为用户提供了以下 3 种比例缩放模式。

①【无】：不执行缩放。【无】比例缩放模式如图 5.9 所示。

②【一致】：缩放壳大小以适配 0～1 的纹理空间而不更改纵横比，这是默认设置。【一致】比例缩放模式如图 5.10 所示。

③【拉伸至方形】：拉伸壳以适配 0～1 的纹理空间，拉伸后壳可能扭曲。【拉伸至方形】比例缩放模式如图 5.11 所示。

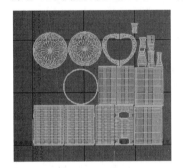
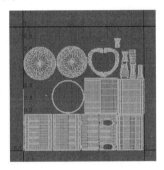
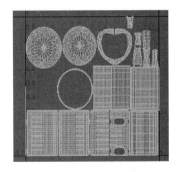

图 5.9　【无】比例　　　　　　图 5.10　【一致】比例　　　　　图 5.11　【拉伸至方形】
　　　缩放模式　　　　　　　　　　缩放模式　　　　　　　　　　　比例缩放模式

（3）【壳堆叠】：确定 UV 壳在【UV 编辑器】中排布时是相互堆叠的，该选项为用户提供了以下 2 种壳堆叠模式。

①【边界框】：围绕每个 UV 壳创建一个矩形边界框，然后基于边界框堆叠 UV 壳。设定该选项后，UV 壳之间将有更多空间。【边界框】堆叠模式效果如图 5.12 所示。

②【形状】：基于每个壳的边界堆叠 UV 壳。设定该选项后，UV 可以更加紧密地排列以便适配任何可用空间。【形状】堆叠模式效果如图 5.13 所示。

【壳间距】参数介绍如下。

（1）【间距预设】：Maya 2019 围绕每个片段放置一个边界框并对壳进行布局，以使边界框相互靠近。如果壳最终彼此精确地靠在一起，那么不同壳上的两个 UV 可以共享相同的像素，并且当使用【3D 绘制工具】进行绘制时，像素会溢出到相邻的壳。

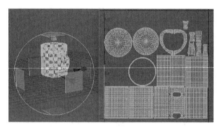

图 5.12　【边界框】堆叠模式的效果

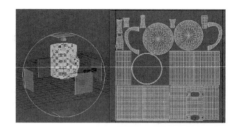

图 5.13　【形状】堆叠模式的效果

若要避免该情况，可以从【间距预设】右边的下拉菜单中，选择间距预设以确保边界框之间至少存在一个像素。选择一个与纹理贴图大小相对应的间距预设。如果不知道纹理贴图的尺寸，可以选择一个较小的贴图，这将导致 UV 空间中相邻壳之间的间距较大（以像素为单位的贴图尺寸越小，边界框之间的 UV 间距就越大）。

（2）【百分比间距】：如果选择【间距预设】→【自定义】，那么系统输入设定的【百分比间距】的数值来确定各个 UV 壳的间距大小。

【UV 集】参数介绍如下。

启用该选项可创建新的 UV 集，并在该集中放置新创建的 UV。在【UV 集名称】输入框，输入 UV 集的名称。

3. 使用【最佳平面】选项创建 UV

1）作用

通过投影连接指定组件的最佳平面，基于指定的面/顶点为多边形网格创建 UV。它对于投影到选定面的子集特别有用。

2）操作方法

步骤 01：选择需要创建 UV 的对象。

步骤 02：在菜单栏中单击【UV】→【最佳平面】命令，按住"Shift"键的同时，选择一个或多个面（或 3 个顶点/CV/定位器），确定投影平面，如图 5.14 所示。

步骤 03：确定投影平面之后，按"Enter"键，完成【最佳平面】投影的 UV 创建，效果如图 5.15 所示。

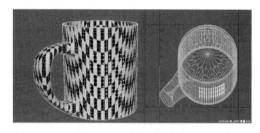

图 5.14　选择 UV 顶点

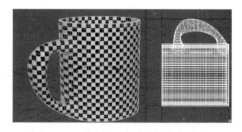

图 5.15　【最佳平面】投影的效果

4.【基于摄影机创建 UV 选项】

1）作用

将选定的对象（模型）基于摄影机的角度为多边形网格创建 UV。

2）操作方法

步骤 01：选择需要创建 UV 的对象。

步骤 02：在菜单栏中单击【UV】→【最佳平面】→▣图标，弹出【基于摄影机创建 UV 选项】对话框。

步骤 03：设置对话框参数，具体设置如图 5.16 所示。

步骤 04：参数设置完毕，单击"应用并关闭"按钮，完成基于摄影机角度的 UV 创建。效果如图 5.17 所示。

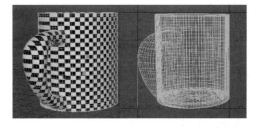

图 5.16　【基于摄影机创建 UV 选项】参数设置　　图 5.17　　【基于摄影机创建 UV 选项】投影的效果

3）【基于摄影机创建 UV 选项】参数简介

（1）【创建新 UV 集】：启用该项，用户可以为多边形网格创建新 UV 集。

（2）【UV 集名称】：为用户提供新的 UV 集名称。

5. 使用【轮廓拉伸】创建 UV

1）作用

将纹理图像投影到被选择的多边形对象上。轮廓拉伸映射主要通过选择的 4 个角点确定如何以最佳效果在图像上拉伸多边形的 UV 坐标。

对不规则形状图形进行轮廓拉伸投影时，为了获得最佳结果，必须满足以下 4 点。

（1）不能选择整个对象，选择的部分对象必须是具有可识别轮廓的多边形面。

（2）尽管所选对象不必是完美的矩形，但是轮廓拉伸投影必须能够从其轮廓推断出 4 个角点。

（3）如果选择对象中有孔，那么更有可能产生不需要的结果。

（4）如果选择对象包含两个或更多不连续的壳，那么在投影后，其 UV 坐标在【UV 编辑器】中不会保持分离状态。

2）操作方法

步骤 01：打开场景文件，选择需要进行轮廓拉伸投影的面，如图 5.18 所示。

步骤 02：在菜单栏中单击【UV】→【轮廓拉伸】→▣图标，弹出【轮廓拉伸贴图选项】对话框，具体参数设置如图 5.19 所示。

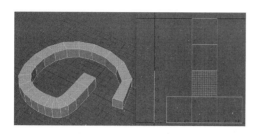

图 5.18　选择需要进行轮廓拉伸的面

图 5.19　【轮廓拉伸贴图选项】参数设置

步骤 03：参数设置完毕，单击"投影"按钮，效果如图 5.20 所示。

3）【轮廓拉伸贴图选项】对话框参数简介

（1）【方法】：主要有【漫游轮廓】和【UNRBS 投影】两种。

①【漫游轮廓】：通过在 U 和 V 两个方向上，从轮廓到轮廓尽可能紧密地跟踪网格，并累积边与被选择的边界的距离以计算 UV 坐标。该选项通常能创建最佳效果，特别是在复杂的网格上。

②【UNRBS 投影】：使用选择的轮廓和边界创建 NURBS 曲面，然后把选择的曲线投影到曲面上，以计算纹理坐标。对于类似崎岖不平地形的曲面，此方法尤其有用。

（2）【平滑度 0,1,2,3】：设置 NURBS 曲面每个边的平滑度。

（3）【偏移 0,1,2,3】：设置 NURBS 曲面每个边的偏移值。

（4）【用户定义的角顶点】：启用该选项可逐个拾取 4 个角顶点，然后按"Enter"键完成操作。通过定义 4 个角顶点和执行投影命令，可以获取更精确的结果。需要注意的是，顶点必须位于初始选择的边界上。

（5）【在变形器之前插入投影】：启用时（默认），在与网格关联的所有变形器之前插入投影。当修改变形器时，这有助于使 UV 效果保持不变；否则，在修改变形器时 UV 效果将更改。

6. 使用【基于法线】创建 UV

1）作用

使用已选择的多边形网格对象的面法线的平均向量值来创建 UV，这样可以避免选中多边形网格对象的背面，从而获得最佳的 UV 效果。

2）操作方法

步骤 01：选择需要创建 UV 的模型，如图 5.21 所示。

步骤 02：在菜单栏中单击【UV】→【基于法线】→▤图标，弹出【基于法线的投影选项】对话框，具体参数设置如图 5.22 所示。

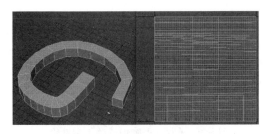

图 5.20　【轮廓拉伸】投影的效果

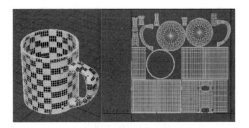

图 5.21　选择的模型

步骤 03：参数设置完毕，单击"应用并关闭"按钮，效果如图 5.23 所示。

图 5.22　【基于法线的投影选项】参数设置

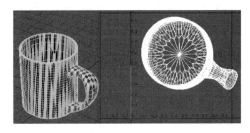

图 5.23　【基于法线】投影的效果

3）【基于法线的投影选项】对话框参数简介

（1）【保持比例】：保持图像的宽度和高度比不变，使其不会扭曲。禁用该选项会使映射的 UV 填充 0～1 范围的 UV 空间。

（2）【在变形器之前插入投影】：当网格应用了变形器时，使用该选项可以确保纹理放置不受移动的顶点位置影响。

（3）【UV 集】：启用该选项可以将投影的 UV 放置在新的 UV 集中。

7. 使用【圆柱形】创建 UV

1）作用

基于圆柱形投影形状为对象创建 UV，该投影形状绕网格折回，最适合完全封闭且在圆柱体中可见的图形，无须对这些图形进行部分投影或中空处理。

2）操作方法

步骤 01：选择需要进行 UV 创建的模型，如图 5.24 所示。

步骤 02：在菜单栏中单击【UV】→【圆柱形】→▣图标，弹出【圆柱形映射选项】对话框。具体参数设置如图 5.25 所示。

步骤 03：参数设置完毕，单击"投影"按钮，效果如图 5.26 所示。

3）【圆柱形映射选项】对话框参数简介

（1）【在变形器之前插入投影】：默认情况下启用该选项。当应用变形到多边形对象时，【在变形器之前插入投影】选项将被启用。如果该选项已禁用并且为变形应用设置了动画，那么纹理放置会受到顶点位置更改的影响，这将导致"游移"纹理。

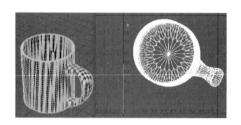

图 5.24   选择的模型

图 5.25 【圆柱形映射选项】参数设置

启用该选项会在变形应用到多边形对象之前，将纹理放置应用到该对象。

（2）【创建新 UV 集】：启用该选项，可以创建新 UV 集。在 UV 集名称输入框中输入 UV 集名称。

8. 使用【平面】创建 UV

1）作用

通过【平面】映射将 UV 投影到网格上。该投影方法最适用于表面相对平坦的对象，或者至少可从一个摄影机角度完全可见的对象。

【平面】映射通常会提供重叠的 UV 壳。UV 壳可能会完全重叠，而且外形类似单个 UV 壳。

2）操作方法

步骤 01：选择需要创建 UV 的模型，如图 5.27 所示。

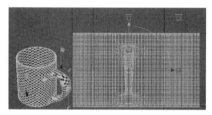

图 5.26   使用【圆柱形】创建 UV 的效果

图 5.27   选择需要创建 UV 的模型

步骤 02：在菜单栏中单击【UV】→【平面】→■图标，弹出【平面映射选项】对话框，具体参数设置如图 5.28 所示。

步骤 03：参数设置完毕，单击"投影"按钮，效果如图 5.29 所示。

图 5.28 【平面映射选项】对话框参数设置

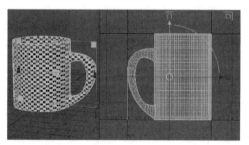

图 5.29 【平面】创建的 UV 效果

3）【平面映射选项】对话框参数介绍

只介绍不同的参数，与其他选项相同的参数不再介绍。

（1）【适合投影到】：主要供用户选择投影的定位方式，该选项提供了【最佳平面】和【边界框】两种投影定位方式。

①【最佳平面】：如果要对多边形对象的部分面创建 UV，可以使用【最佳平面】配合投影操纵器来确定最佳投影的平面，然后执行【最佳平面】命令，以创建 UV。

②【边界框】：将 UV 映射到对象的所有面或大多数面时，该选项最有用。它将捕捉投影操纵器以适配对象的边界框。当该选项启用时，必须从方向中选择一个"投影"，以便建立投影操纵器的方向。

（2）【投影源】：主要作用是确定平面的投影源。如图 5.30 所示为不同投影源的 UV 效果。

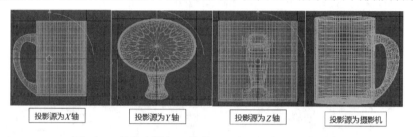

图 5.30   其他参数相同的情况下，不同投影源的效果

（3）【保持图像宽度/高度比率】：启用该选项时，可以保留图像的宽度与高度之比不变，使图像不会扭曲。禁用该选项，使映射 UV 在【UV 编辑器】中填充 0～1 之间的坐标。

9. 使用【球形】创建 UV

1）作用

使用基于球形图形的投影为对象创建 UV，该球形图形绕网格折回。该投影方式最适合完全封闭且在球体中可见的图形，无须对这些图形进行部分投影或中空处理。

2）操作方法

步骤 01：选择需要创建 UV 的模型。

步骤 02：在菜单栏中单击【UV】→【球形】→▣图标，弹出【球形映射选项】对话框。具体参数设置如图 5.31 所示。

步骤 03：参数设置完毕，单击"投影"按钮，生成的效果如图 5.32 所示。

步骤 04：调节【球形】投影的手柄，调节之后的效果如图 5.33 所示。

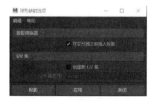

图 5.31 【球形映射选项】
　　　　参数设置

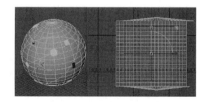

图 5.32 【球形】投影的效果

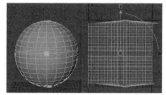

图 5.33   调节之后的效果

315

3）【球形映射选项】参数简介

【球形映射选项】参数的设置比较简单，与前面几种投影选项面板中的参数含义完全相同，请参考前面的介绍。

视频播放：关于具体介绍，请观看本书光盘上的配套视频"任务二：创建 UV.wmv"。

任务三：【UV 编辑器】、快捷图标和基本操作

1.【UV 编辑器】

在 Maya 2019 中，完全可以通过【UV 编辑器】将任一复杂模型的 UV 展开，使 UV 达到理想的效果，而不需要借助第三方软件或插件展开 UV。在使用【UV 编辑器】之前，需要把【UV 编辑器】打开。打开【UV 编辑器】的方法如下。

1）通过【UV】命令

在菜单栏中单击【UV】→【UV 编辑器】命令，即可把【UV 编辑器】打开，如图 5.34 所示。

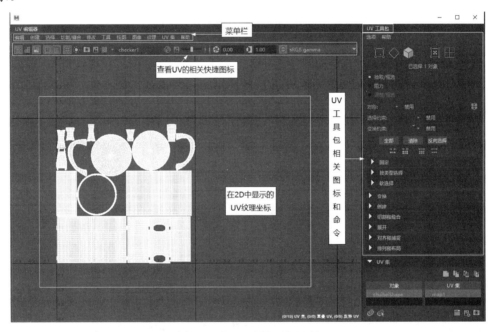

图 5.34 【UV 编辑器】界面

2）通过工具架

在【多边形建模】工具架中单击▣（UV 编辑器）图标，即可打开【UV 编辑器】面板。

3）通过【窗口】命令

在菜单栏中单击【窗口】→【建模编辑器】→【UV 编辑器】命令，即可打开【UV 编辑器】。

2. 查看 UV 的快捷图标

查看 UV 的快捷图标名称如图 5.35 所示。

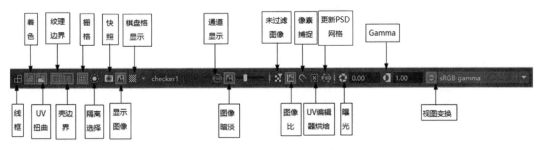

图 5.35 查看 UV 的相关快捷图标名称

各个图标的作用介绍如下。

（1） （线框）：单击该图标，使 UV 壳以未着色的线框方式显示。

（2） （着色）：单击该按钮，使 UV 壳以半透明方式显示。

（3） （UV 扭曲）：单击该按钮，通过挤压和拉伸的 UV 来着色，确定拉伸或压缩区域，效果如图 5.36 所示。

（4） （纹理边界）：单击该按钮，切换到【纹理边界】显示方式，效果如图 5.37 所示。

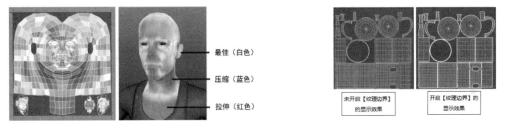

图 5.36 UV 扭曲显示效果

图 5.37 开启或不开启【纹理边界】的效果

（5） （壳边界）：将 UV 壳边界的显示切换为任一选定组件，可用于查找壳共享边的位置，如图 5.38 所示。共享的边显示相同颜色。

（6） （栅格）：单击该按钮，隐藏栅格；再次单击该按钮，显示栅格。

（7） （隔离选择）：仅显示选定的 UV 或当前 UV 集中的 UV（如果未选择任何对象）。

（8） （快照）：将当前 UV 布局的图像保存到外部文件中。

（9） （显示图像）：显示或隐藏模型的材质纹理。

（10） （棋盘格显示）：单击该按钮，切换到棋盘格的显示模式；再次单击该按钮，切换到材质纹理显示模式。

（11） / （通道显示）：控制 RGBA 或 Alpha 通道的显示。

（12） （图像暗淡）：通过移动滑块来控制当前显示的背景图像的亮度。

（13） （未过滤图像）：在硬件纹理过滤和明晰定义的像素之间切换背景图像。

（14） （图像比）：在显示纹理空间与该图像具有相同宽高比（宽度和高度之比）的

纹理空间之间进行切换。

（15）█（像素捕捉）：选择是否自动将 UV 捕捉到像素边界。

（16）▦（UV 编辑器烘焙）：用于烘焙纹理，并将其保存在内存中。

（17）▦（更新 PSD 网格）：为场景刷新当前使用的 PSD 纹理。修改连接到 Maya PSD 节点（在 Maya 中）的 PSD 文件（在 Photoshop 中）时，可以在 Maya 中更新（刷新）图像以便立即显示修改之处。

（18）█ 0.00（曝光）：调整显示亮度。通过减小曝光度，可查看在默认高光下看不见的细节。单击该图标，可在在默认值和修改值之间切换。这是一个诊断选项，不保存在场景中，也不应用于渲染输出。

（19）█ 1.00（Gamma）：调整要显示的图像对比度和中间调亮度。增加 Gamma 值，可用于查看图像阴影部分的细节。单击该图标，可在默认值和修改值之间切换。这也是一个诊断选项，不保存在场景中，也不应用于渲染输出。该选项用于视图变换（如果有）时，无须将其设置为 2.2 以模拟 sRGB。

（20）█ sRGB gamma ▼（视图变换）：主要作用是通过显示的工作颜色空间进行颜色的视图变换。该选项非常有用。例如，如果要快速检查原始颜色值或临时应用其他视图变换，可以使用该选项。可以选择的颜色空间取决于使用 OCIO 配置文件进行颜色管理还是已定义用户变换。单击该图标可暂时把视图切换到禁用状态，再次单击该图标，可切换到启用状态。使用该选项的下拉列表，可选择其他视图变换方式。这些也是诊断选项，不保存在场景中，也不应用于渲染输出。

3. 【UV 编辑器】的基本操作

【UV 编辑器】的基本操作包括【UV】的切换，【UV 壳】的切换、移动和缩放，UV 元素的移动、缩放以及旋转等。

1）切换到【UV】或【UV 壳】编辑模式

步骤 01：将光标移到场景中的模型上，按鼠标右键，弹出一级快捷菜单，如图 5.39 所示。

步骤 02：在按住鼠标右键的同时，把光标移到【UV】图标上，弹出二级快捷菜单，如图 5.40 所示。

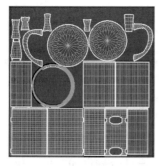
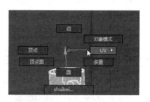
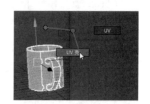

图 5.38　共享边显示效果　　　　图 5.39　一级快捷菜单　　　　图 5.40　二级快捷菜单

步骤 03：此时，按住右键不放，将光标移到需要切换的【UV】/【UV 壳】图标上，松开鼠标右键，即可完成切换。

2）【UV 编辑器】的基本操作

基本操作包括移动和缩放。因为【UV 编辑器】是二维空间，所以没有旋转操作。

步骤 01：把"UV 编辑器区"进行移动操作。按"Alt"键，同时按住鼠标的左键或中键不放，把光标上下左右移动即可。

步骤 02：对"UV 编辑器区"进行缩放操作。按"Alt"键，同时按住鼠标右键，把光标左右或上下移动即可进行缩放操作。

3）UV 元素的基本操作

UV 元素的基本操作包括移动、旋转和缩放。UV 元素包括 UV 点、UV 边和 UV 壳，它们的操作方法都一样，在这里以 UV 壳的操作为例。

步骤 01：切换到【UV 壳】编辑模式，选择需要操作的 UV 壳。

步骤 02：按"W"键，切换到移动模式。将光标移到被选择的 UV 壳的任一位置，按住鼠标左键不放，移动光标，即可对 UV 壳进行移动操作，如图 5.41 所示。

步骤 03：按"E"键，切换到旋转模式。将光标移到黄色的圆环上（请观看本书光盘上的配套视频），按住鼠标左键不放，左右移动光标，即可对 UV 壳进行旋转操作，如图 5.42 所示。

步骤 04：按"R"键，切换到缩放模式。将光标移到黄色四方块图标上，按住鼠标左键不放进行左右移动，即可对 UV 壳进行等比例的缩放。如果将光标移到绿色或红色四方块上，按住鼠标左键不放，左右移动光标，就可以对 UV 壳进行 U 方向或 V 方向上的移动，如图 5.43 所示。

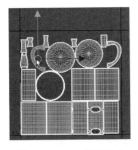
图 5.41　UV 壳的移动

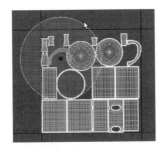
图 5.42　UV 壳的旋转

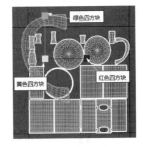
5.43　UV 壳的缩放

视频播放：关于具体介绍，请观看本书光盘上的配套视频"任务三：【UV 编辑器】、快捷图标和基本操作.wmv"。

任务四：UV 工具包功能介绍——选择方法

UV 工具包实际上是【UV 编辑器】菜单中命令的图标化集成，其目的是方便用户操作，提高工作效率。

UV 工具包括【UV 的选择】、【变换】、【创建】、【切割和缝合】、【展开】、【对齐和捕捉】和【排列和布局】7 项。本任务主要介绍使用 UV 工具包中的命令选择 UV。

UV 工具包中的相关图标和命令如图 5.44 所示。各个图标和命令的作用如下。

1. 选择遮罩

选择遮罩的图标如图 5.45 所示。

（1）▣（顶点选择）：单击该图标，切换到【UV 点】编辑模式，即可对 UV 进行选择和操作。例如，在"UV 编辑区"单击某个 UV 点，即可选中该 UV 顶点。按住"Shift"键不放，通过逐一单击，即可连续选择 UV 顶点，并且 UV 工具包中显示已选择的 UV 点的个数，如图 5.46 所示。如果按住鼠标左键移动光标，就可以把框选范围内所有 UV 点选中。

图 5.44　UV 工具包的相关图标和命令

图 5.45　选择遮罩图标

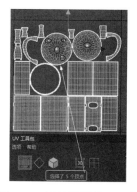

图 5.46　连续选择的 UV 点

（2）◈（边选择）：单击该图标，切换到【UV 边】编辑模式。

（3）◈（面选择）：单击该图标，切换到【UV 面】编辑模式。

（4）▣（UV 选择）：单击该图标，切换到【UV】编辑模式。

（5）▦（UV 壳选择）：单击该图标，切换到【UV 壳】选择模式。

2. 选择方法

有【拾取/框选】、【阻力】和【调整/框选】3 种模式，其中【拾取/框选】为默认选择模式。这 3 种模式中共有 13 种选择方法。

（1）【拾取/框选】：单选此项，用户可以通过单击或框选来选择 UV 元素。

（2）【阻力】：单选此项，光标变成◎图标，将光标移到"UV 编辑区"，按住鼠标左键不放进行移动，光标经过的元素将被选中。

（3）【调整/框选】：单选此项，选择 UV 元素并进行位置调整。

（4）【对称】：沿选定的"轴向"进行对称选择 UV 元素。单击【对称】右边的▪图标，弹出下拉菜单，如图 5.47 所示。其中包括 8 种对称选择方式，默认为"禁用"方式。

（5）【选择约束】：为用户提供选择约束的方式。单击【选择约束】右边的▪图标，弹出下拉菜单，如图 5.48 所示。其中包括 8 种选择约束的方式，默认为"禁用"约束方式。

（6）【变换约束】：约束被选择的边只能在 UV 壳范围内进行移动。单击【变换约束】

右边的█图标，弹出下拉菜单，如图 5.49 所示。其中包括 2 种选择约束的方式，默认为"禁用"变换约束方式。

图 5.47　【对称】下拉菜单

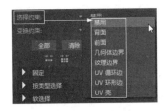

图 5.48　【选择约束】下拉菜单

图 5.49　【变换约束】下拉菜单

（7）【全部】：单击该按钮，选中所有 UV 元素。

（8）【清除】：单击该按钮，取消所有选中的 UV 元素。

（9）【反向选择】：单击该按钮，选中的 UV 元素被取消，没有被选择的 UV 元素被选中。

（10）沿循环方向收缩选择按钮█：单击该按钮或按"Ctrl+<"组合键，以所选择的 UV 元素为中心进行循环收缩。

（11）收缩选择按钮█：单击该按钮或按"<"键，以所选择的 UV 元素为中心进行收缩。

（12）扩大选择按钮█：单击该按钮或按">"键，以所选择的 UV 元素为基础进行向外扩选。

（13）沿循环方向扩大选择按钮█：单击该按钮或按键盘上的"Ctrl+>"组合键，以所选择的 UV 元素方向进行循环扩选。

3. 固定

【固定】的作用是固定 UV 元素，防止移动。【固定】卷展栏包括 5 个功能按钮，如图 5.50 所示。

（1）【固定】：固定已选择的 UV 元素。被固定之后的元素呈天蓝色，如图 5.51 所示。

（2）【固定工具】：以交互的方式固定 UV 元素。单击该按钮，将光标移到"UV 编辑区"，按住鼠标左键移动光标，光标经过的地方将被固定。

（3）【反转固定】：单击该按钮，对"UV 编辑区"中的 UV 元素进行反转固定，效果如图 5.52 所示。

图 5.50　【固定】卷展栏参数

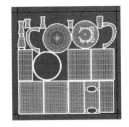

图 5.51　被固定之后的效果

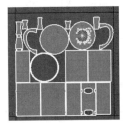

图 5.52　反转固定的效果

（4）【取消固定】：如果进行了多次固定操作，单击该按钮，只能取消最后一次固定操作。

（5）【取消固定所有】：单击该按钮，取消所有的固定操作。

4. 按类型选择

【按类型选择】的主要作用是快速选择具有共同特点的所有 UV。【按类型选择】卷展栏包括 6 种选择类型，如图 5.53 所示。

（1）【背面】：单击该按钮，把模型面法线向内的所有 UV 元素选中。

（2）【前面】：单击该按钮，把模型面法线向外的所有 UV 元素选中。

（3）【重叠】：单击该按钮，把有重叠的所有 UV 元素选中。

（4）【非重叠】：单击该按钮，把所有不重叠的 UV 元素选中。

（5）【纹理边界】：单击该按钮，把选择 UV 壳开口端上的 UV。

（6）【未映射】：单击该按钮，选择未映射面的 UV。这样可以快速地找出任何未显示或未正确显示纹理贴图的区域。

5. 软选择

【软选择】的主要作用是确定受已选择 UV 影响的范围。【软选择】卷展栏面板如图 5.54 所示。

（1）【软选择】：勾选此项，启用软选择。

（2）【软选择模式】：为用户提供软选择的模式，有如图 5.55 所示的 4 种软选择模式。【软选择模式】面板右边的文本框主要用来设置软选择的范围。

图 5.53 【按类型选择】卷展栏　　　　图 5.54 【软选择】卷展栏　　　　图 5.55 软选择模式

（3）【软选择曲线图】：用户可以通过调节曲线来控制软选择的效果。

（4）【重置曲线】：如果对软选择曲线的调节效果不满意，可以单击【重置曲线】按钮，【软选择曲线图】将恢复默认设置。

提示：用户可以在【软选择模式】面板右边的文本框中输入数值，调节软选择范围，也可以按住 "B"，同时按住鼠标中键不放，左右移动光标，手动调节软选择范围。

视频播放：关于具体介绍，请观看本书光盘上的配套视频 "任务四：UV 工具包功能介绍——选择方法.wmv"。

任务五：UV 工具包功能介绍——变换操作

变换操作主要包括枢轴点位置的调整，对已选择 UV 元素的移动、缩放、比例和匹配

等操作。【变换】卷展栏参数如图 5.56 所示。

1. 枢轴

（1）【选择】：勾选此项，通过单击【选择】右边的 9 个◉图标来改变已选择的 UV 的枢轴坐标位置。例如，单击◉图标，枢轴坐标移到被选择的 UV 左上角，如图 5.57 所示。

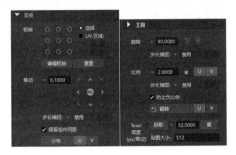

图 5.56　【变换】卷展栏参数

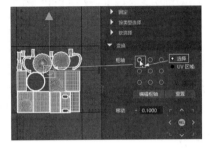

图 5.57　枢轴坐标的移动位置

（2）【UV 区域】：勾选此项，通过单击【选择】右边的 9 个图标来改变已选择 UV 的枢轴坐标的位置。例如，单击◉图标，枢轴坐标移到 UV 区域 0～1 的左上角，如图 5.58 所示。

（3）【编辑枢轴】：单击该按钮，移动坐标末端的三角形箭头消失。把光标移到坐标上，按住鼠标左键进行任一位置的调整。调整完毕，单击【编辑枢轴】按钮，完成枢轴坐标位置的调整。移动坐标的形态如图 5.59 所示。

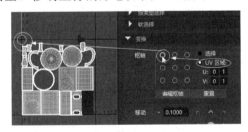

图 5.58　枢轴坐标的位置

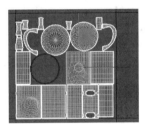

图 5.59　移动坐标的形态

（4）【重置】：单击该按钮，调整之后的枢轴坐标恢复到默认状态。

2. 移动

（1）【移动】：按设定的数值大小对选择的 UV 元素进行移动。在【移动】右边的文本框中输入移动数值，再单击右侧的 8 个箭头，对已选择的 UV 元素进行移动。

（2）【步长捕捉】：启用该选项，用户在移动已选择的 UV 元素时，就按设定值的大小进行等距离移动。

（3）【保留组件间距】：在移动时保持选定组件之间的相对距离。这在启用捕捉的情况下尤其有用。如果勾选该选项，那么所有选定的 UV 元素均会捕捉到同一位置（导致重叠）。

（4）【分布】：在 U 方向或 V 方向上均匀分布相邻的 UV 元素。单击鼠标右键，可

按"移动输入字段"中的数值分布 UV。

3. 旋转

（1）顺时针/逆时针◙/◙按钮：单击◙/◙按钮，按用户设定值的大小进行顺时针/逆时针方向旋转。

（2）【步长捕捉】：按用户设定的值大小进行手动旋转。

4. 比例

（1）【比例】：单击使用缩放值缩放按钮◙，按用户设定值大小进行缩放。如果按右键单击使用缩放值缩放按钮◙，则按 0.5 个单位进行缩放。

（2）【步长捕捉】：主要用来设置 UV 被捕捉范围的大小。

（3）【防止负比例】：启用后，Maya 会禁用 UV 的负比例缩放功能。沿每个轴的缩放限制为正值。

（4）【翻转】：单击该按钮，在指定方向上翻转选定的 UV 位置。

（5）【密度】（Texel Density）：通过指定 UV 壳的 Texel 数（每单位像素数）快速设置 UV 壳的大小。

（6）【获取】：获取已选定的 UV 壳的当前密度值。

（7）【集】：缩放已选定的 UV 壳以匹配指定的密度值。

（8）【贴图大小】：指定整个纹理的方形贴图大小。

视频播放：关于具体介绍，请观看本书光盘上的配套视频"任务五：UV 工具包功能介绍——变换操作.wmv"。

任务六：UV 工具包功能介绍——创建 UV

该面板中所有创建功能与"任务二：创建 UV"完全相同，在此就不再介绍，读者可以参考"任务二：创建 UV"相关操作。

如果需要设置某个投影方式的具体参数，按住"Shift"键单击该投影按钮即可弹出该投影命令的参数设置选项面板。

视频播放：关于具体介绍，请观看本书光盘上的配套视频"任务六：UV 工具包功能介绍——创建 UV.wmv"。

任务七：UV 工具包功能介绍——切割和缝合

【切割和缝合】的主要作用是根据分离 UV 的需要，对 UV 进行切割或缝合操作，【切割和缝合】卷展栏参数如图 5.60 所示。

（1）【自动接缝】：单击该按钮，在选定的网格或 UV 壳上查找接缝边，进行最佳边的自动缝合。

（2）【剪切】：单击该按钮，沿选定边将 UV 切割，创建新的边界。

（3）【切割工具】：单击该按钮，将光标移到需要切割的边上，按住鼠标左键的同时移动光标，即可将光标经过的边进行 UV 切割，如图 5.61 所示。

（4）【创建 UV 壳】：把连接到选定组件的所有面分离成一个新的 UV 壳。选择 UV 边或顶点，单击该按钮，即可将连接到选定组件的所有面分离成一个新的 UV 壳，如图 5.62 所示。

图 5.60　【切割和缝合】卷展栏参数

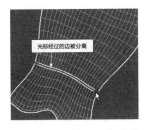

图 5.61　切割之后的效果

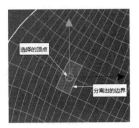

图 5.62　创建的 UV 壳

（5）【创建壳（栅格）】：沿当前选择的边周长进行切割，然后把 UV 均匀地分布到 0～1 之间的 UV 栅格空间，创建归一化的方形 UV 壳。

（6）【缝合】：把选择的 UV 边界点或边界边进行缝合处理。

提示： 在选择边界点进行缝合时，不能选择边界点最外的公共边界点；否则，与该边界点共享的边界点将会一起缝合过来。

（7）【缝合工具】：单击该按钮，光标变成■图标。然后把光标移到需要进行缝合的边界边上，按住鼠标左键不放，沿着需要缝合的边界移动光标，即可将边界边进行缝合。

提示： 先按住"B"键，再按住鼠标中键不放，左右移动光标，可以调节■图标的半径大小，以扩大选择的范围。

（8）【缝合到一起】：通过在指定方向上朝一个壳移动另一个壳，将两条选定边缝合在一起。

视频播放： 关于具体介绍，请观看本书光盘上的配套视频"任务七：UV 工具包功能介绍——切割和缝合.wmv"。

任务八：UV 工具包功能介绍——展开

【展开】的主要作用是对创建和分割好的 UV 进行展开操作，以达到贴图的要求。【展开】卷展栏参数如图 5.63 所示。

1.【优化】

1）【优化】的作用

【优化】的作用是自动移动 UV 以改善纹理空间的分辨率。按住"Shift"键的同时单击该按钮，弹出【优化 UV 选项】对话框，如图 5.64 所示。

2）【优化 UV 选项】参数介绍

（1）【方法】：选择用来松弛 UV 贴图的方法，主要有如下两种方法。

①【Unfold3D】：使用"展开 3D"（Unfold 3D）算法松弛 UV 贴图（为默认选项）。

②【旧版（松弛）】：使用旧版算法松弛 UV 贴图。

（2）【修复非流形几何体】：勾选此项，对栅格进行清理。

（3）【迭代次数】：指定执行优化计算的次数。该值不能设置得太高，设置太高会产生意想不到的效果。

（4）【曲面角度】：控制曲面的强度和角度优化，最大限度地减少 UV 贴图中的拉伸和角度错误，其默认值为 1。

（5）【幂】：设置优化强度，其默认值为 100。

（6）【防止自边界相交】：启用此选项后（默认），可以避免已展开的 UV 壳的边界自相交。例如，当边界围绕自身循环时，该选项会自动解开 UV 壳的边界。

（7）【防止三角形翻转】：启用此选项后（默认），可以避免退化 UV 贴图。移动 UV 直至某个面与自身重叠时，会出现退化现象。

（8）【贴图大小（像素）】：选择一个与纹理贴图大小相对应的预设。

（9）【房间空间（像素）】：指定已选定的 UV 壳各部分之间的距离。当"房间空间"值大于 0 时，可防止纹理溢出 UV 边界。应避免将此值增大到超过其默认值（2 个像素），因为这会降低优化计算的速度并产生扭曲。

以一个手模型的 UV 为例。当"房间空间"值设置为 0 时，一些手指 UV 会重叠；当"房间空间"值设置为 2 时，手指 UV 之间的空间会增加，效果如图 5.65 所示。

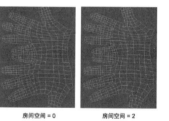

图 5.63 【展开】卷展栏参数　　图 5.64 【优化 UV 选项】对话框　　图 5.65 不同"房间空间"值的效果

提示：只有【防止自边界相交】被勾选，【房间空间】选项才起作用。

2.【优化工具】

1)【优化工具】的作用

【优化工具】的作用是对 UV 进行优化处理。

2)【优化工具】的操作方法

步骤 01：按住"Shift"键同时单击该按钮，弹出【优化 UV 工具】参数面板。根据要求设置参数，具体设置如图 5.66 所示。

步骤 02：将光标移到需要进行 UV 优化的 UV 上，按住"B"键的同时，按鼠标左键，把光标向左或向右拖动，以调节笔刷半径的大小。

步骤 03：按住鼠标左键不放移动光标，即可对 UV 进行优化/展开操作，松开鼠标左键完成优化/展开操作。

3）【优化 UV 工具】面板参数介绍

（1）【模式】：在【展开】编辑模式和【优化】编辑模式之间进行切换。

（2）【大小】：调节【优化 UV 工具】的半径大小。

（3）【强度】：调节工具影响曲面的程度。按住"M"键，再按鼠标左键，把光标向上或向下拖动，即可调节笔刷的强度。

（4）【曲面角度】：控制曲面的强度和角度优化，从而最大限度地减少 UV 贴图中的拉伸和角度错误，其默认值为 1。

提示：【曲面角度】只有在【模式】为【优化】模式时才起作用。

3.【展开】

1）【展开】的作用

【展开】的作用是确保 UV 不重叠的同时，展开选定的 UV 栅格。

2）【展开】的操作方法

步骤 01：选择需要展开的 UV。

步骤 02：按住"Shift"键，同时单击【展开】按钮，弹出【展开 UV 选项】设置面板，具体设置如图 5.67 所示。

步骤 03：单击【应用并关闭】按钮，完成对已选择的 UV 的展开。

图 5.66　【优化 UV 工具】参数设置

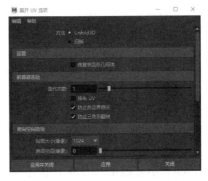

图 5.67　【展开 UV 选项】参数设置

3）【展开 UV 选项】参数简介

【展开 UV 选项】参数与【优化 UV 选项】参数完全相同，在此就不再赘述。

4.【展开工具】

1）作用

【展开工具】的作用是在重叠 UV 上拖动将其展开和消除。

2）操作方法

步骤 01：单击【展开工具】按钮。

步骤 02： 将光标移到需要展开的 UV 上，按住"B"键，再按鼠标左键，向左或向右移动光标，调节已展开的笔刷大小。按住"M"键，再按鼠标左键，向上或向下移动光标，调节已展开的笔刷的强度。

步骤 03： 按住鼠标左键，在 UV 上移动光标，即可对 UV 进行展开操作，松开鼠标左键完成操作。

3）【展开 UV 工具】参数简介

【展开 UV 工具】的参数与【优化 UV 工具】参数完全相同，在此就不再赘述。

5.【拉直 UV】

1）作用

【拉直 UV】的作用是把选择的 UV 元素根据设定的拉直角度值，对 UV 进行拉直操作。

2）操作方法

步骤 01： 选择需要拉直的 UV 边（顶点）。

步骤 02： 设置拉直的最大角度值和拉直的方向。

步骤 03： 单击【拉直 UV】命令，完成拉直操作。

6.【拉直壳】

1）作用

【拉直壳】的主要作用对 UV 壳内已选择的 UV 元素进行拉直。

2）操作方法

步骤 01： 选择 UV 壳中需要拉直的循环边或环形 UV 元素。

步骤 02： 单击【拉直壳】按钮，完成拉直壳操作。

视频播放： 关于具体介绍，请观看本书光盘上的配套视频"任务八：UV 工具包功能介绍——展开.wmv"。

任务九：UV 工具包功能介绍——对齐和捕捉

【对齐和捕捉】的主要作用是对选择的 UV 进行对齐和捕捉。【对齐和捕捉】卷展栏参数如图 5.68 所示，包括【对齐】和【捕捉】。

1.【对齐】

【对齐】包括左对齐、V 方向居中对齐、右对齐、顶对齐、U 方向居中对齐、底对齐和线性对齐 7 种对齐方式。

1）【对齐】按钮的作用

（1）左对齐按钮▣：沿 U 方向把 UV 或 UV 壳与左侧或最小值对齐。

（2）V 方向居中对齐按钮▦：沿 U 方向把 UV 或 UV 壳与中心或中间值对齐。

（3）右对齐按钮▣：沿 U 方向把 UV 或 UV 壳与左侧或最大值对齐。

（4）顶对齐按钮▥：沿 V 方向把 UV 或 UV 壳与顶部或最大值对齐。

（5）U 方向居中对齐按钮**：沿 V 方向把 UV 或 UV 壳与中心或中间值对齐。

（6）底对齐按钮**：沿 V 方向把 UV 或 UV 壳与底部或最小值对齐。

（7）线性对齐按钮**：沿穿过所有选定 UV 的线性趋势线与 UV 或 UV 壳对齐。

2）对齐的操作方法

步骤 01：选择需要对齐的 UV 或 UV 壳。

步骤 02：单击相应的对齐按钮即可。

2. 捕捉

1）各个捕捉按钮的作用

（1）【捕捉】：把选定的 UV 壳移动到指定的 UV 空间中的 9 个位置之一。

（2）捕捉到一起按钮**：使选定的 UV 相互重叠，把一个 UV 壳移动到另一个 UV 壳之上。可以通过相应的按钮选择捕捉方向（按选择顺序）。

（3）捕捉和堆叠按钮**：使选定的 UV 相互重叠，把多个 UV 壳移动到另一个 UV 壳之上。UV 壳始终向最后一个选定的 UV 移动。

（4）匹配栅格按钮**：把每个选定的 UV 移动到 UV 空间中最近的栅格交点处。

（5）匹配 UV 按钮**：把特定容差距离内选定的 UV 移动到各个位置的中间。按住"Shift"键，通过单击可调整"容差"（Tolerance），可以把多个 UV 壳匹配给其中一个 UV。如果有两个彼此堆叠的且形状几乎相同的 UV 壳，希望它们完全相同，就选择【堆叠壳】，单击该按钮即可。

（6）归一化按钮**：缩放选定 UV 以适配 0～1 的 UV 空间。单击鼠标右键，即可缩放 UV，使其所有面填充到 0～1 的 UV 空间。

2）捕捉的操作方法

步骤 01：选择需要进行捕捉操作的 UV 或 UV 壳。

步骤 02：单击相应的捕捉按钮，完成捕捉操作。

3）【匹配栅格选项】参数简介

按住"Shift"键，同时单击 匹配栅格 按钮，弹出【匹配栅格选项】对话框，如图 5.69 所示。

（1）【贴图大小预设】：为用户预设贴图大小。其为用户提供了 8 种贴图大小选项，如图 5.70 所示。

图 5.68 【对齐和捕捉】
卷展栏参数

图 5.69 【匹配栅格选项】
对话框

图 5.70 【贴图大小预设】
下拉菜单

（2）【U 向栅格】：设置水平方向上的栅格线数（在纹理空间的 U 维度）。

（3）【V 向栅格】：设置垂直方向上的栅格线数（在纹理空间的 V 维度）。

（4）【将 UV 移至】：确定如何捕捉 UV，有【像素边界】和【像素中心】两种捕捉方式。

①【像素边界】：单选此项，将 UV 捕捉到最近的栅格交点。

②【像素中心】：单选此项，将 UV 捕捉到栅格线间的最近中点。

视频播放：关于具体介绍，请观看本书光盘上的配套视频"任务九：UV 工具包功能介绍——对齐和捕捉.wmv"。

任务十：UV 工具包功能介绍——排列和布局

【排列和布局】的主要作用是对选定的 UV 壳进行合理排列和布局。【排列和布局】卷展栏参数如图 5.71 所示。

1.【排列和布局】卷展栏参数介绍

（1）【排布】：在所选方向上分布选定 UV 壳，同时确保 UV 壳之间相隔一定数量。也可以使用"目标"按钮沿上一个选定壳（目标壳）的方向均匀分布它们。

（2）【▣（定向壳）】：旋转选定的 UV 壳，使其与最近的 U 轴或 V 轴平行。

（3）【▣（定向到边）】：旋转选定的 UV 壳，使其与选定的边平行。

（4）【◈（堆叠壳）】：将所有选定的 UV 壳移动到 UV 空间的中心，使其重叠。

（5）【▦（取消堆叠壳）】：移动所有选定的 UV 壳，使其不再重叠且相互靠近。

（6）【◈（堆叠和定向）】：将选定的 UV 壳堆叠到 UV 空间的中心，然后旋转，使其与最近的 U 轴或 V 轴平行。

（7）【▣（堆叠类似）】：仅将拓扑结构类似的 UV 壳彼此堆叠。

（8）【▣（聚集壳）】：将选定的 UV 壳移到 0～1 之间的 UV 空间。

（9）【▦（随机化壳）】：随机化 UV 壳的平移、旋转和缩放。

（10）【▤（测量）】：测量两个选定 UV 的顶点距离。选择两个 UV 顶点，单击该按钮，弹出【像素距离】对话框，如图 5.72 所示。该对话框显示"贴图大小""U 距离""V 距离"和距离参数。

（11）【▣（排布）】：将选定的 UV 壳最大限度地排列在 0～1 之间的 UV 空间。

（12）【▣（排布方向）】：将选定的 UV 壳最大限度地排列在选定的 U/V 方向的 0～1 之间的空间。

2. 排布的操作方法

步骤 01：选择需要进行排布操作的 UV 或 UV 壳。

步骤 02：单击相应的排布按钮。

视频播放：关于具体介绍，请观看本书光盘上的配套视频"任务十：UV 工具包功能介绍——排列和布局.wmv"。

任务十一：UV 工具包功能介绍——UV 集

【UV 集】的主要作用是为对象创建和控制 UV 集。【UV 集】卷展栏如图 5.73 所示。

图 5.71　【排列和布局】卷展栏

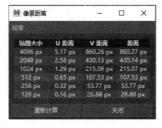

图 5.72　【像素距离】对话框

图 5.73　【UV 集】卷展栏

【UV 集】参数介绍如下。

（1）【创建空 UV 集】：在当前对象上创建一个新的空 UV 集，然后使用其中的一种映射/投影方法再集中创建 UV。

（2）【将 UV 复制到剪贴板】：将当前 UV 复制到剪贴板。

（3）【将剪贴板中的 UV 粘贴到当前 UV 集】：将剪贴板中的 UV 粘贴到选定的 UV 集。

（4）【复制 UV 集】：为选定的"UV 集"创建具有相同布局方式的 UV 副本。

（5）【传播 UV 集】：将"UV 集"列表中选定的 UV 集指定给场景中的选定对象。选定的 UV 集成为活动 UV 集。

（6）【"UV 集"列表】：用于控制选定的对象和 UV 集的显示。若要显示特定的 UV 集，可在左边列表中选择其所属的对象，然后在右列表中选择特定的 UV 集。

（7）【共享实例】：选择要共享的多边形，单击该按钮把它设置为共享的实例。

（8）【选择共享实例】：选择与选定的实例共享 UV 集的实例。

（9）【打开关系编辑器】：在"UV 连接"模式下打开【关系编辑器】。

（10）【自动加载纹理】：加载选定的 UV 集的连接纹理。

（11）【保存图像文件】：导出选定的 UV 集的 UV 照片。

视频播放：关于具体介绍，请观看本书光盘上的配套视频"任务十一：UV 工具包功能介绍——UV 集.wmv"。

任务十二：展开 UV 实例 1——水杯

通过前面 11 个任务的学习，读者基本掌握了关于展开 UV 的相关知识。在此，通过一个实际案例来巩固展开 UV 的相关知识。

1. 创建 UV

步骤 01：打开场景文件，在该场景只有一个简单的水杯模型，如图 5.74 所示。

步骤 02：对场景进行清理，例如，删除历史多余的节点等。

步骤 03：在【UV 工具包】中单击【平面】命令，创建一个平面 UV，创建的 UV 和模型效果如图 5.75 所示。

图 5.74　场景中的模型

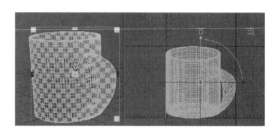

图 5.75　创建的 UV 和模型效果

提示：在一般情况下创建 UV，采用默认的参数设置即可。

2. 根据要求对 UV 进行分割

步骤 01：在场景中选择需要分割的边。

步骤 02：在【UV 编辑器】中单击【UV 工具包】中的【剪切】命令即可，分割之后的 UV 边界以粗线显示，如图 5.76 所示。

步骤 03：继续分割 UV 边，方法同上。分割之后的最终效果如图 5.77 所示。

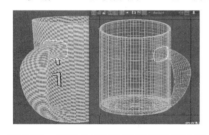

图 5.76　切割之后 UV 边界以粗线显示

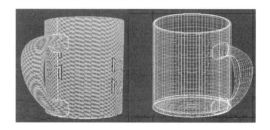

图 5.77　分割之后的最终效果

提示：如果不小心多分割了 UV 边，可以选择多分割的 UV 边，单击【UV 工具包】中的【缝合】命令即可。

3. 展开 UV

步骤 01：选择所有分割好的 UV 壳。

步骤 02：单击【展开】命令，展开的 UV 效果如图 5.78 所示。

步骤 03：对展开的 UV 进行优化和调节，调节之后的 UV 效果如图 5.79 所示。

4. 排布和输出 UV

步骤 01：选择所有 UV 壳。

步骤 02：单击【UV 编辑器】→【UV 工具包】→【排布】命令，完成排布。自动排布的 UV 效果如图 5.80 所示。

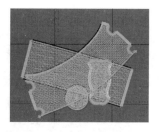

图 5.78　展开的 UV 效果

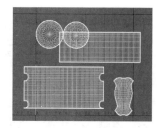

图 5.79　调节之后的 UV 效果

步骤 03：从自动排布的效果来看，还不能满足实际要求。此时，要进行手动调节，手动调节之后的效果如图 5.81 所示。

步骤 04：单击 UV 快照图标🖼，弹出【UV 快照选项】对话框，具体参数设置如图 5.82 所示。

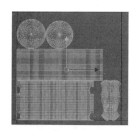
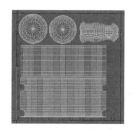

图 5.80　自动排布的 UV 效果　　图 5.81　手动调节之后的效果　　图 5.82　【UV 快照选项】参数设置

步骤 05：单击"应用并关闭"按钮，完成操作，将 UV 输出到指定的文件夹中。

视频播放：关于具体介绍，请观看本书光盘上的配套视频"任务十二：展开 UV 实例 1——水杯.wmv"。

任务十三：展开 UV 实例 2——卡通角色

本任务通过对一个卡通角色展开 UV 来巩固在前面 12 个任务中所学的知识，这一任务主要分头部、身体和鞋子三大部分来讲解。为了得到较大的 UV 贴图效果，在进行 UV 排布的时候，采取多项性 UV 排列。

1. 对头部模型展开 UV

头部模型主要分脸部和头发两大部分。在进行 UV 切割的时候，一定要注意头发部分与脸部之间的接缝位置。

步骤 01：打开场景文件，检查文件命名是否规范，是否有多余的节点等。然后，对文件进行整理。场景文件中的【大纲视图】文件命名和文件效果如图 5.83 所示。

步骤 02：选择场景中卡通角色的模型。打开【UV 编辑器】对话，在【UV 工具包】中单击【创建】卷展栏下的【平面映射】命令，完成 UV 的创建，效果如图 5.84 所示。

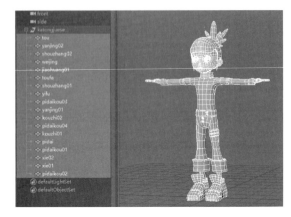

图 5.83 【大纲视图】文件命名和文件效果

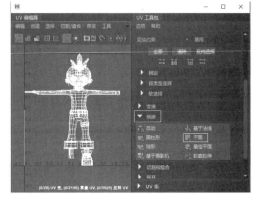

图 5.84 创建的 UV 效果

步骤 03：对头部模型进行 UV 切割。单击选择边按钮 ，在场景中选择需要切割的边，再单击【切割和缝合】卷展栏下的【剪切】命令，完成被选择边的切割，切割之后的头部效果如图 5.85 所示。

步骤 04：展开 UV。选择头部模型，单击【展开】卷展栏下的【展开】命令，即可将 UV 展开；再连续单击【优化】命令，对展开的 UV 进行优化处理。最终效果如图 5.86 所示。

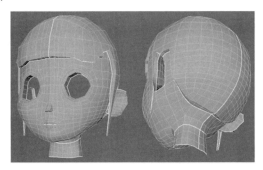

图 5.85 切割之后的头部效果

图 5.86 展开 UV 和优化之后的最终效果

步骤 05：对头发进行 UV 切割。单击选择边按钮 ，在场景中选择需要切割的边；再单击【切割和缝合】卷展栏下的【剪切】命令，完成被选择边的切割，切割之后的头发效果如图 5.87 所示。

步骤 06：展开 UV。选择头发模型，单击【展开】卷展栏下的【展开】命令，即可将 UV 展开；再连续单击【优化】命令，对展开的 UV 进行优化处理，最终效果如图 5.88 所示。

步骤 07：对眼睛进行 UV 切割和展开 UV，方法同上。切割之后的 UV 效果如图 5.89 所示，展开和优化之后的 UV 效果如图 5.90 所示。

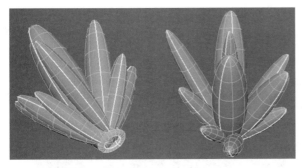

图 5.87　切割之后的头发效果

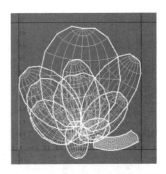

图 5.88　展开和优化之后的最终效果

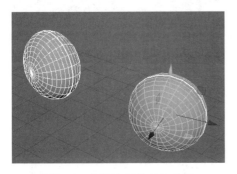

图 5.89　切割之后的 UV 效果

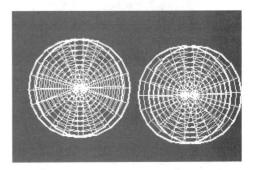

图 5.90　展开和优化之后的 UV 效果

步骤 08：选择头、头发和眼睛模型。按住"Shift"键，单击【排列和布局】卷展栏参数下的【排布】按钮，弹出【排布 UV 选项】对话框，具体参数设置如图 5.91 所示。

步骤 09：进行 UV 排布。【排布 UV 选项】的参数设置完毕之后，单击【排布 UV】按钮，完成 UV 排布。排布之后的 UV 效果如图 5.92 所示。

图 5.91　【排布 UV 选项】参数设置

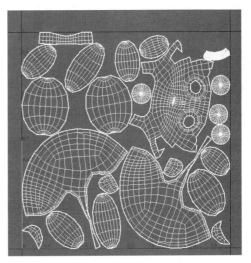

图 5.92　排布之后的 UV 效果

2. 对身体模型展开 UV

身体模型展开 UV 的方法与头部模型展开 UV 的方法完全相同。

步骤 01：对身体模型进行 UV 切割，切割之后的效果如图 5.93 所示。

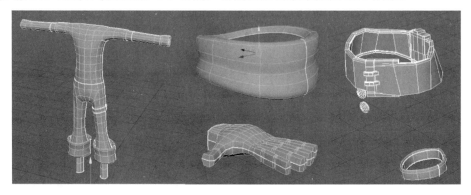

图 5.93　身体模型的 UV 切割效果

步骤 02：对身体模型展开 UV 和优化处理。展开 UV 和优化处理之后的效果如图 5.94 所示。对展开的 UV 进行排布，排布之后的 UV 效果如图 5.95 所示。

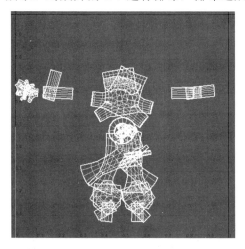

图 5.94　展开 UV 和优化处理之后的效果　　　　图 5.95　排布之后的 UV 效果

3. 对鞋子模型展开 UV

鞋子模型展开 UV 的时候，需要根据鞋子的材质和结构进行切割。展开 UV 的方法与头部模型展开 UV 的方法完全相同。

步骤 01：对鞋子模型进行 UV 切割，切割之后的效果如图 5.96 所示。

步骤 02：对鞋子模型展开 UV 和优化处理，展开 UV 和优化处理之后的效果如图 5.97 所示。对展开的 UV 进行排布，排布之后的效果如图 5.98 所示。

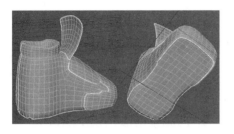

图 5.96　切割之后的效果

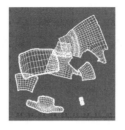

图 5.97　展开 UV 和优化
处理之后的效果

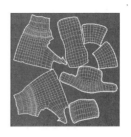

5.98　排布之后的效果

步骤 03：选择卡通角色，查看其 UV 效果，如图 5.99 所示。给卡通角色添加棋盘格之后的效果如图 5.100 所示。

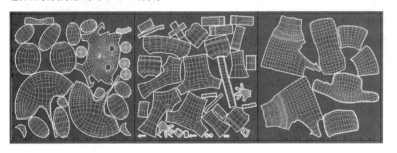

图 5.99　卡通角色的 UV 效果

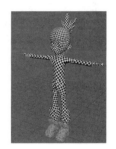

图 5.100　添加棋盘格
之后的效果

视频播放：关于具体介绍，请观看本书光盘上的配套视频"任务十三：展开 UV 实例 2——卡通角色.wmv"。

七、拓展训练

根据本案例所学知识和本书提供的卡通角色模型展开 UV。展开 UV 的效果和添加棋盘格之后的效果如下图所示。

案例 2　Maya 2019 中的材质基础

一、案例内容简介

本案例主要介绍 Maya 2019【材质编辑器】的使用，包括常用基本材质的作用、属性调节、使用方法和技巧、光线跟踪和纹理贴图技术。

二、案例效果欣赏

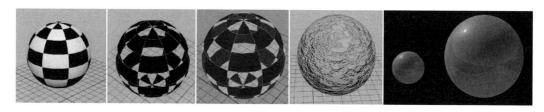

三、案例制作（步骤）流程

任务一：【材质编辑器】介绍 ➡ 任务二：Shading Group (阴影组) ➡ 任务三：常用的基本材质

任务六：【光线跟踪选项】卷展栏参数 ⬅ 任务五：材质的高光属性 ⬅ 任务四：基本材质的通用属性

任务七：纹理贴图

四、制作目的

（1）熟练掌握【材质编辑器】的使用方法。
（2）掌握 Maya 2019 中常用基本材质的作用和使用方法。
（3）了解常用基本材质通用属性中各个参数的含义。
（4）了解光线跟踪的原理和参数含义。
（5）掌握纹理贴图的作用和相关操作方法。

五、制作过程中需要解决的问题

（1）材质与纹理之间关系。
（2）光学的相关基础知识。
（3）贴图的概念和贴图的收集渠道。
（4）材质贴图与模型之间的关系。

六、详细操作步骤

本案例主要介绍【材质编辑器】的使用，包括材质的分类、特性、作用使用方法

和技巧。

任务一：【材质编辑器】介绍

在 Maya 2019 中，【材质编辑器】为【Hypershade】（超图）编辑窗口模式，以前版本中的【Multillster】（多重列表）窗口模式已经被取消。

【Hypershade】编辑窗口具有如下 3 个优势。

（1）采用节点网络的形式显示和编辑材质，方便查看整个材质的结构。

（2）功能强大，使用方便，直观，容易理解。

（3）通过【Hypershade】编辑窗口可以独立完成整个材质的制作，而不必借助其他材质编辑窗口。

1.【Hypershade】的打开

打开【Hypershade】的方法有两种，具体操作如下。

步骤 01：通过菜单栏打开。在菜单栏中，单击【窗口】→【渲染编辑器】→【Hypershade】命令。

步骤 02：通过单击快捷图标打开。在工具栏中单击显示 Hypershade 窗口按钮。

【Hypershade】编辑窗口如图 5.101 所示。

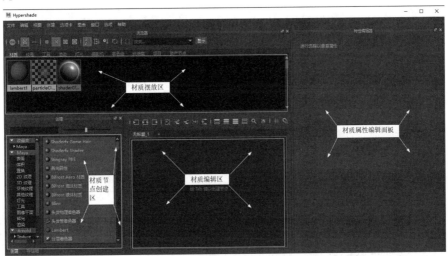

图 5.101　【Hypershade】编辑窗口

2. 创建区域

通过材质节点创建区，可以创建材质、纹理、灯光、Utilities 和 Arnold 等材质节点。

1）创建材质节点有如下 3 种方法。

（1）直接单击材质节点创建区中的节点图标，即可创建节点。

（2）将光标移到材料节点创建区中的节点图标上，按住鼠标中键，将其拖到材质编辑区中，松开鼠标中键即可创建节点。

（3）在材质编辑区单击"Tab"键，弹出一个文本框，在文本框中输入需要创建的节点名称，按"Enter"键，即可创建节点。

2）显示和隐藏创建区的方法

（1）若要隐藏创建区，则可直接单击按钮▣。

（2）若要显示创建区，则可在【Hypershade】编辑窗口菜单栏中单击【窗口】→【创建…】命令。

3. 各个区的大小调节

为方便操作，Maya 2019 允许用户调节各个区之间的占比大小，调节方法也很简单，具体操作如下。

步骤 01：将光标移到两个区的竖隔或横隔之间，光标变成◂▶或▲▼图标。

步骤 02：按住鼠标左键，左右或上下移动光标到需要的位置，松开鼠标即可。

4. 查看对象的材质

在【Hypershade】编辑窗口中查看对象的材质有两种方法。

（1）在场景中选择添加了材质的对象，单击【材质编辑器区】右上角为选定对象上的材质图按钮▣，显示的材质效果如图 5.102 所示。

（2）将光标移到材质摆放区的材质样本球上，按住鼠标左键不放，弹出快捷菜单，如图 5.103 所示。将光标移到【为网络制图】命令上，然后松开鼠标左键即可。

5. 排列和清除【材质编辑区】中的材质节点网络

1）排列材质节点网络

在编辑材质节点网络的过程中，可能会因为各种原因，使整个材质节点网络排列得非常混乱，这样不方便编辑，如图 5.104 所示。此时，通过单击重新排列图表按钮▣，可以把混乱的材质节点网络排列整齐，如图 5.105 所示。这样就可以清晰地了解整个材质节点网络的结构关系了。

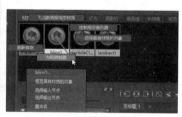
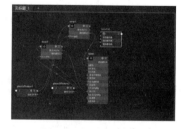

图 5.102　显示的材质效果　　　图 5.103　弹出的快捷菜单　　　图 5.104　排列混乱的材质节点网络

2）清除材质节点网络

在【材质编辑区】中编辑完一个材质之后，当需要编辑下一个材质时，可以将工作区中编辑完的材质清除，以便进行下一个材质的编辑。

材质节点网络的清除方法很简单，单击清除图表按钮◢即可清除材质节点网络。

提示：在这里，通过单击清除图表按钮◢，清除【材质编辑区】中的材质节点网络，只是暂时不让它在【材质编辑区】中显示，并不是将该材质节点网络删除。下次需要编辑时，可以使用鼠标中键，把它从材质摆放区中拖出来。

3）添加/移除选定的材质节点网络

如果在编辑材质过程中需要显示或隐藏材质节点网络中某一个或多个材质节点网络，可以通过以下方法实现。

步骤 01：在【材质编辑区】中选择需要隐藏的材质节点网络，如图 5.106 所示。

步骤 02：单击【材质编辑区】中的从图表中移除选定节点按钮◢，完成选定节点的移除，如图 5.107 所示。

图 5.105　重新排列之后的效果　　图 5.106　选择需要移除的　　图 5.107　移除节点
　　　　　　　　　　　　　　　　　　　材质节点网络　　　　　　　之后的效果

步骤 03：显示已选择的节点。在【材质摆放区】选择需要显示的材质节点，单击将选定的节点添加到图标按钮◢。

6. 显示和查看上下游节点

在【Hypershade】编辑窗口中可以很清楚地了解和查看材质的整个网络结构和上下游节点之间的关系。查看上下游节点的方法很简单，主要通过输入连接按钮◢、输入和输出连接按钮◢、输出连接按钮◢来实现。具体操作如下。

步骤 01：选择材质节点网络，单击输入连接按钮◢，只显示已选择节点的下游连接节点。

步骤 02：选择材质节点网络，单击输入和输出连接按钮◢，显示已选择节点的上下游节点。

步骤 03：选择材质节点网络，单击输出连接按钮◢，显示已选择节点的上游节点。

视频播放：关于具体介绍，请观看本书光盘上的配套视频"任务一：【材质编辑器】介绍.wmv"。

任务二：Shading Group（阴影组）

在 Maya 2019 中，Shading Group（阴影组）主要用来表现对象的体积、颜色、透明、凹凸和置换等效果。在这里，通过一个小案例来介绍 Shading Group 的作用和工作原理。

具体操作步骤如下。

步骤 01：启动 Maya 2019，在视图中创建一个球体。

步骤 02：给球体添加 Blinnl 材质，如图 5.108 所示。

步骤 03：在【Hypershade】编辑窗口中，单击 Blinnl 材质输入和输出连接按钮 ，显示 Blinnl 材质的上下游节点，如图 5.109 所示。

步骤 04：先选择 Blinn1SG 节点，再单击输入和输出连接按钮 ，如图 5.110 所示。

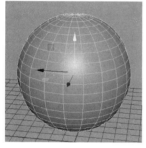
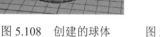

图 5.108　创建的球体　　　图 5.109　Blinnl 材质的上下游节点　　　图 5.110　Blinn1SG 的上下游节点

从图 5.110 可以看出，Shading Group（阴影组）不仅与 Blinn1 材质相连，还与 pShereShape1（球体形状节点）、Lightlink（灯光连接器）和 renderPartition（渲染集）节点相连接。

步骤 05：选择 Blinn1SG 阴影组，按删除键删除选择的阴影组，这时球体实体显示方式失去了体积感。无论使用渲染器还是软件渲染器进行渲染，该球体都不能正常渲染，渲染效果为漆黑。

1. 通过上面的案例，在以后的材质制作中需要明白的几点内容

（1）只有将 pShereShape1（球体形状节点）输出到 Blinn1SG 阴影组中，对象才产生体积、纹理等效果。

（2）只有将 Blinn1 材质输出到 Blinn1SG 阴影组，才能为所有输出到 Blinn1SG 阴影组中的模型产生表面效果，如颜色、透明、凹凸、反射和折射等。

（3）只有当 Blinn1SG 阴影组输出到 Lightlinker1（灯光连接器）时，所有输出到 Blinn1SG 阴影组的模型在渲染时才会被灯光照明，否则，渲染效果是漆黑的。

（4）只有当 Blinn1SG 阴影组输出到 Renderpartition（渲染集）中并与其相连接时，与 Blinn1SG 阴影组所连接的对象才会被渲染器渲染。

2. Shading Group Attributes（阴影组属性）

在【材质编辑区】单击 Blinn1SG 阴影组图标，在右边的【特性编辑器】中显示该节点的【着色组属性】列表，如图 5.111 所示。

（1）【表面材质】：主要作用是与材质相连接，用于控制对象的表面渲染特性。

（2）【体积材质】：主要用于控制体积效果，如灯光雾和粒子云等。

（3）【置换材质】：主要作用是与需要置换的节点相连接，产生置换效果。

视频播放：关于具体介绍，请观看本书光盘上的配套视频"任务二：Shading Group（阴影组）.wmv"。

任务三：常用的基本材质

在 Maya 2019 中，材质的类型非常多，用户不可能完全掌握。在这里，建议读者熟练掌握以下 5 种基本材质和 3 种没有体积效果材质的作用和应用领域。

1. 5 种基本材质的作用和应用领域

（1）【Anisotropic】（各向异性）材质：主要用于模拟各种凹槽或划痕产生的特殊高光效果，如头发、丝绸、羽毛、光盘和动物毛发等。该材质的高光效果如图 5.112 所示。

（2）【Blinn】（布林）材质：主要用来模拟具有金属表面特性、玻璃表面特性、柔和的高光和镜面反射，如不锈钢、铜和玻璃等。该材质的高光效果如图 5.113 所示。

图 5.111　【特性编辑器】中的　　图 5.112　各向异性材质高光效果　　图 5.113　布林材质高光效果
　　　　　　【着色组属性】列表

（3）【Lambert】（兰伯特）材质：主要用来模拟非反射表面效果，如粗糙的石头、泥土、墙壁、木纹和布纹等。该材质的高光效果如图 5.114 所示。

（4）【Phong】材质：主要用来模拟具有非常高的高光表面效果，如水、玻璃、水银、镀铬和车漆等。该材质的高光效果如图 5.115 所示。

（5）【PhongE】材质：主要用来模拟高光表面，如水、玻璃、水银、镀铬和车漆等。【PhongE】材质器是【Phong】材质的一个简化版，比 Phong 高光控制更灵活。该材质的高光效果如图 5.116 所示。

以上 5 种材质具有很多共同的特性参数，方便用户设置。例如，物体的表面颜色、透明度、环境、自发光、凹凸、漫反射和半透明度等参数，只是在高光和反射控制参数上有所差别。

2. 3 种没有体积效果材质的作用和应用领域

以下 3 种没有体积效果的材质，在三维材质贴图应用领域中使用非常频繁。要求读者了解和掌握这 3 种材质类型的作用和应用领域。

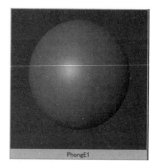

图 5.114　Lambert1 材质高光效果　　图 5.115　Phong1 材质高光效果　　图 5.116　PhongE1 材质高光效果

（1）【Layered Shader】（分层着色器）材质：通过与其他材质结合在一起，产生一些复杂的贴图效果。

提示：单独使用【Layered Shader】材质，物体表面没有明暗的体积变化。通常要结合其他材质一起使用，才会起作用。

（2）【Shading Map（阴影贴图）】或【Surface Shader】（表面着色器）材质：主要用于制作类似国画和二维卡通等特殊效果。这两个材质与【Layered Shader】材质一样，也需要与其他材质结合使用才能起作用。

（3）【Use Background】（使用背景）材质：常用于动画的后期合成。通过使用【Use Background】材质，可以将场景中的阴影和反射效果进行分离，单独渲染。

3. Maya 2019 中的 3 种特殊材质

除了以上介绍的材质，还有如下 3 种特殊材质在三维动画制作项目中会经常使用，对提高工作效率有很大帮助。

（1）【头发管着色器】材质：主要用于制作头发。在 Maya 2019 中，通过【Hair】（头发）系统创建头发，再将头发转换为多边形。此时，【头发管着色器】材质自动创建并与多边形头发相连接。

（2）【海洋着色器】材质：主要用于制作海洋表面效果。

提示：使用【海洋着色器】材质的置换效果，可以制作根据时间变化的海洋表面波浪动画。

（3）【渐变着色器】材质：主要用于模拟金属、玻璃、卡通和国画等材质效果。

视频播放：关于具体介绍，请观看本书光盘上的配套视频"任务三：常用的基本材质.wmv"。

任务四：基本材质的通用属性

在 Maya 2019 中，所有基本材质都具有如图 5.117 所示的通用属性，各个属性具体介绍如下。

（1）【颜色】属性：主要作用是为材质指定颜色、程序纹理和文件纹理贴图。如图 5.118 所示为球体添加了棋盘格程序纹理贴图之后的效果。

（2）【透明度】属性：主要用来控制材质的透明度。在 Maya 2019 中，白色代表完全透明，黑色代表不透明，中间过渡色代表不同程度的半透明效果。图 5.119 所示为球体添加棋盘格程序纹理贴图之后的透明度效果。

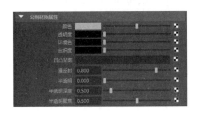

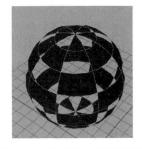

图 5.117　材质通用属性　　　图 5.118　球体添加棋盘格程序　　　图 5.119　球体添加棋盘格程序
　　　　　　　　　　　　　　　　　纹理贴图之后的效果　　　　　　　纹理贴图之后的透明度效果

（3）【环境色】属性：主要用来控制场景中的物体受周围环境的影响程度。

在 Maya 2019 默认情况下，环境色为黑色，不受周围环境颜色影响。如果将环境色调亮，那么环境色属性和材质本身的亮度与颜色产生混合。

提示：调节【环境色】属性参数可以控制场景中的物体受周围环境的颜色影响程度，使物体的材质更具有通透感和简洁感。如果【环境色】属性参数设置调得太大，那么在渲染时也会使物体失去体积感并产生曝光过度现象。

（4）【白炽度】属性：主要用来模拟物体的自身发光效果。图 5.120 所示为紫色的发光效果。

白炽度的值越大，材质就越亮，白炽度颜色和亮度会自动覆盖材质的自身颜色和亮度，常用于模拟发光对象。但是，在 Maya 2019 默认的渲染器中，它不影响周围物体，所以不能作为光源来使用。

（5）【凹凸贴图】属性：主要用于控制物体表面产生的凹凸效果。图 5.121 所示为添加噪波之后的凹凸效果。

提示：通过纹理的明暗变化来改变物体表面的法线方向，在渲染时就会产生凹凸效果。这种凹凸效果是一种视觉上的假象，而不是真正意义上的物理凹凸。图 5.122 所示为球体凹凸效果的材质节点网络。

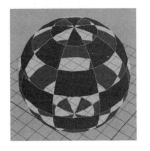
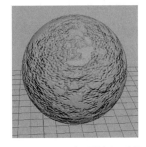
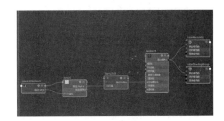

图 5.120　发光效果　　　图 5.121　添加噪波之后的　　　图 5.122　球体凹凸效果的材质
　　　　　　　　　　　　　　　　　凹凸效果　　　　　　　　　　　　节点网络

（6）【漫反射】属性：主要用来控制物体漫反射的强弱效果。

在 Maya 2019 中，【漫反射】的默认值为 0.8。如果用户将【漫反射】值设为 1，那么渲染的颜色几乎接近材质的【颜色】属性中设置的颜色。如果将【漫反射】值设置为 0，那么物体不受灯光照明影响，也可以使用贴图来控制"漫反射"。

（7）【半透明】属性：主要用来模拟物体的透光效果。例如，模拟受光照射的翡翠、玉、纸张、皮肤、毛发、花瓣和树叶等半透明物体。

当光线照射到物体表面时，物体吸收一部分光线，剩余光线进入物体内部，向各个方向散开，从而产生半透明效果。

"半透明"与"透明"的区别如下。

"透明"是指光通过物体可以看到物体背后的内容，如玻璃。而"半透明"是指物体在逆光照射下，灯光照射不仅影响物体正面，还会影响到物体背面，产生透明效果。例如，手是不透明的，如果将手电筒照射手的正面，那么在手的背面也会感觉有光照射的效果，使手的皮肤产生厚度、透气和透光感；如果将一张白纸放置在计算机显示屏幕上，可以隐约看到显示屏幕的内容。

（8）【半透明深度】属性：主要用来控制光线通过半透明对象的有效距离。它主要以世界坐标系为基准进行计算。如果将该值设置为 0，那么在光线穿过物体时，不产生半透明衰减。

（9）【半透明聚焦】属性：主要用来控制光线通过半透明物体时的散射。数值越大，光线越集中在一点上。当数值为 0 时，光线的散射将随机分布。

视频播放：关于具体介绍，请观看本书光盘上的配套视频"任务四：基本材质的通用属性.wmv"。

任务五：材质的高光属性

在前面介绍的 5 种基本材质中，它们之间的主要区别是高光和反射参数之间的区别。只要将它们的高光和反射功能关闭，它们之间就没有区别。这就说明，在 Maya 2019 中，用户可以灵活运用和控制材质。下面主要介绍基本材质的高光属性。

1.【Lambert（兰伯特）】材质

【Lambert】是一种没有高光和反射属性的材质，它的优点是渲染速度相对快，缺点是渲染出来的效果缺少层次感。

2.【Blinn（布林）】材质

在 Maya 2019 中，【Blinn】材质是一种使用比较频繁的材质类型，因为它有比较好控制的镜面反射属性。相对其他材质类型，它渲染速度快，效果也不错。【Blinn】材质的镜面反射属性如图 5.123 所示。

（1）【偏行率】属性：主要用来控制材质高光区域面积的大小。在默认情况下，数值

为 0.3。数值越大，高光面积越大，高光效果越不理想。图 5.124 所示为不同偏心率下的高光的效果。

图 5.123　镜面反射属性

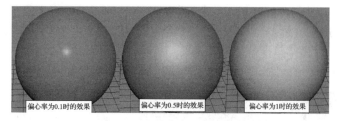

图 5.124　不同偏心率下的高光效果

（2）【镜面反射衰减】属性：主要用来控制高光的衰减强弱。它的高光控制数值为 0～1。数值越大，高光强度越大。图 5.125 所示为在其他参数相同的情况下，不同【镜面反射衰减】下的高光的效果。

（3）【镜面反射颜色】属性：主要用来控制材质高光的颜色。当镜面反射颜色为黑色时，没有高光效果。在制作金属效果时，通过改变"镜面反射颜色"来实现。图 5.126 所示为在其他参数相同的情况下，不同【镜面反射颜色】下的高光的效果。

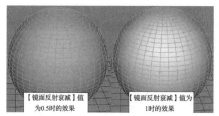

图 5.125　不同【镜面反射衰减】
　　　　　下的高光效果

图 5.126　不同【镜面反射颜色】
　　　　　下的高光效果

（4）【反射率】属性：主要用来控制周围环境反射能力的大小。数值越大，周围环境的反射能力越强。当"反射率"为 0 时，物体不产生反射，可以用来模拟木材和水泥墙等没有反光的物体；当"反射率"为 1 时，物体产生反射，可以用来模拟类似镜子的高光物体。

提示：不同材质有不同的"反射率"，例如，镜子的反射率为 1，玻璃的反射率为 0.7 等。用户可以参考其他资料，了解不同材质的反射率。对于"反射率"的参数，只有在打开了【光线跟踪】选项时才能起作用。

（5）【反射的颜色】主要用来控制物体反射颜色的变化。如果没有打开【光线跟踪】选项，也可以使用【反射的颜色】来模拟周围环境的反射效果，这样可以加快渲染速度。

提示：在后面介绍的【各向异性】材质、【Phong】材质和【PhongE】材质中，也有【镜面反射颜色】、【反射率】和【反射的颜色】选项属性。它们的使用方法和作用与前面介绍的【Blinn（布林）】完全相同，后面就不再介绍。

3.【各向异性】材质

在 Maya 2019 中,【各向异性】材质类型的镜面反射与其他材质相比比较特殊,它可以产生各种条形高光效果。【镜面反射着色】卷展栏参数如图 5.127 所示。

(1)【角度】属性:主要用来控制高光的方向,角度范围为 0°～360°。图 2.128 所示为其他参数相同时,不同角度值下的高光效果。

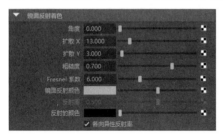

图 5.127 【镜面反射着色】卷展栏参数

图 5.128 不同角度值下的高光效果

(2)【扩散 X/扩散 Y】属性:主要用来控制高光在 X 轴和 Y 轴方向的扩散长度。图 5.129 所示为其他参数相同时,不同【扩散 X/扩散 Y】数值下的高光效果。

(3)【Fresnel Index】(菲涅尔系数)属性:主要用来控制高光的强弱。如图 5.130 所示为其他参数相同时,不同【Fresnel Index】系数值下的高光效果。

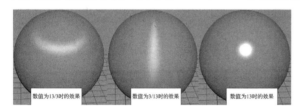

图 5.129 不同【扩散 X/扩散 Y】
数值下的高光效果

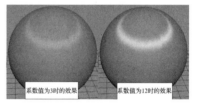

图 5.130 不同【Fresnel Index】系数
值下的高光效果

(4)【各向异性反射率】属性:主要用于控制"反射率"和"反射的颜色"是否起作用。若勾选该属性,则表示起作用;否则,不起作用。

4.【Phong】材质

【Phong】材质具有比较高的高光,在三维材质贴图中,主要用来模拟玻璃、塑料和高光物体的材质效果。【镜面反射着色】卷展栏参数如图 5.131 所示。

【余弦率】属性:主要用来控制高光面积的大小。其数值越小,高光面积越大;其数值越大,高光面积越小。图 5.132 所示为其他参数相同时,不同【余弦率】数值下的高光效果。

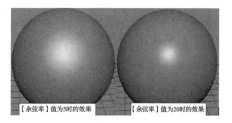

图 5.131　【镜面反射着色】卷展栏参数　　　图 5.132　不同【余弦率】数值下的高光效果

5.【PhongE】材质

【PhongE】材质其实是【Phong】材质的简化版。【PhongE】材质的高光比【Phong】材质高光柔和，控制参数也比较多。【PhongE】材质的【镜面反射着色】卷展栏参数如图 5.133 所示。

（1）【粗糙度】属性：主要用来控制高光中心柔和区域的大小。数值越大，中心柔和区域就越大。图 5.134 所示为其他参数相同时，不同【粗糙度】数值下的高光效果。

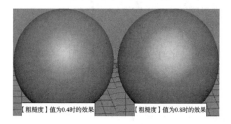

图 5.133　【镜面反射着色】卷展栏参数　　　图 5.134　不同【粗糙度】数值下的高光效果

（2）【高光大小】属性：主要用于控制高光整体区域的大小。

（3）【白度】属性：主要用来控制高光区域的颜色，可以使用颜色或纹理来控制。

视频播放：关于具体介绍，请观看本书光盘上的配套视频"任务五：材质的高光属性.wmv"。

任务六：【光线跟踪选项】卷展栏参数

【光线跟踪选项】卷展栏参数主要用来设置透明物体渲染时的相关参数调节。【光线跟踪选项】卷展栏参数如图 5.135 所示。

（1）【折射】属性：主要用来控制【折射】是否启用。若勾选此项，则表示启用折射；若不勾选此项，则表示折射失效。

（2）【折射率】属性：主要用来控制光线穿过透明物体所产生的弯曲变化程度，经常用来模拟玻璃、水晶、冰和水等。不同的透明物体有不同的折射率。

要求读者了解空气（折射率为 1.0）、冰（折射率为 1.309）、水（折射率为 1.333）、玻璃（折射率为 1.5）、石英（折射率为 1.553）、晶体（折射率为 2.0）和钻石（折射率为 2.417）这 7 种透明物质的折射率，即括号中的数值，这对以后的材质调节有所帮助。

（3）【折射限制】属性：主要用来限制光线穿过透明物体时产生折射的最大次数。在 Maya 2019 中，默认折射次数为 6。

提示：折射次数越大，渲染速度就越慢，渲染出来的效果就越好。在实际项目制作中，为了得到一个比较折中的效果，要求渲染速度快，效果也要符合实际项目要求，折射次数一般设置为 9，这是一个比较理想的数值。折射次数为 10 次的渲染效果如图 5.136 所示，折射次数超过 10 次，渲染出来的效果基本上没有多大区别。

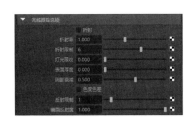

图 5.135 【光线跟踪选项】卷展栏参数

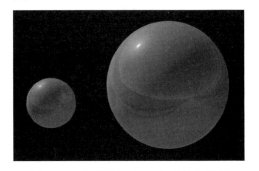

图 5.136 折射次数为 10 次的渲染效果

（4）【灯光吸收】属性：主要用来控制物体表面吸光的能力。【灯光吸收】的数值越大，穿透物体的光线就越多。当【灯光吸收】的数值为 0 时，光线全部穿透物体。该参数一般用来控制具有厚度的透明物体，如冰、玉和玻璃等透明物体。

（5）【表面厚度】属性：主要用来模拟单面模型的厚度。也就是说，用户在模拟单面物体时，通过调节【表面厚度】的数值，就可以渲染出单面物体的厚度。这是一种视觉上的厚度，不是真正意义上的物理厚度。

（6）【阴影衰减】属性：主要用来控制透明物体产生光线跟踪阴影时的聚焦程度。

（7）【色度色差】属性：主要用来控制是否启用【色度色差】。若勾选该属性，表示启用；若不勾选，则表示不启用。

（8）【反射限制】属性：主要用来控制物体被反射的最大次数。

在 Maya 2019 中，【反射限制】的默认值为 1。如果用户在模拟两个物体互相反射时，提高【反射限制】的数值，那么可以实现两物体之间不断反射的效果。

（9）【镜面反射度】属性：主要用来抑制反射内容在高光区域产生的锯齿闪烁现象。

视频播放：关于具体介绍，请观看本书光盘上的配套视频"任务六：【光线跟踪选项】卷展栏参数.wmv"。

任务七：纹理贴图

在三维动画制作中，给对象进行贴图时，经常需要给材质样本球添加纹理，因为这是给对象材质添加细节的有效途径。例如，在制作带有图案的墙壁时，将图案连接到材质的【颜色】属性，并将材质添加模型。又如，在给游戏道具贴图时，游戏道具表面也需要贴上图案。这种材质制作方法同上，即将绘制好的图案连接到材质的【颜色】属性，并将材质添加道具。

在 Maya 2019 中，纹理贴图有 2D Textures（2D 纹理）和 3D Textures（3D 纹理）两种。

纹理贴图的创建方法很简单，在【Hyphershade】编辑窗口种单击需要创建的纹理节点即可，2D 纹理贴图如图 5.137 所示。

2D 纹理其实就是一种二维图案，它可以是用户自备的图片文件，也可以是系统自带的程序纹理。纹理根据模型的 UV 坐标进行定位贴图，并且主要由 2D 坐标节点控制。

3D 纹理是指一种三维的程序纹理。在进行贴图时，需要根据 3D 坐标对物体进行贴图定位，而不需要根据模型的 UV 坐标进行定位。3D 纹理贴图如图 5.138 所示。

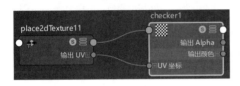

图 5.137　2D 纹理贴图

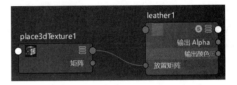

图 5.138　3D 纹理贴图

视频播放：关于具体介绍，请观看本书光盘上的配套视频"任务七：纹理贴图.wmv"。

七、拓展训练

根据本案例所学知识，利用本书提供的场景文件（见本书光盘上的素材），制作如下贴图效果。

第 6 章　Arnold 材质技术

说明：

本章通过 8 个案例，详细介绍使用 Arnold 中的 aiStandardSurface（万能材质）制作各种常用材质效果表现的原理、方法和技巧，其他常用材质的作用、使用方法和技巧，头发的创建和材质表现。

教学建议课时数：

一般情况下需要 16 课时，其中理论 6 课时，实际操作 10 课时（特殊情况下可做相应调整）。

在前面的章节中已经详细介绍了三维动画基础、建模技术、灯光技术、UV 技术和 Maya 2019 中的材质基础知识，本章主要介绍使用 Arnold 中的 aiStandardSurface（万能材质）制作各种材质效果表现的原理、方法和技巧。

通过本章 8 个案例的学习，希望读者能够举一反三地制作出各种材质效果。

案例 1　aiStandardSurface 材质

一、案例内容简介

本案例主要介绍材质着色原理，以及 aiStandardSurface 材质的作用、使用方法、参数介绍和参数调节。

二、案例效果欣赏

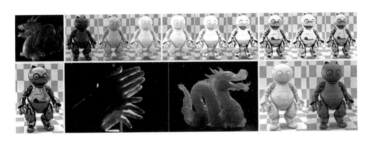

三、案例制作流程

任务一：Arnold渲染器的优势　➡️　任务二：Arnold材质着色原理与分析

任务三：aiStandardSurface材质的参数介绍

四、案例制作的目的

（1）了解材质着色原理。
（2）了解 aiStandardSurface 材质的作用。
（3）掌握 aiStandardSurface 材质各个参数的作用。
（4）掌握 aiStandardSurface 材质参数综合调节的原理、方法和技巧。

五、案例制作过程中需要解决的问题

（1）灯光基础知识。
（2）灯光的架设和参数调节。
（3）渲染的基本设置。
（4）建模基础知识。
（5）UV 基础知识。

六、详细操作步骤

Arnold 渲染器是目前的主流渲染器之一，它是由 Solid Angle SL 公司开发的基于物理算法的电影级别渲染引擎，目前被越来越多的美国好莱坞顶级电影公司、游戏公司和工作室作为"首席"渲染器使用。

任务一：Arnold 渲染器的优势

Arnold 渲染器的优势如下：

（1）拥有无可比拟的易用性、稳定性。

（2）接口清晰友好。

（3）特别适合制作大型的电影特效项目。

（4）目前 Arnold 内核版本已经更新到 5.1 以上，使软件更加稳定，实时渲染和直接预览体验效果更佳。

（5）材质球和使用性节点的整合，使 Arnold 更加合理和易操作。

（6）增加了更多预设功能，简化了工作流程。

（7）Arnold 在 5.0 以上的版本中将降噪器整合到了 UI 中，很好地解决了物理渲染中令人头疼的噪点问题。

视频播放：关于具体介绍，请观看本书光盘上的配套视频"任务一：Arnold 渲染器的优势.wmv"。

任务二：Arnold 材质着色原理与分析

1. 颜色产生的原理

颜色的产生，主要是通过对光线的吸收和反射来实现的。例如，当我们看到一个苹果为红色的时候，是由于苹果将光线中除红色光线以外的其他颜色光线吸收，而红色光线被反射，所以我们看到的苹果是红色的，如图 6.1 所示。

2. 反射和漫反射

当光线照射到光滑物体表面时会产生反射，此时，我们看到的物体表面是光滑的。光线反射的示意图如图 6.2 所示。

图 6.1　颜色产生的原理

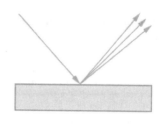

图 6.2　光线反射的示意图

如果物体表面不光滑，它就会产生一种漫反射现象。这样我们就无法看到物体产生的反射和高光。漫反射产生的示意图如图 6.3 所示。

3. 菲涅尔反射现象

菲涅尔反射现象在现实生活中普遍存在，但很容易被我们视觉带来的假象所忽略。当我们观察物体的视角垂直于物体的时候（焦距 $F=0$），菲涅尔反射现象最弱，随着观察物体视角的增大（F 逐渐增大），菲涅尔反射现象就会逐渐增强。不同视角下观察到的菲涅尔反射的效果如图 6.4 所示。

图 6.3　漫反射产生的示意图　　　　　图 6.4　不同视角下观察到的的菲涅尔反射效果

4. 折射和散射

1）折射的概念

折射是指光从一种介质斜射入另一种介质时，传播方向发生了改变，从而使光线在不同介质的交界处发生偏转。折射示意图和折射效果如图 6.5 所示。

2）次表面散射的概念

次表面散射（Sub-Surface-Scattering）简称 3S，用来描述光线穿过透明/半透明物体表面时发生的散射现象，是指光从表面进入物体经过内部散射，然后又通过物体表面的其他顶点射出这一光线传递过程。次表面散射的示意图和次表面散射效果如图 6.6 所示。

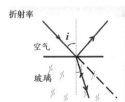 　　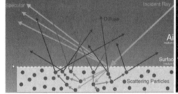

图 6.5　折射示意图和折射效果　　　　　图 6.6　次表面散射的示意图和次表面散射效果

5. 能量守恒

能量守恒定律是指在一个封闭（孤立）系统中总能量保持不变。其中，总能量一般说来已不再是动能与势能之和，而是静止能量（固有能量）、动能、势能三者的总量。

能量守恒定律可以表述为一个系统的总能量的改变只能等于传入或者传出该系统的能量的多少。总能量为系统的机械能、热能及除热能以外的任何内能形式的总和。

如果一个系统处于孤立环境，即不可能有能量或质量传入或传出系统，那么此种情况

下，能量守恒定律可表述为"孤立系统的总能量保持不变。"

能量既不会凭空产生，也不会凭空消失，它只会从一种形式转化为另一种形式，或者从一个物体转移到其他物体，而能量的总量保持不变。能量守恒定律是自然界普遍的基本定律之一。

物理渲染器也遵循能量守恒定律，用户可以通过参数调整打破能量守恒定律（不推荐）。

6. Arnold 渲染流程中对材质的划分

在 Arnold 渲染流程中把材质划分为金属材质和非金属材质两大类，非金属材质又分为透明物体和次表面散射物体。读者可以参考图 6.7 所示的材质表现参数调节流程进行调节。

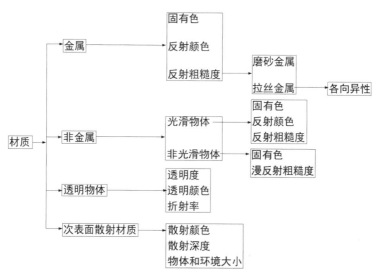

图 6.7　材质表现参数调节流程图

7. 混合材质

混合材质是指通过贴图来控制两种或两种以上材质来实现材质的混合。

视频播放：关于具体介绍，请观看本书光盘上的配套视频"任务二：Arnold 材质着色原理与分析.wmv"。

任务三：aiStandardSurface 材质的参数介绍

aiStandardSurface 材质参数包括【Base】（基础属性）、【Specular】（高光）、【Transmission】（透明度）、【Subsurface】（次表面）、【Coat】（涂层）、【Sheen（光泽】、【Emission】（发光属性）、【Thin Film】（薄膜）、【Geometry】（几何属性）和【Matte】（遮罩）10 项，如图 6.8 所示。通过对这 10 项参数的调节，可以模拟出场景中任何材质的效果。因此，该材

质也称为万能材质。下面通过一个实例对该材质进行介绍。

打开本书提供的场景文件，该场景包括 3 种灯光、1 种环境光、1 架摄影机和 1 个机器猫模型，如图 6.9 所示。

图 6.8　aiStandardSurface 材质参数

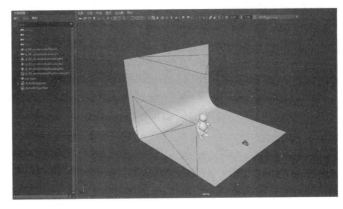

图 6.9　打开的场景文件

将场景切换到摄影机视图，并选中场景中的机器猫模型，按"Ctrl+A"组合键，调出【材质编辑】面板。

1.【Base（基础属性）】

【Base】（基础属性）卷展栏参数包括【Weight】（权重）、【Color】（颜色）、【Diffuse Roughness】（漫反射粗糙度）和【Metalness】（金属度）4 个参数，如图 6.10 所示。

各个参数的作用。

（1）【Weight】：主要用来控制当前基础属性颜色的百分比。

（2）【Color】：主要用来调节基础属性颜色。

提示：一般情况下，【Weight】和【Color】参数要相互配合调节。当颜色为黄色、权重值分别为"0""0.5""1"时的效果如图 6.11 所示。

图 6.10　【Base】卷展栏

图 6.11　颜色为黄色、权重为不同值时的效果

（3）【Diffuse Roughness】：主要用来控制物体的表面粗糙度，例如，用于模拟石膏、水泥等效果。【Weight】值为"1"、【Color】值为白色、【Diffuse Roughness】的值分别为"0"

"0.5"和"1"的效果如图 6.12 所示。

（4）【Metalness】：主要用来控制物体的金属质感程度。

当【Metalness】的值为"1"时，当前物体完全变成纯金属质感。通常情况下，物体分为如下 3 种材质效果。

第一种为金属，也就是【Metalness】的值为"1"时的效果。

第二种为非金属，也就是【Metalness】的值为"0"时的效果。非金属包括很多，如没有高光和反射的物体、玻璃、次表面散射物体、玉石或蜡烛等。

第三种为体积材质，可以通过 Arnold 单独材质来控制，不用【Metalness】参数控制。

在前面所列参数不变的情况下，【Metalness】的值为"0""0.5"和"1"时的效果如图 6.13 所示。

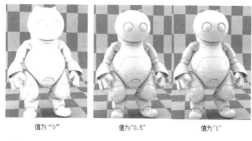

图 6.12　不同【Diffuse Roughness】值下的效果

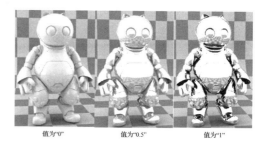

图 6.13　不同【Metalness】值下的效果

提示：如果需要调节有色金属材质效果，可以将【Metalness】的值调节为"1"，然后再调节【Base】中的颜色参数，就达到想要的材质效果。图 6.14 所示为不同颜色（调节 HSV 的值）的渲染效果。

2.【Specular】（高光）

【Specular】卷展栏包括【Weight】、【Color】、【Roughness】（粗糙度）、【IOR】（折射率）、【Anisotropy】（各向异性）和【Rotation】（旋转）6 个参数，如图 6.15 所示。

图 6.14　不同颜色（调节 HSV 的值）的渲染效果

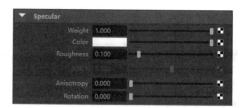

图 6.15　【Specular】卷展栏

各个参数的作用如下。

（1）【Weight】：主要用来控制高光和反射光在物体表面的占比。

（2）【Color】：主要用来控制反射光的颜色。

（3）【Roughness】：主要用来控制高光物体表面的粗糙度。例如，制造磨砂金属质感、表面稍微粗糙一些的金属质感，或者表面粗糙一些的反射效果。

（4）【IOR】：主要用来控制光线在物体表面的偏转角度，这种偏转是人眼视觉上的偏转，不是真实的光线偏转。该参数主要用来控制菲涅尔反射率和透明物体的折射率。

单击【IOR】右边的预设图标■，弹出下拉菜单，如图 6.16 所示，可以根据需要表现的材质属性，选择不同的折射率。如图 6.17 所示为通过调节【Base】和【Specular】属性之后的渲染效果。

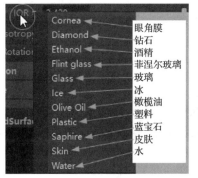

图 6.16　弹出的下拉菜单　　　　图 6.17　调节【Base】和【Specular】属性之后的渲染效果

（5）【Anisotropy】：控制物体表面高光的形态，如拉丝金属和光盘表面等。

（6）【Rotation】：控制【Anisotropy】的方向。

3.【Transmission（透明度）】

该参数主要用来控制物体的透明度，使物体产生折射现象，它是基于物理学上的透明效果进行显示的。【Transmission】卷展栏参数如图 6.18 所示。

Transmission 卷展栏参数介绍如下。

（1）【Weight】：主要用来控制物体的透明度。

（2）【Color】：主要用来控制透明物体的颜色。

（3）【Depth】：主要用来控制透明物体的深度。

只有深度值小于 0.1 的物体，才能产生比较明显的物理属性，若深度值大于 0.1 时，则会产生颜色上的叠加效果。实际上，只有深度值大于 0.5 时物体的一部分才会产生叠加，小于 0.5 时物体的一部分产生透明效果。经常用于模拟玻璃器皿，如有色玻璃瓶，它的边界或瓶口的颜色比中间部分略深，主要是通过该参数来控制的。只有大于【Depth】值的部分才能产生颜色叠加效果。

（4）【Scatter】：主要用来表现出次表面的效果。主要通过颜色（黑白灰）来控制，也

可以使用其他颜色，但会产生颜色上的偏差，一般情况下不使用其他颜色。

提示：在调节透明材质时，需要关闭【Mesh Shape】（网格形状）中的【Arnold】属性下的【Opaque】（不透明度）选项。

（5）【Scatter Anisotropy】（散射各向异性）：主要用来控制向内或向外散射的效果，也就是控制向内或向外散射的散射比。当该数值为0时，散射光线不产生偏转；当该数值小于0时，散射光线朝外，看到的叠加颜色就比较多；当该数值大于0时，产生的散射偏移就会向内。

（6）【Dispersion Abbe】（色散系数）：主要用来调节色散效果，在制作钻石效果时，要经常调节该参数，常把参数调节为"20.395"，以模拟闪光的钻石效果。单击【Dispersion Abbe】右边的预设按钮，弹出下拉菜单，如图6.19所示。

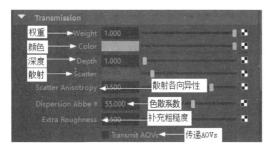

图6.18　【Transmission】卷展栏参数

图6.19　【Dispersion Abbe】的下拉菜单

① 【Diamond】（钻石）：模拟钻石效果，选择该选项时，参数自动调节为"55"。

② 【Sapphire】（宝石）：主要用来模拟一般钻石的效果。

（7）【Extra Roughness】（附加粗糙度）：使物体内部产生磨砂玻璃效果。

aiStandardSurface材质的其他参数为默认值。【Transmission】卷展栏参数调节和渲染效果如图6.20所示。

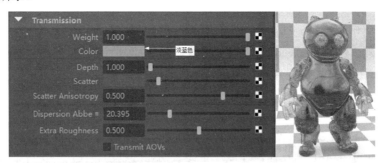

图6.20　【Transmission】卷展栏参数调节和渲染效果

4.【Subsurface（次表面）】

该参数主要用来控制次表面散射的颜色，如人的皮肤和玉石的次表面散射效果，如图6.21所示。【Subsurface】卷展栏参数如图6.22所示。

图 6.21　人的皮肤和玉石次表面散射效果

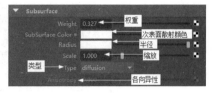

图 6.22　【Subsurface】卷展栏参数

【Subsurface】卷展栏参数介绍如下。

（1）【Weight】（权重）：主要用来控制当前物体次表面散射颜色的占比。

（2）【SubSurface Color】（次表面散射颜色）：主要用来控制次表面散射的颜色。单击【SubSurface Color】的预设按钮，弹出如图 6.23 所示的下拉菜单。

（3）【Radius】（半径）：主要用来控制散射的深度效果，颜色越深，透射的深度就越浅，也就越趋近于表面。

（4）【Scale】（缩放）：主要用来控制当前物体针对光照环境产生的缩放值。它其实是一个比值，是整个场景光照信息的内容与当前物体之间产生的比值，也可以把它理解为控制物体的通透程度。

（5）【Type】（类型）：【Diffusion】（扩散）和【Randomwalk】（随机游走）两种模式。单击【Type】右边的预设按钮，弹出如图 6.24 所示的下拉菜单。

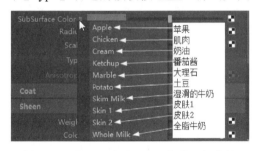

图 6.23　【SubSurface Color】的下拉菜单

图 6.24　【Type】的下拉菜单

①【Diffusion】：选择此项，就会像漫反射一样产生次表面散射效果，这是一种均有的散射效果。

②【Randomwalk】：选择此项，物体不再呈现单一的通透效果，物体的边缘和轮廓产生的通透效果会更加剧烈。

（6）【Anisotropy】：主要用来控制次表面散射光的形态。当该参数为负值时，物体背面所散射出来的效果会大于物体正面所散射出来的效果；当该参数为正值时，效果相反。

调节【Subsurface】卷展栏参数，具体参数调节和渲染效果如图 6.25 所示，其他参数为默认值。

图 6.25 【Subsurface】卷展栏参数调节和渲染效果

5.【Coat】（涂层）

该参数主要用来模拟包在物体表面的涂层效果，其中文意思为衣服或外套，可以理解为一种涂层或包衣。【Coat】卷展栏参数如图 6.26 所示。

【Coat】卷展栏参数介绍如下。

（1）【Weight】：主要用来控制涂层效果的占比值。

（2）【Color】：主要用来控制涂层的颜色。

（3）【Roughness】：主要用来控制涂层的粗糙度。

（4）【IOR】：主要用来控制光线照射到涂层表面所产生的颜色偏差。单击【IOR】右边的预设按钮，弹出如图 6.27 所示的下拉菜单。

（5）【Normal】（法线）：主要用来控制图层的表面凹凸效果。通常情况下需要通过一张法线贴图来控制图层表面的凹凸。

图 6.26 【Coat】卷展栏参数

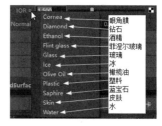

图 6.27 【IOR】的下拉菜单

图 6.28 所示为调节之后的参数值和渲染效果。

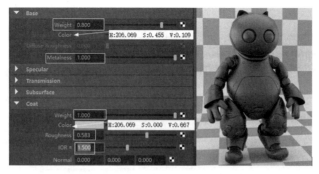

图 6.28 调节之后的参数和渲染效果

6.【Sheen】（光泽）

该参数主要用来控制高光的光滑程度和光泽的颜色。【Sheen（光泽）】卷展栏参数如图 6.29 所示。

【Sheen】卷展栏参数介绍如下。

（1）【Weight】：主要用来控制光泽的占比值。

（2）【Color】：主要用来控制光泽的颜色。

（3）【Roughness】：主要用来控制光泽的粗糙度。

图 6.30 所示为调节之后的参数和渲染效果。

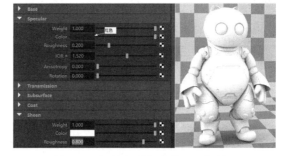

图 6.29　【Sheen】卷展栏参数　　　　图 6.30　调节之后的参数和渲染效果

7.【Emission】（发光属性）

该参数主要用来控制物体的发光效果，一般不使用该属性，而通过【网格灯光】（Mesh Light）来控制物体的发光效果。【Emission】卷展栏参数如图 6.31 所示。

【Emission】卷展栏参数介绍如下。

（1）【Weight】：主要用来控制发光的程度。

（2）【Color】：主要用来控制发光的颜色。

8.【Thin Film】（薄膜）

该参数主要用来模拟电镀的薄膜效果。【Thin Film】卷展栏参数如图 6.32 所示。

图 6.31　【Emission】卷展栏参数　　　图 6.32　【Thin Film】卷展栏参数

（1）【Thickness】（厚度）：主要用来控制所模拟的电镀薄膜效果。通过调节厚度可以产生一些不同颜色的光泽效果，就像电镀的效果。该值越大，薄膜层次就越明显。

（2）【IOR】（折射率）：主要用来控制所模拟的生物表面效果。例如，模拟甲虫效果。

9.【Geometry】（几何属性）

该参数主要用来控制物体的透明度和凹凸效果。例如，模拟树叶、边缘带有锯齿形状

的物体和凹凸不平的表面效果等。【Geometry】（几何属性）卷展栏参数如图 6.33 所示。

【Geometry】参数介绍如下。

（1）【Thin Walled】（薄壁）：主要用来模拟空壳、气泡、玻璃罩和比较薄的塑料等效果。

（2）【Opacity】（不透明度）：主要用来控制物体的不透明程度，通常通过贴图来控制物体的透明度，如树叶等。

（3）【Bump Mapping】（凹凸贴图）：主要用来控制物体的凹凸效果。凹凸效果是通过"凹凸深度"值来控制的，可负可正。

（4）【Anisotropy Tangent】（各向异性切线）：主要用来控制所模拟的透明物体的光线形态。

10.【Matte】（遮罩）

【Matte】的作用是对当前物体进行遮罩，用来提取物体的 Alpha 通道。【Matte】卷展栏参数如图 6.34 所示。

（1）【Enable Matte】（启用遮罩）：主要用来启用或停止遮罩功能。

（2）【Matte Color】（遮罩颜色）：主要用来调节遮罩的显示颜色。

（3）【Matte Opacity】（遮罩不透明度）：主要用来调节遮罩的不透明程度。

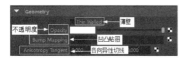

图 6.33 　【Geometry】卷展栏参数

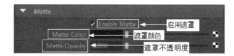

图 6.34 　【Matte】卷展栏参数

视频播放：关于具体介绍，请观看本书光盘上的配套视频"任务三：aiStandardSurface 材质的参数介绍.wmv"。

七、拓展训练

根据所给场景文件和所学知识，渲染出如下图所示的效果。

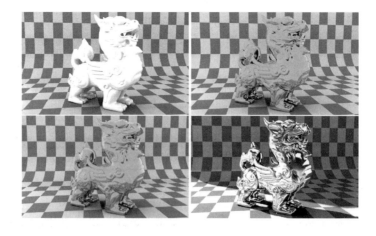

案例 2　Arnold 常用材质表现——金属

一、案例内容简介

在本案例中，主要介绍使用 Arnold 制作金属材质的思路，以及使用 Arnold 表现金属材质的方法、技巧和注意事项。

二、案例效果欣赏

三、案例制作流程

任务一：金属材质的制作思路　➡　任务二：预设材质效果　➡　任务三：镜面不锈钢金属材质制作

任务六：有色金属材质制作　⬅　任务五：有色磨砂金属材质制作　⬅　任务四：磨砂金属材质制作

任务七：拉丝金属材质制作

四、案例制作的目的

（1）了解使用 Arnold 制作金属材质的思路。

（2）掌握使用 Arnold 常用金属材质的表现方法、技巧和注意事项。

（3）掌握各种金属材质表现的原理方法和技巧。

（4）金属材质的分类。

五、案例制作过程中需要解决的问题

（1）灯光基础知识。

（2）金属材质的基本属性。

（3）金属材质表现前的环境贴图设置。

六、详细操作步骤

本案例主要介绍各种金属材质的制作思路，以及镜面不锈钢金属材质、磨砂金属材质和拉丝金属材质的制作方法及技巧。

任务一：金属材质的制作思路

在任务一中介绍 4 种金属材质的制作思路，在制作金属材质之前，需要给它一个好的光照环境才能达到需要的效果。

1. 镜面不锈钢金属材质的制作思路

镜面不锈钢金属材质的制作思路比较简单，把【Metalness】（金属度）的参数值调节为"1"，以调节颜色，再调节光照和渲染环境，以便为物体提供反射效果，完成这些操作就可以得到一个很好的镜面不锈钢金属反射效果了。图 6.35 所示为镜面不锈钢金属材质效果。

2. 磨砂金属材质的制作思路

磨砂金属材质的制作思路是在镜面不锈钢金属材质的基础上，调节【Specular】（高光）中的【Roughness】（粗糙度）参数就可得到磨砂金属材质效果。图 6.36 所示为磨砂金属材质效果。

图 6.35　镜面不锈钢金属材质效果　　　　图 6.36　磨砂金属材质效果

3. 拉丝金属材质的制作思路

拉丝金属材质的制作思路是在金属材质的基础上，调节【Specular】（高光）中的【Anisotropy】（各向异性）和【Rotation】（旋转）参数，即可得到如图 6.37 所示的拉丝金属材质效果。

4. 金饰或有色金属的制作思路

金饰或有色金属的制作思路是调节【Base】（基础属性）中的【Color】（颜色）参数，【Base】的颜色需要调节得稍微深一些。在调节高光和反射颜色时，【Base】的颜色需要调节得浅一些，图 6.38 所示为金饰和有色金属效果。

图 6.37　拉丝金属材质效果　　　　　　　　图 6.38　金饰和有色金属效果

视频播放：关于具体介绍，请观看本书光盘上的配套视频"任务一：金属材质的制作思路.wmv"。

任务二：预设材质效果

预设材质是指系统已设置好的一种材质效果，只要选择该材质就可显示相应效果，但不要依赖预设材质。一般情况下，在选择预设材质之后，要进行适当的参数调节才能达到需要的效果。关键是要熟练掌握材质参数的作用和调节方法。

选择预设材质的方法如下。

步骤 01：打开"yushejianshu_01.mb"场景文件。该场景文件中包括一个背景面片、一个热水壶模型、一个环境球和一个摄影机。

步骤 02：切换到"Camera1"视图。

步骤 03：给场景中的热水壶模型添加一个【aiStandSurface】材质。将光标移到热水壶模型上单击鼠标右键，弹出快捷菜单。在弹出的快捷菜单中单击【指定新材质…】命令，弹出【指定新材质】对话框。在该对话框的左侧列表中单击【Arnold】选项，再在右侧列表中单击【aiStandSurface】材质，即可完成材质的添加。默认材质的渲染效果如图 6.39 所示。

步骤 04：调出材质调节面板，如图 6.40 所示。单选添加了材质的热水壶模型，按"Ctrl+A"组合键即可。

步骤 05：调出预设材质。在材质调节面板中单击"预设"按钮，弹出下拉菜单，预设材质列表如图 6.41 所示。

图 6.39　默认材质的渲染效果　　　图 6.40　材质调节面板　　　图 6.41　预设材质列表

步骤 06：添加预设的 Copper（铜）材质。单击【预设】→【Copper】→【替换】命令即可，渲染效果如图 6.42 所示。

步骤 07：继续添加其他预设材质，方法同上。图 6.43 所示为 4 种比较常用的预设材质效果，其他类型请读者自行练习。

图 6.42　渲染效果

Car_Paint_Metallic　　　Balloon　　　Orange_Juice　　　Frosted_Glass

图 6.43　4 种比较常用的预设材质效果

视频播放：关于具体介绍，请观看本书光盘上的配套视频"任务二：预设材质效果.wmv"。

任务三：镜面不锈钢金属材质制作

镜面不锈钢材质的制作比较简单，只要调节【aiStandardSurface】材质中的【Metalness】（金属度）属性参数即可。

步骤 01：打开已经设置好渲染环境的场景文件，在没有添加材质之前的渲染效果如图 6.44 所示。

步骤 02：添加材质。给场景中右侧的第 1 个热水壶模型添加【aiStandardSurface】材质。

步骤 03：调节参数。切换到【aiStandardSurface】材质调节面板。将【Base】卷展栏中的【Metalness】属性参数值调节为"1"，即可得到一个镜面不锈钢金属的质感效果，如图 6.45 所示。

图 6.44　在没有添加材质之前的渲染效果

图 6.45　镜面不锈钢金属质感效果

视频播放：关于具体介绍，请观看本书光盘上的配套视频"任务三：镜面不锈钢金属材质制作.wmv"。

任务四：磨砂金属材质制作

磨砂金属材质的制作可在镜面不锈钢金属材质的基础上，通过调节【aiStandardSurface】材质【Specular】（高光）属性中的【Roughness】（粗糙度）参数而完成。

步骤 01：添加材质。给场景中左侧的第 1 个热水壶模型添加【aiStandardSurface】材质。

步骤 02：调节材质参数。材质参数的具体调节如图 6.46 所示。

步骤 03：调节参数之后进行渲染。调节参数之后的渲染效果如图 6.47 所示。

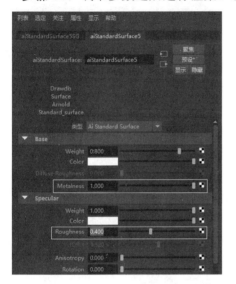

图 6.46　【aiStandardSurface】材质参数调节　　　　图 6.47　调节参数之后的渲染效果

提示：如果需要得到比较细腻的颗粒磨砂金属效果，就需要通过【渲染设置】面板调节【Arnold Renderer】（阿诺德渲染器）选项中的【Specular】（高光）属性参数值。该值越大，越能降低表面噪点，金属表面就越细腻。

视频播放：关于具体介绍，请观看本书光盘上的配套视频"任务四：磨砂金属材质制作.wmv"。

任务五：有色磨砂金属材质制作

有色磨砂金属材质的制作是在磨砂金属材质的基础上，通过调节【Metalness】（金属度）属性参数中的【Color】（颜色）的颜色来完成的。

步骤 01：添加材质。给场景中左侧的第 2 个热水壶模型添加【aiStandardSurface】材质。

步骤 02：调节材质参数。材质参数的具体调节如图 6.48 所示。

步骤 03：调节参数之后进行渲染。调节材质参数之后的渲染效果如图 6.49 所示。

视频播放：关于具体介绍，请观看本书光盘上的配套视频"任务五：有色磨砂金属材质制作.wmv"。

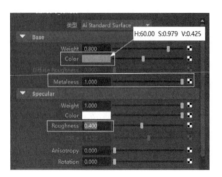

图 6.48 【aiStandardSurface】材质参数调节

图 6.49 调节材质参数之后的渲染效果

任务六：有色金属材质制作

有色金属材质的制作步骤与磨砂金属材质的制作步骤基本相同，只是对材质的【Roughness】（粗糙度）参数大小控制有所不同。

步骤 01：添加材质。给场景中左侧的第 3 个热水壶模型添加【aiStandardSurface】材质。

步骤 02：调节材质参数。材质参数的具体调节如图 6.50 所示。

步骤 03：调节参数之后进行渲染。调节材质参数之后的渲染效果如图 6.51 所示。

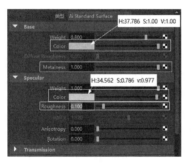

图 6.50 【aiStandardSurface】材质参数调节

图 6.51 调节材质参数之后的渲染效果

视频播放：关于具体介绍，请观看本书光盘上的配套视频"任务六：有色金属材质制作.wmv"。

任务七：拉丝金属材质制作

拉丝金属材质的制作是在前面金属材质的基础上，通过给材质添加凹凸贴图来实现的。

步骤 01：添加材质。打开场景文件，选择场景中的热水壶模型，添加其【aiStandardSurface】材质。

步骤 02：调节材质参数。材质参数的具体调节如图 6.52 所示，调节参数之后的渲染效果如图 6.53 所示。

步骤 03：添加凹凸贴图。单击【Geometry】（几何体属性）中【Bump Mapping】（凹凸贴图）右边的棋盘格图标按钮，弹出【创建渲染节点】对话框。在该对话的右侧列表中单击【文件】节点→【图像名称】属性右边的图标，弹出【打开】对话框。在该对话

框中单击"ashi_uv_ok.jpg"图片素材→"打开"按钮，添加的凹凸贴图如图 6.54 所示。

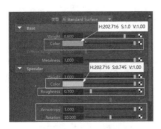

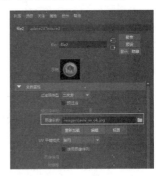

图 6.52　材质参数调节　　　　图 6.53　调节参数之后的渲染效果　　　图 6.54　添加的凹凸贴图

步骤 04：单击【文件属性】参数设置面板中的■图标，切换到【Bump2d1】参数设置面板，具体参数设置如图 6.55 所示。添加凹凸贴图之后的渲染效果如图 6.56 所示。

图 6.55　【Bump2d1】参数设置　　　　　图 6.56　添加凹凸贴图之后的渲染效果

提示：在制作拉丝金属材质效果的时候，所选对象一定要有 UV 分配；否则，制作不出想要的拉丝金属材质效果，甚至会出现拉丝混乱现象。

视频播放：关于具体介绍，请观看本书光盘上的配套视频"任务七：拉丝金属材质制作.wmv"。

七、拓展训练

根据所给场景文件和所学知识，渲染出如下图所示的效果。

案例 3　Arnold 常用材质表现——锈蚀金属

一、案例内容简介

在本案例中，主要介绍使用 Arnold 制作锈蚀金属材质的步骤，以及使用 Arnold 表现锈蚀金属材质的方法、技巧和注意事项。

二、案例效果欣赏

三、案例制作流程

任务一：锈蚀金属材质的制作思路 ➡ 任务二：制作金属材质

任务四：将金属材质和锈蚀材质进行混合 任务三：制作覆盖在金属表面的锈蚀材质

四、案例制作的目的

（1）熟悉 Arnold 制作锈蚀金属材质的步骤。

（2）掌握 Arnold 常用的表现锈蚀金属材质的方法、技巧和注意事项。

（3）了解材质节点网络的概念。

（4）理解材质混合的原理。

五、案例制作过程中需要解决的问题

（1）灯光基础知识。

（2）【材质编辑器】的基本操作步骤。

（3）材质节点的基本操作步骤和操作思路。

（4）混合材质和凹凸节点的作用、参数的含义与调节。

六、详细操作步骤

在本案例中，主要讲解锈蚀金属材质的制作。通过本案例的学习，读者需要掌握锈蚀金属材质的制作思路、参考资料的收集和分析、材质混合的原理、噪波节点的作用和色彩校正的原理、方法及技巧。

任务一：锈蚀金属材质的制作思路

锈蚀金属材质的制作思路如下。

（1）收集资料。可以从网络、杂志、书籍上获得相关资料，也可以从日常生活中拍摄一些锈蚀金属物体的照片，这比从其他渠道收集的资料更实用。图 6.57 所示是收集到的一些锈蚀金属的图片。

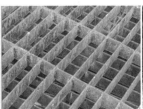

图 6.57　收集到的锈蚀金属图片

（2）对收集的资料进行分析。分析收集的各种素材，弄清楚锈蚀材质的形成原理，区分金属部分的颜色和锈蚀部分的颜色，以及锈蚀分布情况和表现形式。

（3）使用【aiStandardSurface】材质分别制作出金属材质效果和锈蚀材质效果。

（4）把金属材质和锈蚀材质进行混合得到锈蚀金属材质效果。

（5）根据表现效果要求，对锈蚀金属材质进行适当的微调。

视频播放：关于具体介绍，请观看本书光盘上的配套视频"任务一：锈蚀金属材质的制作思路.wmv"。

任务二：制作金属材质

1. 添加【aiStandardSurface】材质并把它调节为镜面金属材质

步骤 01：打开名为"shashuihu_001.mb"场景文件，该场景文件中有一个水壶模型、一个背景板、一个环境球和一架摄影机，如图 6.58 所示。

步骤 02：切换到摄影机视图。在【Persp】（透视图）中单【面板】→【透视】→【Camera1】命令，切换摄影机视图。添加了【lambert1】默认材质之后的渲染效果如图 6.59 所示。

步骤 03：给材质添加一个【aiStandardSurface】材质，在没有调节材质参数之前的渲染效果如图 6.60 所示。

步骤 04：把【aiStandardSurface】材质中的【Metalness】参数值调节为"1"。参数调节面板如图 6.61 所示，调节参数之后的渲染效果如图 6.62 所示。

图 6.58　场景中包括的对象

图 6.59　添加了【lambert1】
材质之后的渲染效果

图 6.60　添加
【aiStandardSurface】
材质之后的渲染效果

图 6.61　参数调节面板

图 6.62　调节参数之后的渲染效果

2. 打开【Hypershade】材质调节面板

步骤 01：在 Maya 2019 界面的快捷图标栏中单击 ◎ 图标，打开【Hypershade】面板。

步骤 02：在【Hypershade】面板中单选需要添加对象的材质，单击输入和输出连接按钮 ，将材质在编辑区展开。【Hypershade】面板如图 6.63 所示。

图 6.63　【Hypershade】面板

提示：在本案例中，材质参数的调节基本上是通过【Hypershade】面板来完成的。

3. 创建【aiNoise】材质节点

步骤 01：在【Hypershade】面板中单击【Texture】→【aiNoise】图标，即可创建一个
【aiNoise】材质节点。

步骤 02：把【aiNoise】材质节点与【aiStandardSurface】材质中的【Base Color】属性
连接，材质节点的连接效果如图 6.64 所示。

图 6.64 材质节点的连接效果

提示：可以通过快捷输入方式创建相关材质节点，但前提是需要知道材质节点的名称。
在此，以创建【aiNoise】材质节点为例。把光标移到材质编辑区，按 "Tab" 键，弹出一
个文本框，在该文本框中输入 "aiNoise" 名称。在输入单词前几个字母时，系统会将与输
入字母相匹配的所有命令全部显示出来，如图 6.65 所示。把光标移到需要创建的材质节点
命令上单击，即可创建该材质节点，如图 6.66 所示。

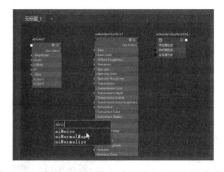 

图 6.65 系统显示与输入字母相匹配的所有命令　　图 6.66 创建的【aiNoise】材质节点

步骤 03：单独显示材质节点的渲染效果。在在材质编辑区域单选创建的【aiNoise1】
材质节点，然后在【Arold RenderView】渲染面板中单击█图标，单独显示节材质点的渲
染效果如图 6.67 所示。这是检查材质节点效果的最好方法。

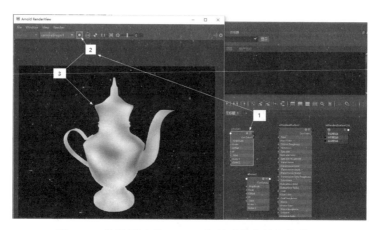

图 6.67　单独显示【aiNoise1】材质节点的渲染效果

步骤 04：调节【aiNoise1】材质节点参数，具体调节如图 6.68 所示，调节材质之后单独显示的渲染效果如图 6.69 所示。

步骤 05：再创建一个【aiNoise2】材质节点，方法同上。并将创建的材质节点连接到【aiNoise1】材质节点中的【Color2】参数中，连接之后的材质节点网络结构如图 6.70 所示。

图 6.68　【aiNoise1】参数
调节

图 6.69　单独显示的
渲染效果

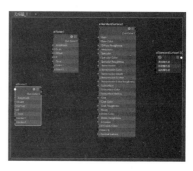

图 6.70　连接之后的材质
节点网络结构

步骤 06：调节【aiNoise2】材质节点参数。具体参数调节如图 6.71 所示，单独显示的渲染效果如图 6.72 所示。

步骤 07：【aiStandardSurface1】材质的渲染效果如图 6.73 所示。

图 6.71　【aiNoise2】参数调节

图 6.72　单独显示的
渲染效果

图 6.73　渲染效果

4. 调节【aiNoise】材质节点颜色

步骤 01：在材质编辑区单选【aiNoise1】材质节点，把该节点的颜色调节为深青色，具体参数调节如图 6.74 所示。

步骤 02：再次在材质编辑区单选【aiNoise2】材质节点，调节该节点的颜色参数，具体参数调节如图 6.75 所示。

步骤 03：调节颜色参数之后，对该场景进行渲染，渲染效果如图 6.76 所示。

图 6.74 【aiNoise1】颜色
参数调节

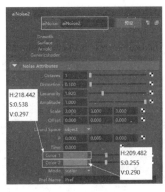

图 6.75 【aiNoise2】
颜色参数

图 6.76 调节参数之后的
渲染效果

5. 制作凹凸效果

凹凸效果的制作主要通过调节【aiStandardSurface1】材质中的凹凸贴图来实现。

1）调节材质的光滑程度

从前面渲染的效果可以看出，物体表面越光滑，反射就强烈，需要降低反射强度和光滑程度。在材质编辑区单选【aiStandardSurface1】，调节该材质的【Roughness】的参数，具体调节如图 6.77 所示。调节参数之后的渲染效果如图 6.78 所示。

2）制作凹凸效果

步骤 01：创建凹凸节点。将光标移到材质编辑区，按"Tab"键，弹出文本框；在该文本框中输入"bump2d"，弹出下拉菜单。在该下拉菜单中选择"bump2d1"，即可创建一个【bump2d1】材质节点。

步骤 02：把【bump2d1】材质节点与【aiNoise1】材质节点和【aiStandardSurface1】材质进行连接。连接之后的材质节点网络结构如图 6.79 所示，渲染效果如图 6.80 所示。

步骤 03：调节【bump2d1】材质节点参数。从渲染效果可以看出，凹凸效果太强烈，需要调节凹凸大小。在材质编辑区选择【bump2d1】材质节点，调节该节点参数。具体参数调节如图 6.81 所示，调节参数之后的渲染效果如图 6.82 所示。

图 6.77 参数调节

图 6.78 调节参数之后的
渲染效果

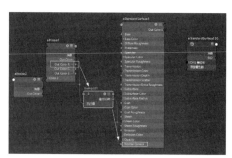

图 6.79 连接之后的材质节点
网络结构

图 6.80 渲染效果

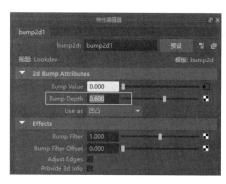

图 6.81 节点参数调节

图 6.82 调节参数之后
渲染效果

6. 创建色彩调节节点

如果发现最终渲染效果的颜色与要求的颜色有一些偏差，再返回调节每个节点的颜色，那就比较麻烦。在此，可以通过添加【colorCorrect1】颜色材质节点来调节。

步骤 01：在材质编辑区创建一个【colorCorrect1】用于色彩调节的节点。

步骤 02：把【colorCorrect1】颜色材质节点与【aiNoise1】材质节点和【aiStandardSurface1】材质进行连接，连接之后材质节点的网络结构如图 6.83 所示。

步骤 03：在材质编辑区选择【colorCorrect1】颜色材质节点，调节该节点参数。具体参数调节如图 6.84 所示，调节参数之后的渲染效果如图 6.85 所示。

步骤 04：将【aiStandardSurface1】材质命名为"metal"。

视频播放：关于具体介绍，请观看本书光盘上的配套视频"任务二：制作金属材质.wmv"。

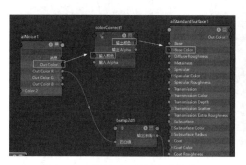

图 6.83　连接之后的材质节点
　　　　　网络结构

图 6.84　参数调节

图 6.85　调节参数之后的
　　　　　渲染效果

任务三：制作覆盖在金属表面的锈蚀材质

在前一任务中已经制作好金属的材质，在该任务中主要介绍制作覆盖在金属表面的锈蚀材质。

1. 创建【aiStandardSurface】材质

步骤 01：创建一个【aiStandardSurface2】材质并把该材质添加物体对象。

步骤 02：调节【aiStandardSurface2】材质的参数。具体参数调节如图 6.86 所示，调节参数之后的渲染效果，如图 6.87 所示。

2. 创建【aiNoise】材质节点

步骤 01：创建一个【aiNoise3】的材质节点，将其连接到【aiStandardSurface2】材质中的【Base Color】参数属性，连接之后的材质节点网络结构如图 6.88 所示。

图 6.86　材质参数调节

图 6.87　调节参数之后的
　　　　　渲染效果

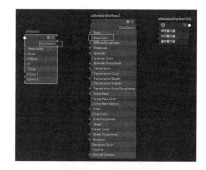

图 6.88　连接之后的材质
　　　　　节点网络结构

步骤 02：再创建【aiNoise4】和【aiNoise5】两个材质节点，并将其连接到【aiNoise3】材质节点的【Color1】和【Color2】属性。材质节点网络如图 6.89 所示。

步骤 03：调节【aiNoise4】材质节点的参数，具体调节如图 6.90 所示。

步骤 04：调节【aiNoise5】材质节点的参数，具体调节如图 6.91 所示。

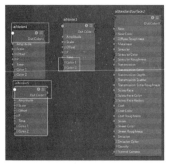  

图 6.89　材质节点网络　　　图 6.90　【aiNoise4】的参数调节　　图 6.91　【aiNoise5】的参数调节

步骤 05：调节完【aiNoise4】和【aiNoise5】材质节点参数之后，单独渲染【aiNoise3】材质节点的效果，如图 6.92 所示。

3. 调节【aiNoise】材质节点的颜色

步骤 01：调节【aiNoise4】材质节点的颜色参数。具体调节如图 6.93 所示，单独渲染的效果如图 6.94 所示。

图 6.92　【aiNoise3】材质节点的　　　图 6.93　调节【aiNoise4】　　　图 6.94　单独渲染的效果
　　　　　单独渲染效果　　　　　　　　　材质节点的颜色参数

步骤 02：调节【aiNoise5】材质节点的颜色参数，具体调节如图 6.95 所示。

步骤 03：调节完成颜色参数之后的单独渲染的效果如图 6.96 所示，最终渲染效果如图 6.97 所示。

图 6.95　调节【aiNoise5】材质节点　　　图 6.96　单独渲染的效果　　　图 6.97　最终渲染效果
　　　　　的颜色参数

4. 添加颜色调节节点并调节参数

步骤 01：在材质编辑区创建一个【ColorCorrect2】颜色材质节点。

步骤 02：把【ColorCorrect2】颜色材质节点连接到【aiNoise3】的【Out Color】属性和【aiStandardSurface2】中的【Base Color】属性上。这些材质节点网络结构如图 6.98 所示。

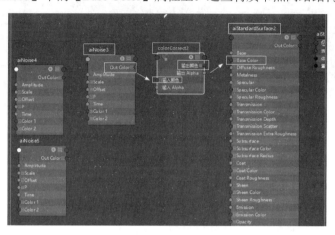

图 6.98　材质节点网络结构

步骤 03：调节【ColorCorrect2】颜色材质节点参数，具体参数调节和单独渲染效果如图 6.99 所示。

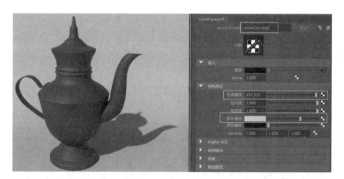

图 6.99　具体参数调节和单独渲染效果

5. 添加凹凸节点效果

在此，通过一个【aiBump2d1】凹凸节点来实现凹凸的效果。

步骤 01：在材质编辑区创建一个名为 "aiBump2d1" 凹凸节点。

步骤 02：把【aiBump2d1】凹凸节点连接到【aiNoise3】材质节点中的【Outcolor R】属性和【aiStandardSurface2】中的【Nomal Camera】属性上，连接之后的材质节点网络结构如图 6.100 所示。

步骤 03：调节【aiBump2d1】凹凸节点参数，具体参数调节如图 6.101 所示。调节参数之后的渲染效果如图 6.102 所示。

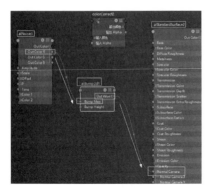

图 6.100　材质节点网络结构

图 6.101　参数调节

图 6.102　调节参数之后的
渲染效果

步骤 04：把【aiStandardSurface2】材质命名为 "urst"。

视频播放：关于具体介绍，请观看本书光盘上的配套视频 "任务三：制作覆盖在金属表面的锈蚀材质.wmv"。

任务四：将金属材质和锈蚀材质进行混合

在本任务中主要通过【aiMixShader1】混合材质节点，将金属材质和锈蚀材质进行混合。

1. 创建【aiMixShader1】材质节点

步骤 01：在材质编辑区创建一个【aiMixShader1】材质节点。

步骤 02：把【Metal】材质中的【Out Color】属性连接到【aiMixShader1】材质节点中的【Shader 2】属性上。【urst】材质中的【Out Color】属性连接到【aiMixShader1】材质节点中的【Shader 1】属性上

步骤 03：把【aiMixShader1】材质节点中的【Out Color】属性连接到【urst】材质中的【aiStandardSurface2 SG】节点上。连接之后的材质节点网络结构如图 6.103 所示。

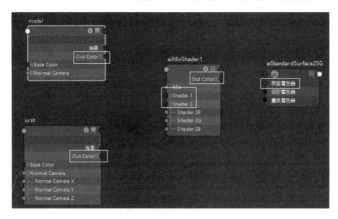

图 6.103　连接之后的材质节点网络结构

2. 创建【匀值分形】（solidFractal1）材质节点

步骤 01：在【Hypershade】编辑器中，单击【3D 纹理】→【匀值分形】命令，即可创建一个【solidFractal1】材质节点，如图 6.104 所示。

步骤 02：把【aiStandardSurface2SG】材质节点连接到【solidFractal1】材质节点中的【输出 Alpha】属性上，连接之后的材质节点网络结构如图 6.105 所示。

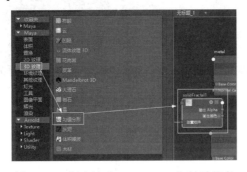

图 6.104　创建的【solidFractal1】材质节点

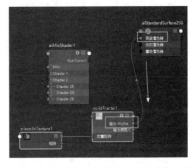

图 6.105　连接之后的材质节点网络结构

步骤 03：先单击【place3dTexture1】材质节点，再单击该材质节点中的"适配到组边界框"按钮，如图 6.106 所示。此时，场景中出现一个绿色栅格适配框（关于彩色效果，请参考本书光盘上的配套视频），如图 6.107 所示。可以通过调节该绿色栅格适配框的大小和位置来改变噪波的大小和位置分布。

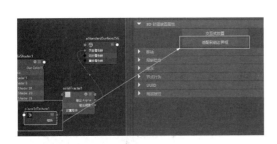

图 6.106　单击"适配到组边界框"按钮

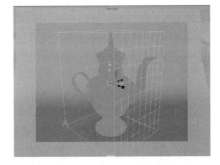

图 6.107　绿色栅格适配框

步骤 04：对绿色栅格适配框进行大小和位置调节，直到满意为此。最终的绿色栅格适配框和渲染的噪波效果如图 6.108 所示。

步骤 05：调节【solidFractal1】节点的参数。参数的具体调节和单独渲染的效果，如图 6.109 所示。

步骤 06：把【solidFractal1】节点中的【输出 Alpha】属性连接到【aiMixShader1】材质节点中的【Mix】属性上，把【aiStandardSurface2SG】节点中的【表面着色器】连接到【aiMixShader1】材质节点中的【Out Color】属性上，连接之后的材质节点网络结构如图 6.110 所示。

步骤 07：连接之后的渲染效果如图 6.111 所示。

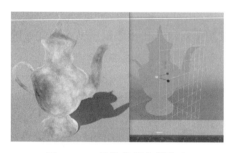

图 6.108　最终的绿色栅格和
渲染的噪波效果

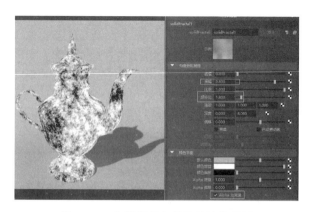

图 6.109　参数调节和单独的渲染效果

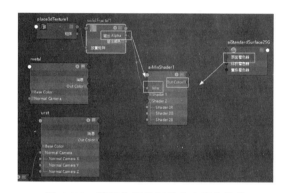

图 6.110　连接之后的材质节点网络结构

图 6.111　渲染的效果

步骤 08：调节渲染参数。具体参数调节如图 6.112 所示，最终渲染效果如图 6.113 所示。

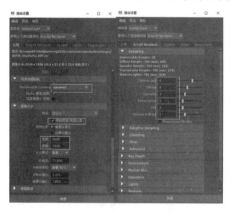

图 6.112　渲染参数设置

图 6.113　最终渲染效果

视频播放：关于具体介绍，请观看本书光盘上的配套视频"任务四：将金属材质和锈蚀材质进行混合.wmv"。

七、拓展训练

　　根据所给场景文件和所学知识，渲染出如下图所示的效果。

案例 4　Arnold 常用材质表现——玻璃

一、案例内容简介

在本案例中，主要介绍使用 Arnold 制作各种玻璃材质的思路、方法、技巧以及注意事项。

二、案例效果欣赏

三、案例制作流程

任务一：取消模型对象中的【Opaque】属性选项的勾选 ➡ 任务二：制作光滑的玻璃杯效果

任务五：调节【渲染设置】面板参数 ⬅ 任务四：制作红酒瓶效果 ⬅ 任务三：制作磨砂玻璃杯效果

四、案例制作的目的

（1）掌握使用 Arnold 制作玻璃材质的思路。
（2）掌握光滑的玻璃材质制作的思路、方法和技巧。
（3）掌握磨砂玻璃材质制作的思路、方法和技巧。
（4）掌握红酒瓶玻璃材质制作的思路、方法和技巧。

五、案例制作过程中需要解决的问题

（1）灯光基础知识。
（2）折射率的概念和作用。
（3）材质制作思路分析。
（4）材质制作之前模型的设置。

六、详细操作步骤

本案例中主要介绍光滑的玻璃杯效果、磨砂玻璃杯和红酒瓶玻璃效果的制作思路、方

法、技巧以及注意事项。

任务一：取消模型对象中的【Opaque】属性选项的勾选

在使用 Arnold 万能材质制作玻璃材质之前，先要将模型对象中的【Opaque】属性关闭，才能表现出玻璃材质的透明效果。

步骤 01：打开"glass_01.mb"场景文件并将其另存为"glass_02.mb"，在该场景中包括如图 6.114 所示的元素。

步骤 02：取消【Opaque】属性选项。在场景中单选高脚玻璃杯，按"Ctrl+A"组合键，打开高脚玻璃杯模型的属性设置选项，把【Arnold】卷展栏参数中的【Opaque】属性选项前面的"√"去掉，如图 6.115 所示。

图 6.114 打开的场景文件

图 6.115 取消【Opaque】属性选项的勾选

步骤 03：将场景中的水杯、红酒瓶和醒酒器模型中的【Opaque】属性前面的"√"去掉，方法同上。

视频播放：关于具体介绍，请观看本书光盘上的配套视频"任务一：取消模型对象中的【Opaque】属性选项的勾选.wmv"。

任务二：制作光滑的玻璃杯效果

光滑玻璃杯效果是玻璃材质表现中最简单的一种，只要调节材质属性中的【Transmission】（透明度）属性即可。

步骤 01：给"高脚玻璃杯"和"醒酒器"模型添加一个【aiStandardSurface1】材质。

步骤 02：调节【aiStandardSurface】材质参数。具体参数调节如图 6.116 所示，调节参数之后的渲染效果，如图 6.117 所示。

步骤 03：高脚玻璃杯是不完全透明的，它会有一点颜色偏差，所以需要把材质的【Transmission】属性中的【Weight】（权重）参数设置为 0.95～0.98。这样，光线穿透时，玻璃杯才不是完全透明的。

步骤 04：给高脚玻璃杯添加一点颜色叠加的效果。把材质的【Transmission（透明度）】属性中的【Color】（颜色）调节为浅蓝绿色，饱和度稍微低一些。将【Depth】（深度）的数值调节为"2"左右，这个参数需要根据渲染效果进行调节。具体参数调节如图 6.118 所示，调节参数之后的渲染效果如图 6.119 所示。

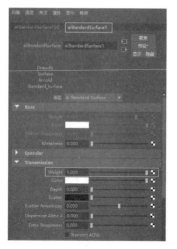

图 6.116 【aiStandardSurface】材质参数调节

图 6.117 调节参数之后的渲染效果

图 6.118 【aiStandardSurface1】材质参数调节

图 6.119 调节参数之后渲染效果

视频播放：关于具体介绍，请观看本书光盘上的配套视频"任务二：制作光滑的玻璃杯效果.wmv"。

任务三：制作磨砂玻璃杯效果

磨砂玻璃杯效果的表现主要通过调节材质中的【Roughness】（粗糙度）属性来实现。

步骤 01：添加材质。给场景中的"水杯"模型添加一个【aiStandardSurface2】材质。

步骤 02：调节材质。把【Specular】（高光）中的【Roughness】参数调节到"0.35"左右，得到磨砂玻璃的效果。

步骤 03：调节玻璃杯的颜色叠加。把材质【Transmission】属性中的【Color】调节为浅蓝绿色，饱和度稍微低一些，把【Weight】参数最大值调节为"0.98"，【Depth】的数值调节为"8"左右，这个参数需要根据渲染效果进行调整。具体参数调节如图 6.120 所示，调节参数之后的渲染效果如图 6.121 所示。

图 6.120　【aiStandardSurface1】材质参数调节

图 6.121　调节参数之后渲染效果

视频播放：关于具体介绍，请观看本书光盘上的配套视频"任务三：制作磨砂玻璃杯效果.wmv"。

任务四：制作红酒瓶效果

在制作红酒瓶效果之前，先给读者观看一些红酒瓶的参考图，如图 6.122 所示。

步骤 01：添加材质。给红酒瓶模型添加【aiStandardSurface3】材质。

步骤 02：把材质的【Transmission】属性中的【Weight】参数把最大值调节为"0.98"，得到一个理想化的透明玻璃瓶效果。

步骤 03：把材质的【Transmission】属性中的【Color】调节为比较深的墨绿色，饱和度稍微深一些，稍微偏向绿色。把【Depth】的数值调节为"0.3"左右。

步骤 04：把材质的【Transmission】属性中的【Scatter】颜色调节为稍微浅的墨绿色，参数稍微调节小一点即可。具体参数调节如图 6.123 所示，调节参数之后的渲染效果如图 6.124 所示。

图 6.122　红酒瓶参考图

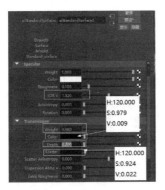

图 6.123　材质参数调节

图 6.124　参数调节之后的渲染效果

视频播放：关于具体介绍，请观看本书光盘上的配套视频"任务四：制作红酒瓶效果.wmv"。

任务五：调节【渲染设置】面板参数

为了得到更好的渲染效果，减少渲染的颗粒，需要对【渲染设置】面板参数进行相应设置。

步骤 01：打开【渲染设置】面板。单击快捷图标栏中的 ▓ 按钮，弹出【渲染设置】面板。

步骤 02：设置【渲染设置】面板参数。该面板参数设置如图 6.125 所示，最终的渲染效果如图 6.126 所示。

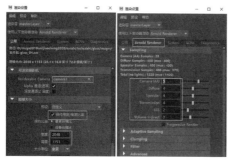

图 6.125 【渲染设置】面板参数设置

图 6.126 最终渲染效果

视频播放：关于具体介绍，请观看本书光盘上的配套视频"任务五：调节【渲染设置】面板参数.wmv"。

七、拓展训练

根据所给场景文件和所学知识，渲染出如下图所示的效果。

案例 5　制作带有灰尘的玻璃材质

一、案例内容简介

在本案例中，主要介绍综合应用 Arnold 渲染器中的【aiStandardSurface】材质、【aiMixShader】（ai 混合材质）、材质节点、【aiComposite1】（ai 合成材质）和【Noise】（噪波）来制作带有灰尘的玻璃材质，以及带有灰尘的玻璃材质的制作原理、方法和技巧。

二、案例效果欣赏

三、案例制作流程

任务一：工程项目设置和材质制作分析　➡　任务二：制作玻璃材质　➡　任务三：制作灰尘材质

任务五：调节【渲染设置】面板参数　⬅　任务四：将玻璃材质和灰尘材质进行混合

四、案例制作的目的

（1）掌握带有灰尘的玻璃材质制作的原理。

（2）掌握符合材质制作的分析方法和技巧。

（3）掌握 Arnold 渲染器中各种材质的综合应用能力。

（4）掌握工程项目的设置。

五、案例制作过程中需要解决的问题

（1）节点材质的概念、作用和参数的设置。

（2）【aiMixShader】（ai 混合材质）的作用和参数设置。

（3）【aiComposite1】（ai 合成材质）的作用和参数设置。

（4）【Noise】（噪波）的作用和参数设置。

六、详细操作步骤

本案例属于综合应用案例。

任务一：工程项目设置和材质制作分析

1. 工程项目设置

本案例使用的场景文件带有贴图文件，为了避免产生贴图丢失现象，在制作材质之前，先要设置工程项目并检查贴图文件是否正确。在实际工作中，也是先要设置工程项目的，希望读者养成一个好的工作习惯，以免给自己带来不要的麻烦。

步骤 01：启动 Maya 2019。

步骤 02：设置工程项目。在菜单栏中单击【文件】→【设置项目…】命令，弹出【设置项目】对话框。在该对话框中，选择工程项目的文件夹，如图 6.127 所示。

步骤 03：设置完毕，单击"设置"按钮。

2. 检查文件

步骤 01：打开场景文件，检查【大纲视图】中的文件是否有多余的文件以及文件结构是否合理。

步骤 02：渲染场景文件，检查贴图文件是否丢失，文件大小是否合理，该场景文件的渲染效果如图 6.128 所示。

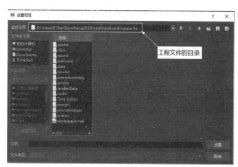

图 6.127 【设置项目】对话框

图 6.128 渲染效果

步骤 03：从渲染效果可以看出，贴图正常，文件大小合理，灯光符合材质表现要求。

3. 带有灰尘的玻璃材质制作的原理

带有灰尘的玻璃材质制作的原理：分别制作一个颜色比较深的玻璃材质和一个灰尘材质，再将这两个材质进行适当的混合。

视频播放：关于具体介绍，请观看本书光盘上的配套视频"任务一：工程项目设置和材质制作分析.wmv"。

任务二：制作玻璃材质

步骤 01：选择场景中的玻璃瓶模型，添加一个【aiStandardSurface1】材质。

步骤 02：调节【aiStandardSurface1】材质的参数。具体参数调节如图 6.129 所示，调节参数之后的渲染效果如图 6.130 所示。

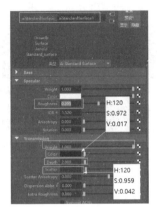

图 6.129　【aiStandardSurface1】的参数调节　　　　图 6.130　调节参数之后的渲染效果

步骤 03：将【aiStandardSurface1】材质重命名为"glass"，完成玻璃材质的制作。

视频播放：关于具体介绍，请观看本书光盘上的配套视频"任务二：制作玻璃材质.wmv"。

任务三：制作灰尘材质

灰尘材质的制作方法主要是通过【aiStandardSurface】材质节点与其他材质节点相结合来表现的。

1. 创建【aiStandardSurface2】材质节点

步骤 01：给玻璃瓶重新添加一个【aiStandardSurface2】材质节点。

步骤 02：调节【aiStandardSurface2】材质节点参数。具体参数调节如图 6.131 所示，调节参数之后的渲染效果如图 6.132 所示。

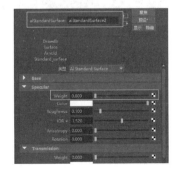

图 6.131　【aiStandardSurface2】材质节点的参数调节　　　　图 6.132　调节参数之后的渲染效果

2. 创建【匀值分形】材质节点

步骤 01：在【Hypershade】编辑器中单击【3D 纹理】→【匀值分形】选项，创建一个【匀值分形】材质节点，如图 6.133 所示。

步骤 02：把【solidFractal1】材质节点中的【输出颜色】连接到【aiStandardSurface2】材质中的【Base Color】属性上，连接之后的效果如图 6.134 所示。

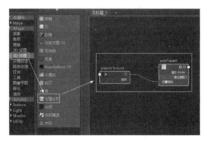

图 6.133　创建的【匀值分形】材质节点

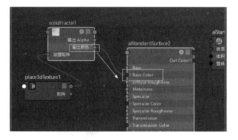

图 6.134　连接之后的效果

步骤 03：调节参数。在材质编辑区先单击"place3dTexture1"节点，然后在【特性编辑器】中单击【适配到组边界框】命令。此时，场景中的一个绿色栅格适配框与物体对象进行了适配，如图 6.135 所示。单独的渲染效果如图 6.136 所示。

3. 创建【aiNoise1】材质节点

步骤 01：创建一个【aiNoise1】材质节点，把该材质节点连接到【aiStandardSurface2】材质节点，如图 6.137 所示。然后，进行效果测试。

图 6.135　栅格适配框

图 6.136　单独的渲染效果

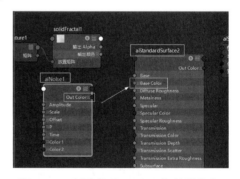

图 6.137　创建的【aiNoise1】材质节点

步骤 02：调节【aiNoise1】材质节点参数。在材质编辑区单选【aiNoise1】材质节点，在【特性编辑器】中调节参数。具体参数调节如图 6.138 所示，调节参数之后的单独渲染效果如图 6.139 所示。

4. 创建【aiComposite1】材质节点

【aiComposite1】材质节点的作用是把【匀值分形】材质节点和【aiNoise1】材质节点

进行混合。【aiComposite1】材质节点的混合属于 2D 纹理的混合。

　　步骤 01：在材质编辑区中创建一个【aiComposite1】材质节点。

　　步骤 02：将【匀值分形】材质节点和【aiNoise1】材质节点连接到"aiComposite1"材质节点，如图 6.140 所示。

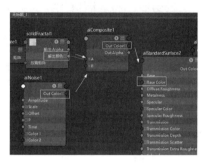

图 6.138　【aiNoise1】材质节点
　　　　　　参数调节　　　　图 6.139　单独渲染效果　　　　图 6.140　材质节点网络连接

　　步骤 03：调节参数。在材质编辑区单选【aiComposite1】材质节点，在【特性编辑器】中调节参数。具体调节如图 6.141 所示，调节参数之后的单独渲染图如图 6.142 所示。

5. 创建凹凸效果

　　凹凸效果主要是通过把【aiNoise1】材质节点连接到【aiStandardSurface2】材质中的凹凸属性上来实现的。

　　步骤 01：创建一个【bump2d2】材质节点，把该材质节点与【aiNoise1】材质节点和【aiStandardSurface2】材质节点进行连接，如图 6.143 所示。

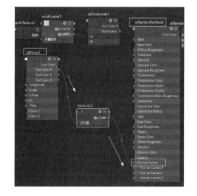

图 6.141　参数调节　　　　图 6.142　单独渲染的效果　　　图 6.143　材质节点网络结构

　　步骤 02：调节【bump2d2】材质节点参数。在材质编辑区单选【bump2d2】材质节点，在【特性编辑器】中调节参数。具体参数调节如图 6.144 所示，调节参数之后的单独渲染效果如图 1.145 所示。

提示：在制作过程中需要注意【Bump Depth】属性的值不一定是"0.1"，因为模型的大小和场景不同，所以对应的凹凸值大小也不相同，需要根据渲染效果来设定该属性值。

步骤 03：把【aiStandardSurface2】材质重命名为"huichen"。

视频播放：关于具体介绍，请观看本书光盘上的配套视频"任务三：制作灰尘材质.wmv"。

任务四：将玻璃材质和灰尘材质进行混合

将玻璃材质和灰尘材质进行混合，主要通过"aiMixShader1"材质节点来实现。

1. 创建【aiMixShader1】材质节点

步骤 01：创建一个【aiMixShader1】材质节点。

步骤 02：把"huichen"材质中的【Out Color】属性连接【Shader 1】属性上，把"glass"材质中的【OutColor】属性连接到【shader 2】属性上，把【aiMixShader1】材质节点中的【Out Color】属性连接到【aiStandardSurface2SG】材质节点中的【表面着色器】属性上。连接之后的材质节点网络结构如图 6.146 所示。

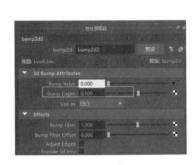

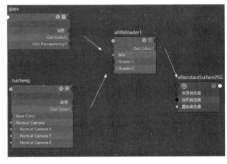

图 6.144　参数调节　　　图 6.145　单独渲染　　　图 6.146　连接之后的材质节点
　　　　　　　　　　　　　　　　　效果　　　　　　　　　　　　网络结构

2. 创建【匀值分形】材质节点

步骤 01：创建一个【匀值分形】材质节点。

步骤 02：将【solidFractal2】（匀值分形）材质节点的【输出颜色】连接到【aiStandardSurface2SG】材质节点中的【表面着色器】属性上，连接之后的材质节点网络结构如图 6.147 所示。

步骤 03：调节【solidFractal2】材质节点参数。在材质编辑区中单选【place3dTexture2】材质节点，然后在【特性编辑器】中单击"适配到组边界框"按钮，完成绿色栅格框的适配。

步骤 04：继续调节【solidFractal2】材质节点参数，在材质编辑区中单选【solidFractal2】材质节点，在【特性编辑器】中调节参数，具体调节如图 6.148 所示。

步骤 05：调节参数之后，单独渲染效果如图 6.149 所示。

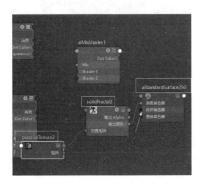

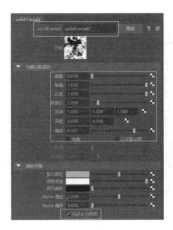

图 6.147　连接之后的材质节点网络结构　　图 6.148　参数设置　　图 6.149　单独渲染效果

步骤 06：把【solidFractal2】材质节点中的【输出 Alpha】属性连接到【aiMixShader1】材质节点中的【Mix】属性上，将【aiMixShader1】材质节点中的【Out Color】属性连接到【aiStandardSurface2SG】材质节点中的【表面着色器】属性上。材质节点网络结构如图 6.150 所示，连接之后的渲染效果如图 6.151 所示。

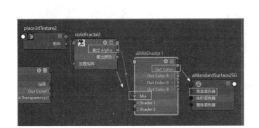

图 6.150　材质节点网络结构　　　　　　图 6.151　连接之后的渲染效果

视频播放：关于具体介绍，请观看本书光盘上的配套视频"任务四：将玻璃材质和灰尘材质进行混合.wmv"。

任务五：调节【渲染设置】面板参数

为了得到更好的渲染效果，减少渲染的颗粒，需要对【渲染设置】面板参数进行相应设置。

步骤 01：打开【渲染设置】面板。单击快捷图标栏中的■按钮，弹出【渲染设置】面板。

步骤 02：设置【渲染设置】面板参数。该面板的具体参数设置如图 6.152 所示，调节参数之后的最终渲染效果如图 6.153 所示。

视频播放：关于具体介绍，请观看本书光盘上的配套视频"任务五：调节【渲染设置】面板参数.wmv"。

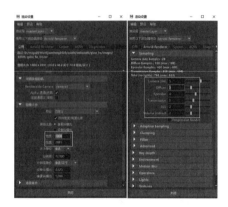

图 6.152 【渲染设置】面板参数设置

图 6.153 最终渲染效果

七、拓展训练

根据所给场景文件和所学知识，渲染出如下图所示的效果。

案例 6　Arnold 常用材质表现——3S 材质

一、案例内容简介

本节案例中主要介绍 Arnold 常用材质表现——玉石和雪材质（3S 材质中的两种），重点介绍玉石和雪材质表现的原理、方法和技巧。

二、案例效果欣赏

三、案例制作流程

任务一：3S材质制作基础知识　➡　任务二：制作玉石材质　➡　任务三：制作雪材质

任务四：调节灯光参数和渲染设置

四、案例制作的目的

（1）掌握 3S 材质的概念。

（2）掌握 3S 材质的制作原理、方法和技巧。

（3）培养在材质制作前对参考图的分析能力。

（4）根据所学知识，能够制作各种次表面散射材质效果。

五、案例制作过程中需要解决的问题

（1）根据项目要求，收集参考资料。

（2）3S 材质的分类。

（3）熟悉玉石和雪材质制作的思路和原理。

（4）熟悉材质节点的作用和材质节点网络的连接方法及技巧。

六、详细操作步骤

本案例主要介绍 3S 材质的概念、3S 材质的范围、3S 材质的制作原理、方法和技巧以

及注意事项。

任务一：3S 材质制作基础知识

1. 3S 材质的概念

3S 材质也称次表面材质，是指半透明的物体（所谓的半透明是指透光而不透明），如人的皮肤、树叶、玉石、雪、牛奶和果汁等。

2. 玉石和雪材质制作的原理

玉石和雪材质制作的流程和原理。

（1）根据项目要求，收集相关资料，对资料进行分析，确定制作方案。图 6.154 所示是根据本案例的要求收集的实际玉石材质参考资料。

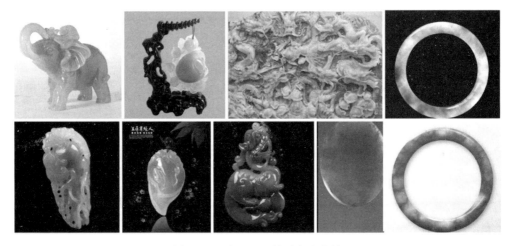

图 6.154　实际玉石材质参考资料

（2）添加模型 Arnold 材质中的【aiStandardSurface】材质。

（3）通过调节【aiStandardSurface】材质中的【Subsurface（次表面）】参数，调节玉石和雪材质的基础颜色。

（4）通过添加材质节点，调节出玉石和雪材质中玉石花纹和雪的杂质效果。

（5）给材质添加适当的高光效果。

视频播放：关于具体介绍，请观看本书光盘上的配套视频"任务一：3S 材质制作基础知识.wmv"。

任务二：制作玉石材质

玉石材质的制作主要通过调节【aiStandardSurface】材质中的【Subsurface（次表面）】参数和节点材质来实现。

1. 给模型添加材质

步骤 01：启动 Maya 2019，打开场景并设置好项目路径。

步骤 02：检查文件是否完整，进行渲染测试，再检查灯光是否符合材质制作要求。场景文件和渲染效果如图 6.155 所示。

图 6.155　场景文件和渲染效果

步骤 03：添加模型材质。给场景中的模型添加【aiStandardSurface1】材质。

步骤 04：调节【aiStandardSurface1】材质参数。具体参数调节如图 6.156 所示，调节材质之后的渲染效果如图 6.157 所示。

2. 制作材质颜色分布不均的效果

一般情况下，玉石不可能是纯色的，从所收集的实际玉石参考图来看，颜色是分布不均的。在此，可以通过【aiNoise】材质节点来实现颜色分布不均的效果。

步骤 01：创建一个【aiNoise1】材质节点，将【aiNoise1】材质中的【Out Color】属性连接到【aiStandardSurface1】材质中的【Subsurface Color】属性上，如图 6.158 所示。

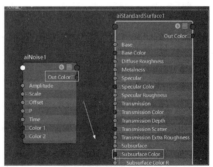

图 6.156　参数调节　　　　图 6.157　渲染效果　　　　图 6.158　材质节点网络

步骤 02：调节【aiNoise1】材质节点参数。在材质编辑区单选【aiNoise1】材质节点，在【特性编辑器】中调节参数。具体参数调节如图 6.159 所示，调节参数之后的渲染效果如图 6.160 所示。

3. 制作玉石的渐变效果

玉石的渐变效果主要通过【ramp】材质节点来实现。具体操作步骤如下。

步骤 01：创建一个【ramp1】材质节点。把【ramp1】材质节点中的【Out Color】属性连接到【aiStandardSurface1】材质中的【Subsurface Radius】属性上，连接之后的材质节点网络结构如图 6.161 所示。

图 6.159　参数调节

图 6.160　调节参数之后的渲染效果

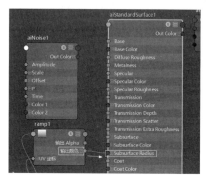

图 6.161　连接之后的材质节点网络结构

步骤 02：调节【ramp1】材质节点中的渐变参数。在材质编辑区中单选"ramp1"材质节点，在【特性编辑器】中调节材质参数。具体参数调节如图 6.162 所示，调节参数之后的渲染效果如图 6.163 所示。

步骤 03：继续调节【aiStandardSurface1】材质。从渲染的效果可以看出，该玉石效果还不够通透，需要继续调节参数。在材质编辑区单选【aiStandardSurface1】材质，在【特性编辑器】中继续调节参数。需要调节的具体参数如图 6.164 所示，调节参数之后的渲染效果如图 6.165 所示。

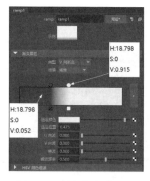

图 6.162　渐变参数调节

图 6.163　渲染效果

图 6.164　参数调节

步骤 04：玉石材质制作完毕，需要调节一下【渲染设置】的参数。【渲染设置】参数的具体调节如图 6.166 所示，最终渲染效果如图 6.167 所示。

图 6.165　调节参数之后的
渲染效果

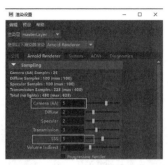

图 6.166　【渲染设置】
参数调节

图 6.167　最终渲染效果

视频播放：关于具体介绍，请观看本书光盘上的配套视频"任务二：制作玉石材质.wmv"。

任务三：制作雪材质

雪材质的制作比玉石材质的制作简单。雪材质的制作主要通过置换效果来实现，用凹凸贴图是做不出来的。

步骤 01：打开场景文件，给模型添加【aiStandardSurface1】材质。添加默认材质之后的渲染效果如图 6.168 所示。

步骤 02：在材质编辑区创建一个【aiNoise1】材质节点。

步骤 03：连接材质节点。在材质编辑区单选【aiStandardSurface1】材质中的【aiStandard Surface3SG】材质节点，将光标移到【aiNoise1】材质节点上，按住鼠标中键不放的同时把它拖到【特性编辑器】中的【置换材质】属性选项上，然后松开鼠标。把"aiNoise1"材质节点连接到【aiStandardSurface1】材质的【置换材质】属性上，连接材质节点，如图 6.169 所示。

步骤 04：把【aiNoise1】材质节点中的【Out Color R】选项连接到【displacementShader1】材质节点中的【置换】属性上。连接之后的材质节点网络结构如图 6.170 所示。

图 6.168　渲染效果

图 6.169　连接材质节点

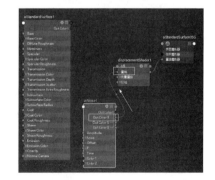

图 6.170　连接之后的材质节点网络结构

步骤 05：调节【aiNoise1】材质节点的参数。在材质编辑区单选【aiNoise1】材质节点，在【特性编辑器】中调节参数。具体参数调节如图 6.171 所示，调节参数之后的渲染

效果如图 6.172 所示。

步骤 06：继续调节参数。从渲染效果可知置换属性值太大，需要将置换属性值调小。在材质编辑区单选【displacementShader1】材质节点，在【特性编辑器】中调节【置换属性】参数，具体参数调节如图 6.173 所示。调节参数之后的渲染效果如图 6.174 所示。

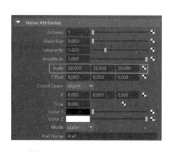

图 6.171 【aiNoise1】材质节点参数调节

图 6.172 调节参数之后的渲染效果

图 6.173 调节【置换属性】参数之后的渲染效果

步骤 07：继续调节【aiStandardSurface1】材质参数。在材质编辑区中单选【aiStandardSurface1】材质，在【特性编辑器】中调节参数。具体参数调节如图 6.175 所示，调节之后的最终渲染效果如图 6.176 所示。

图 6.174 参数调节之后的效果

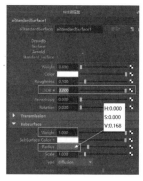

图 6.175 参数调节

图 6.176 最终渲染效果

视频播放：关于具体介绍，请观看本书光盘上的配套视频"任务三：制作雪材质.wmv"。

任务四：调节灯光参数和渲染设置

从渲染效果可以看出，整个场景缺少冷暖色对比，需要通过调节灯光来实现渲染效果的冷暖色对比。

步骤 01：在工具栏中单击▨图标，打开【灯光编辑器】，如图 6.177 所示。

步骤 02：在【灯光编辑器】中单选灯光 1，在【特性编辑器】中把灯光调节为冷色。具体参数调节如图 6.178 所示。

步骤 03：在【灯光编辑器】中单选灯光 2，在【特性编辑器】中将灯光调节为冷色。具体参数调节如图 6.179 所示。

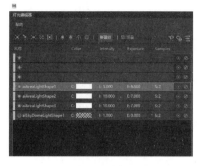

图 6.177　【灯光编辑器】面板　　　　图 6.178　灯光 1 的参数调节　　　图 6.179　灯光 2 的参数调节

步骤 04：调节灯光参数之后的渲染效果如图 6.180 所示。

步骤 05：调节渲染输出参数。具体调节如图 6.181 所示，调节参数之后的最终渲染效果如图 6.182 所示。

图 6.180　调节灯光参数之后的　　　　　图 6.181　渲染输出　　　　图 6.182　最终渲染效果
　　　　　渲染效果　　　　　　　　　　　　参数调节

视频播放：关于具体介绍，请观看本书光盘上的配套视频"任务四：调节灯光参数和渲染设置.wmv"。

七、拓展训练

根据所给场景文件和所学知识，渲染出如下图所示的效果。

案例 7　Arnold 其他常用材质表现

一、案例内容简介

在本案例中主要介绍 Arnold 其他常用材质的表现、作用、使用方法和参数调节。

二、案例效果欣赏

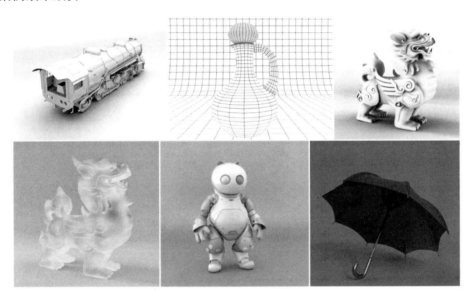

三、案例制作流程

任务一：Arnold其他常用材质表现——【aiAmbientOcclusion】材质 ➡ 任务二：【aiWireframe】(ai线框）材质

任务四：【aiShadowMatte】（ai阴影）材质 ⬅ 任务三：【aiFlat】(ai扁平）材质

任务五：【aiMixShader】（ai混合）材质 ➡ 任务六：【aiSwith】（ai切换）材质

任务八：【aiUtility】（ai功能）材质 ⬅ 任务七：【aiTwoSided】（ai双面）材质

四、案例制作的目的

（1）掌握【aiAmbientOcclusion】材质的作用、使用方法和参数调节。

（2）掌握【aiWireframe】（ai 线框）材质的作用、使用方法和参数调节。

（3）掌握【aiFlat】（ai 扁平）材质的使用方法和参数调节。

（4）掌握【aiShadowMatte】（ai 阴影）材质的作用、使用方法和参数调节。

（5）掌握【aiMixShader】（ai 混合）材质的作用、使用方法和参数调节。

（6）掌握【aiSwith】（ai 切换）材质的作用、使用方法和参数调节。

（7）掌握【aiTwoSided】（ai 双面）材质的作用、使用方法和参数调节。

（8）掌握【aiUtility】（ai 功能）材质的作用、使用方法和参数调节。

五、案例制作过程中需要解决的问题

（1）Arnold 中功能材质的作用、参数的含义和调节。

（2）功能材质的应用领域。

（3）对功能材质的综合应用能力。

六、详细操作步骤

在本案例中，主要介绍【aiAmbientOcclusion】材质、【aiWireframe】材质、【aiFlat】材质、【aiShadowMatte】材质、【aiMixShader】材质、【aiSwith】材质、【aiTwoSided】材质、【aiUtility】材质的作用、使用方法和参数调节。

任务一：Arnold 其他常用材质表现——【aiAmbientOcclusion】材质

【aiAmbientOcclusion】材质是动画后期合成中的一种常用材质，它主要用来增加物体与物体之间的附着感，增加动画后期合成的立体感，它是一种环境闭塞型材质。该材质不需要任何灯光和场景照明。

1.【aiAmbientOcclusion】材质的使用方法

步骤 01：打开场景文件，并给场景中的模型对象添加【aiAmbientOcclusion】材质。

步骤 02：调节【aiAmbientOcclusion】材质参数，具体参数调节如图 6.183 所示。

步骤 03：调节参数之后的渲染效果如图 6.184 所示。

图 6.183　【aiAmbientOcclusion】材质参数调节

图 6.184　渲染效果

2.【aiAmbientOcclusion】材质的参数介绍

（1）【Samples】（采样）：主要用来控制材质的品质。该值越大，表示材质品质越好，

噪点颗粒就越少，但渲染的时间就会越长。图 6.185 所示是【Samples】值分别为 3 和 1 时的渲染效果。

（2）【Spread】（扩散）：主要是对黑色阴影扩散进行控制。值越大，扩散效果越好，当值为"0"时，不进行扩散。图 6.186 所示为不同【Spread】值下的渲染效果。一般情况下，该值控制在 0.6～1 之间。

图 6.185　【Samples】值分别为 3 和
1 时的渲染效果

图 6.186　不同【Spread】
值下的渲染效果

（3）【Falloff】：主要作用是控制黑色部分的衰减。图 6.187 所示为不同【Falloff】值下的渲染效果。一般情况下，该值为 0。

图 6.187　不同【Falloff】值下的渲染效果

（4）【Near Clip】（近距离剪切）：主要用来进行近端裁切。该值越大，近端的黑色被白色替换得越多。图 6.188 所示为不同【Near Clip】值下的渲染效果。

图 6.188　不同【Near Clip】值下的渲染效果

（5）【Far Clip】（远距离剪切）：主要用来进行远端裁切，大于该值以外距离的黑色被白色替换。图 6.189 所示为不同【Far Clip】值下的渲染效果。

（6）【White】（白色）和【Black】（黑色）：主要用来控制【aiAmbientOcclusion】材质的近端颜色和远端颜色。图 6.190 所示是近端为红色、远端为黄色的渲染效果。

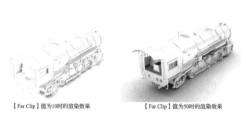

图 6.189　不同【Far Clip】值下的渲染效果　　　　图 6.190　近端为红色、远端为
　　　　　　　　　　　　　　　　　　　　　　　　黄色的渲染效果

（7）【Invert Normals】（翻转法线）：主要用来控制【aiAmbientOcclusion】的法线方向。勾选和不勾选此项的渲染效果如图 6.191 所示。

图 6.191　勾选和不勾选【Invert Normals】选项的渲染效果

（8）【Self Only】（仅自身）：主要用来控制模型是否与其他模型产生【aiAmbientOcclusion】材质，还是只在模型本身之间产生【aiAmbientOcclusion】材质。图 6.192 所示为不勾选和勾选该选项时的渲染效果。

（9）【Trace Set】（跟踪集）：主要用来设置【aiAmbientOcclusion】材质的跟踪集。

（10）【Inclusive】（包含）：若勾选此项，则物体在生成 aiAmbientOcclusion 的时候不再使用模型本身的法线贴图，而采用用户设置的法线；若不勾选此项，则物体在生成 aiAmbientOcclusion 的时候使用模型本身的法线来生成。图 6.193 所示为不勾选和勾选该选项时的渲染效果。

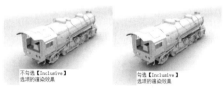

图 6.192　不勾选和勾选【Self Only】　　　　　图 6.193　不勾选和勾选【Inclusive】
　　　　　　选项的渲染效果　　　　　　　　　　　　　　　选项的渲染效果

　　视频播放：关于具体介绍，请观看本书光盘上的配套视频"任务一：Arnold 其他材质表现——【aiAmbientOcclusion】材质.wmv"。

任务二：【aiWireframe】（ai 线框）材质

【aiWireframe】材质的主要作用是渲染出模型的线框效果，经常用于为模型展示效果。

1.【aiWireframe】材质的使用方法

步骤 01： 打开场景文件，并给场景中的模型对象添加【aiWireframe】材质。

步骤 02： 调节【aiWireframe】材质参数，具体参数调节如图 6.194 所示。

步骤 03： 调节参数之后的渲染效果如图 6.195 所示。

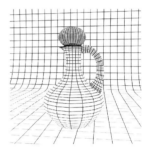

图 6.194　【aiWireframe】材质参数调节　　　　图 6.195　调节参数之后的渲染效果

2.【aiWireframe】材质参数介绍

（1）【Edge Type】（边类型）：主要用来控制渲染显示的边类型，它包括 triangles（三角形）、polygons（多变形）和 patches（修补）3 种类型。

（2）【File Color】（填充颜色）：主要用来控制渲染填充的颜色。

（3）【Line Color】（线颜色）：主要用来控制渲染的线框颜色。

（4）【Line Width】（线框）：主要用来控制渲染的线框的宽度，默认值为 1。

（5）【Raster Space】（光栅空间）：主要用来控制线框的相对与绝对宽度。若勾选绝对宽度，那么进行视图缩放时，线框的宽度为已设定的数值；若勾选相对宽度，线框的宽度就会根据视图的缩放进行相应改变。

视频播放： 关于具体介绍，请观看本书光盘上的配套视频"任务二：【aiWireframe】（ai 线框）材质.wmv"。

任务三：【aiFlat】（ai 扁平）材质

【aiFlat】材质的主要作用是给场景对象添加扁平颜色，为后期处理提供方便。该材质只有一个颜色参数。

1.【aiFlat】材质的使用方法

步骤 01： 打开场景文件，并给场景中的模型对象添加【aiFlat】材质。

步骤 02： 调节【aiFlat】材质参数，具体参数调节如图 6.196 所示。

步骤 03： 调节参数之后的渲染效果如图 6.197 所示。

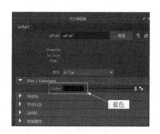

图 6.196　【aiFlat】材质参数调节

图 6.197　调节参数之后的渲染效果

2.【aiFlat】材质的参数介绍

该材质只有一个【Color】（颜色）参数，主要用来调节渲染时的颜色。

视频播放：关于具体介绍，请观看本书光盘上的配套视频"任务三：【aiFlat】（ai 扁平）材质.wmv"。

任务四：【aiShadowMatte】（ai 阴影）材质

主要作用是为对象渲染提供阴影材质。如果选中所有对象并添加它们【aiShadowMatte】材质，然后进行渲染，最后把渲染图片保存为带通道格式的图片，就能把阴影单独提取出来，为后期再创作提供方便。

1.【aiShadowMatte】材质的使用方法

步骤 01：打开场景文件，给场景文件中的背景模型添加【aiShadowMatte】材质材质，参数采用默认设置，渲染效果如图 6.198 所示。

步骤 02：调节环境球。从渲染效果可以看到，背景不见了，但阴影留了下来，背景显示出了环境球。在渲染阴影效果时，一般需要将环境设置为不显示。在场景中单选环境球，在【aiSkyDomeLightShape1】参数中把【Camera】参数设置为"0"，如图 6.199 所示，渲染效果如图 6.200 所示，其中的背景就消失了。

图 6.198　添加【aiShadowMatte】
　　材质的渲染效果

图 6.199　环境球参数设置

图 6.200　渲染效果

步骤 03：在【Arnold RenderView】面板中单击 Alpha Channel（Alpha 通道）按钮█，渲染显示效果如图 6.201 所示。从显示的效果中可以看出，地面显示的黑边渐变的部分为阴影。

步骤 04：给场景中所有模型添加【aiShadowMatte】材质来提取阴影。选择场景中所有模型，给选择的模型添加【aiShadowMatte】材质，然后进行渲染。在【Arnold RenderView】面板中，单击 Alpha Channel 按钮■，渲染出的阴影效果如图 6.202 所示。

步骤 05：提取阴影。渲染效果中的白色渐变部分就是阴影。为了提取阴影，需要把该渲染图片保存为带通道的图片格式。在【Arnold RenderView】面板中，单击【File】→【Save Image】（保存图像），弹出【Save Image AS】（图像另存为）对话框。在该对话框中设置保存图片的文件名和格式。具体设置如图 6.203 所示，单击"保存"（S）按钮，完成阴影的提取。

图 6.201　渲染显示效果　　　图 6.202　渲染出的阴影效果　　　图 6.203　具体设置

步骤 06：使用 Photoshop 软件或其他能打开带通道图片格式的软件打开图片，就可以看到提取的阴影效果。图 6.204 所示是使用 Photoshop 软件打开的效果，此时，可以单独调节阴影。

2.【aiShadowMatte】材质的参数介绍

【aiShadowMatte】材质的参数面板如图 6.205 所示。

图 6.204　打开的图片效果　　　图 6.205　【aiShadowMatte】材质的参数面板

（1）【Background】（背景）：主要用来调节阴影背景。一般情况下默认 scene_background（场景背景）为阴影，不需要调节该参数。也可以选择 background_Color（背景颜色）选项，调节背景颜色或添加贴图作为背景。

（2）【Shadow Color】（阴影颜色）：主要用来调节阴影的颜色。一般情况下默认为黑色，不需要调节该参数。

（3）【Shadow Opacity】（阴影不透明度）：主要用来调节阴影的不透明度。

（4）【Backlighting】（逆光）：主要用来调节阴影的背景光强度，图 6.206 所示为不同值下的渲染效果。

【Backlighting】值为0的渲染效果　　　【Backlighting】值为1的渲染效果

图 6.206　【Backlighting】值为 0 和 1 时的渲染效果

（5）【Alpha Mask】（Alpha 遮罩）：主要用来控制是否启用 Alpha 遮罩。一般情况下，默认为启用。

视频播放：关于具体介绍，请观看本书光盘上的配套视频"任务四：【aiShadowMatte】（ai 阴影）材质.wmv"。

任务五：【aiMixShader】（ai 混合）材质

【aiMixShader】材质的作用是把两种不同材质效果混合成一种新的材质效果。

1.【aiMixShader】材质的使用方法

1）给模型添加【aiMixShader】材质

步骤 01：打开场景文件，给场景中的模型对象添加【aiMixShader】材质。该材质在默认参数下的渲染效果如图 6.207 所示，其默认参数面板如图 6.208 所示。

步骤 02：从参数面板可以看出，因为没有给混合材质中的【Shader1】属性和【Shader2】属性添加材质，所以渲染效果为黑色。

2）添加混合材质

步骤 01：单击【Shader1】右边的■图标，弹出【创建渲染节点】对话框；单击【Arnold】→【aiStandardSurface】命令，给【Shader1】属性添加一个【aiStandardSurface】材质。参数保持默认设置，单独渲染的效果如图 6.209 所示。

步骤 02：给【Shader2】属性添加一个【aiAmbientOcclusion1】材质，方法同上。调节【aiAmbientOcclusion1】材质的参数，具体参数调节如图 6.210 所示，调节之后单独渲染效果如图 6.211 所示。

步骤 03：单击■按钮，返回【aiMixShader】材质参数调节面板。具体参数调节如图 6.212 所示，参数调节之后的渲染效果如图 6.213 所示。

图 6.207 【aiMixShader】
材质在默认参数下的渲染效果

图 6.208 【aiMixShader】材质
默认参数面板

图 6.209 添加【aiStandardSurface】
材质之后单独渲染的效果

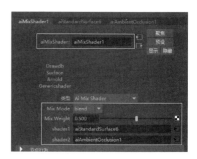

图 6.210 【aiAmbientOcclusion1】
材质参数调节

图 6.211 单独渲染效果

图 6.212 【aiMixShader】材质
参数调节

2.【aiMixShader】材质的参数介绍

（1）【Mix Mode】（混合模式）：主要用来控制两种材质的混合模式，即【Blend】（混合）和【Add】（叠加）两种模式。图 6.213 所示为【Blend】模式下的渲染效果，如图 6.214 所示为【Add】模式下的渲染效果。

（2）【Mix Weight】（混合权重）：主要用来控制两种不同材质的【混合权重】值大小。该参数可以通过数值调节来控制两种不同材质的【混合权重】值大小，也可以通过贴图来控制【混合权重】值大小。图 6.125 所示为通过添加一个【aiNoise】材质节点来控制【混合权重】值大小的渲染效果。

图 6.213 【Blend】模式下
的渲染效果

图 6.214 【Add】混合模式下
的渲染效果

图 6.215 通过添一个【aiNoise】
材质节点来控制【混合权重】值
大小的渲染效果

（3）【Shader1】（着色器 1）和【Shader2】（着色器 2）：为两种混合材质提供连接通道。

视频播放：关于具体介绍，请观看本书光盘上的配套视频"任务五：【aiMixShader】（ai 混合）材质.wmv"。

任务六：【aiSwith】（ai 切换）材质

主要作用是方便材质的选择。用户可以在不同材质之间进行切换，也方便材质的开发。

1.【aiSwith】材质的使用方法

步骤 01：打开场景文件，给模型对象添加【aiSwith】材质。

步骤 02：添加【aiSwith】材质之后的渲染效果如图 6.216 所示，该选项参数面板如图 6.217 所示。

步骤 03：调节参数。通过该参数面板中的【Inputs】（输入）属性可以给模型添加 20 个材质，再通过【Index】（序列）确定渲染哪一个材质。

2.【aiSwith】材质的参数介绍

（1）【Index】：方便用户在不同材质之间进行切换。

（2）【Inputs】：为用户提供了 20 个【Inputs】通道，通过这些通道，用户可以预设 20 个材质效果。

视频播放：关于具体介绍，请观看本书光盘上的配套视频"任务六：【aiSwith】（ai 切换）材质.wmv"。

任务七：【aiTwoSided】（ai 双面）材质

【aiTwoSided】材质的主要作用是给对象正反面贴图，如树叶、书页等，也就是对单面模型进行贴图。

1.【aiTwoSided】材质的使用方法

步骤 01：打开场景文件，场景包括一把伞模型。默认值下的渲染效果如图 6.218 所示。从渲染效果可以看出，场景灯光效果基本没有问题。

图 6.216　添加【aiSwith】材质之后的渲染效果　　图 6.217　【aiSwith】材质的参数面板　　图 6.218　默认值下的渲染效果

步骤 02：给伞面添加【aiTwoSided】材质。在没有调节参数之前的渲染效果如图 1.219 所示，【aiTwoSided】材质的参数面板如图 6.220 所示。

步骤 03：制作伞的外面为红色、内面为淡青色的效果。单击【Front】右边的■按钮，弹出【创建渲染节点】对话框；单击【Arnold】→【aiStandardSurface】材质节点命令，给【Front】属性添加一个【aiStandardSurface2】材质。该材质参数的具体调节如图 6.221 所示。

图 6.219　添加【aiTwoSided】
材质后没有进行参数
调节的渲染效果

图 6.220　【aiTwoSided】
材质的参数面板

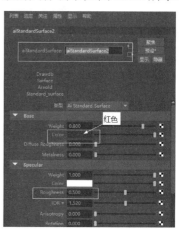

图 6.221　【aiStandardSurface2】
材质的参数调节

步骤 04：参数调节之后的渲染效果如图 6.222 所示。

步骤 05：给【Front】属性添加一个【aiStandardSurface3】材质，方法同上。该材质参数的具体调节如图 6.223 所示，调节该材质参数之后的渲染效果如图 6.224 所示。

图 6.222　调节【aiStandardSurface2】
材质参数之后的渲染效果

图 6.223　【aiStandardSurface3】
参数调节

图 6.224　调节材质参数之后的
渲染效果

2.【aiTwoSided】材质的参数介绍

（1）【Front】：为对象法线正面提供贴图通道。

（2）【Back】：为对象法线背面提供贴图通道。

视频播放：关于具体介绍，请观看本书光盘上的配套视频"任务七：【aiTwoSided】（ai 双面）材质.wmv"。

任务八：【aiUtility】（ai 功能）材质

【aiUtility】材质是一种表现、展示和检查形式的材质。添加该材质效果的对象在进行渲染时，不管怎样调节摄影机视角，对象边缘都会得到边缘偏暗而中间偏亮的材质表现效果。

1.【aiUtility】材质的使用方法

步骤 01：打开场景文件，在没有添加【aiUtility】材质之前的渲染效果如图 6.225 所示。从渲染效果可以看出，场景灯光和角度都符合要求。

步骤 02：选中场景中的所有对象，添加【aiUtility】材质。

步骤 03：调节【aiUtility】材质的参数。具体调节如图 6.226 所示，调节该材质参数之后的渲染效果如图 6.227 所示。

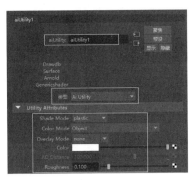
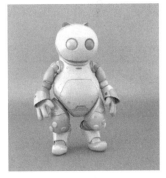

图 6.225　没有添加【aiUtility】 材质之前的渲染效果　　图 6.226　【aiUtility】材质 参数调节　　图 6.227　调节【aiUtility】材质 参数之后的渲染效果

2.【aiUtility】材质参数介绍

（1）【Shade Mode】（着色模式）：控制材质的着色模式，主要有 ndoteye（n 点眼）、lambert（兰伯特）、flat（平面）、ambocc、plastic（塑料）和 metal（金属）6 种着色模式。

（2）【Color Mode】（颜色模式）：主要用来控制材质的颜色模式。颜色模式有 23 种，每种模式读者可以自己试操作一次，发现它们之间的区别。在此，就不再一一介绍了。

（3）【Color】（颜色）：主要用来调节材质的颜色，也可以通过贴图来控制颜色。

（4）【AO Distance】（AO 距离）：主要用来调节 AO 的最大距离。

（5）【Roughness】（粗糙度）：控制金属着色模式中对象表面粗糙度。

视频播放：关于具体介绍，请观看本书光盘上的配套视频"任务八：【aiUtility】（ai 功能）材质.wmv"。

七、拓展训练

根据所给场景文件和所学知识，渲染出如下图所示的效果。

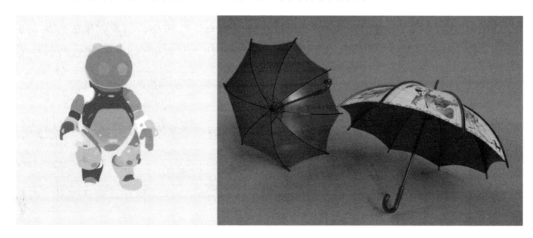

案例 8　Arnold 中的头发材质表现

一、案例内容简介

在本案例中，主要介绍 Arnold 中的头发材质、作用、使用方法和参数调节。

二、案例效果欣赏

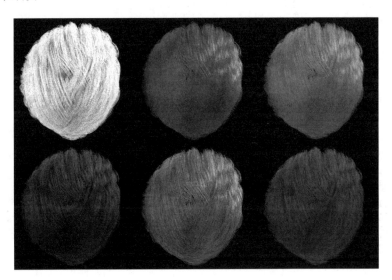

三、案例制作流程

任务一：创建头发模型 ➡ 任务二：创建灯光和摄影机 ➡ 任务三：制作头发材质

⬇

任务四：【aiStandardHair1】材质参数介绍

四、案例制作的目的

（1）掌握头发材质的创建方法。
（2）掌握头发材质的作用、使用方法和参数调节。
（3）提高头发材质参数的综合调节能力。
（4）掌握头发材质表现的原理。

五、案例制作过程中需要解决的问题

（1）黑色素的概念。
（2）头发的物理属性。
（3）不同年龄、性别、种族的头发特性和材质表现思路。

六、详细操作步骤

在本案例中，主要介绍头发模型的创建、头发材质的表现原理、头发材质的作用、头发材质使用方法和参数调节。

任务一：创建头发模型

主要介绍使用 Maya 2019 中自带的头发样式来创建头发模型。读者也可以通过第三方软件（ZB）或 XGen 创建头发模型。

步骤 01：启动 Maya 2019，创建一个名为"hair"的工程项目。

步骤 02：保存一个名为"hair_01.mb"的场景文件。

步骤 03：打开【内容浏览器】窗口。在菜单栏中单击【窗口】→【常规编辑器】→【内容浏览器】命令，弹出【内容浏览器】。在【内容浏览器】的左侧列表中可找到【Hair】选项，在右侧列表中显示头发样式缩略图，如图 6.228 所示。

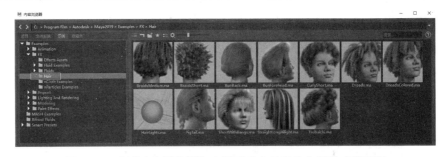

图 6.228 在【内容浏览器】右侧列表中显示的头发样式缩略图

步骤 04：创建头发模型。双击需要的头发样式即可，在此，双击"ShortWithBangs.ma"文件图标。创建的头发模型效果如图 6.229 所示。系统自动创建毛发样式相关文件，如图 6.230 所示。

视频播放：关于具体介绍，请观看本书光盘上的配套视频"任务一：创建头发模型.wmv"。

任务二：创建灯光和摄影机

创建【SkyDomeLight】灯光，通过 HDR 贴图来获得照明效果。

步骤 01：创建环境光。在菜单栏中单击【Arnold】→【Lights】→【SkyDomeLight】命令，即可创建【SkyDomeLight】灯光。

步骤 02：在【SkyDomeLight】参数面板中，单击【Color】右边的■图标，如图 6.231 所示，弹出【创建渲染节点】对话框。

步骤 03：在【创建渲染节点】对话框中，单击【文件】节点选项，切换到【Place2dTexture1】参数面板，如图 6.232 所示。单击【图像名称】右边的■图标，弹出【打开】对话框。在该对话框中，单选需要添加的 HDR 贴图，如图 6.233 所示。最后单击"打开"按钮，完成 HDR 贴图的创建。

图 6.229　创建的头发模型效果

图 6.230　系统自动创建
毛发样式相关文件

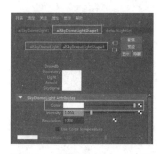

图 6.231　【SkyDomeLight】
参数面板

步骤 04：创建摄影机。在菜单栏中单击【创建】→【摄影机】→【摄影机和目标】命令。

步骤 05：调节好摄影机的渲染角度和渲染的尺寸。渲染效果如图 6.234 所示。

图 6.232　【Place2dTexture1】
参数面板

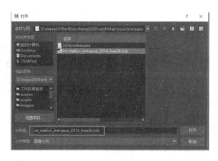

图 6.233　【打开】对话框

图 6.234　渲染效果

视频播放：关于具体介绍，请观看本书光盘上的配套视频"任务二：创建灯光和摄影机.wmv"。

任务三：制作头发材质

给创建的头发模型添加材质，首先需要在【大纲视图】中选择头发模型。建议不要在场景中选择已创建的头发模型，这样很容易选错。

步骤 01：在【大纲视图】中单击【 ShortWithBangs:pfxHair1】选项，再把参数面板切换到【ShortWithBang:shairSystemShape1】参数面板，如图 6.235 所示。

步骤 02：在【ShortWithBang:shairSystemShape1】参数面板中单击【Arnold】→【Visibility】→【Hair Shader】右边的图标，弹出【创建渲染节点】对话框。在【创建渲染节点】对话框中，单击左侧列表的【Arnold】选项，在右侧单击【aiStandardHair】节点选项，完成头发材质的添加。

步骤 03：设置参数。添加了头发材质之后，需要设置一项参数，头发材质才能正常显示和渲染，具体设置如图 6.236 所示。添加默认头发材质的渲染效果如图 6.237 所示。

图 6.235　参数面板

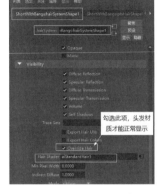

图 6.236　参数设置

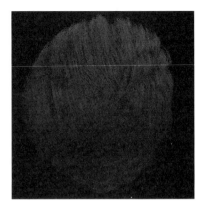

图 6.237　渲染效果

步骤 04：单击【Hair Shader】参数右边的■图标，切换到【aiStandardHair1】材质参数面板。

步骤 05：设置【aiStandardHair1】材质参数。具体参数调节如图 6.238 所示，调节参数之后的渲染效果如图 6.239 所示。

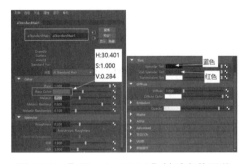

图 6.238　【aiStandardHair1】材质参数调节

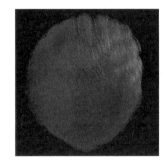

图 6.239　调节参数之后的渲染效果

视频播放：关于具体介绍，请观看本书光盘上的配套视频"任务三：制作头发材质.wmv"。

任务四：【aiStandardHair1】材质参数介绍

【aiStandardHair1】材质参数包括【Color】（颜色）、【Specular】（高光）、【Tint】（色调）、【Diffuse】（漫反射）和【Emission】（发光）5 项。

1. **【Color】属性**

（1）【Base】（基础属性）：主要用来控制头发颜色成分的占比。当该值为 0 时，头发渲染效果完全呈黑色；当该值为 1 时，头发渲染效果才处于正常效果。该值一般设置为 1。

（2）【Base Color】（基本颜色）：主要用来控制头发的颜色。头发的颜色受到【Melanin】（黑色素）参数影响，只有【Melanin】的值很小时，头发渲染才完全表现为【Base Color】的颜色效果。把【Base Color】的颜色设置为绿色，【Melanin】的值设置分别为 0.1 和 0.6，

那么渲染效果如图 6.240 所示。

（3）【Melanin】：主要用来控制头发的黑色素的占比。该数值变小时，头发偏黄，如金发等；该值变大，头发颜色偏深。当【Melanin】的值为 1 时，【Base Color】的颜色将失去作用，完全被黑色素代替，渲染效果如图 6.241 所示。

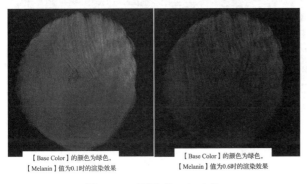

图 6.240　不同【Melanin】
值下的渲染效果

图 6.241　【Melanin】值为 1 时的
渲染效果

（4）【Melanin Redness】（偏红黑色素）：控制头发的黑色素是否偏红。该值增大，头发偏红；该值减小，头发偏灰，如北欧人种的头发。把【Base Color】恢复到默认颜色——白色，把【Melanin】的值设置为 0.5，不同【Melanin Redness】（偏红黑色素）值下的渲染效果如图 6.242 所示。

（5）【Melanin Randomize】（随机黑色素）：控制头发的随机黑色素的变化。图 6.243 所示为以上参数不变的情况下，【Melanin Randomize】的值为 1 时的渲染效果。

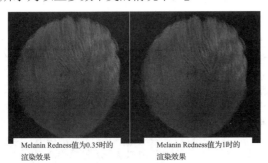

图 6.242　不同【Melanin Redness】
值下的渲染效果

图 6.243　【Melanin Randomize】的值为 1 时的
渲染效果

2.【Specular】（高光）属性

（1）【Roughness】（粗糙度）：主要用来控制头发的高光效果。正常情况下，该值为 0.2。如果调大该值，头发看起来比较干枯，没有光泽，像落了灰尘一样，给人比较脏的感觉。如果调小该值，高光效果就比较锐利和光滑。图 6.244 所示为【Roughness】的值分别为 0.2 和 1 时的渲染效果。

（2）【Anisotropic Roughness】（各向异性粗糙度）：主要用来控制高光的形态。

（3）【IOR】（折射率）：提高该值，头发边缘的高光就会增多，默认值为 1.55。图 6.245 所示为【Roughness】（粗糙度）的值为 0.2、【IOR】的值分别为 1.155 和 5 时的渲染效果。

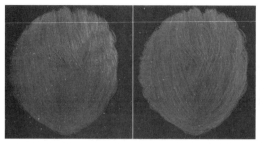

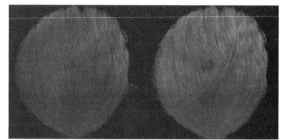

| 【Roughness】值为0.2时的渲染效果 | 【Roughness】值为1时的渲染效果 | 【IOR】值为1.155时的渲染效果 | 【IOR】值为5时的渲染效果 |

图 6.244　不同【Roughness】值下的渲染效果　　　　图 6.245　不同【IOR】值下的渲染效果

（4）【Shift】（移动或变化）：主要用来调节头发高光的位置变化。

3.【Tint】（色调）属性

（1）【Specular Tint】（高光色调）：主要用来调节头发的高光颜色。

（2）【2nd Specular Tint】（2 级高光色调）：主要用来控制头发的 2 级高光颜色。图 6.246 所示为【Specular Tint】参数为蓝色、【2nd Specular Tint】参数为红色的渲染效果。

（3）【Transmission Tint】（透明色调）：主要用来控制头发边缘比较细的头发高光颜色。当【Transmission Tint】颜色为白色的时候，2 级高光颜色就会消失；当【Transmission Tint】的颜色为黑色的时候，2 级高光的颜色起作用。图 6.247 所示为【Transmission Tint】的颜色为白色（值为 0）和黑色（值为 1）的渲染效果。

| 【Transmission Tint】颜色为白色（值为0）时的渲染效果 | 【Transmission Tint】颜色为黑色（值为1）时的渲染效果 |

图 6.246　1 级高光为蓝色、2 级高光为　　　　图 6.247　【Transmission Tint】
　　　　红色的渲染效果　　　　　　　　　　　值分别为 0 和 1 的渲染效果

4.【Diffuse】（漫反射）属性

（1）【Diffuse】：主要用来控制漫反射颜色的占比。该值越大，头发效果越偏向呢绒的效果。通过调节该参数，可以模拟假发效果。

（2）【Diffuse Color】（漫反射颜色）：主要用来控制漫反射的颜色。图 6.248 所示为【Diffuse Color】的颜色为白色、【Diffuse】的值分别为 0 和 1 时的渲染效果。

5. 【Emission】（发光）属性

【Emission】属性主要用来模拟带有魔法或发光效果的头发。

（1）【Emission】：控制发光颜色的比例。

（2）【Emission Color】（发光颜色）：主要用来控制发光的颜色。图 6.249 所示为【Emission Color】的颜色为红色、【Emission】的值分别为 0.05 和 0.3 时的渲染效果。

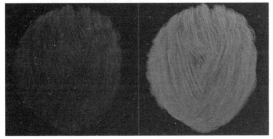

【Diffuse】值为0时的渲染效果　　【Diffuse】值为1时的渲染效果

图 6.248 【Diffuse】的值分别为 0 和 1 时的渲染效果

【Emission】值为 0.05时的渲染效果　　【Emission】值为 0.3时的渲染效果

图 6.249 【Emission】的值分别为 0.05 和 0.3 时的渲染效果

（3）【Opacity（不透明度）】：主要用来控制每根头发的不透明度。在头发比较多的地方效果不是很明显，一般在发梢和发尖位置效果比较明显，要根据最后的渲染效果，对该参数进行微调。

视频播放：关于具体介绍，请观看本书光盘上的配套视频"任务四：【aiStandardHair1】材质参数介绍.wmv"。

七、拓展训练

根据所给场景文件和所学知识，渲染出如下图所示的效果。

第 7 章 渲染设置与输出

知识点：

案例 1　Maya 2019 通用属性
案例 2　Arnold 渲染属性
案例 3　多通道输出
案例 4　Arnold 降噪器与其他渲染设置
案例 5　物体属性下的 Arnold 通用属性
案例 6　曲线渲染和 Arnold 代理渲染
案例 7　摄影机默认属性与摄影机中的 Arnold 属性设置
案例 8　Arnold 中的特殊摄影机和工具集

说明：

本章通过 8 个案例全面介绍渲染属性和摄影机属性的相关设置。

教学建议课时数：

一般情况下需要 14 课时，其中理论 6 课时，实际操作 8 课时（特殊情况下可做相应调整）。

在前面 6 章中详细介绍了 Maya 2019 的基础知识、建模技术、灯光技术和材质技术。在本章中，主要介绍三维动画制作的最后一个环节，即渲染设置与输出相关的技术。

本章通过 8 个案例详细介绍 Maya 2019 通用属性、Arnold 渲染属性、多通道输出、Arnold 降噪器、物体属性下 Arnold 的通用属性、曲线渲染、Arnold 代理渲染、摄影机默认属性、摄影机中的 Arnold 属性设置和 Arnold 工具集等方面的内容。

案例 1　Maya 2019 通用属性

一、案例内容简介

该案例主要介绍【渲染设置】面板中的【通用】属性参数的相关设置和参数含义。

二、案例效果欣赏

该案例为理论介绍无效果欣赏。

三、案例制作流程

任务一：打开【渲染设置】面板 ➡ 任务二：【文件输出】参数介绍

任务四：【可渲染摄影机】参数介绍 ⬅ 任务三：【Frame Range】（帧范围）参数介绍

任务五：【图像大小】参数介绍 ➡ 任务六：【场景集合】参数介绍 ➡ 任务七：【渲染选项】参数介绍

四、案例制作的目的

（1）了解渲染设置的重要意义。
（2）掌握各种文件格式输出的设置方法。
（3）掌握输出图像大小的设置方法。
（4）掌握渲染输出路径的设置方法。

五、案例制作过程中需要解决的问题

（1）文件格式的概念。
（2）摄影机的相关概念。
（3）分辨率的概念。
（4）建模、灯光和材质的基础知识。

六、详细操作步骤

在 Maya 2019 中，【通用】属性包括【文件输出】、【Frame Range】（帧范围）、【可渲染摄影机】、【图像大小】、【场景集合】和【渲染选项】6 个参数选项。

任务一：打开【渲染设置】面板

打开【渲染设置】面板的方法有两种。

1. 直接单击打开

在 Maya 2019 界面中，直接单击快捷工具图标栏中的▇（显示渲染设置）按钮，即可打开该面板。

2. 通过菜单栏命令打开

在菜单栏中单击【窗口】→【渲染编辑器】→【渲染设置】命令，即可打开该面板。【渲染设置】面板如图 7.1 所示。

3. 图像输出的相关信息

当打开【渲染设置】面板之后，在没有进行任何设置的情况下，默认为【通用】属性项，在该属性项的下面详细显示了输出文件的保存路径、文件名和图像大小，如图 7.2 所示。

视频播放：关于具体介绍，请观看本书光盘上的配套视频"任务一：打开【渲染设置】面板.wmv"。

任务二：【文件输出】参数介绍

【文件输出】参数选项主要用来设置文件输出的相关信息。【文件输出】卷展栏参数如图 7.3 所示。

图 7.1 【渲染设置】面板　　图 7.2　图像输出的相关形式　　图 7.3 【文件输出】卷展栏参数

（1）【文件名前缀】：主要用来设置输出文件的文件名前缀。例如，在【文件名前缀】右边的文本框中输入"ql"，文件的输出名称就被修改为"ql.*"，其中"*"代表图像格式，如图 7.4 所示。

（2）【文件格式】：主要用来调节输出文件的格式。主要有 7 种格式，如图 7.5 所示。其中，"*.jpg"格式属于有损压缩文件格式，其他 6 种格式都属于无损压缩格式。选择"*.jpg"格式时，会多出一个【Quality（质量）】参数选项。该选项主要用来控制压缩的质量，默认情况下该参数值为 100，如图 7.6 所示。一般情况下，不修改该参数值。

图 7.4　修改文件名　　　　　图 7.5　文件格式　　　图 7.6　【Quality（质量）】参数选项

如果需要输出带通道的图像文件，可以选择"*.png"和"*.tif"文件格式。当选择不同的文件格式时，其下面的参数也做相应的改变。一般情况下，这些参数都不需要调整。在此，就不再详细介绍。

（3）【Color Space】（色彩空间）：主要用来调节输出文件的色彩空间模式。包括【Raw】、【Use View Transform】和【Use Output Transform】3 种色彩空间模式，默认为【Use View Transform】色彩空间模式，它输出的图像颜色与我们在【Arnold RenderView】窗口中的图像颜色保持一致。如果选择【Use Output Transform】选项，输出的图像颜色与【Arnold RenderView】窗口中的图像颜色存在偏差。如果选择【Raw】选项，就不能对输出的文件进行颜色校正。

（4）【帧/动画扩展名】：主要用来选择输出的序列文件或单帧文件的命名排序方法，该选项提供了 7 种命名的排序方法，如图 7.7 所示。如果选择"名称.#.扩展名"的命名排序方法，那么输出文件名称变成"文件名+序列号+扩展名"，如图 7.8 所示。

（5）【帧填充】：主要用来控制输出文件序列号的占符号。该数值一般根据输出序列帧的多少来确定。例如，输出 99 帧以内时，该数值为 2；输出 100 帧以上 999 帧以内时该数值为 3。

（6）【使用自定义扩展名】：主要用来控制是否使用自定义扩展名。若勾选此项，则用户可以自定义扩展名，如图 7.9 所示。一般情况下，不会启用自定义扩展名功能。

图 7.7　命名的排序方法　　　图 7.8　输出文件命名格式　　　图 7.9　自定义扩展名功能开启

（7）【扩展名】：主要用来输入扩展名。

视频播放：关于具体介绍，请观看本书光盘上的配套视频"任务二：【文件输出】参数介绍.wmv"。

任务三：【Frame Range】（帧范围）参数介绍

【Frame Range】参数主要用来控制输出的动画序列帧图像文件的时间范围。【Frame Range】参数卷展栏如图 7.10 所示。

（1）【开始帧】：指定要渲染的第一帧（开始帧）。仅当"帧/动画扩展名"设定为包含"#"的选项时，【开始帧】才可用，其默认值为1。

（2）【结束帧】：指定要渲染的最后一帧（结束帧）。仅当"帧/动画扩展名"设定为包含"#"的选项时，【结束帧】才可用，结束帧的默认值为10。

（3）【帧数】：设置渲染的帧之间的增量。仅当"帧/动画扩展名"设定为包含"#"的选项时，【帧数】才可用，其默认值为1。

如果使用小于1的设定值，那么要确保启用了重建帧编号选项，否则，很多帧将显示为缺失。其实，它们只是被覆盖了。

（4）【跳过现有帧】：勾选此项，渲染器将检测并跳过已渲染的帧。此功能可节省渲染时间。

（5）【开始编号】：主要用来设置从哪一帧开始编号。

（6）【帧数】：主要用来设置文件名编号之间的增量。

视频播放：关于具体介绍，请观看本书光盘上的配套视频"任务三：【Frame Range】（帧范围）参数介绍.wmv"。

任务四：【可渲染摄影机】参数介绍

【可渲染摄影机】参数主要用来设置渲染的摄影机和相关参数，【可渲染摄影机】卷展栏如图7.11所示。

（1）【Renderable Cameras】（可渲染摄影机）：主要用来选择可渲染的摄影机。还可以创建多个可渲染的摄影机，也可以删除已创建的摄影机。具体操作如下。

步骤01：添加可渲染摄影机。单击【Renderable Cameras】属性右边的图标，弹出下拉菜单。在弹出的下拉菜单中，单击【添加可渲染摄影机】命令，创建一个渲染摄影机。添加并设置好的可渲染摄影机如图7.12所示。

图7.10 【Frame Range】卷展栏

图7.11 【可渲染摄影机】卷展栏

图7.12 添加并设置好的可渲染摄影机

步骤02：删除可渲染摄影机。直接单击需要删除的摄影机右边的按钮即可。

（2）【Alpha 通道】（遮罩）：控制渲染图像是否包含遮罩通道，默认设置为启用。

（3）【深度通道】（Z 深度）：控制渲染图像是否包含深度通道，默认设置为禁用。

视频播放：关于具体介绍，请观看本书光盘上的配套视频"任务四：【可渲染摄影机】参数介绍.wmv"。

任务五：【图像大小】参数介绍

【图像大小】参数主要用来控制渲染图像的分辨率和像素纵横比。【图像大小】参数卷展栏如图 7.13 所示。

提示：矢量渲染器的分辨率限制值为 1600×1600，EPS 和 AI 文件格式除外。当使用 Maya 软件渲染器渲染大于 6000×6000 的分辨率时，如果保存的输出图像是 tif、Avid Softimage、Autodesk-PIX、JPEG、EPS 或 Cineon 格式之一，则 Maya 将需要调用大量内存。在此类情况下，可以把图像渲染为 Maya 支持的任何其他图像格式，然后使用格式转化工具将这些图像转化为所需格式。

（1）【预设】：主要用来选择系统预设的图像大小。从【预设】下拉列表中选择某个选项后，Maya 2019 会自动设定"宽度""高度""设备纵横比"和"像素纵横比"；也可以添加【预设】选项，以输出图像到未列出的设备。

（2）【保持宽度/高度比率】：勾选此项，使宽度和高度成比例地缩放图像大小，也就是说，在调节"宽度"或"高度"任一值时，系统会根据比例自动计算另一个值。

（3）【保持比率】：指定使用渲染分辨率的类型，有【像素纵横比】和【设备纵横比】两个类型。

①【像素纵横比】：是组成图像的宽度和高度的像素之比。大多数显示设备（如计算机监视器）具有方形像素，其【像素纵横比】为 1∶1。但也有一些设备具有非方形像素，例如，NTSC 视频的【像素纵横比】为 0.9。

②【设备纵横比】：显示器的宽度单位数乘以高度单位数。例如，纵横比为 4∶3（1.33）的显示器将生成较方正的图像，而纵横比为 16∶9（1.78）显示器生成的图像是全景形状。

（4）【宽度/高度】：使用【大小单位】中指定的单位指定图像的宽度/高度。

（5）【大小单位】：指定图像大小时要采用的单位。Maya 2019 为用户提供了像素、英寸、cm（厘米）、mm（毫米）、点和派卡 6 种单位。

（6）【分辨率】：使用【分辨率单位】中指定的分辨率。tif、IFF 和 JPEG 格式可以保存该信息，以便在第三方应用程序（如 Photoshop）中打开图像时保持图像相关信息。

（7）【分辨率单位】：设定图像分辨率时要采用的单位。Maya 2019 为用户提供了"像素/英寸"和"像素/厘米"2 种选择。

（8）【设备纵横比】：主要用来调节设备纵横比。设备纵横比数值等于图像纵横比乘以像素纵横比。

（9）【像素纵横比】：主要用来调节像素纵横比。像素纵横比是指图像在水平方向上和垂直方向上包含的像素数量与各个像素的纵横比。

视频播放：关于具体介绍，请观看本书光盘上的配套视频"任务五：【图像大小】参数介绍.wmv"。

任务六：【场景集合】参数介绍

【场景集合】参数卷展栏中只有一个【渲染表示】参数，如图 7.14 所示。

【渲染表示】主要用来指定在渲染时要渲染的"场景集合"。Maya 2019 为用户提供了【活动表示】和【Custom】（自定义）2 种渲染表示。

视频播放：关于具体介绍，请观看本书光盘上的配套视频"任务六：【场景集合】参数介绍.wmv"。

任务七：【渲染选项】参数介绍

在使用外部插件的时候，这些插件为了适应渲染器，需要调用外部插件开发者为使插件适应渲染器而编写的 MEL 语句，MEL 语句会自动填写到相应的 MEL 语句文本框中。【渲染选项】参数卷展栏如图 7.15 所示。

图 7.13 【图像大小】
参数卷展栏

图 7.14 【场景集合】
参数卷展栏

图 7.15 【渲染选项】
参数卷展栏

（1）【渲染前 MEL】：在渲染之前运行 MEL 命令或脚本。
（2）【渲染后 MEL】：在渲染所有帧之后运行 MEL 命令或脚本。
（3）【渲染层前 MEL】：在渲染所有层之前运行 MEL 命令或脚本。
（4）【渲染层后 MEL】：在渲染所有层之后运行 MEL 命令或脚本。
（5）【渲染帧前 MEL】：在渲染所有帧之前运行 MEL 命令或脚本。
（6）【渲染帧后 MEL】：在渲染所有帧之后运行 MEL 命令或脚本。

视频播放：关于具体介绍，请观看本书光盘上的配套视频"任务七：【渲染选项】参数介绍.wmv"。

七、拓展训练

根据本案例所学知识，对场景中的【通用】参数进行设置。

案例 2　Arnold 渲染属性

一、案例内容简介

在本案例中，主要介绍【渲染设置】面板中的【Arnold Renderer】（Arnold 渲染器）属性参数的相关设置和参数含义。

二、案例效果欣赏

三、案例制作流程

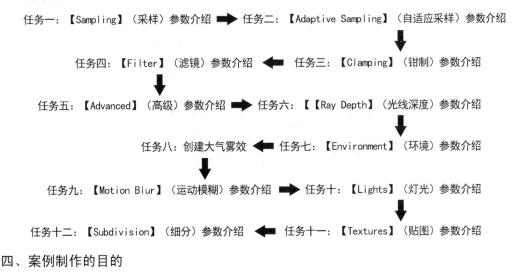

任务一：【Sampling】（采样）参数介绍 ➡ 任务二：【Adaptive Sampling】（自适应采样）参数介绍

任务四：【Filter】（滤镜）参数介绍 ⬅ 任务三：【Clamping】（钳制）参数介绍

任务五：【Advanced】（高级）参数介绍 ➡ 任务六：【Ray Depth】（光线深度）参数介绍

任务八：创建大气雾效 ⬅ 任务七：【Environment】（环境）参数介绍

任务九：【Motion Blur】（运动模糊）参数介绍 ➡ 任务十：【Lights】（灯光）参数介绍

任务十二：【Subdivision】（细分）参数介绍 ⬅ 任务十一：【Textures】（贴图）参数介绍

四、案例制作的目的

（1）掌握【Arnold Renderer】（Arnold 渲染器）中【Sampling】（采样）各个参数的作

用和综合调节方法。

（2）掌握运动模糊动画渲染的原理、方法和注意事项。

（3）掌握体积雾效和大气雾效制作的原理、方法和技巧。

（4）掌握【Arnold Renderer】中其他参数的调节方法。

五、案例制作过程中需要解决的问题

（1）3S 的概念。

（2）过滤的概念和噪点的概念。

（3）间接照明和直接照明的概念。

（4）运动模糊形成的原理。

六、详细操作步骤

在 Maya 2019 中，【Arnold Renderer】（Arnold 渲染器）包括【Sampling】（采样）、【Ray Depth】（光线深度）、【Environment】（环境）、【Motion】（运动）、【Operators】（操作）、【Lights】（灯光）、【Textures】（贴图）和【Subdivision】（细分）8 个参数选项。

任务一：【Sampling】（采样）参数介绍

【Sampling】参数的设置，直接关系到渲染作品的质量好坏，因为这些参数直接控制输出图像的品质和输出速度。【Sampling】参数卷展栏如图 7.16 所示。

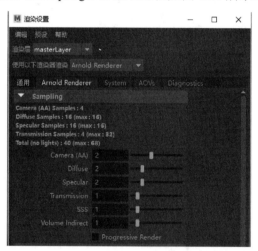

图 7.16 【Sampling】参数卷展栏

先从图 7.17 所示的这幅图像来了解采样的概念。设置好摄影机收集图像的区域和大小，场景中的所有的光线、对象和贴图都会产生反射光线，摄影机通过收集这些反射的光线形成图像，这一过程称为渲染。收集的次数和收集的品质就是采样，采样是以每单位像素来计算的，也就是说，每一个单位采样的数量越多，品质就越好；反之，品质就越低。

（1）【Camera（AA）】：主要用来控制渲染输出的总采样，即控制整幅渲染图像总的光线采样数量。该值越大，每单位采集的光线越多，渲染的品质就越高，但渲染的速度就越慢。该值也不能无限制地增减，否则，会大大减低渲染速度。如果把该参数值设置为 3，就可以得到一个中等品质的渲染图像；若把该值设置为 8，则可以得到一个高品质的渲染图像效果。不同【Camera（AA）】参数值下的渲染效果如图 7.18 所示。

图 7.17 采样示意图   图 7.18 不同【Camera（AA）】参数值下的渲染效果

（2）【Diffuse】（漫反射）：主要用来控制光线产生间接照明反射的次数。图 7.19 所示为不同【Diffuse】值下的渲染效果。

（3）【Specular】（高光）：主要用来控制光线产生高光反射的次数。图 7.20 所示为不同【Specula】值下的渲染效果。

（4）【Transmission】（透明度）：主要用来控制光线穿透物体的采集量。该值越大，透明物体产生的透射效果越细腻，越接近真实效果。图 7.21 所示为不同【Transmission】值下的渲染效果。

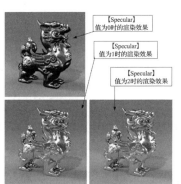

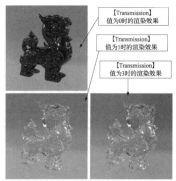

图 7.19 不同【Diffuse】值下的   图 7.20 不同【Specular】   图 7.21 不同【Transmission】
　　　　渲染效果   　　　值下的渲染效果   　　　值下的渲染效果

（5）【3S】（次表面散射）：主要用来控制光线穿透次表面散射物体（如玉石、皮肤）内部时产生的噪点。该值越大，次表面散射物体内部产生的噪点越细腻，但渲染速度就越慢。图 7.22 所示为不同【3S】值下的渲染效果。

【3S】的值为1时的渲染效果　　【3S】的值为3时的渲染效果　　【3S】的值为4时的渲染效果

图 7.22　不同【3S】值下的渲染效果

（6）【Volume Indirect】（体积雾间接照明）：主要用来控制光线在体积物体内部产生的间接光线数量。

（7）【Progresive Render】（渐进渲染）：主要用来控制渲染的方式。若勾选此项，则在渲染时，采取从低品质、中品质、高品质 3 次逐渐完成渲染，渲染效果如图 7.23 所示。

从低品质到高品质的渲染效果

图 7.23　从低品质到高品质的渲染效果

提示：在设置【Sampling】（采样）参数时，【Camera（AA）】[摄影机（AA）]参数属性值的大小要比【Sampling】参数中的其他任一属性值大。建议把【Camera（AA）】参数属性值设置为【Sampling】参数属性最大值并在此基础上加 1。

视频播放：关于具体介绍，请观看本书光盘上的配套视频"任务一：【Sampling】（采样）参数介绍.wmv"。

任务二：【Adaptive Sampling（自适应采样）】参数介绍

【Adaptive Sampling】卷展栏参数主要用来控制渲染时是否根据渲染产生的噪点来提高渲染采样率。【Adaptive Sampling】卷展栏参数如图 7.24 所示。

（1）【Enable】（启用）：勾选此项，开启自适应采样功能；否则，关闭该功能。

（2）【Max Camera（AA）】[最大摄影机（AA）]：主要用来控制自适应的最大采样数。该值越大，渲染的速度就越慢。

（3）【Adaptive Threshold】：主要用来控制在多大噪点颗粒时，才启用自适应采样。也就是说，当噪点颗粒大于【Adaptive Threshold】值时，启用自适应采样功能。【Adaptive Threshold】值越小，渲染的图像质量就越高，但渲染速度就越慢。

一般情况下，【Adaptive Sampling】功能在最终渲染大图的时候才开启。【Max Camera（AA）】的值宜设置为 8，因为设置为 8 时是高品质渲染。【Adaptive Threshold】设置为 0.1 左右。

视频播放：关于具体介绍，请观看本书光盘上的配套视频"任务二：【Adaptive Sampling（自适应采样）】参数介绍.wmv"。

任务三：【Clamping】（钳制）参数介绍

【Clamping】参数主要用来控制由于直接照明和间接照明产生的不正确的高亮点。【Clamping】卷展栏参数如图 7.25 所示。

（1）【Clamping AA Samples】（钳制 AA 采样）：主要用来控制是否开启【Clamping】功能。

（2）【Affect AOVs】（影响 AOVs）：主要用来控制是否开启钳制功能，以使它对多通道输出起作用。

（3）【AA Clamp Value】（AA 钳制值）：主要用来限制高亮点的最大亮度值。该值一般设置为 2 左右。

（4）【Indirect Clamp Value】（间接照明钳制值）：主要用来限制间接照明光线产生的最大亮度值。该值一般设置为 2 左右。

视频播放：关于具体介绍，请观看本书光盘上的配套视频"任务三：【Clamping】（钳制）参数介绍.wmv"。

任务四：【Filter】（滤镜）参数介绍

【Filter】参数主要作用是对渲染过程中物体边缘产生的锯齿和细节过于锐化等现象进行适当模糊。【Filter】参数卷展栏如图 7.26 所示。

图 7.24　【Adaptive Sampling】　　图 7.25　【Clamping（钳制）】　　图 7.26　【Filter】参数卷展栏
　　　　参数卷展栏　　　　　　　　　　参数卷展栏

（1）【Type】（类型）：主要用来选择滤镜的类型。主要有 12 种滤镜类型，这些滤镜类型功能基本相同，一般情况下，建议使用【Gaussian】（高斯）。

（2）【Width】（宽度）：主要用来设置模糊区域的大小。一般情况下，建议将该值设置为 2。

视频播放：关于具体介绍，请观看本书光盘上的配套视频"任务四：【Filter】（滤镜）参数介绍.wmv"。

任务五：【Advanced】（高级）参数介绍

【Advanced】参数卷展栏如图 7.27 所示。

（1）【Lock Sampling Pattern】（锁定采样模式）：在渲染序列图像或带有动画效果的图像时，噪点会产生一定的闪烁。勾选此项，可消除噪点产生的闪烁。

（2）【Use AutoBump in 3S】（在 3S 中使用自动凹凸效果）：在添加 3S 材质之后，模型的凹凸效果会减弱。若勾选此项，则会增强模型的凹凸效果，以弥补添加 3S 材质后减弱的凹凸，最大限度增加模型的细节。

（3）【Indirect Specular Blur】（间接高光模糊）：主要用来控制对间接高光进行模糊的品质，该值越大，效果就越细腻，但消耗的渲染时间就越长，一般采用默认值 1。

视频播放： 关于具体介绍，请观看本书光盘上的配套视频"任务五：【Advanced】（高级）参数介绍.wmv"。

任务六：【Ray Depth】（光线深度）参数介绍

在场景渲染过程中，三维空间是一个无限扩展的空间，为了让计算机识别当前场景有效范围空间中的光线，需要通过设置【Ray Depth】参数来实现。

【Ray Depth】参数卷展栏如图 7.28 所示，其中：

（1）【Total】（总数）：主要用来控制光线深度的最大限度值。该值的大小需要根据下面 3 种参数值大小来定。一般情况下，该值为下面 3 种参数中最大一个参数值的 2 倍。

（2）【Diffuse】（漫反射）：主要用来控制漫反射的次数，默认值为 1，一般建议不修改该参数值。

（3）【Specular】（高光）：主要用来控制高光的反射次数，该值默认为 1，如果需要得到比较好的高光效果，建议将该值设置为 3 左右。

（4）【Transmission】（透明度）：主要用来控制光线穿透物体的能力。图 7.29 所示为不同【Transmission】值下的渲染效果。如果在场景中有多个透明物体叠加时，建议把【Transmission】值提高到 20 左右。

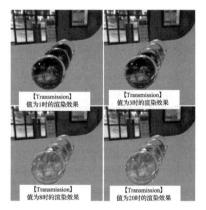

图 7.27 【Filter（滤镜）】　　图 7.28 【Ray Depth】　　图 7.29 不同【Transmission】
　　参数卷展栏　　　　　　卷展栏参数　　　　　　　值下的渲染效果

视频播放：关于具体介绍，请观看本书光盘上的配套视频"任务六：【Ray Depth（光线深度）】参数介绍.wmv"。

任务七：【Environment】（环境）参数介绍

1. 【Environment】参数作用

【Environment】只有两个参数，如图 7.30 所示。

（1）【Atmosphere】：主要用来创建大气雾效果和体积雾效果（简称体积雾效）。

（2）【Background（Legacy）】[背景（旧有）]：主要用来创建天光节点、物理天光节点和光线开/关着色器。

2. 体积雾的创建和参数调节

1）创建体积雾步骤

步骤 01：打开场景文件，该场景中已经设置好摄影机和灯光。场景中包括的元素如图 7.31 所示，渲染的效果如图 7.32 所示。

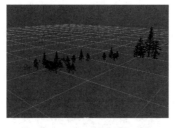

图 7.30 【Environment】　　图 7.31 场景中包括的元素　　图 7.32 渲染效果
卷展栏参数

步骤 02：创建体积雾。单击【Atmosphere】右边的█图标，弹出快捷菜单。在弹出的快捷菜单中单击【Create aiAtmosphere Volume】（创建体积雾）命令，完成体积雾的创建。此时，看不到任何渲染效果，因为还没有调节参数。

步骤 03：调节参数。具体参数调节如图 7.33 所示，调节参数之后的渲染效果如图 7.34 所示。

2）【Volume Attributes】（体积属性）卷展栏参数调节。

（1）【Density】（密度）：主要用来控制灯光体积雾的密度大小。图 7.35 所示为不同密度值下的体积雾效。

（2）【Color】：主要用来控制体积雾的颜色。图 7.36 所示为不同颜色的渲染效果。

（3）【Attenuation】（衰退）：控制空间中的体积雾对整个环境的光线吸收率。默认值为 0，表示不吸收光线。增大该值，场景中的灯光体积雾效和环境光照效果都会减弱。图 7.37 所示为不同【Attenuation】值下的渲染效果。

图 7.33 【aiAtmosphere Volume】参数调节

图 7.34 调节参数之后的渲染效果

图 7.35 不同密度值下的渲染效果

（4）【Attenuation Color】（衰退颜色）：主要用来调节衰退的颜色。需要注意的是，在此是为了吸收调节的颜色。例如，把【Attenuation Color】调节为红色，则光照将红色吸收，得到的是绿色和蓝色的混合色。其他参数可以调节为默认值。图 7.38 所示是【Attenuation】值为 0.2 而【Attenuation Color】分别为红色和蓝色情况下的渲染效果。

图 7.36 不同颜色的渲染效果

图 7.37 不同【Attenuation】值下的渲染效果

图 7.38 不同【Attenuation Color】值下的渲染效果

（5）【Anisotropy】（各向异性）：主要用来控制灯光雾效向内收缩或向外扩展。当该值为负值时，灯光雾效向内收缩；为正值时，灯光雾效向外扩展。也可以通过贴图来控制灯光雾效的形态。图 7.39 所示是不同【Anisotropy】值下添加了噪波贴图的渲染效果。

图 7.39 不同【Anisotropy】值下添加了噪波贴图的渲染效果

（6）【Samples】（采样）：主要用来控制渲染雾效的品质。该值越大，渲染的品质越高，雾效的噪点就越少。

3）【Contribution Attributes】（成分属性）参数卷展栏

（1）【Camera】（摄影机）：主要用来控制灯光雾在场景中的强度和扩散范围。图 7.40 所示为不同【Camera】值下的渲染效果。

图 7.40　不同【Camera】数值下的渲染效果

（2）【Diffuse】（漫反射）：主要用来控制体积雾是否对周围环境产生间接照明效果。图 7.41 所示为不同【Diffuse】值下的渲染效果。

图 7.41　不同【Diffuse】值下的渲染效果

（3）【Specular】（高光）：主要用来控制体积雾被物体反射的程度。当该值为 0 时，体积雾不被物体反射；当该值为 1 时，体积雾完全被物体反射。

3. 取消指定的灯光雾效和场景中所有灯光雾效

如果场景中有好几盏灯，有时既要控制一些灯光使之产生雾效，又要控制另一些灯光使之不产生雾效，可以通过以下方法来实现。

步骤 01：给场景中的灯光添加雾效。

步骤 02：在场景中选择不需要产生雾效的灯光，在属性面板中将灯光形态节点中的【Volume】（体积）参数值调节为 0 即可，如图 7.42 所示。

步骤 03：【Volume】参数值分别为 0 和 1 时的渲染效果如图 7.43 所示。

步骤 04：取消场景中所有灯光的雾效。在【渲染设置】对话框中把光标移到【Atmosphere】属性上，单击鼠标右键，弹出快捷菜单；在弹出的快捷菜单中单击【断开连接】命令，即可取消所有灯光的雾效。

提示：只有带照射范围的灯光才能产生雾效，如聚光灯，而不带照射范围的灯光则不能产生雾效，如平行光。

视频播放：关于具体介绍，请观看本书光盘上的配套视频"任务七：【Environment（环境）参数介绍.wmv"。

图 7.42 【Volume】参数值调节

图 7.43 【Volume】参数值分别为
0 和 1 时的渲染效果

任务八：创建大气雾效

1. 创建大气雾效的渲染效果

步骤 01：打开场景文件和【渲染设置】面板。

步骤 02：单击【Atmosphere】（大气）右边的■图标，弹出快捷菜单，如图 7.44 所示。在弹出的快捷菜单中单击【Create aiFog】（创建 ai 雾效）命令，完成体积雾的创建。创建大气雾效的渲染效果如图 7.45 所示。

图 7.44 弹出的快捷菜单

图 7.45 创建大气雾效的渲染效果

2.【Fog Attributes】（大气雾效）参数介绍

上一步骤创建的渲染效果并不符合要求，需要通过参数调节来满足要求。【Fog Attributes】参数卷展栏如图 7.46 所示。

（1）【Color】（颜色）：主要用来控制大气雾效的颜色。例如，将【Color】调节为橙色（偏深），渲染效果如图 7.47 所示。

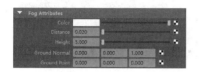

图 7.46　【Fog Attributes】
参数卷展栏

图 7.47　将【Color】调节为橙色
（偏深）时的渲染效果

（2）【Distance】（距离）：主要用来控制雾的浓度。为了方便理解，将摄影机切换到【透视图】来调节【Distance】参数。图 7.48 所示是不同【Distance】值下的渲染效果。

（3）【Height】（高度）：主要用来控制雾扩散的高度。图 7.49 所示是【Distance】值为0.01 而【Height】为不同值时的渲染效果。

图 7.48　不同【Distance】
值下的渲染效果

图 7.49　不同【Height】
值下的渲染效果

（4）【Ground Normal】（平面法线）：主要用来控制雾发射平面的方向。把【Ground Normal】中的 X 轴和 Z 轴的参数都调节为 1，如图 7.50 所示，渲染效果如图 7.51 所示。该参数中的轴向与场景中的世界坐标系轴向一致。

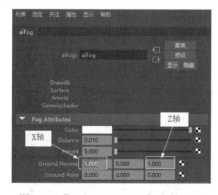

图 7.50　【Ground Normal】参数调节

图 7.51　调节参数之后的渲染效果

（5）【Ground Point】（平面点）：主要用来控制雾发射平面的位置。调节【Ground Point】属性参数，具体参数调节如图 7.52 所示。调节参数之后的渲染效果如图 7.53 所示。

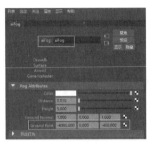

图 7.52 【Ground Point】参数调节

图 7.53 调节参数之后的渲染效果

（6）再重新调节【Fog Attributes（大气雾效）】卷展栏中的所有参数。具体参数调节如图 7.54 所示。在【透视图】中的渲染效果如图 7.55 所示。切换到创建的摄影机视图，渲染效果如图 7.56 所示。

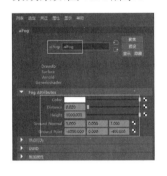

图 7.54 【Fog Attributes】参数调节

图 7.55 在【透视图】中的渲染效果

图 7.56 在创建的摄影机视图中的渲染效果

视频播放：关于具体介绍，请观看本书光盘上的配套视频"任务八：创建大气雾效.wmv"。

任务九：【Motion Blur】（运动模糊）参数介绍

动态模糊是指摄影机或摄影机的胶片在不同的快门速度下，采集某种运动物体所产生的拉伸效果，这种拉伸效果能体现出物体正处于运动状态，而且能体现出物体的力量感和方向感，如图 7.57 所示。从参考图可以看出运动模糊具有方向感和力量感，该物体正处于运动状态。

图 7.57 运动模糊效果参考图

1.【Motion Blur】的开启

步骤 01：打开场景文件。该场景包括 3 个对象，如图 7.58 所示。长方体为自身变形动画，中间对象为自身旋转动画，小球做弧形抛物线运动。

步骤 02：开启【Motion Blur】功能。单击图标栏中的显示渲染设置按钮▦，打开【渲染设置】对话框。在该对话框中勾选【Motion Blur】参数卷展栏中的【Enable】（启用）按钮，开启运动模糊，如图 7.59 所示。开启【Motion Blur】的渲染效果如图 7.60 所示。

图 7.58　场景中的对象　　　图 7.59　【Motion Blur】　　　图 7.60　开启【Motion Blur】
　　　　　　　　　　　　　　　　参数卷展栏　　　　　　　　　　　的渲染效果

提示：只能渲染运动模糊的中间帧，而起始帧和结束帧是渲染不出运动模糊效果的。

2.【Motion Blur】参数作用

（1）【Enable】（启用）：主要作用是开启或禁用运动模糊效果。

（2）【Deformation】（变形）：主要作用是开启或禁用变形物体产生的运动模糊效果。图 7.61 所示为取消了【Deformation】参数之后的渲染效果。

（3）【Camera】（摄影机）：主要作用是是否开启或禁用由于摄影机运动产生的运动模糊。

（4）【Shader】（着色器）：主要作用是开启或禁用动态着色的运动模糊效果。

（5）【Key Frame】（关键帧）：主要用来调节【Motion Blur】采集的帧数。图 7.62 所示为不同【Key Frame】值下的运动模糊效果。

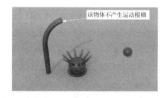

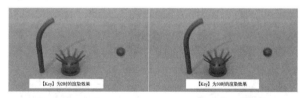

图 7.61　取消了【Deformation】　　　图 7.62　为不同【Key Frame】值下的运动模糊效果
　　　　　参数之后的渲染效果

（6）【Position】（位置）：主要用来控制需要产生运动模糊的位置，有【Start on Frame】（在帧的开始位置）、【Center On Frame】（在帧的中心位置）、【End On Frame】（在帧的结束位置）和【Custom】（自定义）4 种模式。不同模式下的渲染效果如图 7.63 所示。

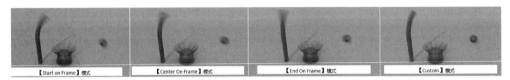

图 7.63　不同模式下的渲染效果

（7）【Length】（长度）：主要用来控制【Motion Blur】的强度。图 7.64 所示为不同【Length】值下的渲染效果。

（8）【Start/End】（开始/结束）：主要用来定义【Motion Blur】的开始和结束位置。该参数的【Position】（位置）模式为【Custom】（自定义）模式才起作用。图 7.65 所示为【Start】（开始）值为-0.5、【End】（结束）值为 1 时的渲染效果。

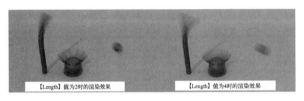

图 7.64　不同【Length】值下的渲染效果

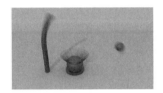

图 7.65　【Start】值为-0.5、【End】值为 1 时的渲染效果

3. 运动模糊层的渲染

在动画后期合成处理中，经常要用到运动模糊层。直接渲染模糊效果是不行的，需要单独渲染才行。运动模糊层的渲染操作步骤如下。

步骤 01：添加运动模糊通道。在【渲染设置】面板中单击【AOVs】（多通道输出）选项，进行【AOVs】参数调节。在【渲染设置】面板右侧列表中单选【MotionVector】（运动向量）通道，单击 ▓▓ 按钮，把它添加到右侧列表中，如图 7.66 所示。

步骤 02：单击【Diagnostics】→【Ignore Motion Blur】（忽略运动模糊）命令，完成参数调节，如图 7.67 所示。

步骤 03：渲染运动模糊层，效果如图 7.68 所示。

图 7.66　【AOVs】选项

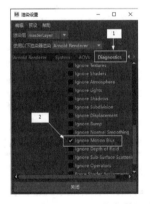

图 7.67　【Diagnostics】参数调节

图 7.68　渲染的运动模糊层效果

446

步骤 04：将运动模糊层保存。

视频播放：关于具体介绍，请观看本书光盘上的配套视频"任务九:【Motion Blur】（运动模糊）参数介绍.wmv"。

任务十：【Lights】（灯光）参数介绍

1. 【Lights】参数作用

【Lights】参数主要用来控制 Arnold 灯光与 Maya 2019 中的默认灯光的连接方式，以及灯光品质的控制。【Lights】参数卷展栏如图 7.69 所示。

（1）【Low Light Threshold】（低光度阈值）：主要用来控制场景中光线照射较低的地方参与反射的次数。该值越大，低光照射的地方参与反射的次数就越少，消耗的系统资源就越少，该值越小，低光照射的地方参与反射的次数就越多，消耗的系统资源就越多。图 7.70 所示为【Low Light Threshold】分别为 0.001 和 10 时的渲染效果。该默认值为 0.001，在调节该值的时候，建议不要高于 0.005，一般设置为 0.002 左右比较合适。

【Low Light Threshold】值为0.001时的渲染效果　　　【Low Light Threshold】值为10时的渲染效果

图 7.69 【Lights】参数卷展栏

图 7.70 【Low Light Threshold】分别为 0.001 和 10 时的渲染效果

（2）【Light Linking】（灯光连接）：主要用来控制 Arnold 灯光与场景的连接模式。默认为【Maya Light Links】（Maya 灯光连接）。因为 Arnold 灯光是一种写实灯光，只要创建灯光，灯光就会自动与场景中的物体产生连接。也就是说，灯光可以照射场景中的所有物体。一般情况下，采用默认的连接模式。

（3）【Shadow Linking】（阴影连接）：主要用来控制 Arnold 灯光阴影的连接模式。主要有【None】（无）、【Follows Light Linking】和【Maya Shadow Links】（Maya 阴影连接）。默认为【Follows Light Linking】，一般情况下，不建议修改这一选项的默认设置。

2. 建立和断开灯光与物体之间的连接

在特殊情况下，需要改变某些灯光与场景中的个别物体之间的连接关系，可以通过【关系编辑器】来改变。

步骤 01：打开以灯光为中心的【关系编辑器】。在菜单栏中单击【窗口】→【关系编辑器】→【灯光连接】→【以灯光为中心】命令，打开【关系编辑器】面板，如图 7.71 所示。

该面板左侧列表为场景中的所有灯光列表，右侧为场景中的所有对象列表。在左侧单

选某一种灯光，右侧对象如果呈浅蓝色，就表示与从左侧选择的灯光有连接。如果需要断开与某个对象的连接，可以直接单击需要与灯光断开连接的对象。

步骤 02：打开以对象为中心的【关系编辑器】。在菜单栏中单击【窗口】→【关系编辑器】→【灯光连接】→【以对象为中心】命令，打开【关系编辑器】面板，如图 7.72 所示。

图 7.71　以灯光为中心的【关系编辑器】面板　　　图 7.72　以对象为中心的【关系编辑器】面板

该面板左侧列表为场景中的所有对象列表，右侧为所有灯光列表。在左侧单选某个对象，右侧灯光如果呈浅蓝色，那就表示与从左侧选择的对象有连接。如果需要断开与某个对象的连接，可以直接单击该对象。

视频播放：关于具体介绍，请观看本书光盘上的配套视频"任务十：【Lights】（灯光）参数介绍.wmv"。

任务十一：【Textures】（贴图）参数介绍

【Textures】参数的主要作用是控制场景中所用贴图的品质、转换方式和系统资源消耗等。【Textures】参数卷展栏如图 7.73 所示。

（1）【Auto-convert Textures to TX】（将贴图自动转化为 TX 纹理）：若勾选此项，则自动生成已分片的 TX 纹理和已进行【Mipmap】（纹理映射）处理的 TX 纹理。TX 纹理将根据颜色空间属性实现线性化。

（2）【Use Existing TX Textures】（使用已转换的 TX 贴图）：若勾选此项，表示允许使用 Maya 2019 中的*.exr 或*.jpg 等纹理格式。在使用*.tx 纹理进行渲染启用【Use Existing TX Textures】（使用已转换的 TX 贴图）时，MtoA（贴图检测内置程序）将检查场景中引用的*.tx 纹理版本，并将其导入 Arnold。例如，如果文件节点引用*.jpg，那么 MtoA 将检查该文件的* .tx 版本；如果找到*.tx 版本，MtoA 会将*.tx 文件名导入 Arnold，而不是.jpg 格式。

（3）【Accept Unmipped】（接受未进行 Mip 处理）：未进行 Mip 处理的高分辨率纹理渲染效率很低，因为无论对象与摄影机之间的距离如何，都必须将最高分辨率级别的贴图加载到内存中，而不是加载较低分辨率级别的贴图。禁用此选项时，尝试加载未进行 Mip 处理的文件均会产生错误并中止渲染器的运行。

（4）【Auto-tile】（自动分片）：在扫描线模式下保存纹理贴图文件（例如 JPEG 文件）。启用此选项，将触发按需生成分片。把生成的分片保存在内存中，而不是把全部分片保存到缓存区。此过程会增加渲染时间，对于具有高分辨率贴图的场景尤其重要。如果要避免渲染性能下降，建议使用本地分片模式的贴图文件格式（例如.tif 和.exr）。可以使用 Make TX 工具创建分片纹理。

（5）【Tile Size】（分片大小）：这是使用自动分片时的分片大小。值越大，纹理加载频率越低，但占用的内存越多。

（6）【Accept Untied】（接受未分片）：如果纹理贴图文件未进行 Mipmap 处理，必须选中此选项，否则渲染将出现错误。

（7）【Max Cache Size（MB）】[最大缓存大小（MB）]：用于纹理缓存的最大内存量。

（8）【Max Open Files】（打开文件最大数）：系统在任一给定时间保持打开状态，以免在缓存单个纹理分片时频繁关闭和重新打开文件的最大文件数。一方面，增加此数字可能会使纹理缓存性能略有提高；另一方面，如果该值高于操作系统（如 Linux 与 Windows）支持并打开文件的最大数量，某些纹理查找可能会失败。默认情况下，该值设置为 0，Arnold 将使用启发式算法（该算法将尝试猜测每台特定计算机的最佳数量），自动计算可以同时打开的纹理文件的最大数量。建议用户使用默认值 0，以获得最佳性能。

视频播放：关于具体介绍，请观看本书光盘上的配套视频"任务十一：【Textures】（贴图）参数介绍.wmv"。

任务十二：【Subdivision】（细分）参数介绍

【Subdivision】参数的主要作用是控制对象在渲染时的全局细分。【Subdivision】参数卷展栏如图 7.74 所示。

（1）【Max Subdivisions】（最大细分数）：控制所有对象细分迭代次数的上限。默认情况下该值为 225，该值的最大值为 231。当需要很长时间才能细分场景时，如果把该值设置为较低值（如 1 或 2），以限制最大细分数值，就会提高渲染速度，但在最终渲染时，要把该值调节到默认值 225。图 7.75 所示为不同细分迭代次数下的渲染效果。

图 7.73　【Textures】参数卷展栏

图 7.74　【Subdivision】参数卷展栏

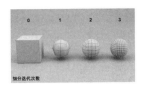

图 7.75　不同细分迭代次数下的渲染效果

（2）【Frustum Culling】（视锥消隐）：若勾选此项，则在渲染时启用视锥消隐模式进行渲染，视角或切割用摄影机视锥外部的细分面片将不会进行细分。

（3）【Frustum Padding】（视锥填充）：主要用来控制进行视锥填充的数的数量。

（4）【Dicing Camera】（切割用摄影机）：在自适应细分期间确定面片的细分级别时使

用的摄影机。启用该选项，用户需要为自适应细分期间的所有切割（细分）计算提供一个可用于参考的特定摄影机。这有助于修复在主摄影机进行特定移动时由自适应细分引起的令人不适的闪烁。如果已设置静态切割用摄影机，仍可从自适应细分中获得益处（越靠近切割用摄影机，多边形细节越多），且细分不会因帧的不同而不同。默认情况下，此选项为禁用，只有在必要的情况下才启用此选项。

视频播放：关于具体介绍，请观看本书光盘上的配套视频"任务十二：【Subdivision】（细分）参数介绍.wmv"。

七、拓展训练

根据本案例所学知识，根据提供的场景渲染输出如下图所示的效果。

案例3　多通道输出

一、案例内容简介

该案例主要介绍【渲染设置】面板中的【AOVs】（多通道输出）参数的相关设置和参数含义。

二、案例效果欣赏

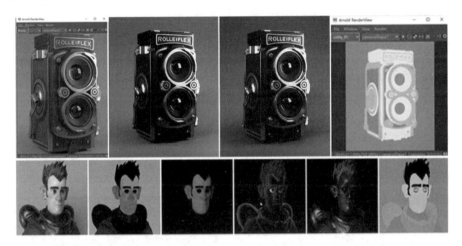

三、案例制作流程

任务一：【AOVs】（多通道输出）的基本概念 ➡ 任务二：【Legacy】（旧有）参数介绍

任务四：【AOV Browser】（AOV浏览器）参数介绍 ⬅ 任务三：【Denoiser】（降噪器）参数介绍

任务五：添加和删除AOVs通道 ➡ 任务六：使用After Effect对保存的EXR文件进行通道合成

任务九：【AOVs】（多通道输出）参数介绍 ⬅ 任务八：灯光渲染通道 ⬅ 任务七：自定义通道

四、案例制作的目的

（1）了解【AOVs】的作用和参数调节的意义。

（2）了解通道的概念和用途。

（3）掌握多通道输出的方法和技巧。

（4）掌握自定义通道的方法和技巧。

（5）掌握灯光渲染通道的方法和技巧。

五、案例制作过程中需要解决的问题

（1）通道的概念。

（2）各个通道的作用和应用领域。

（3）掌握动画后期合成软件 After Effects（简称 AE）的基本操作方法。

六、详细操作步骤

在 Maya 2019 中，【AOVs】（多通道输出）属性参数包括【Legacy（旧有）】、【Denoiser】（降噪器）、【AOV Browser】（AOV 浏览器）等参数选项。

任务一：【AOVs】（多通道输出）的基本概念

【AOVs】是渲染输出的灵魂。多通道输出是指将需要渲染的图像分成各种通道进行单独渲染输出，然后将这些渲染出来的独立通道，通过动画后期合成软件合成完整的图像效果。

图像通道拆分如图 7.76 所示，左侧第一个图像为最终渲染效果或合成效果。在渲染时，可以渲染成左侧第一个图像效果，也可以渲染出从左到右第 2~6 个通道图像，再通过这 5 个通道图像合成左侧第一个图像效果。

最终渲染或合成的效果　　　漫反射通道效果　　　3S通道效果　　　间接高光通道效果　　　直接高光通道效果　　　材料或对象的ID效果

图 7.76　图像通道拆分

采用多通道输出的最终目的是方便使用动画后期合成软件进行处理。例如，可以单独调节图像的高光、直接高光或间接高光的画面效果，可以通过 ID 贴图轻松选择图像中的任一部件和对象进行调节。

视频播放：关于具体介绍，请观看本书光盘上的配套视频"任务一：【AOVs】多通道输出的基本概念.wmv"。

任务二：【Legacy（旧有）】参数介绍

【Legacy】参数卷展栏主要包括【Maya Render View】（Maya 渲染视图）和【AOV Shaders】（AOV 着色器）两个选项。【Legacy】参数卷展栏如图 7.77 所示。

其他 3 个参数介绍如下。

（1）【Mode】（模式）：用来调节在 Maya 渲染视图中的渲染模式，主要有【Enabled】（启用）、【Disabled】（缺失）和【Batch_only】（仅能批量生产）3 种模式。默认为【Enabled】模式。如果【Disabled】（缺失）模式和 Arnold 通道被禁用，系统将采用 Maya 默认通道渲

染。如果选择【Batch_only】（仅批量生产）模式，可对多通道进行批量渲染。

（2）【Render View AOV】（渲染视图 AOV）：主要作用是提供渲染通道供用户选择。在这里，渲染通道的多少，取决于添加的通道数。

（3）【Add】（添加）：主要作用是为渲染通道添加着色器。

步骤 01：添加节点。单击"Add"按钮，弹出【创建渲染节点】对话框。在该对话框中，单击需要添加的着色节点（单击"Blinn"节点），完成节点的添加，如图 7.78 所示。

步骤 02：删除已添加的节点。直接单击▦按钮即可将已添加的着色节点删除。

视频播放：关于具体介绍，请观看本书光盘上的配套视频"任务二：【Legacy】（旧有）参数卷展栏.wmv"。

任务三：【Denoiser】（降噪器）参数介绍

【Denoiser】主要用来对渲染的图像进行后期降噪。【Denoiser】参数卷展栏如图 7.79 所示。

图 7.77　【Legacy】参数卷展栏　　　图 7.78　添加的着色节点　　　图 7.79　【Denoiser】参数卷展栏

（1）【Denoise Beauty AOV】（美景 AOV 降噪）：主要作用是对渲染的图像进行后期降噪，在【Arnold RenderView（Arnold 渲染视窗）】中会自动添加一个降噪通道图层。图 7.80 所示为渲染后但没有降噪的图像效果，图 7.81 所示是对已渲染的图像进行降噪之后的效果。

（2）【Output Denoising AOVs】（输出 AOVs 降噪通道）：主要用来使 Arnold 降噪器进行降噪并输出 AOVs 降噪通道。默认为不勾选。

视频播放：关于具体介绍，请观看本书光盘上的配套视频"任务三：【Denoiser】（降噪器）参数介绍.wmv"。

任务四：【AOV Browser】（AOV 浏览器）参数介绍

【AOV Browser】参数主要用来添加、删除和自定义渲染通道。【AOV Browser】参数卷展栏如图 7.82 所示。

（1）【Available AOVs】（可用 AOVs）：显示所有可以渲染的 AOVs 通道。

（2）【Active AOVs】（可执行 AOVs）：显示所有渲染的 AOVs 通道。

（3）添加通道按钮▶▶：单击该按钮，将【Available AOVs】列表中选中的通道移到【Active AOVs】列表中。

（4）删除通道按钮◀◀：单击该按钮，将【Active AOVs】列表中选中的通道移到【Available AOVs】列表中。

图 7.80　渲染后但没有
降噪的图像效果

图 7.81　已渲染图像降噪
之后的效果

图 7.82　【AOV Browser】
参数卷展栏

（5）【Add Custom】（添加自定义）：主要用来添加自定义通道。

视频播放：关于具体介绍，请观看本书光盘上的配套视频"任务四：【AOV Browser】（AOV 浏览器）参数介绍.wmv"。

任务五：添加和删除 AOV 通道

添加和删除 AOV 通道是通道渲染的第一步骤，方法也比较简单。

步骤 01：添加 AOV 通道。在【Available AOVs】（可用 AOVs）列表中单选需要添加的通道，如图 7.83 所示。单击>>按钮，即可将选择的需要渲染的通道移到右边的【Active AOVs（可执行 AOVs）】列表中，如图 7.84 所示。

步骤 02：删除 AOV 通道。在【Active AOVs】（可执行 AOVs）列表只能选择暂时不需要渲染的通道。在此，单选"Emission"通道，如图 7.85 所示。单击删除通道按钮<<，把选择的通道删除，如图 7.86 所示。

图 7.83　选择需要添加的通道

图 7.84　添加的通道

图 7.85　选择需要删除的通道

步骤 03：渲染通道。在【Arnold RenderView】（Arnold 渲染视窗）中单击 Stop IPR 按钮■，完成渲染。

步骤 04：查看通道。在【Arnold RenderView】中单击【Beauty】（美景）右边的■图标，弹出下拉列表。在该列表中显示了所有被渲染的通道，如图 7.87 所示。将光标移到需要查看的通道上单击，即可显示该通道的效果，图 7.88 所示为 3 个不同通道的渲染效果。

图 7.86　删除通道的效果

图 7.87　通道下拉列表

图 7.88　不同通道的渲染效果

步骤 05：保存单个通道。在【Arnold RenderView】中单击【File】（文件）→【Save Image】（保存图像）命令，弹出【Save Image As】（图像另存为）对话框，如图 7.89 所示。单击"保存"（S）按钮，完成保存。

步骤 06：将所有通道保存为一个 EXR 文件。在【Arnold RenderView】中单击【File】→【Save Multi-layer EXR】（保存多层 EXR）命令，弹出【Save Image As】对话框，如图 7.90 所示。单击"保存"（S）按钮，完成保存。

图 7.89 保存单个通道时的　　　　　　　　　图 7.90 保存所有通道时的
【Save Image As】对话框　　　　　　　　　　【Save Image As】对话框

视频播放：关于具体介绍，请观看本书光盘上的配套视频"任务五：添加和删除 AOV 通道.wmv"。

任务六：**使用 After Effect 对保存的 EXR 文件进行通道合成**

可以将多通道的 EXR 文件进行后期合成处理。在此，介绍使用 After Effect 进行后期处理的方法。

步骤 01：启动后期合成软件 After Effect，把渲染输出的多通道 EXR 文件导入 AE 项目中。

步骤 02：将导入的文件拖到【项目】窗口中的新建合成…按钮██上，如图 7.91 所示。松开鼠标即可新创建一个尺寸与导入图像一致的合成，如图 7.92 所示。

步骤 03：添加通道提取效果。在合成中单选██xianji.exr██图层，在菜单栏中单击【效果（T）】→【3D 通道】→【ExtractoR】命令，给选择的图层添加一个通道提取效果，如图 7.93 所示。

图 7.91 将文件拖到指定位置　　　图 7.92 新创建的合成　　　图 7.93 添加的通道提取效果

步骤 04：图像校正。添加通道提取效果之后，图像变暗，如图 7.94 所示，需要进行图像校正。在合成中单选图层，在菜单栏中单击【效果（T）】→【颜色校正】→【曝光度】

命令，调节【曝光度】参数。具体调节如图 7.95 所示，调节参数之后的画面效果如图 7.96 所示。

图 7.94 添加通道提取效果
之后，图像变暗

图 7.95 【曝光度】参数调节

图 7.96 调节【曝光度】
参数之后的画面效果

步骤 05：提取通道。把光标移到 **EXtractoR** 下的【Red】、【Green】或【Blue】参数中任一参数上单击，弹出【Channels】（通道）对话框。在该对话框中单击【Layers】（图层）右边的 ∨ 按钮，弹出下拉菜单，如图 7.97 所示。在下拉菜单中单击【Diffuse】选项，把【Diffuse】通道图层提取出来。

步骤 06：重命名图层。将提取的【Diffuse】通道图层重命名为 "diffuse"，如图 7.98 所示。

步骤 07：复制 **diffuse** 图层，对复制的图层进行通道提取和重命名，方法同上。最终图层效果如图 7.99 所示。

图 7.97 【Channels】对话
框中的下拉菜单

图 7.98 重命名的通道

图 7.99 复制、提取和
重命名后的图层

步骤 08：调节通道的混合模式。混合模式具体调节如图 7.100 所示，混合之后的画面效果如图 7.101 所示。

步骤 09：给图层添加发光效果。在合成中单选 **specular** 图层，在菜单栏中单击【效果（T）】→【风格化】→【发光】命令，完成发光效果的添加。

步骤 10：调节【发光】参数。【发光】参数的具体调节如图 7.102 所示。调节参数之后的画面效果如图 7.103 所示。

图 7.100　图层混合模式调节　　　图 7.101　混合之后的画面效果　　　图 7.102　【发光】参数调节

步骤 11：给图层添加【色彩平衡】效果。在菜单栏中单击【效果（T）】→【颜色校正】→【色彩平衡】命令，完成【色彩平衡】效果添加。

步骤 12：调节【色彩平衡】参数。具体参数调节如图 7.104 所示，调节参数之后的效果如图 7.105 所示。

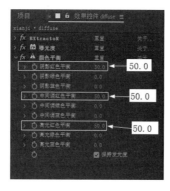

图 7.103　调节【发光】　　　图 7.104　调节【色彩平衡】参数　　　图 7.105　调节【色彩平衡】
　参数之后的画面效果　　　　　　　　　　　　　　　　　　　　　　参数之后的效果

视频播放：关于具体介绍，请观看本书光盘上的配套视频 "任务六：使用 After Effect 对保存的 EXR 文件进行通道合成.wmv"。

任务七：自定义通道

在 Arnold 中不仅可以渲染多通道，还可以通过自定义的方法设置项目需求的自定义通道。

步骤 01：自定义通道。单击 Add Custom 按钮，弹出【New AOV】（新建 AOV）对话框。在该对话框中输入通道名称，如图 7.106 所示。单击【Create】（创建）按钮，完成新通道的创建，如图 7.107 所示。

步骤 02：定义新通道。单选新建的通道，在【属性编辑器】中单击【Shader】（着色器）属性右边的■按钮（也称棋盘格图标），如图 7.108 所示。弹出【创建渲染着色器】对话框，在该对话框中单击【Shader】→【aiUtility】命令，完成着色器的添加。

图 7.106　【New AOV】
对话框　　　　　　图 7.107　新创建的通道　　　图 7.108　单击棋盘格图标

步骤 03：调节添加的着色器参数。具体参数调节如图 7.109 所示，创建的通道渲染效果如图 7.110 所示。

视频播放：关于具体介绍，请观看本书光盘上的配套视频"任务七：自定义通道.wmv"。

任务八：灯光渲染通道

在 Arnold 中可以将每种灯光作为一个通道渲染出图像，方便后期对每种灯光的照射效果进行调节。

1. 灯光组的渲染

步骤 01：定义 AOV 灯光组名称。在【大纲视图】中单选需要定义组名的灯光，在此，单选【aiAreaLight1】灯光。然后在【属性编辑】面板中，把选择的灯光定义为"dg01"，如图 7.111 所示。

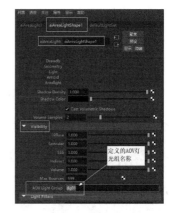

图 7.109　调节添加的节点参数　　图 7.110　创建的通道渲染效果　　图 7.111　定义的灯光组名称

步骤 02：分别对其他 3 种灯光重命名为"dg02""dg02"和"sky"，方法同上。

步骤 03：添加灯光渲染通道。在【渲染设置】面板中选择【Diffuse】通道，如图 7.112

所示。然后，在【属性编辑器】中选择需要渲染的灯光组，如图 7.113 所示。

步骤 04：在【Arnold RenderView】（Arnold 渲染视窗）中单击 Stop IPR 按钮███，完成渲染。

步骤 05：渲染所有灯光通道图像时，只须选择渲染通道，然后在【属性编辑器】中勾选【All Light Groups】（所有灯光组）选项。【Diffuse】通道参数设置如图 7.114 所示。

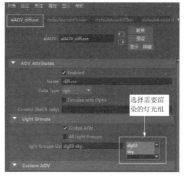
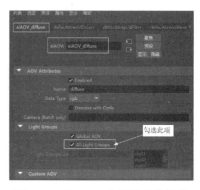

图 7.112　选择的通道　　　图 7.113　选择需要渲染的灯光组　　图 7.114　【Diffuse】通道参数设置

2. 取消灯光通道渲染

取消灯光通道渲染的方法有以下两种。

1）通过【渲染设置】面板

步骤 01：在【渲染设置】面板中的【Active AOVs】（可执行 AOVs）列表中，单选需要取消灯光通道渲染的通道，如图 7.115 所示。

步骤 02：在【属性编辑器】中取消灯光节点，如图 7.116 所示。

2）通过【大纲视图】选项

步骤 01：在【大纲视图】中单选需要取消渲染通道的灯光。

步骤 02：在【属性编辑器】面板中将【AOV Light Group】（AOV 灯光组）清空，然后按 "Enter" 键，如图 7.117 所示。

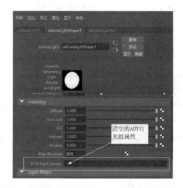

图 7.115　选择需要取消　　　图 7.116　取消的灯光节点　　图 7.117　清空的 AOV 灯光组属性
　　灯光通道渲染的通道

视频播放：关于具体介绍，请观看本书光盘上的配套视频"任务八：灯光通道的渲染.wmv"。

任务九：【AOVs】（多通道输出）参数介绍

【AOVs】参数的主要作用是移除添加的通道，修改添加通道的名称，修改数据类型、通道图像的格式和文件驱动等。【AOVs】参数卷展栏如图 7.118 所示。

（1）【Delete All】（删除所有）：单击该按钮，将【Active AOVs】列表中的所有通道移到右边的【Available AOVs】列表中。

（2）【多通道列表】：对可执行的 AOVs 进行重命名、修改数据类型、渲染输出图像格式和文件驱动。这里以修改多通道的输出图像格式为例，单击<exr>选项右边的■按钮，弹出下拉菜单；在弹出的下拉菜单中把光标移到"png"格式选项上单击，如图 7.119 所示。修改多通道输出文件格式之后的面板如图 7.120 所示。

图 7.118　【AOVs】
参数卷展栏

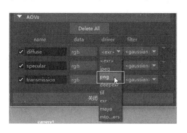

图 7.119　选择的多通道格式

图 7.120　修改多通道输出文件
格式之后的面板

（3）如果需要修改多通道的名称，可直接在多通道名称输入框中输入名称，然后按"Enter"。

视频播放：关于具体介绍，请观看本书光盘上的配套视频"任务九：【AOVs】（多通道输出）参数介绍.wmv"。

七、拓展训练

根据本案例所学知识，对提供的场景（见本书光盘上的素材）进行多通道设置和渲染。

案例 4　Arnold 降噪器与其他渲染设置

一、案例内容简介

在本案例中主要介绍两种 Arnold 降噪方法，同时介绍【System】（系统）参数卷展栏和【Diagnostics】（诊断）参数卷展栏中与渲染有关的参数。

二、案例效果欣赏

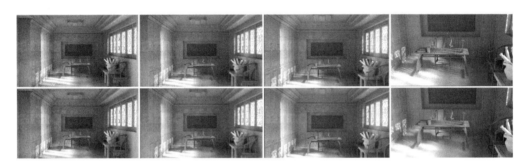

三、案例制作流程

任务一：IPR渲染时的降噪 ➡ 任务二：使用Arnold自带的降噪器降噪

任务三：【Arnold Denoiseer（noice）[阿诺德降噪器]】对话框参数介绍

任务四：【System】（系统）参数介绍 ➡ 任务五：【Diagnostics】（诊断）卷展栏参数介绍

四、案例制作的目的

（1）了解降噪的概念和降噪的作用。

（2）了解降噪的原理。

（3）掌握两种降噪的方法和相关设置步骤。

（4）掌握【System】（系统）卷展栏中与渲染有关的参数调节方法。

（5）掌握【Diagnostics】（诊断）卷展栏中与渲染有关的参数调节方法。

五、案例制作过程中需要解决的问题

（1）降噪的原理。

（2）动画渲染的相关设置。

（3）动画基础。

（4）噪点的概念和噪点形成的原理。

六、详细操作步骤

在本案例中重点介绍 Arnold 中的降噪原理和降噪的相关设置，以及【System】卷展栏和【Diagnostics】卷展栏中与渲染有关的参数调节。

对于写实的物理渲染器来说，噪点是一个比较难解决的问题。Arnold 渲染器给出了两种解决降噪的模式：一种是 IPR 渲染时使用的【Denoise Beauty AOV】（美景多通道降噪）降噪，另一种是 Arnold 自带的降噪器降噪，它是基于 CPU 来进行降噪的。

噪点主要是由于光线照射不足和光线反弹不足造成的。

任务一：IPR 渲染时的降噪

这种降噪方法很简单，只要在【渲染设置】面板中勾选【Denoise Beauty AOV】选项即可。

步骤 01：打开一个书房的场景文件，检查场景文件是否有问题。

步骤 02：设置降噪选项。单击显示渲染设置按钮■，打开【渲染设置】对话框。在该对话框中勾选【Denoise Beauty AOV】选项，如图 7.121 所示。

步骤 03：打开【Arnold RenderView】（Arnold 渲染视窗），单击 Stop IPR 按钮■进行渲染。图 7.122 所示为没有进行降噪处理的渲染效果，图 7.123 所示为降噪之后的渲染效果。

图 7.121　【渲染设置】
　　　　　对话框设置

图 7.122　没有进行降噪处理的
　　　　　渲染效果

图 7.123　降噪之后的渲染效果

视频播放：关于具体介绍，请观看本书光盘上的配套视频"任务一：IPR 渲染时的降噪.wmv"。

任务二：使用 Arnold 自带的降噪器降噪

IPR 渲染时的降噪只能对单帧进行降噪，如果需要对序列动画帧进行降噪，就要使用 Arnold 自带的降噪器进行降噪。该降噪器只能对".exr"格式的序列文件进行降噪。

1. 渲染序列动画帧

步骤 01：打开场景文件，该场景文件已经创建了摄影机和摄影机动画。

步骤 02：设置降噪参数。打开【渲染设置】对话框，在【AOVs】参数选项中勾选降噪属性，如图 7.124 所示。

步骤 03：设置【通用】选项参数，具体设置如图 7.125 所示。

步骤 04：设置【Arnold Renderer】（Arnold 渲染器）参数，具体设置如图 7.126 所示。

图 7.124 【AOVs】参数设置

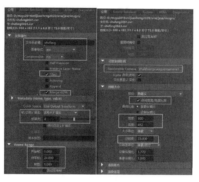

图 7.125 【通用】选项参数设置

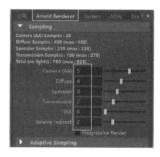

图 7.126 【Arnold Renderer】参数设置

步骤 05：进行批渲染。按"F6"键切换到【渲染】模式，在菜单栏中单击【渲染】→【批渲染】命令。渲染完成之后的文件序列动画帧如图 7.127 所示。

2. 通过【渲染视图】窗口渲染序列动画帧

如果不能直接进行批渲染，那就通过【渲染视图】窗口进行批渲染。

步骤 01：设置好【渲染设置】面板中相关序列动画帧的渲染参数，具体设置方法同上。

步骤 02：打开【渲染视图】窗口。在菜单栏中单击【窗口】→【渲染编辑器】→【渲染视图】命令，弹出【渲染视图】窗口，如图 7.128 所示。

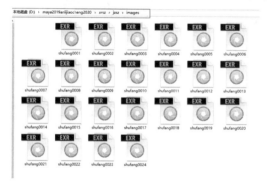

图 7.127 渲染完成之后的序列动画帧

图 7.128 【渲染视图】窗口

步骤 03：选择需要渲染的摄影机。在【渲染视图】窗口菜单栏中单击【渲染】→【批渲染】命令，选择需要渲染的摄影机。

步骤 04：进行序列动画帧渲染。单击【渲染视图】窗口中的▓（渲染序列）按钮，开始序列动画帧渲染。

3. 对序列动画帧进行降噪处理

在本案例任务一中介绍的降噪处理方法，只能对单帧图像进行降噪处理，而不适用于序列动画帧，需要 Arnold 自带的降噪器进行渲染。具体操作方法如下。

步骤 01：在菜单栏中单击【Arnold】→【Utilties】（通用）→【Arnold Denoiseer（noice）】命令，弹出【Arnold Denoiseer（noice）】对话框。

步骤 02：设置【Arnold Denoiseer（noice）】对话框参数，具体设置如图 7.129 所示。

步骤 03：单击 "Denoise"（降噪）按钮，开始降噪处理。降噪后图像文件名后面多了 "_denoised"，以示区别，如图 7.130 所示。

图 7.129　【Arnold Denoiseer（noice）】参数设置

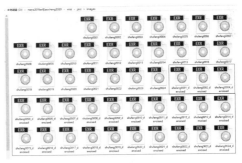

图 7.130　降噪后的图像文件名

步骤 04：降噪前后的图像对比如图 7.131 所示。

图 7.131　降噪前后的图像对比

视频播放：关于具体介绍，请观看本书光盘上的配套视频"任务二：使用 Arnold 自带的降噪器降噪.wmv"。

任务三：【Arnold Denoiseer（noice）】（阿诺德降噪器）对话框参数介绍

【Arnold Denoiseer（noice）】对话框如图 7.132 所示。

（1）【Input】（输入）：主要用来设置需要降噪处理的序列动画帧的文件。单击■按钮，弹出【Select Input File】（选择输入文件）对话框。在该对话框中选择如图 7.133 所示的动画序列第 1 帧，然后单击"Select"（选择）按钮。

图 7.132 【Arnold Denoiseer（noice）】对话框

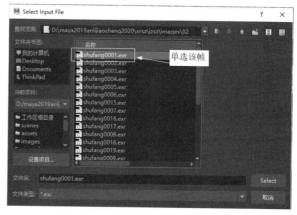

图 7.133 【Select Input File】对话框

（2）【Output】（输出）：主要用来设置降噪之后的动画序列帧的保存路径。当设置好降噪文件之后，降噪输出文件的保存路径会自动生成，也会自动在文件名后面添加"_denoised"。

（3）【Frame Range】（帧范围）：主要用来选择降噪的帧范围，为用户提供了 3 种帧范围，如图 7.134 所示。

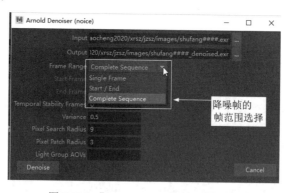

图 7.134 【Frame Range】的下拉列表

【Single Fram】（单帧）：对单帧进行降噪，用户可以在【Start Frame】（开始帧）中设置需要降噪的帧序号。

【Start/End】（开始/结束）：可以设置动画序列图像降噪的开始帧和结束帧，从而确定降噪的动画序列范围。

【Complete Sequence】（完整序列）：对动画序列图像所在文件夹下的所有动画序列图像进行降噪。

（4）【Start Frame/End Frame】：主要用来设置降噪帧的开始帧/结束帧。

（5）【Temporal Stability Frames】（时间稳定性帧）：主要用来补充稳定的帧，使序列动画帧在降噪之后，防止动画序列图像画面噪点的抖动。

（6）【Variance】（变化幅度）：主要用来控制降噪的强度，该值越大，降噪的效果就越好，但会大幅度增加降噪的时间，一般采用默认值。

（7）【Pixel Search Radius（像素搜索半径）】：主要用来控制降噪过程，搜索噪点的相似点范围。该值越大，搜索的范围就越大，降噪的效果就越好。但增大该值也会大幅度增加降噪的时间，一般采用默认值。

（8）【Pixel Patch Radius（像素斑块半径）】：主要用来控制像素点的融合程度，该值越大，融合得越平滑，降噪效果就越好。

（9）【Light Group AOVs（多通道灯光组）】：主要用来选择是否对灯光组进行降噪。如果需要对灯光组通道图像进行降噪，可直接输入灯光组通道的名称。

（10）【Denoise】（降噪）：单击该按钮，开始进行降噪处理。

（11）【Cancel】（取消）：单击该按钮，取消降噪处理。

视频播放：关于具体介绍，请观看本书光盘上的配套视频"任务三：【Arnold Denoiseer（noice）】（阿诺德降噪器）对话框参数介绍.wmv"。

任务四：【System】（系统）参数介绍

【System】参数如图7.135所示。主要包括【Optix Denoiser】（Optix 降噪器）、【Render Settings】（渲染设置）、【Maya Interation】（Maya 集成）、【Search Paths】（搜索路径）和【Licensing】（许可证）5 个参数。在此，只介绍与渲染有关的参数。

1.【Optix Denoiser】参数

【Optix Denoiser】参数卷展栏如图7.136所示。

（1）【GPU Names】（GPU 名称）：主要用来选择系统使用的 GPU 进行降噪处理，默认为"*"，表示使用【Manual Device Selection（Local Render）】[手动设备选择（本地渲染）]中列出的 GPU 进行降噪处理。

（2）【Min Memory（MB）】[最小内存（MB）]：主要用来控制使用最小内存量。默认为512MB，如果增大该值，就会把 CPU 上的部分显卡内存容量划分给 GUP，供其降噪使用。这样显卡对其他内容的显示会造成损失。这种损失是不可逆的，只能重装显卡驱动程序或卸载显卡后重新安装。建议不要修改该参数。

（3）【Enable Mannal Device Selection】（启用人工设备选择）：启用人工选择显卡进行降噪处理。也就是说，如果计算机安装了多个显卡，勾选此项，就可以在下拉列表中选择指定的显卡进行降噪。

2.【Render Settings】（渲染设置）参数卷展栏

【Render Settings】（渲染设置）参数卷展栏如图 7.137 所示。主要用来调节 Arnold 在系统中与渲染相关的参数。

图 7.135　【System】参数　　　图 7.136　【Optix Denoiser】　　　图 7.137　【Render Settings】
　　　　　　　　　　　　　　　　　　　参数卷展栏　　　　　　　　　　　参数卷展栏

（1）【Render Type】（渲染类型）：主要用来控制 Arnold 的渲染类型，主要有【Interactive】（交互）、【Export ASS】（导出 ASS 文件）和【Export ASS and Kick】（导出 ASS 和 Kick）3 种渲染类型。【Export ASS and Kick】渲染方式一般用于后期合成软件或渲染农场的时候使用。

（2）【Bucket Scanning】（巴克扫描）：主要用来选择渲染显示的扫描方式。主要提供了【Top】（顶）、【Left】（左）、【Random】（随机）、【Spiral】（螺旋）和【Hilbert】（希尔伯特）5 种渲染显示扫描方式。

（3）【Bucket Size】（巴克大小）：主要用来显示扫描块的大小。该值默认为 16，如果需要增大该值，建议以成倍的方式增加，因为它采用的是二进制的计算方式。

（4）【Overscan】（过扫描）：主要用来设置渲染扫描时边缘的扩展范围。

（5）【Autodetect Threads】（自动选择线程）：主要用来选择是否启用自动选择线程渲染数量。

（6）【Threads】（线程）：主要用来手动控制渲染的线程数。

（7）【Binary-encode ASS Files】（二进制编码的 ASS 文件）：是否采用二进制编码的 ASS 文件进行渲染。

（8）【Export Bounding Box（.asstoc）】[导出边界盒（.asstoc）]：是否导出边界盒文件。

（9）【Export Procedurals】（输出程序）：是否输出程序。

（10）【Export All Shading Groups】（导出所有阴影组）：是否导出所有阴影组。

（11）【Export Full Paths】（输出完整路径）：是否将完整路径渲染输出。

（12）【Export Shading Engine（Legacy）】[导出着色引擎（旧有）]：是否将遮光（旧有）

导出。

（13）【Kicky Render Flags】（彩色渲染器）：用来指定后期合成处理的彩色渲染器设备。

（14）【Render Unit】（渲染单位）：主要用来选择渲染的单位，默认为"Use Maya Unit"（使用 Maya 单位）。

（15）【Scene Scale】（场景缩放）：主要用来控制场景渲染时的缩放。

视频播放：关于具体介绍，请观看本书光盘上的配套视频"任务四：【System】（系统）参数介绍.wmv"。

任务五：【Diagnostics（诊断）】参数介绍

【Diagnostics】参数如图 7.138 所示，包括【Log】（日志）、【Error Handling】（错误处理）、【User Options】（用户选项）和【Feature Overrides】（功能覆盖）4 个参数。在此，只介绍与渲染有关的参数。

1．【Log】参数

【Log】参数如图 7.139 所示。

（1）【Verbosity Level】（冗长程度）：主要用来选择出错文件的保存方式。一般情况下默认为"Warning"（警告）。当文件出错时，系统会弹出警告提示。

（2）【Console】（控制台）：启用该选项，出错时文件在脚本中显示错误日志。用户通过脚本了解错误信息。

（3）【File】（文件）：启用该选项，出错文件会以日志文件导出，方便用户查看。

（4）【Filename】（文件名）：主要用来设置出错日志保存路径和名称。

（5）【Max Warning】（最大警告）：主要用来控制保存出错日志的最大限度。

2．【Feature Overrides】参数

【Feature Overrides】参数如图 7.140 所示，该参数主要用来选择是否启用与渲染有关的相关功能。

图 7.138 【Diagnostics（诊断）】参数

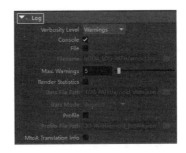
图 7.139 【Log】参数

图 7.140 【Feature Overrides】参数

（1）【Ignore Textures】（忽略纹理）：启用该选项，渲染时忽略贴图文件。

（2）【Ignore Shaders】（忽略着色器）：启用该选项，渲染时忽略着色器。

（3）【Ignore Atmosphere】（忽略大气雾）：启用该选项，渲染时忽略大气雾。

（4）【Ignore Lights】（忽略灯光）：启用该选项，渲染时忽略灯光。

（5）【Ignore Shadows】（忽略阴影）：启用该选项，渲染时忽略阴影。

（6）【Ignore Subdivision】（忽略细分）：启用该选项，渲染时忽略细分。

（7）【Ignore Displacement】（忽略置换）：启用该选项，渲染时忽略置换贴图。

（8）【Ignore Bump】（忽略凹凸）：启用该选项，渲染时忽略凹凸贴图。

（9）【Ignore Normal Smoothing】（忽略法线平滑）：启用该选项，渲染时忽略法线平滑。

（10）【Ignore Blur】（忽略模糊）：启用该选项，渲染时忽略模糊。

（11）【Ignore Depth of Field】（忽略景深）：启用该选项，渲染时忽略景深。

（12）【Ignore Sub-surface Scattering】（忽略次表面散射）：启用该选项，渲染时忽略次表面散射。

（13）【Ignore Operators】（忽略操作）：启用该选项，渲染时启用手动操作。

（14）【Force Shader Assignments】（加强着色器分配）：启用该选项，系统会强制分配着色器。

视频播放：关于具体介绍，请观看本书光盘上的配套视频"任务五：【Diagnostics】（诊断）参数介绍.wmv"。

七、拓展训练

根据本案例所学知识，对提供的场景文件（见本书光盘上的素材）进行渲染和降噪处理。

案例 5　物体属性下的 Arnold 通用属性

一、案例内容简介

在本案例中，主要介绍物体属性下的 Arnold 通用属性作用、调节和注意事项。

二、案例效果欣赏

三、案例制作流程

任务一：打开物体属性下的Arnold通用属性选项　➡　任务二：【Visibility】（能见度）参数介绍

任务四：【Subdivision】（细分）参数介绍　⬅　任务三：【Export】（输出）参数介绍

任务五：【Displacement Attributes】（置换属性）参数介绍

任务六：【Volume Attributes】（体积属性）参数介绍

四、案例制作的目的

（1）了解物体属性下的 Arnold 通用属性的作用。

（2）掌握物体属性下的 Arnold 通用属性参数的作用。

（3）掌握物体属性下的 Arnold 通用属性调节方法和注意事项。

五、案例制作过程中需要解决的问题

（1）UV 的概念。

（2）UV 的作用。

（3）物体属性下的 Arnold 通用属性设置的意义。

六、详细操作步骤

通过本案例，读者要掌握物体属性下的 Arnold 通用属性的参数调节方法和技巧。

任务一：打开物体属性下的 Arnold 通用属性选项

通过调节物体属性下的 Arnold 通用属性，不仅可以提高渲染的速度、节省内存空间和渲染资源，还可以得到高精度的渲染效果。

步骤 01： 启动 Maya 2019，打开场景文件，检查文件是否缺失，灯光布置是否正常，渲染效果是否符合要求。

步骤 02： 打开物体属性下的 Arnold 通用属性。在场景中单选需要修改 Arnold 通用属性的对象，如图 7.141 所示。这里，选择场景中的狮子雕塑对象。

步骤 03： 按"Ctrl+A"组合键，打开【属性编辑】面板。在该面板中单击选定对象的形态节点（Sizeshape），如图 7.142 所示。显示物体的 Arnold 通用属性，该属性面板的参数随着物体属性类型的改变而改变。

【Arnold Translator】（Arnold 转换器）：主要作用是转换物体对象的类型，提供【Procedural】（程序）、【Polymesh（多边形网格）和【Mesh Light（网格灯光）3 种转换类型。

1.【Polymesh】类型

当物体属性切换到【Polymesh】类型时，物体属性下的 Arnold 通用属性包括【Visibility】（能见度）、【Export】（输出）、【Subdivision】（细分）、【Displacement Attributes】（置换属性）和【Volume Attributes】（体积属性）5 项属性。

该选项为默认设置，一般情况下不修改默认值。

2.【Procedural】类型

当物体属性切换到【Procedural】类型时，对象（模型）将转换为一种代理物体，其属性参数面板如图 7.143 所示。

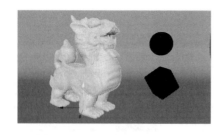

图 7.141　选择的狮子雕塑对象

图 7.142　物体属性下的
Arnold 通用属性

图 7.143　【Procedural】
属性参数面板

3.【Mesh Light】类型

当物体属性切换到【Mesh Light】类型时，物体类型变成一种灯光类型，其属性参数面板如图 7.144 所示。

调节【Mesh Light】类型的属性参数，具体调节如图 7.145 所示，调节参数之后狮子雕像在场景中的渲染效果如图 7.146 所示。

 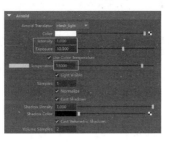 

图 7.144　【Mesh Light】属性参数面板　　图 7.145　【Mesh Light】类型的属性参数调节　　图 7.146　调节参数之后狮子雕像在场景中的渲染效果

4.【Polymesh】类型的通用属性

在这里，只介绍【Polymesh】类型的相关参数，其他两种类型的参数设置与【Polymesh】类型的参数设置基本相同。

（1）【Opaque】（不透明）：主要用来控制透明物体是否产生透明阴影。图 7.147 所示分别为勾选和不勾选该选项时的渲染效果。

勾选【Opaque】选项时的渲染效果　　　　不勾选【Opaque】选项时的渲染效果

图 7.147　勾选和不勾选【Opaque】选项时的渲染效果

（2）【Matte】（遮罩）：控制物体是否产生遮罩。勾选该选项就会产生遮罩，图 7.148 所示为勾选该选项的渲染效果及渲染效果在 Alpha 状态的情况。

视频播放：关于具体介绍，请观看本书光盘上的配套视频"任务一：打开物体属性下的 Arnold 通用属性选项.wmv"。

勾选【Matte】选项时的渲染效果 　　　　　勾选【Matte】选项的渲染
　　　　　　　　　　　　　　　　　　　　效果在 Alpha 状态下的情况

图 7.148　勾选【Matte】选项的渲染效果和渲染效果在 Alpha 状态的情况

任务二：【Visibility】（能见度）参数介绍

【Visibility】卷展栏中的参数主要用来控制物体属性的相关显示，【Visibility】参数如图 7.149 所示。

（1）【Primary Visibility】（初级能见度）：主要用来控制物体在渲染时是否被渲染。一般情况下，默认为勾选。如果取消勾选，那么渲染时物体就不可见，但阴影和反射效果还会被渲染出来。图 7.150 所示为取消勾选的渲染效果。

（2）【Casts Shadows】（产生阴影）：主要用来控制是否产生阴影。若勾选该属性则产生阴影，若取消勾选，则不产生阴影，图 7.151 所示为不勾选【Casts Shadows】选项的渲染效果。

图 7.149　【Visibility】参数　　图 7.150　取消勾选【Primary Visibility】选项之后的渲染效果　　图 7.151　不勾选【Casts Shadows】选项的渲染效果

（3）【Diffuse Reflection】（漫反射）：主要用来控制是否产生漫反射效果。一般情况下，默认为勾选。如果取消勾选，那么物体不产生漫反射。图 7.152 所示为取消勾选该选项时的渲染效果。

（4）【Specular Reflection】（高光反射）：主要用来控制被反射的物体是否在反射物体中产生反射效果，默认为勾选。取消勾选，物体不被反射，如图 7.153 所示，但物体产生的阴影还是被反射。

（5）【Diffuse Transmission】（漫透射）：主要用来控制在漫反射过程中是否产生漫/透射的影响。如图 7.154 所示为取消勾选【Diffuse Transmission】选项时的渲染效果。

（6）【Specular Transmission】（高光透射）：主要用来控制物体是否产生高光反射。一般情况下，默认为勾选。图 7.155 所示为取消勾选【Specular Transmission】选项时的渲染效果。

图 7.152　取消勾选【Diffuse Reflection】选项时的渲染效果　　　图 7.153　取消勾选【Specular Reflection】选项时的渲染效果　　　图 7.154　取消勾选【Diffuse Transmission】选项时的渲染效果

（7）【Volume（体积雾）】：主要用来控制体积雾是否被渲染出来，默认为勾选。

（8）【Self Shadows】（自身阴影）：主要用来控制物体自身产生的阴影。勾选该选项时，物体产生自身阴影；不勾选，则物体不产生自身阴影。图 7.156 所示为勾选和不勾选时的渲染效果。

勾选【Self Shadows】选项时的渲染效果　　　不勾选【Self Shadows】选项时的渲染效果

图 7.155　取消勾选【Specular Transmission】选项时的渲染效果　　　图 7.156　勾选和不勾选【Self Shadows】选项时的渲染效果

（9）【Trace Sets】（跟踪集）：主要用来设置跟踪名称。

视频播放：关于具体介绍，请观看本书光盘上的配套视频"任务二：【Visibility】（能见度）参数介绍.wmv"。

任务三：【Export】（输出）参数介绍

【Export】参数主要用来控制与 Arnold 属性相关的输出控制。【Export】参数如图 7.157 所示。

（1）【Export Tangents】（输出切线）：主要用来控制是否输出物体的切线，默认为不输出。

（2）【Export Vertex Colors】（输出顶点颜色）：主要用来控制是否输出顶点颜色，默认为不输出。

（3）【Export Reference Positions】（输出参考位置）：主要用来控制是否需要输出参考位置，默认为输出。

（4）【Export Reference Normals】（输出参考法线）：主要用来控制是否输出参考法线，默认为不输出。

（5）【Export Reference Tangents】（输出参考切线）：主要用来控制是否输出参考切线，

默认为不输出。

（6）【3S Set Name】（3S 集名称）：主要用来设置 3S 集名称。

（7）【Toon ID】（识别码）：主要用来设置输出识别码。

（8）【Motion Vector Source】（运动矢量扫描）：主要用来拾取运动矢量扫描文件，该选项为自动拾取，不需要用户设置。

（9）【Motion Vector Unit】（运动矢量单位）：主要用来选择运动矢量的单位。

（10）【Motion Vector Scale】（运动矢量比例尺）：主要用来设置运动矢量比例大小。

（11）【User Options】（用户选项）：主要用来输入用户设置的输出选项集名称。

视频播放：关于具体介绍，请观看本书光盘上的配套视频"任务三：【Export】（输出）参数介绍.wmv"。

任务四：【Subdivision】（细分）参数介绍

【Subdivision】主要用来控制物体输出时的细分参数设置，【Subdivision】参数如图 7.158 所示。

图 7.157　【Export】参数

图 7.158　【Subdivision】参数

1.　【Type】（类型）

【Type】：主要用来控制细分的类型，有【Catclark】（卡特克拉克）、【None】（无）和【Linear】（线性）3 种类型。

（1）【None】：为无细分渲染模式。

（2）【Catclark】：对物体进行细分的同时进行平滑处理。选择该选项时，在【Interations】（迭代）中设置迭代次数。图 7.159 所示是类型为【Catclark】、【Interations】的值分别为 1 和 3 时的渲染效果。

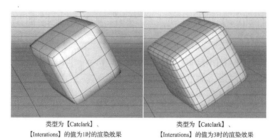

类型为【Catclark】、【Interations】的值为1时的渲染效果　　类型为【Catclark】、【Interations】的值为3时的渲染效果

图 7.159　【Interations】的值分别为 1 和 3 时的渲染效果

（3）【Linear】（线性）：只对物体进行细分处理，不进行平滑处理。图 7.160 所示是类型为【Linear】、【Interations】的值分别为 1 和 3 时的渲染效果。

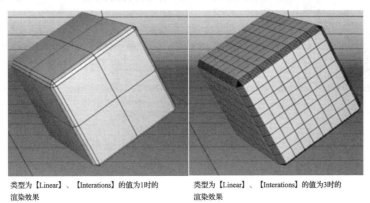

类型为【Linear】、【Interations】的值为1时的
渲染效果

类型为【Linear】、【Interations】的值为3时的
渲染效果

图 7.160　类型为【Linear】、【Interations】的值分别为 1 和 3 时的渲染效果

2.　【Interations】

主要用来设置模型细分的迭代次数。该值只有选择【Catclark】（卡特克拉克）和【Linear】（线性）两种类型中的一种才起作用。

3.【Adaptive Metric】（自适应度量）

主要用来调节自适应细分类型，有【Auto】（自动）、【Edge Length】（边长）和【Flatness】（平坦度）3 中自适应类型。默认为【Auto】自适应类型。

（1）【Auto】：根据设置的【Adaptive Error】（自适应误差）值和物体表面进行自动细分。

（2）【Edge Length】：根据设置的【Adaptive Error】值和边界的长度进行细分。

（3）【Flatness】：根据设置的【Adaptive Error】值和物体表面的平坦度进行细分。

4.【Adaptive Space】（自适应空间）

主要用来调节自适应空间的类型，包括【Raster】（相对）和【Object】（绝对）两种自适应空间类型。该项一般采用默认的【Raster】自适应类型即可。

（1）【Raster】：选择该类型，细分时会根据物体的大小选择细分类型。

（2）【Object】：选择该类型，细分时与物体的大小没有关系。

5.【UV Smoothing】（UV 平滑）

主要用来选择 UV 的平滑模式，UV 的平滑模式有【Pin Corners】（固定角点）、【Pin_bordes】（固定边界）、【Linear】（线性）和【Smooth】（平滑）4 种平滑模式。这 4 种 UV 平滑模式下的 UV 效果对比，如图 7.161 所示。

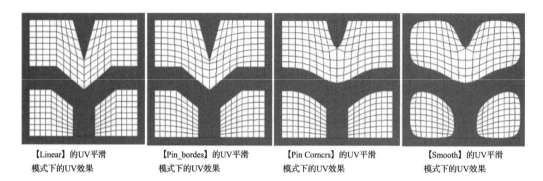

【Linear】的 UV 平滑模式下的 UV 效果	【Pin_bordes】的 UV 平滑模式下的 UV 效果	【Pin Corncrs】的 UV 平滑模式下的 UV 效果	【Smooth】的 UV 平滑模式下的 UV 效果

图 7.161　4 种 UV 平滑模式下的 UV 效果对比

6.【Smooth Tangents】（光滑切线）

勾选该选项，在对物体进行细分时系统会根据物体的切线进行平滑处理。一般情况下，默认为不勾选。

7.【Ignore Frustum Culling】（忽略视锥消隐）

勾选该选项，在对物体进行细分的时候会忽略表面平坦的部分。

视频播放：关于具体介绍，请观看本书光盘上的配套视频"任务四：【Subdivision】（细分）参数介绍.wmv"。

任务五：【Displacement Attributes】（置换属性）参数介绍

【Displacement Attributes】参数主要用来控制置换的高度、平面位置和缩放大小。【Displacement Attributes】参数卷展栏如图 7.162 所示。

1. 制作置换贴图效果

步骤 01：给场景中的立方体添加【aiStandardSurface3】材质。

步骤 02：在【属性编辑】面板中单选【aiStandardSurface3】右边的■按钮，如图 7.163 所示。切换到【aiStandardSurface3SG】属性编辑面板，如图 7.164 所示。

图 7.162　【Displacement Attributes】参数卷展栏

图 7.163　【aiStandard Surface3】面板

图 7.164　【aiStandardSurface3 SG】属性编辑面板

步骤 03：单击【置换材质】右边的■按钮，弹出【创建渲染节点】对话框，在该对话框中单击【噪波】节点图标，完成噪波置换贴图。然后调节噪波的参数，具体参数调节如

图 7.165 所示。添加噪波之后的渲染效果，如图 7.166 所示。

2. 【Displacement Attributes】（置换属性）参数介绍

（1）【Height】（高度）：主要用来调节置换的强度。如图 7.167 所示为【Height】值为 1 和 0.1 时的渲染效果。

图 7.165　噪波参数调节

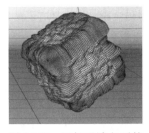

图 7.166　添加噪波之后的渲染效果

图 7.167　【Height（高度）】值为 1 和 0.1 时的渲染效果

（2）【Bounds Padding】（边界填充）：主要用来控制置换出来的最大范围。

（3）【Scalar Zero Value】（零平面）：主要用来控制置换的起始位置。

（4）【Auto Bump】（自动凹凸）：主要用来控制置换效果是否起作用。

视频播放：关于具体介绍，请观看本书光盘上的配套视频"任务五：【Displacement Attributes】（置换属性）参数介绍.wmv"。

任务六：【Volume Attributes】（体积属性）参数介绍

【Volume Attributes】参数主要用来控制渲染体积雾时的步长大小和体积雾体积填充值的大小。

【Volume Attributes】参数卷展栏如图 7.168 所示。

图 7.168　【Volume Attributes】参数卷展栏

（1）【Step Size】（步长大小）：主要用来控制在渲染体积雾时的步长大小。

（2）【Volume Padding】（体积填充）：主要用来控制在渲染体积雾时的体积填充值的大小。

视频播放：关于具体介绍，请观看本书光盘上的配套视频"任务六：【Volume Attributes】（体积属性）参数介绍.wmv"。

七、拓展训练

根据本案例所学知识，根据提供的场景文件（见本书光盘上的素材），对场景对象中的 Arnold 通用属性进行设置。

案例 6 曲线渲染和 Arnold 代理渲染

一、案例内容简介

在本案例中，主要介绍曲线渲染和 Arnold 代理渲染的相关操作以及参数介绍。

二、案例效果欣赏

三、案例制作流程

任务一：曲线渲染 ➡ 任务二：曲线的Arnold属性参数介绍

⬇

任务四：Arnold代理的创建 ⬅ 任务三：使用【Curve Collector】（曲线收集器）渲染曲线

⬇

任务五：代理文件的属性参数介绍

四、案例制作的目的

（1）掌握曲线渲染的相关设置。
（2）掌握复杂曲线的创建和设置。
（3）掌握代理渲染作用和原理。
（4）掌握代理的操作方法和相关参数调节。

五、案例制作过程中需要解决的问题

（1）渲染的概念。
（2）代理的应用领域。
（3）曲线渲染集的概念。

六、详细操作步骤

在本案例中，主要介绍曲线渲染的相关设置、复杂曲线的创建、曲线集渲染、代理的

作用、代理的创建和相关参数设置。

任务一：曲线渲染

曲线渲染主要通过曲线属性下的 Arnold 参数调节来实现。

步骤 01：打开场景文件，如图 7.169 所示。在该场景中有一个梅花状的曲线。

步骤 02：调节曲线的 Arnold 属性。单选曲线，在【属性编辑】面板中调节曲线的 Arnold 属性，具体调节如图 7.170 所示。调节参数之后的渲染效果如图 7.171 所示。

图 7.169　场景中的渲染

图 7.170　曲线的 Arnold 属性参数调节

图 7.171　调节参数之后的渲染效果

步骤 03：给曲线添加材质。在【属性编辑】面板中单击【Curve Shader】（曲线着色器）右边的■图标，弹出【创建渲染节点】对话框。在该对话框左侧列表中单击【Arnold】选项，再在右侧列表中单击【aiStandardSurface】选项，完成曲线材质的添加。

步骤 04：调节【aiStandardSurface3】材质的参数，具体参数调节如图 7.172 所示。调节参数之后的渲染效果如图 7.173 所示。

视频播放：关于具体介绍，请观看本书光盘上的配套视频"任务一：曲线渲染.wmv"。

任务二：曲线的 Arnold 属性参数介绍

曲线的 Arnold 属性参数如图 7.174 所示。曲线的 Arnold 属性参数与物体的 Arnold 属性参数的作用和调节方法完全相同。在这里，只介绍物体的 Arnold 属性参数中没有的参数。

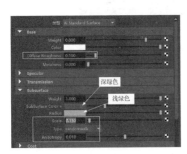

图 7.172　【aiStandardSurface3】材质的参数调节

图 7.173　调节参数之后的渲染效果

图 7.174　曲线的 Arnold 属性参数

（1）【Render Curve】（渲染曲线）：主要用来选择是否渲染曲线。勾选该选项，曲线就被渲染。

（2）【Curve Width】（曲线宽度）：主要用来调节曲线渲染的宽度或半径，该值与【Mode（模式）】的选择有关。图 7.175 所示是【Curve Width】的值分别为 0.1 和 1 时的渲染效果。

（3）【Sample Rate】（采样速率）：主要用来控制曲线的平滑度。图 7.176 所示为【Sample Rate】的值分别为 1 和 5 时的渲染效果。该值默认为 5，一般情况下该值足够满足需求了。

【Curve Width】　　　　　【Curve Width】
的值为0.1时的渲染效果　的值为1时的渲染效果

【Sample Rate】　　　　　【Sample Rate】
的值为1时的渲染效果　的值为5时的渲染效果

图 7.175 【Curve Width】值分别为　　　图 7.176 【Sample Rate】的值分别为
0.1 和 1 时的渲染效果　　　　　　　1 和 5 时的渲染效果

（4）【Curve Shader】（曲线着色器）：主要用来给曲线添加材质，通过单击该参数右边的■图标添加材质。

（5）【Mode】（模式）：主要用来控制曲线渲染的形态。系统为用户提供了【Ribbon】（带状）、【Thick】（厚度）和【Oriented】（定向）3 种渲染模式。图 7.177 所示为不同模式下的渲染效果。

【Ribbon】模式下的　　　【Thick】模式下的　　　【Oriented】模式下的
渲染效果　　　　　　　渲染效果　　　　　　　渲染效果

图 7.177　3 种不同模式下的渲染效果

视频播放：关于具体介绍，请观看本书光盘上的配套视频"任务二：曲线的 Arnold 属性参数介绍.wmv"。

任务三：使用【Curve Collector】（曲线收集器）渲染曲线

使用曲线中的 Arnold 属性渲染曲线。在曲线数量比较少的情况下操作没有问题，但如

果要对上百条曲线采用此种方法就不现实了。Arnold 渲染器为用户提供了【Curve Collector】功能，可以同时对所有曲线进行渲染和形态调节。

步骤 01：创建柏拉图多面体。在菜单栏中单击【创建】→【多变形基本体】→【柏拉图多面体】命令，在场景中创建一个柏拉图多面体对象。

步骤 02：调节已创建的柏拉图多面体对象参数。具体参数调节如图 7.178 所示，调节参数之后柏拉图多面体对象在场景中的效果如图 7.179 所示。

步骤 03：复制对象的所有边。单选已创建的对象，切换到对象的【边】编辑模式，选择所有边；在菜单栏中单击【曲线】→【复制曲线曲线】命令，把选择的曲线全部复制出来。

步骤 04：把复制的曲线添加到曲线收集器中。选择【大纲视图】中所有复制的曲线，在菜单栏中单击【Arnold】→【Curve Collector】命令，把所有复制的曲线收集到创建的曲线收集器中，如图 7.180 所示。

图 7.178　柏拉图多面体　　　图 7.179　调节参数之后柏拉图　　　图 7.180　创建的曲线
　　　　对象参数　　　　　　　　多面体在场景中的效果　　　　　　　收集器

步骤 05：将前面创建的模型隐藏或删除，在场景中只剩下复制的曲线，效果如图 7.181 所示。

步骤 06：调节曲线收集器的参数。具体参数调节如图 7.182 所示，调节参数之后的渲染效果如图 7.183 所示。

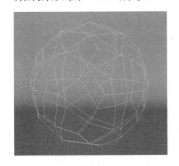

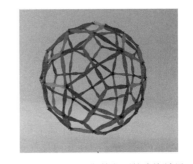

图 7.181　复制的曲线效果　　　图 7.182　曲线收集器的参数调节　　　图 7.183　调节参数之后的渲染效果

步骤 07：添加材质。单击【Shader】（着色器）右边的■图标，弹出【创建渲染节点】对话框。在该对话框左侧列表中单击【Arnold】选项，再在右侧列表中单击【aiStandardSurface】

选项，完成曲线收集器的材质添加。

步骤 08：调节材质的参数。材质参数的具体调节如图 7.184 所示，调节参数之后的渲染效果如图 7.185 所示。

步骤 09：在其他参数不变的情况下，把曲线收集器的【Mode】（模式）调整为【Thick】（厚度）模式，渲染效果如图 7.186 所示。

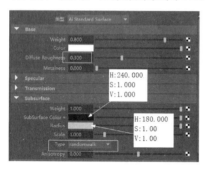
图 7.184　材质参数调节

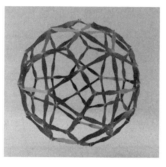
图 7.185　调节参数之后的渲染效果

图 7.186　模式为【Thick】时的渲染效果

视频播放：关于具体介绍，请观看本书光盘上的配套视频"任务三：使用【Curve Collector】（曲线收集器）渲染曲线.wmv"。

任务四：Arnold 代理的创建

1. 创建代理的原图

代理是指在场景中使用简单的模型（立方体）来替代非常复杂的模型。使用外部调用的方式参与渲染，最终渲染的结果作为被代理文件的效果，但在场景显示中只能看到简单的代理物体。

创建代理的原因是在创建大型场景（例如，该场景中有很多建筑物和植被）的时候，由于资产比较多，占用资源就比较多，在操作的时候，对计算机的硬件要求比较高。而采用代理就会大大节约资源，降低对计算机硬件的要求。

2. 导出代理

可以对带有材质、材质网络、绑定和变形动画的对象进行代理。

步骤 01：打开场景文件。该场景已经设置好灯光和环境，需要创建代理的对象已经添加材质。

步骤 02：导出代理文件。在场景中选择需要创建代理的机器猫模型，在菜单栏中单击【Arnold】→【Standin】（代理）→【Export Standin】（输出代理）命令，弹出【导出当前选择】对话框。在该对话框设置需要导出的代理文件名称，如图 7.187 所示。设置完毕，单击"导出当前选择"按钮，完成代理文件的导出。

3. 创建代理

步骤 01：在菜单栏中单击【Arnold】→【Standin】→【Create Standin】（创建代理）命令，在场景中创建一个代理，如图 7.188 所示，该代理为一个立方体盒子。

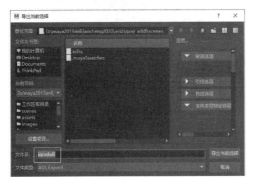

图 7.187　【导出当前选择】对话框设置

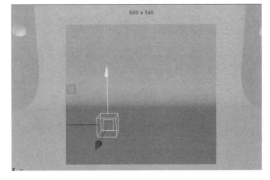

图 7.188　创建的代理

步骤 02：打开代理文件的【属性编辑】。在场景中单选创建的代理——立方体盒子，按"Ctrl+A"组合键，弹出【属性编辑】，如图 7.189 所示。

步骤 03：导入代理文件。单击【Path（路径）】右边的 ▣ 图标，弹出【Load Standin】（导入代理）对话框。在该对话框中选择导出了的代理文件，如图 7.190 所示。单击"Load"（导入）按钮，完成代理文件的导入。导入代理之后，代理框自动匹配代理文件的大小，如图 7.191 所示。

图 7.189　代理的属性参数

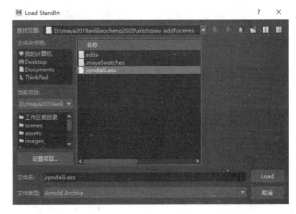

图 7.190　【Load Standin】对话框设置

步骤 04：渲染导入代理。渲染效果如图 7.192 所示。

步骤 05：查看代理文件的多边形数。在菜单栏中单击【显示】→【题头显示】→【多边形计数】命令，在视图的左上角显示代理文件的相关信息，如图 7.193 所示。该文件没有占用场景的任何资源，但渲染效果与代理前的渲染效果完全一样。

视频播放：关于具体介绍，请观看本书光盘上的配套视频"任务四：Arnold 代理的创建.wmv"。

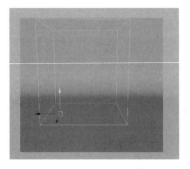

图 7.191　导入代理之后的效果

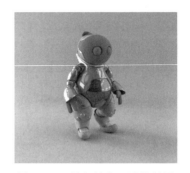

图 7.192　导入的代理渲染效果

任务五：代理文件的属性参数介绍

在场景中单选代理文件，按"Ctrl+A"组合键，打开代理文件的属性面板，如图 7.194 所示。

（1）【Viewport Override】（视图覆盖）：主要用来选择代理文件在视图中的覆盖方式，主要有【Use Global Settings】（使用全局显示）、【Bounding Box】（包围盒）、【Disable Draw】（禁用画面）和【Disable Load】（禁用导入）4 种覆盖模式，默认为【Use Global Settings】模式。

（2）【ViewPort Draw Mode】（视图显示模式）：主要用来控制代理文件在视图中的显示模式，包括如图 7.195 所示的 7 种显示模式。

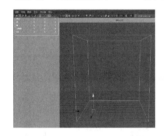

图 7.193　代理文件的信息

图 7.194　代理文件的属性面板

图 7.195　7 种【ViewPort Draw Mode】

7 种【ViewPort Draw Mode】的效果如图 7.196 所示。

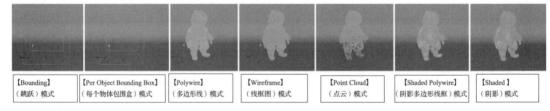

图 7.196　7 种【ViewPort Draw Mode（视图显示模式）】的效果

（3）【Use File Sequence】（使用文件序列）：勾选该选项，启用对动画或变形对象进行代理功能。

486

（4）【Frame】（帧）：主要用来选择对动画或变形对象中的哪一帧进行代理。

（5）【Frame Offset】（帧偏移）：主要用来控制代理中的帧容错率。该参数的默认值为0，建议不要调节默认值。

（6）【Override Nodes】（覆盖节点）：主要用来控制物体节点的代理。勾选该选项，启用物体节点的代理功能。

（7）【Namespace】（命名空间）：主要用来设置代理文件的空间名称。

可以对代理文件进行复制，复制的代理文件也不占用内存空间。图 7.197 所示为复制的 2 个代理文件，渲染效果如图 7.198 所示。还可以对复制的代理文件重新添加材质。图 7.199 所示为对复制的代理文件重新添加材质之后的渲染效果。

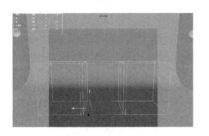

图 7.197　复制的 2 个
代理文件　　　　　　图 7.198　复制的代理文件的
渲染效果　　　　　　图 7.199　对复制的代理文件
重新添加材质之后的渲染效果

视频播放：关于具体介绍，请观看本书光盘上的配套视频"任务五：代理文件的属性参数介绍.wmv"。

七、拓展训练

根据本案例所学知识，制作如下图所示的效果。

案例 7　摄影机默认属性与摄影机中的 Arnold 属性设置

一、案例内容简介

在本案例中，主要介绍各种摄影机的创建、摄影机属性和摄影机中的 Arnold 属性相关知识点。

二、案例效果欣赏

三、案例制作流程

任务一：创建摄影机 ➡ 任务二：摄影机视图中的工具栏图标介绍 ➡ 任务三：摄影机属性参数介绍

⬇

任务五：焦距的测量方法 任务四：摄影机中的Arnold属性参数介绍

四、案例制作的目的

（1）掌握各种摄影机的创建。
（2）掌握摄影机中各个参数的作用和调节。
（3）掌握摄影机中的 Arnold 属性参数的作用和调节。

五、案例制作过程中需要解决的问题

（1）摄影基础知识。
（2）摄影构图基础知识。
（3）理解与摄影有关的光圈、快门、景深和焦距等概念。

六、详细操作步骤

在本案例中，主要介绍各种摄影机的创建、常用参数调节以及摄影机中的常用 Arnold 属性参数的调节。

任务一：创建摄影机

在 Maya 2019 中完成的三维模型、动画和特效都是通过渲染摄影机渲染后呈现给读者的。创建摄影机和渲染作品是三维动画后期输出工作。

步骤 01：创建摄影机。在菜单栏中单击【创建】→【摄影机】，弹出二级子菜单，如图 7.200 所示。将光标移到二级子菜单中的相应摄影机命令上单击，即可创建摄影机。图 7.201 所示是各种摄影机在视图中的形态。

步骤 02：通过工具架创建摄影机。在【渲染】工具架中单击■■（创建摄影机）按钮，即可在视图窗口中创建一架摄影机，如图 7.202 所示。

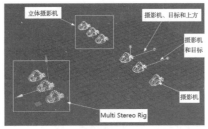

图 7.200　弹出的二级子菜单　　图 7.201　创建的各种摄影机　　图 7.202　通过工具架创建的
　　　　　　　　　　　　　　　　　　　　　　　　　　　　　　　　　　　　　　　摄影机

步骤 03：调节摄影机视角。创建摄影机之后，确保摄影机被选中，在视图中单击【面板】→【沿选定对象观看】命令，再通过移动、缩放和旋转来调节需要渲染的摄影机角度。调节之后的摄影机视角如图 7.203 所示，摄影机与被摄对象之间的角度和距离关系如图 7.204 所示。

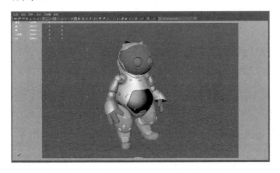

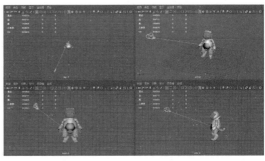

图 7.203　调节之后的摄影机视角　　　　图 7.204　摄影机与被摄对象之间的角度和距离关系

步骤 04：调节摄影机视角。用户也可以通过调节摄影机和摄影机目标点的位置来调节摄影机视角。在调节摄影机和摄影机目标点的位置时，建议在【Top】（顶视图）、【Side】（侧视图）和【Front】（前视图）中调节，尽量不要在【Persp】（透视图）中调节。

步骤 05：切换摄影机。在视图中单击【面板】→【透视】命令，弹出二级子菜单。二级子菜单中列出了所有创建的摄影机名称，如图 7.205 所示，将光标移到【Camera1】命令上单击，即可切换【Camera1】视角，如图 7.206 所示。

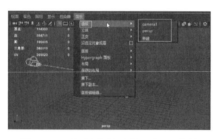

图 7.205　视图菜单中的二级子菜单

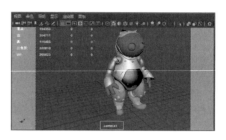

图 7.206　切换到的【Camera1】视图

视频播放：关于具体介绍，请观看本书光盘上的配套视频"任务一：创建摄影机.wmv"。

任务二：摄影机视图中的工具栏图标介绍

熟练掌握摄影机视图中工具栏图标的作用和使用方法，是顺利完成渲染设置和摄影调节的基础。摄影机视图中的工具栏图标如图 7.207 所示。在这里，只介绍一些常用的工具栏图标。

图 7.207　摄影机视图中的工具栏图标

（1）■（选择摄影机）：单击该图标，选择当前视图中的摄影机。按"Ctrl+A"组合键，即可将当前视图中摄影机的【属性编辑】面板打开。用户可以通过【属性编辑】面板调节摄影机的相关参数。

（2）■（锁定摄影机）：单击该按钮，将当前视图中的摄影机锁定。锁定之后，用户不能对摄影机进行移动、缩放和旋转等操作，这样可以避免用户误操作而改变已调节好的摄影机视角。

（3）■（摄影机属性）：单击该按钮，打开摄影机的【属性编辑】面板。

（4）■（书签）：单击该按钮，创建书签以保存当前的摄影机视图。

（5）■（图像平面）：主要作用是创建图像平面或访问其属性。

（6）■（二维平移/缩放）：主要用来进行【二维平移/缩放】视图的切换。

（7）■（油性铅笔）：单击该按钮，打开【油性铅笔】工具栏，如图 7.208 所示。用户可以在当前视图中使用油性铅笔进行绘制、删除和动画制作。

（8）■（栅格）：单击该按钮，显示或隐藏视图中的栅格。

（9）■（胶片门）：单击该按钮，显示或隐藏胶片门。显示胶片门的效果如图 7.209 所示，通过胶片门，可以清楚地知道渲染图像的范围。

（10）■（分辨率门）：单击该按钮，显示摄影机的可渲染区域，如图 7.210 所示。通过分辨率门，可以清楚地了解渲染的图像分辨率大小。

（11）■（门遮罩）：主要用来选择是否开启门遮罩功能。一般情况下，开启门遮罩，方便用户观察。

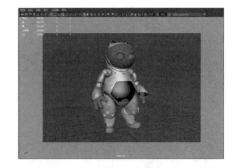

图 7.208　【油性铅笔】工具栏　　　　　　　　　　图 7.209　胶片门

（12）（区域图）：主要用来选择是否显示区域图。开启区域图的效果如图 7.211 所示。显示区域图的目的是供用户在调节视图时参考。

（13）（安全动作）：主要用来选择是否显示安全动作框。显示的安全动作框如图 7.212 所示，建议渲染时画面的主体内容不要超出安全动作框，因为超过安全宽框的画面在有些输出设备上会被裁切掉。

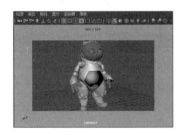　　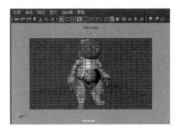　　

　　图 7.210　分辨率门　　　　　图 7.211　开启区域图的效果　　　图 7.212　显示的安全动作框

（14）（安全标题）：主要用来选择是否显示安全标题框。显示的安全标题框如图 7.213 所示。建议将文字或标题尽量置于安全标题框内，避免在其他输出设备上被裁切。

（15）（线框）：单击该按钮，场景中的所有对象以线框模式显示，效果如图 7.214 所示。

（16）（对所有项目进行平滑着色处理）：单击该按钮，场景中的所有对象以平滑着色模式显示，效果如图 7.215 所示。

　　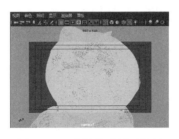　　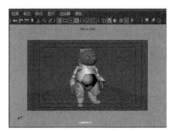

　图 7.213　显示的安全标题框　　　图 7.214　线框模式显示效果　　　图 7.215　平滑着色模式
　　显示效果

（17）■（使用默认材质）：单击该按钮，场景中的所有对象以默认材质（素模）模式显示，效果如图 7.216 所示。

（18）■（着色对象上的线框）：单击该按钮，场景中所有对象以着色加线框的模式显示，效果如图 7.217 所示。

（19）■（带纹理）：主要用来选择显示时是否显示纹理。

（20）■（使用所有灯光）：主要用来选择是否启用场景中的灯光，显示效果如图 7.218 所示。

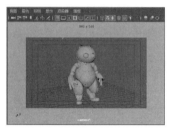

图 7.216　默认材质模式　　　图 7.217　着色加线框模式　　　图 7.218　单击【使用所有灯光】
　　　　　显示效果　　　　　　　　　　显示效果　　　　　　　　　　的显示效果

（21）■（隔离选择）：单击该按钮，场景中被选择的对象将独立显示，其他对象暂时被隐藏；再次单击该按钮，取消已选择对象的独立显示。

视频播放：关于具体介绍，请观看本书光盘上的配套视频"任务二：摄影机视图中的工具栏图标介绍.wmv"。

任务三：摄影机属性参数介绍

在介绍摄影机属性之前，需要先打开摄影机【属性编辑器】。在这里，给读者介绍与 Arnold 渲染器有关的摄影机属性。

步骤 01：选择摄影机。在需要进行设置的摄影机视图中单击■（选择摄影机）按钮，完成摄影机的选择。

步骤 02：打开摄影机【属性编辑器】。按"Ctrl+A"组合键，即可打开摄影机【属性编辑器】，如图 7.219 所示。

（1）【控制】：主要用来控制摄影机的切换。单击【控制】右边的■按钮，弹出下拉菜单，如图 7.220 所示。用户可以在【摄影机】、【摄影机和目标】和【摄影机、目标和上方向】3 种摄影机之间切换。

（2）【视角】：在调整摄影机焦距时，视角将出现缩放，导致框中的对象看起来更近或更远。延伸焦距时，视角变得更窄，对象看起来更近，因此在框中显得更大；缩短焦距时，视角变得更大，对象看起来更远，因此在框中显得更小。图 7.221 所示是【视角】的值分别为 35°和 60°时的渲染效果。

图 7.219　摄影机属性

图 7.220　【控制】
下拉菜单

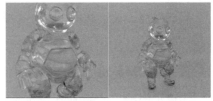

【视角】的值为35°时的渲染效果　　【视角】的值为60°时的渲染效果

图 7.221　【视角】的值分别为 35°和 60°
时的渲染效果

（3）【焦距】：焦距是指透镜中心到焦点的距离。焦距越短，焦点平面离透镜背面越近。透镜是以焦距来区分的，焦距以毫米为单位，有时也使用英寸（1 英寸约等于 25mm）。图 7.222 所示为【视角】与【焦距】之间的关系示意图，图 7.123 所示是焦距分别为 45mm 和 30mm 的渲染效果。焦距值越小，摄影机视图的透视图像就越大，焦距值越大，摄影机视图的透视图像就越小。一般情况下，在渲染角色特写或机械模型时，建议将【焦距】值设置为 55mm 左右。

（4）【摄影机比例】：根据场景缩放摄影机的大小。如果摄影机比例为 0.5，那么摄影机视图的覆盖区域为原来的一半，而对象在摄影机中的视图将是原来的两倍大。如果焦距值为 35mm，那么摄影机的有效焦距为 70mm。

（5）【自动渲染剪裁平面】：主要用来选择是否启用渲染剪裁平面功能。如果勾选该选项，系统就会自动获取【近剪裁平面】和【远剪裁平面】的设置进行剪裁。

近剪裁平面和远剪裁平面是虚构平面，位于摄影机视线方向上距离摄影机的两个特定点上。只有位于摄影机的这两个剪裁平面之间的对象才会在摄影机的视图中被渲染。对于场景中与摄影机之间的距离比与近剪裁平面之间的距离近的任何对象，或者与摄影机之间的距离比与远剪裁平面之间的距离远的任何对象，系统都不会进行渲染。图 7.224 所示为近剪裁平面、远剪裁平面和摄影机视角（视锥）之间的关系。

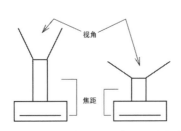

图 7.222　【视角】与【焦距】之间的
关系示意图

【焦距】值为45mm时的渲染效果　　【焦距】值为30mm时的渲染效果

图 7.223　【焦距】值分别为 45mm 和 30mm 时的
渲染效果

（1）【近剪裁平面】：主要用来控制近剪裁平面的距离。它的最小值只能取到小数点后3 位（0.001）。

（2）【远剪裁平面】：主要用来控制远剪裁平面的距离，默认值为"10000"，它的最大值为无限大。

视频播放：关于具体介绍，请观看本书光盘上的配套视频"任务三：摄影机属性参数介绍.wmv"。

任务四：摄影机中的 Arnold 属性参数介绍

摄影机中的 Arnold 属性比较多，在这里，只介绍平时工作中经常用到的相关参数。摄影机中的 Arnold 属性在摄影机【属性编辑】面板中，只要在该面板中选择摄影机，然后按"Ctrl+A"组合键，即可打开摄影机中的 Arnold 属性，如图 7.225 所示。

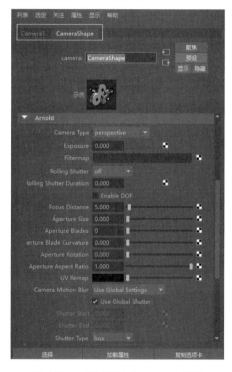

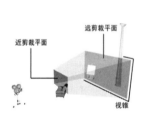

图 7.224　近剪裁平面、远剪裁平面和摄影机　　　　图 7.225　摄影机中的 Arnold 属性
　　　　　视角（视锥）之间的关系

（1）【Camera Type】（摄影机类型）：主要用来控制摄影机类型的切换。在 Arnold 属性中为用户提供了【Cylindrical】（圆柱形）、【Built-in】（内置）、【VR_Camera】（VR 摄影机）、【Persp】（透视图）、【Orthographic】（正交视图）、【Fisheye】（鱼眼）和【Spherical】（球形）7 种摄影机类型，如图 7.226 所示。一般情况下，默认为【Persp】（透视图）摄影机类型。在选择摄影机类型的时候，需要根据项目的要求而定。

（2）【Exposure】（曝光度）：主要用来控制渲染画面的亮度，相当于真实摄影机当中的曝光度。图 7.227 所示为不同【Exposure】值下的渲染效果。默认值为 0，一般对它进行调节。

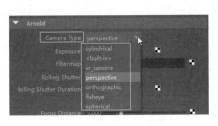

图 7.226　【Camera Type】
下拉列表中的 7 种类型

图 7.227　不同【Exposure】
值下的渲染效果

（3）【Filteramp】（滤波器）：相当于摄影机透镜前加的滤镜，主要通过贴图文件来控制。图 7.228 所示为添加【Ramp】（渐变）贴图的渲染效果。

（4）【Rolling Shutter】（卷帘快门）：主要用来模拟摄影机在正常拍摄时采集运动模糊的模式，主要有【Off】（无）、【Top】（顶）、【Bottom】（底部）、【Left】（左）和【Right】（右）5 种采集模式。图 7.229 所示为不同采集模式下的运动模糊效果。

图 7.228　添加【Ramp】贴图的渲染效果

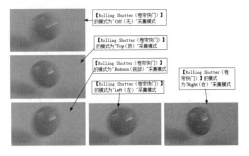

图 7.229　不同采集模式下的运动模糊效果

（5）【Rolling Shutter Duration】（滚动快门持续时间）：主要用来控制采集运动模糊的时间。该值越大，采集的运动模糊效果就越强。图 7.230 所示为不同【Rolling Shutter Duration（滚动快门持续时间）】值下的渲染效果。

（6）【Enable DOF】（启用景深）：主要用来选择是否启用摄影机的景深效果，默认为不启用。

（7）【Focus Distance】（焦距）：主要用来控制摄影机的焦距，以确定渲染图像最清晰的点，在大于或小于焦距位置上的图像都会出现模糊效果。图 7.231 所示是焦距为 330mm时的渲染效果。焦距的测量在下一个任务中介绍。

（8）【Aperture Size】（孔径尺寸）：主要用来控制摄影机孔径尺寸大小。孔径值越大，景深就越小；反之，就越大。

（9）【Aperture Blades】（孔径叶片）：主要用来控制模糊区域光圈的形状。图 7.232 所示为不同【Aperture Blades】数值下的渲染效果。

图 7.230　不同【Rolling Shutter Duration】
值下的渲染效果

图 7.231　焦距为 330 的渲染效果

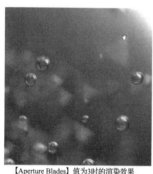

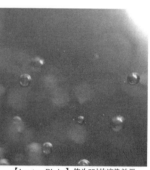

图 7.232　不同【Aperture Blades】值下的渲染效果

（10）【Aperture Blade Curvature】（孔径叶片弯曲度）：主要用来控制模糊区域产生光斑的形状。该值为"0"时，产生直边效果，增大该值会逐渐增加边数，当增大至 1.0 时，就会产生一个完美的圆盘。该值为负时会产生一个收缩或星形的光圈，如图 7.233 所示。

（11）【Aperture Rotation】（孔径旋转）：主要用来控制模糊区域所产生光斑的旋转角度，如图 7.234 所示为不同【Aperture Rotation】值下的效果。

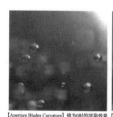

图 7.233　不同【Aperture Blade Curvature】
值下的效果

图 7.234　不同【Aperture Rotation】值下的效果

（12）【Aperture Aspect Ration】（孔径径向比）：主要用来控制镜头模糊效果，使图像在长、宽方向上产生拉伸效果的比例，默认值为 1。

（13）【UV Remap】（UV 重映射）：对镜头进行置换，使镜头产生畸变效果。该选项很少使用。

（14）【Camera Motion Blur】（摄影机运动模糊）：主要用来选择摄影机运动模糊的模式，

有【Use Global Setting】（使用全局设置）、【On】（开启）和【Off】（关闭）3 种模式。

如果选择【Use Global Setting（使用全局设置）】选项，摄影机就采用【渲染设置】面板中设置的运动模糊参数，如果选择【On】选项，摄影机就采用自身设置的运动模糊参数；如果选择【Off】选项，摄影机就不产生模糊效果。

（15）【Use Global Shutter】（用全局快门）：若勾选此项，则摄影机使用【渲染设置】面板中设置的全局快门参数。若取消勾选，则使用摄影机自身设置的快门参数。

（16）【Shutter Start】（快门启动）：主要用来设置快门的起始值。

（17）【Shutter End】（快门结束）：主要用来设置快门的结束值。

（18）【Shutter Type】（快门类型）：主要用来选择快门的类型，有【Box】（盒子）、【Triangle】（三角形）和【Curve】（曲线）3 种快门类型。

（19）【Shutter Curve】（快门曲线）：主要通过调节曲线得到不同的快门效果。图 7.235 所示为不同形状曲线的渲染效果。

（20）【Radial Distortion】（径向畸变）：主要用来控制镜头扭曲变形的效果。图 7.236 所示为不同数值下的畸变效果。

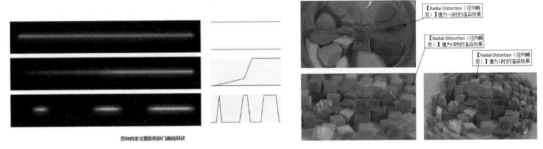

图 7.235　不同形状曲线下的渲染效果　　　　图 7.236　不同数值下的畸变效果

视频播放：关于具体介绍，请观看本书光盘上的配套视频"任务四：摄影机中的 Arnold 属性参数介绍.wmv"。

任务五：焦距的测量方法

制作摄影机模糊效果的前提条件是确定焦距的大小，而焦距的大小需要通过测量来确定。

1. 通过【距离工具】来确定焦距大小

步骤 01：将视图切换到【透视图】模式。

步骤 02：创建【距离工具】。在菜单栏中单击【创建】→【测量工具】→【距离工具】命令，在视图中选择需要进行测量的两个位置分别单击即可，如图 7.237 所示。

步骤 03：通过点吸附，调节测量点的位置（切换到移动模式，按住"V"键的同时按住鼠标左键不放，把光标进行移动即可）。调节好测量点之后的效果如图 7.238 所示。

2. 通过【对象】详细信息了解焦距

步骤 01： 切换到需要测量焦距的摄影机视图。

步骤 02： 在场景中单选需要确定焦距中心点的物体。

步骤 03： 在菜单栏中单击【显示】→【题头显示】→【对象详细信息】命令，物体对象的详细信息就显示在视图右上角，如图 7.239 所示。

图 7.237　创建的【距离工具】　　图 7.238　调节好测量点　　图 7.239　物体对象的详细信息
之后的效果

提示： 在这里，物体对象详细信息中的焦距是指物体中心到摄影机之间的距离。

视频播放： 关于具体介绍，请观看本书光盘上的配套视频"任务五：焦距的测量方法.wmv"。

七、拓展训练

根据本案例所学知识，制作摄影机运动模糊效果。

案例 8 Arnold 中的特殊摄影机和工具集

一、案例内容简介

在本案例中，主要介绍 Arnold 中的几种特殊摄影机工作的原理和参数调节，以及工具集的作用和使用方法。

二、案例效果欣赏

三、案例制作流程

任务一：【VR_Camera】VR摄影机 任务二：【Orthographic】（正交视图）摄影机

任务四：【Cylindrical】（圆柱形）摄影机 ⬅ 任务三：【Fisheye】（鱼眼）摄影机

任务五：【Spherical】（球形）摄影机 任务六：Arnold工具集

四、案例制作的目的

（1）掌握 Arnold 中特殊摄影机的工作原理。
（2）掌握 Arnold 中特殊摄影机参数的综合调节方法。
（3）掌握烘焙的概念和技巧。
（4）掌握 Arnold 工具集的使用和参数调节方法。

五、案例制作过程中需要解决的问题

（1）摄影机的工作原理。
（2）摄影构图基础知识。

六、详细操作步骤

通过本案例的学习，读者要掌握 Arnold 中的几种特殊摄影机的使用方法和参数调节、烘焙的概念及其使用方法，以及工具集的作用和使用方法。

任务一：【VR_Camera】VR 摄影机

【VR_Camera】VR 摄影机可以在摄影机属性中 Arnold 卷展栏的【Camera Type】（摄影机类型）中选择。本任务只介绍【VR_Camera】独有的相关参数，其他参数读者可以参考前一案例中的摄影机参数介绍。

1. 切换到【VR_Camera】VR 摄影机类型

步骤 01：打开场景文件，将视图切换到"Arnold_ts_camera"摄影机视图。默认渲染效果如图 7.240 所示。

步骤 02：切换到【VR_Camera】VR 摄影机类型。在"Arnold_ts_camera"摄影机视图中单击▥（选择摄影机）图标，然后按"Ctrl+A"组合键，打开摄影机【属性编辑器】。在【属性编辑器】中的【Camera Type】（摄影机类型）中选择【VR Camera】VR 摄影机即可，其参数面板如图 7.241 所示。

图 7.240　默认渲染效果

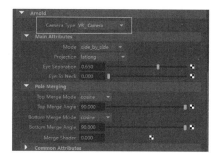

图 7.241　【VR_Camera】参数面板

2. 【VR_Camera】VR 摄影机中的【Main Attributes】（主要属性）参数

（1）【Mode】（模式）：主要用来调节【VR_Camera】VR 摄影机的投影模式。有【Side_by_side】（肩并肩）、【Over_under】（在……之下）、【Left_eye】（左眼）和【Right_eye】（右眼）4 种模式。4 种模式下的渲染效果如图 7.242 所示。

（2）【Projection（投影）】：主要用来选择整个场景的取景模式，有【Latlong】（拉特龙）、【Cubemap_6×1】（立体贴图_6×1）和【Cubemap_3×2】（立体贴图_3×2）3 种取景模式。图 7.143 所示为不同【Projection】（投影）模式下的渲染效果。这些取景模式主要用于动画后期合成软件，使之拼接成全景图并输入 VR 设备。

（3）【Eye Separation】（眼睛分离）：主要用来控制人类左右眼之间的距离，默认值为0.650，这是平均值。

（4）【Eye To Neck】（从眼到脖子）：主要用来控制渲染图像的上下拉伸程度。

【Side_by_side（肩并肩）】模式下的渲染效果　　【Over_under（在……之下）】模式下的渲染效果

【Left_eye（左眼）】模式下的渲染效果　　　　【Right_eye（右眼）】模式下的渲染效果

图 7.242　4 种模式下的渲染效果

【Latlong（拉特龙）】投影模式下的　　　【Cubemap_6x1（立体贴图_6x1）】投影模式　　【Cubemap_3x2（立体贴图_3x2）】投影模式
渲染效果　　　　　　　　　　　　　下的渲染效果　　　　　　　　　　　　　下的渲染效果

图 7.243　不同【Projection（投影）】模式下的渲染效果

3. 【VR_Camera】VR 摄影机中的【Pole Merging】（向量融合）参数

（1）【Top Merge Mode】（顶部融合模式）：主要用来控制全景拆分图的融合模式，有【None】（无）、【Cosine】（余弦）和【Shader】（着色器）3 种融合模式。

（2）【Top Merge Angle】（顶部融合角度）：主要用来控制融合的角度。一般采用默认值。

（3）【Bottom Merge Mode】（底部融合模式）：主要用来控制全景拆分图的融合方式，有【None】（无）、【Cosine】（余弦）和【Shader】（着色器）3 种融合模式。

（4）【Bottom Merge Angle】（底部融合角度）：主要用来控制融合的角度。一般采用默认值。

（5）【Merge Shader】（融合着色器）：主要用来连接融合的着色器节点。

视频播放：关于具体介绍，请观看本书光盘上的配套视频"任务一：【VR_Camera】VR 摄影机.wmv"。

任务二：【Orthographic】（正交视图）摄影机

【Orthographic】摄影机是一种没有透视效果的摄影机，只能对摄影机进行左右移动、上下移动和缩放操作，不能进行旋转操作。如果从其他透视图观看，它就是一个平面，如图 7.244 所示。这种类型的摄影机主要用来渲染没有透视效果的图像，渲染效果如图 7.245 所示。

图 7.244 【Orthographic】摄影机　　　　　图 7.245 　【Orthographic】摄影机渲染效果

　　【Orthographic】摄影机没有自身独立的参数，读者可以参考【Persp】（透视图）摄影机参数。

　　视频播放：关于具体介绍，请观看本书光盘上的配套视频"任务二：【Orthographic】（正交视图）摄影机.wmv"。

任务三：【Fisheye】（鱼眼）摄影机

　　【Fisheye】摄影机相当于在摄影机前添加了一个鱼眼镜头。把【Camera Type】（摄影机类型）切换到【Fisheye】（鱼眼）摄影机类型时，渲染效果如图 7.246 所示。【Fisheye】（鱼眼）摄影机参数如图 7.247 所示。

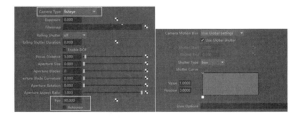

图 7.246 【Fisheye】（鱼眼）摄影机的渲染效果　　　图 7.247 【Fisheye（鱼眼）】摄影机参数

　　（1）【FOV】（视角）主要用来调节鱼眼摄影机的取景范围，默认值为 90°，最大可以调节到 360°，一般情况下最大值设置为 180°。图 7.248 所示为不同【FOV】值下的渲染效果。

　　（2）【AutoCrop】（自动裁切）：将周围黑色部分裁切掉。勾选【AutoCrop】选项的渲染效果如图 7.249 所示。

图 7.248 　不同【FOV】（视角）值下的渲染效果　　图 7.249 　勾选【AutoCrop】（自动裁切）选项的渲染效果

视频播放：关于具体介绍，请观看本书光盘上的配套视频"任务三：【Fisheye】（鱼眼）摄影机.wmv"。

任务四：【Cylindrical】（圆柱形）摄影机

【Cylindrical】（圆柱形）摄影机相当于在正常摄影机前面加了一个圆柱形镜头，该镜头是一个横向放置的镜头。把【Camera Type】（摄影机类型）切换到【Cylindrical】（圆柱形）摄影机类型，其参数面板如图 7.250 所示。默认参数值下的渲染效果如图 7.251 所示

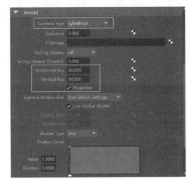

图 7.250　【Cylindrical】摄影机参数面板　　图 7.251　默认参数值下的渲染效果

（1）【Horizontal FOV】（水平视角）：主要用来控制水平方向视角的大小，其默认值为 60°。图 7.252 所示为不同【Horizontal FOV】（水平视角）值下的渲染效果。

（2）【Vertical FOV】（垂直视角）：主要用来控制垂直方向视角的大小，其默认值为 90°。一般情况下不调节该参数，因为将该值调大到一定角度时，图像会消失。例如，将该值调到 180° 时图像消失，变成如图 7.253 所示的效果。

图 7.252　不同【Horizontal FOV（水平视角）】　　图 7.253　【Vertical FOV（垂直视角）】
值下的渲染效果　　　　　　　　　为 180° 的渲染效果

（3）【Projective】（投影）：勾选此项，相当于透过镜头进行拍摄。一般情况下默认为勾选。

视频播放：关于具体介绍，请观看本书光盘上的配套视频"任务四：【Cylindrical】（圆柱形）摄影机.wmv"。

任务五：【Spherical】（球形）摄影机

【Spherical】摄影机的主要作用是用来渲染 HDR 贴图效果。把【Camera Type】（摄影

机类型）切换到【Spherical】（球形）摄影机类型，其参数面板如图 7.254 所示。默认参数值下的渲染效果如图 7.255 所示。

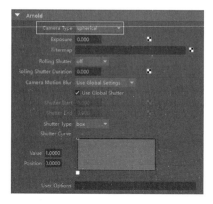

图 7.254 【Spherical】（球形）
摄影机参数面板

图 7.255 默认参数值下的渲染效果

视频播放：关于具体介绍，请观看本书光盘上的配套视频"任务五：【Spherical】（球形）摄影机.wmv"。

任务六：Arnold 工具集

Arnold 工具集位于 Arnold 菜单栏下面。在菜单栏中单击【Arnold】→【Uilities】命令，弹出二级子菜单，如图 7.256 所示，其中有 9 个工具。在这里，只介绍常用的 3 个工具。

1.【Arnold Denoiser（noice）】

【Arnold Denoiser（noice）】称为 Arnold 降噪器，该降噪器在前面已经详细介绍了。在这里就不再介绍了，请读者参考前面的案例。

2.【Bake Selected Geometry】（烘焙选择几何形状）

【Bake Selected Geometry】的主要作用是把置换贴图烘焙成真实的模型。

步骤 01：打开场景文件。该场景文件中有一个带有凹凸贴图的球体、一个背景平面和一种环境球灯光，如图 7.257 所示。渲染效果如图 7.258 所示。

图 7.256 弹出的二级子菜单

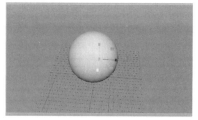

图 7.257 场景文件

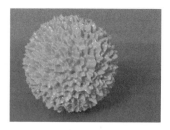

图 7.258 渲染效果

步骤 02：在场景中单选带有置换贴图的球体。在菜单栏中单击【Arnold】→【Utilities】→【Bake Selected Geometry】（烘焙选择几何形状）命令，弹出【Bake Selection as OBJ】（将选择烘焙为 OBJ）对话框，给需要烘焙的文件输入名字，如图 7.259 所示，单击"保存"按钮，完成烘焙。

步骤 03：导入烘焙模型。在菜单栏中单击【文件】→【导入】命令，弹出【导入】对话框。在该对话框中选择需要烘焙的文件，如图 7.260 所示。单击"导入"按钮，完成烘焙文件的导入。导入的烘焙模型效果如图 7.261 所示。

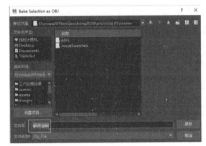

图 7.259 【Bake Selection as OBJ（将选择烘焙为 OBJ）】对话框设置

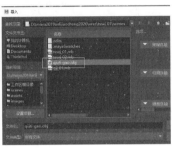

图 7.260 【导入】对话框设置

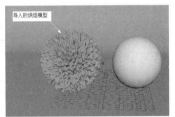

图 7.261 导入的烘焙模型效果

3. 【Render Selection to Texture】（将选择渲染到贴图）

【Render Selection to Texture】的主要作用是把所选择对象的纹理、灯光照射效果、灯光阴影等信息渲染成贴图文件。

步骤 01：打开场景文件。该场景的渲染效果如图 7.262 所示。

步骤 02：单选地面模型，在菜单栏中单击【Arnold】→【Utilities】→【Render Selection to Texture】命令，弹出【Render to Texture】（渲染到贴图）对话框。设置该对话框参数，具体设置如图 7.263 所示。单击"Render"（渲染）按钮开始渲染。

步骤 03：将机器猫模型的贴图也渲染出贴图，方法同上。渲染输出的两张贴图文件如图 7.264 所示，文件名带有".exr"后缀。

图 7.262 场景的渲染效果

图 7.263 【Render to Texture（渲染到贴图）】对话框参数设置

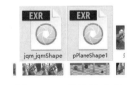

图 7.264 渲染输出的贴图文件

步骤 04：将渲染输出的贴图添加场景中的模型，删除场景中的灯光效果，再分别进行渲染，渲染效果如图 7.165 所示。

图 7.265　渲染效果

视频播放： 关于具体介绍，请观看本书光盘上的配套视频"任务六：Arnold 工具集.wmv"。

七、拓展训练

根据本案例所学知识，使用 Arnold 中的特殊摄影机对场景进行渲染设置练习。

第8章 综合案例

说明：

本章通过 4 个综合案例，帮助读者对前面所学知识进行复习、巩固和综合应用。

教学建议课时数：

一般情况下需要 20 课时，其中理论 6 课时，实际操作 14 课时（特殊情况下可做相应调整）。

前面 7 章介绍了 Maya 2019 的基础知识、建模技术、灯光技术、材质技术、渲染技术，以及 Arnold 渲染器中的灯光技术、材质技术和渲染技术。本章主要通过 4 个综合案例对前面所学知识进行复习、巩固和加强，最终达到举一反三的学习效果。

案例 1　奥迪汽车材质表现

一、案例内容简介

在本案例中，主要通过各种材质的制作来完成奥迪汽车材质的表现。

二、案例效果欣赏

三、案例制作流程

任务一：给对象添加材质　➡　任务二：【Base】（基础属性）参数介绍

⬇

任务四：【Coat】（涂层）参数介绍　⬅　任务三：【Specular】（高光）参数介绍

⬇

任务五：预设车漆材质的使用　➡　任务六：制作环境背景图　➡　任务七：制作车漆材质

⬇

任务九：制作奥迪汽车其他部分材质　⬅　任务八：制作轮胎材质

四、案例制作的目的

（1）掌握工业产品表现的基本流程。

（2）掌握车漆材质的表现方法。

（3）掌握汽车玻璃材质的表现方法。

（4）掌握汽车橡胶材质的表现方法。

（5）掌握汽车材质表现中的环境设置方法。

五、案例制作过程中需要解决的问题

（1）车漆表现原理。

（2）工业产品的分类和界定。

（3）动画后期合成的相关概念。

（4）遮罩的概念和多通道的渲染。

（5）动画后期合成处理软件的使用。

六、详细操作步骤

本案例主要通过 Arnold 材质中的【aiCarPaint】（ai 车漆）材质和【aiStandardSurface】（ai 标准表面）材质相结合来表现奥迪汽车工业产品的表现。

任务一：给对象添加材质

在本任务中，主要给奥迪汽车添加【aiCarPaint】材质，为后续任务中相关材质的参数设置做准备。

步骤 01：打开场景文件。检查场景文件和灯光效果是否有问题。

步骤 02：给对象添加材质。在场景中选择需要添加材质的对象，把【aiCarPaint】材质添加到选定的对象上。默认参数下的渲染效果如图 8.1 所示。

步骤 03：【aiCarPaint】材质默认参数如图 8.2 所示。

图 8.1　默认参数下的渲染效果

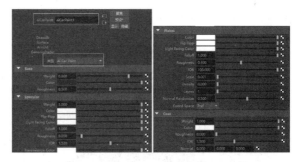

图 8.2　【aiCarPaint】材质默认参数

视频播放：关于具体介绍，请观看本书光盘上的配套视频"任务一：给对象添加材质.wmv"。

任务二：【Base（基础属性）】参数介绍

【Base】参数包含【Weight】（权重）、【Color】（颜色）和【Roughness】（粗糙度）3 个子参数。

（1）【Weight】：主要用来控制颜色显示的比例。图 8.3 所示是【Color】为红色、不同【Weight】

值下的渲染效果。

（2）【Color】：主要用来控制车漆的颜色。图 8.4 所示为【Weight】值为 0.8、不同颜色下的渲染效果。

图 8.3　不同【Weight】值下的渲染效果　　　　　图 8.4　不同颜色下的渲染效果

（3）【Roughness】：主要用来控制车漆的漫反射粗糙度。其默认值为 0.5，一般情况下采用默认值。

视频播放：关于具体介绍，请观看本书光盘上的配套视频"任务二：【Base】（基础属性）参数介绍.wmv"。

任务三：【Specular】（高光）参数介绍

【Specular】参数包含【Specular】基本参数和【Flakes】（薄片）参数。

1. 【Specular】基本参数

（1）【Weight】：主要用来控制高光的反射颜色。其默认值为 1。

（2）【Color】：主要用来调节高光的反射颜色。图 8.5 所示为不同【Color】下的渲染效果。该选项一般采用默认的颜色——白色，因为车漆的高光颜色主要是通过周围环境的颜色反射来控制的。

（3）【Flip-Flop】（触发器）：主要用来调节人眼观看车漆表面时从中心到边缘的颜色变化，这一效果主要通过渐变贴图的方式得到。例如，把【Base】的子参数【Weight】值设置为 0，给【Flip-Flop】（触发器）添加一个渐变的节点，渐变颜色和渲染效果如图 8.6 所示。通过该选项参数的调节很容易制作出如图 8.7 所示的变色车漆效果。

图 8.5　不同颜色下的渲染效果　　　　　图 8.6　添加渐变节点之后的渲染效果

图 8.7　变色车漆效果

（4）【Light Facing Color】（灯光照射面颜色）：主要用来调节灯光照射面的反射颜色，它的强度与【Falloff】（衰减）值的大小有关。【Falloff】值越大，灯光照射面的反射颜色越不明显。图 8.8 所示是【Base】的子参数的【Weight】值为 0、【Falloff】值为 0.01、【Light Facing Color】颜色为绿色时的渲染效果。

（5）【Falloff】：主要用来控制灯光照射面的反射颜色的衰减程度。该值越大，衰减程度越高。

（6）【Roughness】（粗糙度）：主要用来控制高光的粗糙度，其默认值为 0.05，一般情况下采用默认值。

（7）【IOR】（折射率）：主要用来调节车漆的反射量。增大该值，就会增大车漆表面的全面反射量。图 8.9 所示为不同【IOR】值下的渲染效果。

【IOR】值为1.520时的渲染效果　　　　【IOR】值为3时的渲染效果

图 8.8　【Weight】值为 0、【Falloff】
　　值为 0.01 和【Light Facing Color】
　　颜色为绿色时的渲染效果

图 8.9　不同【IOR】值下的渲染效果

（8）【Transmission Color】（透射颜色）：主要用来调节在【Base】上叠加的颜色。通过与【Base】颜色的叠加得到不同效果。图 8.10 所示是设置该选项参数之后的渲染效果。

2.【Flakes】（小亮片）参数介绍

【Flakes】参数主要用来调节车漆表面的小亮片的颜色、大小和强度等效果。

（1）【Color】：主要用来控制小亮片的颜色。图 8.11 所示是【Color】为黄色时的渲染效果。

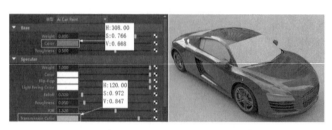

图 8.10　设置【Transmission Color】
参数之后的渲染效果

图 8.11　【Color】为黄色
时的渲染效果

（2）【Flip-Flop】：主要用来调节人眼观看车漆表面的小亮片时从中心到边缘的颜色变化，这一效果主要通过渐变贴图的方式得到。图 8.12 所示为【Flip-Flop】添加的渐变节点参数和渲染效果。

图 8.12　【Flip-Flop】添加的渐变节点参数和渲染效果

（3）【Light Facing Color】（灯光照射面颜色）：主要用来调节灯光照射面的反射颜色，它的强度与【Falloff】值的大小有关。【Falloff】值越大，灯光照射面的反射颜色越不明显。

（4）【Falloff】：主要用来控制灯光照射到小亮片上时的反射颜色的衰减程度。其值越大，衰减程度越高。

（5）【Roughness】（粗糙度）：主要用来控制小亮片高光的粗糙度。

（6）【IOR】（折射率）：主要用来调节车漆表面小亮片的反射量。增大该值，就会增大车漆表面小亮片的反射量。

（7）【Scale】（缩放）：主要用来控制小亮片的大小。图 8.13 所示为不同【Scale】值下的渲染效果。

（8）【Density】（密度）：主要用来控制小亮片的疏密程度。图 8.14 所示为不同【Density】值下的渲染效果。

（9）【Layers】（层）：主要用来控制小亮片的层数。图 8.15 所示为不同【Layers】值下的渲染效果。

【Scale】值为2时的渲染效果　　　　　　　　　　【Scale】值为5时的渲染效果

图 8.13　不同【Scale】值下的渲染效果

【Density】值为0.2时的渲染效果　　　　　　　【Density】值为0.5时的渲染效果

图 8.14　不同【Density】值下的渲染效果

【Layers】值为1时的渲染效果　　　　　　　　　【Layers】值为3时的渲染效果

图 8.15　不同【Layers】值下的渲染效果

（10）【Normal Randomize】（法线随机变化）：主要用来控制小亮片的法线随机变化效果。该值越大，法线随机变化就越明显。其默认值为 0.5，该值调到 0.2 左右时，渲染效果比较好。

（11）【Coord Space】（坐标空间）：主要用来调节小亮片变化的随机类型。主要有【World】（世界）、【Object】（对象）、【Pref】（参考点）和【UV】坐标类型。图 8.16 所示为不同【Coord Space】坐标类型下的渲染效果。

【World】坐标下的渲染效果　　　　【Object】坐标下的渲染效果　　　　【Pref】坐标下的渲染效果　　　　【UV】坐标下的渲染效果

图 8.16　不同【Coord Space】坐标下的渲染效果

视频播放：关于具体介绍，请观看本书光盘上的配套视频"任务三：【Specular】（高光）参数介绍.wmv"。

任务四：【Coat】（涂层）参数介绍

【Coat】参数主要用来控制车漆表面涂层的颜色变化、粗糙度和折射率（IOR）大小等。

（1）【Weight】（权重）：主要用来控制涂层颜色的占比大小。

（2）【Color】（颜色）：主要用来控制图层的颜色。图 8.17 所示是颜色值为 H:240.00、V:0.883、S:0.1 时的渲染效果。

（3）【Roughness】（粗糙度）：主要用来控制涂层颜色的粗糙程度。图 8.18 所示为不同【Roughness】值下的渲染效果。

图 8.17 颜色值为 H：240.00，V:0.883，S:0.1 时的渲染效果

图 8.18 不同【Roughness】值下的渲染效果

（4）【IOR】（折射率）：主要用来调节涂层表面的反射量。图 8.19 所示为不同【IOR】值下的渲染效果。

（5）【Normal】（法线）：主要用来控制涂层颜色产生的法线方向。如图 8.20 所示是【Normal】值为（0.5，0.5，0.5）的渲染效果。

图 8.19 不同【IOR】值下的渲染效果

图 8.20 【Normal】值为（0.5，0.5，0.5）时的渲染效果

视频播放：关于具体介绍，请观看配套视频"任务四：【Coat】（涂层）参数介绍.wmv"。

任务五：预设车漆材质的使用

在制作车漆材质时，一般先选择预设车漆材质，再根据项目要求在预设车漆材质的基础上进行修改。设置预设车漆材质的方法如下。

步骤01：给模型添加车漆材质。在车漆材质【属性编辑】面板中单击 预设▾ 图标，弹

出下拉菜单，如图 8.21 所示，该下拉菜单列出了所有预设的车漆材质效果，共 9 种预设车漆材质。

步骤 02：在这里，以添加【Black】（黑色）预设车漆材质为例。将光标移到【Black（黑色）】→【替换】命令上单击，添加【Black】预设车漆材质，渲染效果如图 8.22 所示。

图 8.21 弹出的下拉菜单

图 8.22 添加【Black】预设车漆材质之后的渲染效果

步骤 03：其他 8 种预设车漆材质的渲染效果如图 8.23 所示。

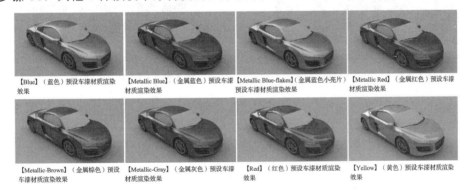

【Blue】（蓝色）预设车漆材质渲染效果　【Metallic Blue】（金属蓝色）预设车漆材质渲染效果　【Metallic Blue-flakes】（金属蓝色小亮片）预设车漆材质渲染效果　【Metallic Red】（金属红色）预设车漆材质渲染效果

【Metallic-Brown】（金属棕色）预设车漆材质渲染效果　【Metallic-Gray】（金属灰色）预设车漆材质渲染效果　【Red】（红色）预设车漆材质渲染效果　【Yellow】（黄色）预设车漆材质渲染效果

图 8.23 其他 8 种预设车漆材质的渲染效果

视频播放：关于具体介绍，请观看本书光盘上的配套视频"任务五：预设车漆材质的使用.wmv"。

任务六：制作环境背景图

首先需要确定环境背景图，再根据背景确定摄影机角度和布光方案。

步骤 01：打开奥迪汽车模型场景。

步骤 02：创建一架摄影机。在菜单中单击【创建】→【摄影机】→【摄影机和目标】命令即可。

步骤 03：切换到摄影机视图。在【透视图】中单击【面板】→【透视】→【Camera1】命令，完成摄影机视图的切换。

步骤 04：导入背景图。在【Camera1】视图的菜单栏中单击【视图】→【图像平面】→

【导入图像…】命令，弹出【打开】对话框，如图 8.24 所示。在该对话框中单选需要导入的背景图，单击"打开"按钮，完成背景图的导入。

步骤 05：调节摄影机的渲染尺寸大小。渲染尺寸大小需要与导入的背景图大小相匹配。导入图像的尺寸为"5472×3648"。

提示：如果使用"5472×3648"的尺寸进行渲染，在材质调节阶段渲染速度很慢。此时，可以在【Arnold RenderView（Arnold 渲染视图）】中单击【View（视图）】→【Test（测试）】→【10%】命令，这样就可在测试阶段采用 547×364 的尺寸进行渲染，在进行最终渲染时，采用 100%渲染即可。

步骤 06：创建一个平面，调节摄影机的视角，使奥迪汽车模型和创建的平面与背景相匹配。调节摄影机视角之后的效果如图 8.25 所示。

图 8.24 【打开】对话框

图 8.25 调节摄影机视角之后的效果

步骤 07：给创建的平面添加阴影贴图。单选创建的平面，在创建的平面上单击鼠标右键，弹出快捷菜单。在弹出的快捷菜单中单击【指定新材质】对话框，弹出【创建新节点】对话框，在该对话框中单击【aiShadowMatte】命令，完成阴影贴图，渲染效果如图 8.26 所示。

视频播放：关于具体介绍，请观看本书光盘上的配套视频"任务六：制作环境背景图.wmv"。

任务七：制作车漆材质

在本任务中完成奥迪汽车的车漆材质的制作。该材质的制作在预设车漆材质的基础上进行调节。

步骤 01：选择需要添加车漆的奥迪汽车模型，添加【aiCarPaint】材质并把材质命名为"adcq001"。

步骤 02：将【aiCarPaint】材质调节为预设材质，在【材质属性】面板中单击 预设 →【Red】（红色）→【替换】命令，完成预设材质调节。调节预设材质的渲染效果如图 8.27 所示。

视频播放：关于具体介绍，请观看配套视频"任务七：制作车漆材质.wmv"。

图 8.26　添加阴影贴图之后的渲染效果

图 8.27　【Red】（红色）预设材质渲染效果

任务八：制作轮胎材质

轮胎材质分为外胎和轮毂两部分，外胎为橡胶材质，轮毂为金属材质。

步骤 01：给外胎模型添加材质。选择外胎模型，给选定的轮胎添加一个【aiStandardSurface】材质，将材质命名为"waitai"。

步骤 02：添加预设材质。在【属性编辑】面板中单击 预设▾ →【Rubber】（橡胶）→【替换】命令，完成预设材质的添加。

步骤 03：在预设材质基础上调节参数。具体参数调节如图 8.28 所示，调节参数之后的渲染效果如图 8.29 所示。

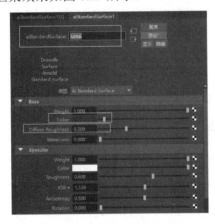

图 8.28　预设材质参数调节

图 8.29　调节参数之后的渲染效果

步骤 04：给轮毂模型添加材质。选择轮毂和制动器模型，给选择的模型添加一个【aiStandardSurface】材质，并将材质命名为"lungu"。

步骤 05：调节材质参数。具体参数调节如图 8.30 所示，调节参数之后的渲染效果如图 8.31 所示。

视频播放：关于具体介绍，请观看本书光盘上的配套视频"任务八：制作轮胎材质.wmv"。

任务九：制作奥迪汽车其他部分材质

奥迪汽车其他部分材质主要包括玻璃材质、塑料材质和金属材质。

图 8.30 "lungu"材质参数调节

图 8.31 调节参数之后的渲染效果

1. 制作玻璃材质

步骤 01：选择奥迪汽车门的玻璃和车灯的玻璃部分。给选择的模型添加【aiStandard Surface】材质，将材质命名为"boli"。

步骤 02：将"boli"材质修改为预设材质。在材质的【属性编辑】面板中单击 预设 → 【Glass】（玻璃）→【替换】命令，完成材质的预设。渲染效果如图 8.32 所示。

步骤 03：修改模型的属性。从图 8.32 的渲染效果可以看出，渲染的玻璃不透明度，需要修改玻璃对象的 Arnold 属性中的【Opaque】（不透明度）参数。在场景中单选添加玻璃材质的对象，取消物体的 Arnold 属性下的【Opaque】选项的勾选。取消勾选之后的渲染效果如图 8.33 所示。

图 8.32 修改预设材质的
渲染效果

图 8.33 取消【Opaque】选项勾选
之后的渲染效果

2. 制作塑料材质

步骤 01：选择需要添加塑料材质的模型，如图 8.34 所示。

步骤 02：给选择的对象添加【aiStandardSurface】材质，将材质命名为"suliao"。

步骤 03：调节"suliao"材质的参数。具体参数调节如图 8.35 所示，调节参数之后的渲染效果如图 8.36 所示。

图 8.34 选择的模型　　　　图 8.35 "suliao"材质参数调节　　图 8.36 调节参数之后的渲染效果

3. 制作奥迪汽车其他部分的金属材质效果

奥迪汽车其他部分的金属材质效果主要用于车灯内部、侧面的门装饰品和奥迪标志。

步骤 01： 选择需要添加金属材质的模型，如图 8.37 所示。

步骤 02： 给选择的模型添加【aiStandardSurface】材质，将材质命名为"jinshu"。

步骤 03： 调节"jinshu"材质的参数。具体参数调节如图 8.38 所示，调节参数之后的渲染效果如图 8.39 所示。

图 8.37 选择的对象　　　　图 8.38 "jinshu"材质参数调节　　图 8.39 调节参数之后的渲染效果

4. 奥迪汽车内饰材质制作

在这里，给奥迪汽车内饰的所有模型制作一个皮质材质。

步骤 01： 选择奥迪汽车的内饰模型，如图 8.40 所示。

步骤 02： 给选择的模型添加【aiStandardSurface】材质，将材质命名为"neishi"。

步骤 03： 调节"neishi"材质参数。具体参数调节如图 8.41 所示，调节参数之后的渲染效果如图 8.42 所示。

视频播放： 关于具体介绍，请观看本书光盘上的配套视频"任务九：制作奥迪汽车其他部分材质.wmv"。

图 8.40　选择的内饰模型

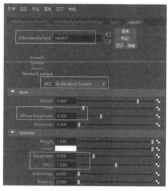

图 8.41　"neishi" 材质
参数调节

图 8.42　调节参数之后的
渲染效果

七、拓展训练

根据本案例所学知识以及本书提供的场景文件，渲染出如下效果图。

案例 2　工业产品效果展示——照相机

一、案例内容简介

在本案例中，主要介绍工业产品——照相机材质表现的制作原理、流程、方法和技巧。

二、案例效果欣赏

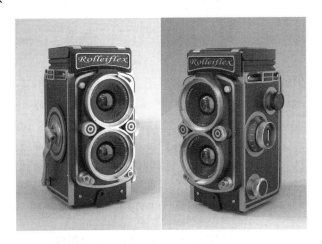

三、案例制作流程

任务一：场景布光 ➡ 任务二：制作照相机金属部分的材质 ➡ 任务三：制作照相机塑料部分的材质

⬇

任务六：渲染输出设置 ⬅ 任务五：玻璃材质的制作 ⬅ 任务四：制作照相机皮质部分的材质

四、案例制作的目的

（1）掌握工业产品表现的基本流程。
（2）掌握照相机材质的表现方法和技巧。
（3）掌握工业产品材质表现的原理。
（4）掌握灯光综合布置流程、方法和技巧。
（5）掌握项目化制作流程。

五、案例制作过程中需要解决的问题

（1）照相机的分类。
（2）照相机的结构。
（3）色温在灯光布置中的作用。
（4）光学基础知识。

六、详细操作步骤

本案例主要通过一款老式照相机效果的表现，详细介绍工业产品效果展示的制作原理、流程、方法和注意事项。工业产品渲染最重要的一点就是展示产品的细节，因此，整个工业产品制作过程一定要在产品细节上下功夫，一定要按照项目化流程来制作。

任务一：场景布光

在工业产品效果表现过程中，场景布光是整个流程中的第一步，也是后续材质表现的基础。

步骤 01：打开场景文件。该场景文件包括一款老式照相机、一块背景板和一架摄影机，如图 8.43 所示。

步骤 02：创建环境光。切换到摄影机视图。在菜单栏中单击【Arnold】→【Lights】（灯光）→【SkyDomeLight】（天光）命令，创建【SkyDomeLight】环境光。

步骤 03：给【SkyDomeLight】环境光添加 HDR 贴图。在【属性编辑器】中单击【SkyDomeLight Attributes】（天光属性）→【Color】（颜色）右边的█图标，弹出【渲染节点】对话框。在该对话框中单击【文件】，切换到【File1】（文件）属性面板，单击【图像名称】右边的█图标，弹出【打开】对话框，如图 8.44 所示。在该对话框中选择 HDR 贴图，单击"打开"按钮，完成 HDR 贴图。添加 HDR 贴图之后的渲染效果。如图 8.45 所示。

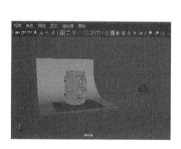

图 8.43　场景文件

图 8.44　【打开】对话框

图 8.45　添加 HDR 贴图之后的渲染效果

步骤 04：创建主光。在菜单栏中单击【Arnold】→【Lights】→【Area Light】（区域光）命令，完成主光的创建。

步骤 05：调节主光的位置。使用移动、缩放和旋转工具调节好灯光的位置，调节之后主光的位置和大小如图 8.46 所示。

步骤 06：调节主光的参数。具体参数调节如图 8.47 所示，调节参数之后主光的独立渲染效果如图 8.48 所示。

步骤 07：创建辅助光。复制主光，调节所复制的主光位置和参数从而创建辅助光。辅助光的位置大小如图 8.49 所示，参数调节如图 8.50 所示，辅助光的独立渲染效果如图 8.51 所示。

图 8.46 主光的位置和大小

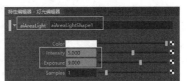

图 8.47 主光参数调节

图 8.48 调节参数之后
主光源的独立渲染效果

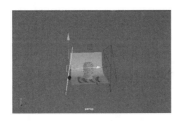

图 8.49 辅助光的位置和大小

图 8.50 辅助光参数调节

图 8.51 调节参数之后
辅助光的独立渲染效果

步骤 08：创建区域光，方法同上。在照相机顶上创建一份区域光，区域光的位置和大小如图 8.52 所示，参数调节如图 8.53 所示，调节参数之后区域光的独立渲染效果如图 8.54 所示。

图 8.52 区域光的位置和大小

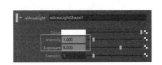

图 8.53 区域光的参数调节

图 8.54 调节参数之后区域
光的独立渲染效果

步骤 09：调节灯光的色温。将主光的色温调节为 7500K，也就是把它调节为偏冷的色光，如图 8.55 所示。辅助光的色温调节为 5000K，也就是把它调节为偏暖的色光，如图 8.56 所示。

步骤 10：调节灯光参数之后的渲染效果如图 8.57 所示。

图 8.55　主光色温调节

图 8.56　辅助光色温调节

图 8.57　渲染效果

视频播放：关于具体介绍，请观看本书光盘上的配套视频"任务一：场景布光.wmv"。

任务二：制作照相机金属部分的材质

照相机金属部分的材质制作比较简单，主要通过标准材质的参数调节来完成。

步骤 01：选择需要添加金属材质部分的模型，如图 8.58 所示。

步骤 02：给模型添加材质。给选择的模型添加一个【aiStandardSurface】材质并把它命名为"jinshu"。

步骤 03：调节"jinshu"材质的参数。具体参数调节如图 8.59 所示，调节参数之后的渲染效果如图 8.60 所示。

图 8.58　选择需要添加金属
材质的模型

图 8.59　材质参数调节

图 8.60　调节参数之后的
渲染效果

步骤 04：从渲染效果可以看出，缺少金属表面凹凸效果，需要添加凹凸效果。在"jinshu"材质【属性编辑器】中单击【Geometry】（几何体）→【Bump Mapping】（凹凸贴图）右边的■按钮，弹出【创建渲染节点】对话框。在该对话框中单击【aiCellNoise（ai单元噪波）】选项，弹出【连接编辑器】对话框，在该对话框中进行连接，具体连接如图 8.61 所示。单击"关闭"按钮，完成凹凸贴图操作。

步骤 05：调节【aiCellNoise】的参数。调节噪波节点的缩放值，具体参数调节如图 8.62 所示。调节【aiCellNoise】中的【凹凸深度】参数，具体参数调节如图 8.63 所示，调节之后的渲染效果如图 8.64 所示。

图 8.61 【连接编辑器】
对话框参数设置

图 8.62 噪波节点缩放
参数调节

图 8.63 【凹凸深度】
参数调节

步骤 06：调节噪波的颜色对比度。从渲染效果可以看出，金属部分出现了少量的黑色部分，需要通过调节噪波的颜色对比度。具体参数调节如图 8.65 所示，调节颜色对比度之后的渲染效果如图 8.66 所示。

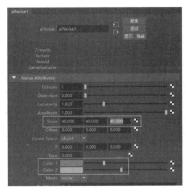

图 8.64 调节【凹凸深度】参数之
后的渲染效果

图 8.65 颜色对比度参数调节

图 8.66 调节颜色对
比度之后的效果

视频播放：关于具体介绍，请观看本书光盘上的配套视频"任务二：制作照相机金属部分的材质.wmv"。

任务三：制作照相机塑料部分的材质

照相机塑料部分的材质制作主要通过 Arnold 的标准材质配合贴图素材来完成。

步骤 01：选择需要添加塑料材质的模型，如图 8.67 所示。

步骤 02：添加材质。给选择的对象添加【aiStandardSurface】材质并把它命名为"suliao"材质。

步骤 03：把"suliao"材质替换为预设材质。在材质【属性编辑器】中单击 预设▼→【Plastic（塑料）】→【替换】命令，完成材质的预设。替换为预设材质之后的渲染效果如图 8.68 所示。

步骤 04：添加贴图。单击【Base】（基础属性）→【Color】（颜色）右边的▇图标，弹

出【创建渲染节点】对话框。在该对话框中单击【文件】选项，切换到【File】参数面板，如图 8.69 所示。单击【图像名称】右边的◻图标，弹出【打开】对话框，在该对话框中选择需要的贴图文件，如图 8.70 所示。单击"打开"按钮，完成贴图文件的加载。

图 8.67　选择需要添加　　　图 8.68　替换为预设材质　　　图 8.69　【File】参数面板
　材质的模型　　　　　　　　之后的渲染效果

步骤 05：调节贴图的参数。具体参数调节如图 8.71 所示，调节参数之后的渲染效果如图 8.72 所示。

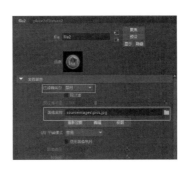

图 8.70　选择的贴图文件　　　图 8.71　贴图参数调节　　　图 8.72　调节参数之后的
　　　　　　　　　　　　　　　　　　　　　　　　　　　　渲染效果

视频播放：关于具体介绍，请观看本书光盘上的配套视频"任务三：制作照相机塑料部分的材质.wmv"。

任务四：制作照相机皮质部分的材质

照相机的皮质部分材质是使用【aiStandardSurface】配合四方连续贴图文件来制作的。
步骤 01：选择需要添加皮质材质的模型，如图 8.73 所示。
步骤 02：给选择对象添加材质。给选择的对象添加【aiStandardSurface】材质并把它命名为"pizhi"材质。
步骤 03：给材质添加纹理贴图，方法同上。给"pizhi"材质的【Base】属性中的【Color】属性添加一张名为"blackleather.jpg"的贴图。
步骤 04：给"pizhi"材质添加凹凸贴图。给"pizhi"材质的【Geometry】（几何体）下的【Bump Mapping】（凹凸贴图）属性添加一张名为"blackleather_bump.jpg"的贴图，

然后调节参数。具体参数调节如图 8.74 所示。

步骤 05：调节凹凸参数。具体参数调节如图 8.75 所示。

图 8.73　选择需要添加皮质
材质的对象　　　图 8.74　凹凸贴图参数调节　　　图 8.75　凹凸参数调节

步骤 06：调节"pizhi"材质的参数。具体调节如图 8.76 所示，调节之后的渲染效果如图 8.77 所示。

视频播放：关于具体介绍，请观看本书光盘上的配套视频"任务四：制作照相机皮质部分的材质.wmv"。

任务五：玻璃材质的制作

玻璃材质的制作比较简单，给照相机的镜头玻璃添加标准材质并调节相关参数即可。

步骤 01：选择照相机的镜头玻璃模型，添加一个【aiStandardSurface】材质并把它命名为"boli"材质。

步骤 02：调节"boli"材质参数。具体参数调节如图 8.78 所示，调节参数之后的渲染效果如图 8.79 所示。

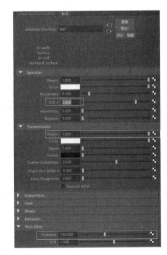

图 8.76　"pizhi"材质的
参数调节　　　图 8.77　调节参数之后的
渲染效果　　　图 8.78　"boli"材质
参数调节

视频播放：关于具体介绍，请观看本书光盘上的配套视频"任务五：玻璃材质的制作.wmv"。

任务六：渲染输出设置

后期渲染输出设置主要包括灯光的采样率、尺寸大小和【Arnold Renderer】（Arnold 渲染器）参数调节等。

步骤 01：把所有灯光的【Samples】（采样）参数调节为 3。

步骤 02：渲染尺寸设置为"2100×2970"。

步骤 03：调节【Arnold Renderer】参数。具体参数设置如图 8.80 所示，调节完参数之后的最终渲染效果如图 8.81 所示。

 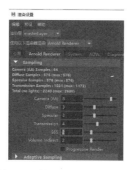 

图 8.79　调节"boli"材质参数　　　图 8.80　【Arnold Renderer】　　图 8.81　最终渲染效果
　　　之后的渲染效果　　　　　　　　　参数调节

视频播放：关于具体介绍，请观看本书光盘上的配套视频"任务六：渲染输出设置.wmv"。

七、拓展训练

根据本案例所学知识，依据本书提供的场景文件渲染出如下效果图。

案例 3 结合 Substance Painter 材质制作软件表现静物效果

一、案例内容简介

该案例主要介绍结合 Substance Painter 材质表现静物效果的流程、方法和技巧。

二、案例效果欣赏

三、案例制作流程

任务一：判断灯光布置的合理性 ➡ 任务二：灯光布置 ➡ 任务三：制作墙面材质
⬇

任务六：制作鸡蛋材质 ⬅ 任务五：制作木纹材质 ⬅ 任务四：制作布料材质
⬇

任务七：制作竹筐材质 ➡ 任务八：制作铝箔材质 ➡ 任务九：制作石榴材质
⬇

任务十一：制作水壶锈蚀材质 ⬅ 任务十：制作带有镂空的布料材质
⬇

任务十二：在Maya 2019中还原水壶锈蚀材质 ➡ 任务十三：制作其他金属锈蚀材质
⬇

任务十五：制作灯罩、陶瓷盘和木塞材质 ⬅ 任务十四：材质节点网络的导出、导入和使用
⬇

任务十六：最终渲染设置

四、案例制作的目的

（1）掌握表现静物效果展示的流程。

（2）掌握静物效果表现的方法和技巧。

（3）掌握评价布光合理性的标准。

（4）掌握锈蚀金属和布料材质制作的原理和方法。

（5）掌握水果材质表现的原理、方法和技巧。

五、案例制作过程中需要解决的问题

（1）Substance Painter 材质表现基础知识。

（2）BPR 材质制作的原理和流程。

（3）画面构图基础知识。

（4）素材收集。

六、详细操作步骤

本案例主要使用 Substance Painter 材质表现软件制作各种锈蚀金属效果模型，然后把它们导入 Maya 2019 中，再结合 Arnold 渲染器来制作静物效果。

任务一：判断灯光布置的合理性

无论是产品展示、静物展示还是人物表现，灯光布置（以下简称布光）是第一要做的事也是最重要的一步，因为它是后续材质表现和调节的前提条件。在进行项目制作之前，需要收集一些参考图作为材质表现的依据。一些参考图如图 8.82 所示。

图 8.82　参考图

判断布光是否合理，需从以下 5 个方面判断。

（1）能分辨出主光源的照射角度、方向和光照强度。

（2）能分辨出明暗对比关系。

（3）在整个画面中不能出现无光的死角的情况。

（4）画面颜色冷暖对比是否合理。

（5）画面灯光照射是否符合需要表现的环境效果。

视频播放：关于具体介绍，请观看本书光盘上的配套视频"任务一：判断灯光布置的合理性.wmv"。

任务二：灯光布置

在进行布光之前，需要打开场景文件，设置好项目保存路径，检查场景文件是否完整。然后，把需要的素材、参考图和贴图文件复制到【项目】文件夹中的"sourceimages"文件夹下。

步骤 01：打开场景文件。该场景文件包括的对象如图 8.83 所示。

步骤 02：检查场景文件中各个对象的命名是否规范，对象的 UV 是否符合要求，对象材质分组是否合理。

步骤 03：创建主光。在菜单栏中单击【Arnold】→【Lights】（灯光）→【Area Light】（区域光）命令，在场景中创建一份区域光。

步骤 04：使用移动、缩放和旋转工具调节好主光的位置。调节之后主光的位置和大小如图 8.84 所示。

图 8.83　场景文件包括的对象

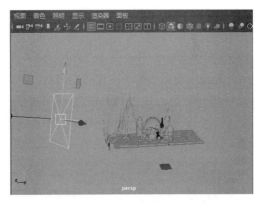

图 8.84　主光的位置和大小

步骤 05：调节主光的参数。具体参数调节如图 8.85 所示，调节参数之后的渲染效果如图 8.86 所示。

步骤 06：创建辅助光。在菜单栏中单击【Arnold】→【Lights】→【Area Light】命令，在场景中创建第二份区域光。

步骤 07：调节辅助光的位置，具体位置如图 8.87 所示。调节辅助光的参数，具体参数调节如图 8.88 所示。调节参数之后，辅助光的独立渲染效果如图 8.89 所示。

图 8.85 主光参数调节

图 8.86 调节主光参数之后的渲染效果

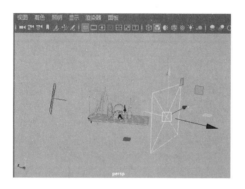

图 8.87 辅助光的位置

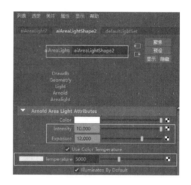

图 8.88 辅助光的参数调节

步骤 08：创建一份【SkyDomeLight】（天光），即环境光。在菜单栏中单击【Arnold】→【Lights】→【SkyDomeLight】命令，在场景中创建一份环境光。

步骤 09：给环境光添加一张 HDR 贴图。在【属性编辑器】中单击【SkyDomeLight Attributes】（天光属性）→【Color】右边的图图标，弹出【渲染节点】对话框。在该对话框中单击【文件】，切换到【File1】属性面板。单击【图像名称】右边的图图标，弹出【打开】对话框。在该对话框中选择 HDR 贴图，如图 8.90 所示。单击"打开"按钮，完成 HDR 贴图的添加，添加 HDR 贴图之后的渲染效果如图 8.91 所示。

图 8.89 辅助光的独立渲染效果

图 8.90 选择的 HDR 贴图

视频播放：关于具体介绍，请观看本书光盘上的配套视频"任务二：灯光布置.wmv"。

任务三：制作墙面材质

墙面材质的制作主要通过纹理贴图和凹凸贴图来完成。

步骤01：选择墙体模型。给墙体模型添加【aiStandardSurface】材质，把材质命名为"qiangti"。

步骤02：将"qiangti"材质的【Specular】（高光）卷展栏属性中的【Weight】（权重）值设置为0，因为墙体没有高光和反射。

步骤03：调节基础纹理。在材质【属性编辑器】中单击【Base】卷展栏参数中的【Color】右边的■图标，弹出【创建渲染节点】对话框。在对话框中单击【文件】项，切换到【File】属性编辑面板。单击【文件属性】卷展栏参数中【图像名称】右边的■图标。弹出【打开】对话框。在该对话框中选择需要的纹理贴图，如图8.92所示。单击"打开"按钮，完成纹理贴图的添加。

图8.91 添加环境光（HDR贴图）之后的渲染效果

图8.92 选择的纹理贴图

步骤04：调节纹理贴图参数，具体调节如图8.93所示。添加纹理贴图之后的渲染效果如图8.94所示。

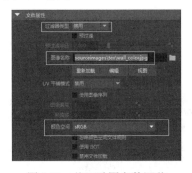

图8.93 纹理贴图参数调节

图8.94 添加纹理贴图之后的渲染效果

步骤05：添加凹凸贴图。在材质【属性编辑】属性面板中单击【Geometry】（几何体）卷展栏属性下的【Bump Mapping】（凹凸贴图）右边的■图标，弹出【创建渲染节点】对话框。在对话框中单击【文件】选项，切换到【File】属性编辑面板。单击【文件属性】

卷展栏参数下的【图像名称】右边的█图标，弹出【打开】对话框，在该对话框中选择需要的凹凸贴图，如图 8.95 所示。单击"打开"按钮，完成凹凸贴图的添加。

步骤 06：添加凹凸贴图之后的渲染效果如图 8.96 所示。

图 8.95 选择的凹凸贴图

图 8.96 添加凹凸贴图之后的渲染效果

视频播放：关于具体介绍，请观看本书光盘上的配套视频"任务三：制作墙面材质.wmv"。

任务四：制作布料材质

布料材质的制作主要通过纹理贴图和凹凸贴图来完成。

步骤 01：给布料添加材质。选择如图 8.97 所示的布料，给墙体模型添加【aiStandard Surface】材质，将材质命名为"buliao"。

步骤 02：将"buliao"材质的【Specular】（高光）卷展栏属性中的【Weight】（权重）值设置为 0，因为布料没有高光和反射。

步骤 03：调节基础纹理。在材质【属性编辑器】中单击【Base】卷展栏参数中的【Color】右边的█图标，弹出【创建渲染节点】对话框。在该对话框中单击【文件】选项，切换到【File】属性编辑面板，单击【文件属性】卷展栏参数中的【图像名称】右边的█图标，弹出【打开】对话框。在该对话框中选择需要的纹理贴图，如图 8.98 所示。单击"打开"按钮，完成纹理贴图的添加。

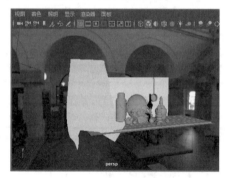

图 8.97 选择的布料

图 8.98 选择的纹理贴图

步骤 04：调节纹理贴图参数，具体参数调节如图 8.99 所示，添加纹理贴图之后的渲染效果如图 8.100 所示。

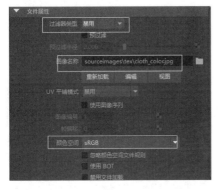

图 8.99　纹理贴图参数调节

图 8.100　添加纹理贴图之后的渲染效果

步骤 05：添加凹凸贴图。在材质【属性编辑】属性面板中单击【Geometry】（几何体）卷展栏属性下的【Bump Mapping】（凹凸贴图）右边的■图标，弹出【创建渲染节点】对话框。在对话框中单击【文件】选项，切换到【File】属性编辑面板，单击【文件属性】卷展栏参数下的【图像名称】右边的■图标，弹出【打开】对话框。在该对话框中选择需要的凹凸贴图，如图 8.101 所示。单击"打开"按钮，完成凹凸贴图的添加。

步骤 06：调节凹凸贴图的 UV 平铺参数，具体参数调节如图 8.102 所示。

步骤 07：调节基础纹理贴图的【颜色平衡】参数。具体参数调节如图 8.103 所示，调节参数之后的渲染效果如图 8.104 所示。

图 8.101　选择的凹凸贴图

图 8.102　凹凸贴图的 UV
平铺参数

图 8.103　基础纹理贴图
参数调节

视频播放：关于具体介绍，请观看本书光盘上的配套视频"任务四：制作布料材质.wmv"。

任务五：制作木纹材质

木纹材质的制作同布料材质的制作方法相同，在此就不再详细介绍，只介绍大致步骤。

步骤 01：选择桌面的模型对象，添加【aiStandardSurface】材质，将材质命名为"muwen"。

步骤 02：调节基础纹理。在材质【属性编辑器】中单击【Base】卷展栏参数下的【Color】右边的■图标，弹出【创建渲染节点】对话框。在该对话框中单击【文件】选项，切换到【File】属性编辑面板，单击【文件属性】卷展栏参数下的【图像名称】右边的■图标，弹出【打开】对话框，在该对话框中选择需要的纹理贴图，如图 8.105 所示，单击"打开"按钮，完成纹理贴图的添加。

图 8.104　调节参数之后的渲染效果

图 8.105　选择的纹理贴图

步骤 03：添加凹凸贴图。在材质【属性编辑】属性面板中单击【Geometry】（几何体）卷展栏属性下的【Bump Mapping】（凹凸贴图）右边的■图标，弹出【创建渲染节点】对话框。在该对话框中单击【文件】选项，切换到【File】属性编辑面板，单击【文件属性】卷展栏参数下的【图像名称】右边的■图标，弹出【打开】对话框。在该对话框中选择需要的凹凸贴图，如图 8.106 所示。单击"打开"按钮，完成凹凸贴图的添加。

步骤 04：打开【Hypershade】编辑器，将"rough_wood_nor_4k"贴图文件拖到【Hypershade】编辑器中，选择"rough_wood_nor_4k_1"材质节点，如图 8.107 所示。在【特性编辑器】中调节已选择的材质节点参数。具体参数调节如图 8.108 所示。

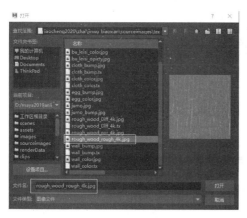

图 8.106　选择的凹凸贴图

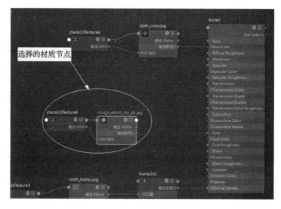

图 8.107　选择的材质节点

步骤 05：连接材质节点。具体材质节点连接如图 8.109 所示。

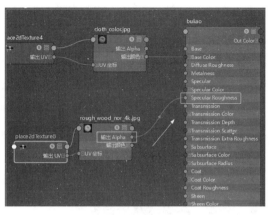

图 8.108　材质节点参数调节　　　　　　图 8.109　材质节点连接

步骤 06：把其他没有添加材质的模型隐藏，对添加了材质的模型进行渲染，最终渲染效果如图 8.110 所示。

视频播放：关于具体介绍，请观看本书光盘上的配套视频"任务五：制作木纹材质.wmv"。

任务六：制作鸡蛋材质

鸡蛋材质属于 3S 材质，在制作时，需要注意 3S 材质的调节。

步骤 01：选择场景中的所有鸡蛋，添加【aiStandardSurface】材质，把材质命名为"jidan"。

步骤 02：在【Hypershade】编辑器中把"jidan"材质展开，把"egg_color"和"egg_bump"纹理贴图拖到【Hypershade】编辑器中，进行材质节点连接。具体连接如图 8.111 所示。

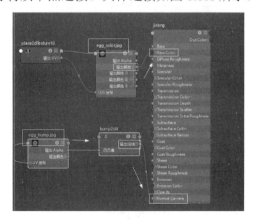

图 8.110　最终渲染效果　　　　　　图 8.111　鸡蛋材质节点连接

步骤 03：调节"jidan"的材质参数。在【Hypershade】编辑器中选择"jidan"材质，在【特性编辑器】中调节已选择的材质节点参数，具体参数调节如图 8.112 所示。

步骤 04：调节凹凸值。在【Hypershade】编辑器中单选"bump2d4"材质节点，在【特

性编辑器】中调节已选择的材质节点参数，具体参数调节如图 8.113 所示。

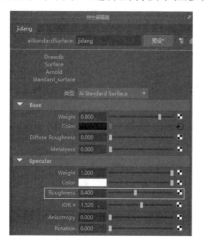

图 8.112 "jidan" 材质参数调节

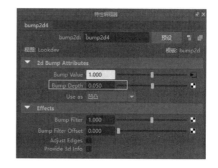

图 8.113 "bump2d4" 材质节点参数调节

步骤 05：调节【Color】（颜色）纹理贴图参数。在【Hypershade】编辑器中单选 "egg_color_1" 材质节点，在【特性编辑器】中调节已选择的材质节点参数。具体参数调节如图 8.114 所示，调节参数之后的最终渲染效果如图 8.115 所示。

图 8.114 【Color】纹理贴图参数调节

图 8.115 鸡蛋的最终渲染效果

视频播放：关于具体介绍，请观看本书光盘上的配套视频"任务六：制作鸡蛋材质.wmv"。

任务七：制作竹筐材质

竹筐材质的制作方法与木纹材质的制作方法基本相同，也是通过纹理贴图和凹凸贴图来完成。

步骤 01：选择竹筐模型，添加【aiStandardSurface】材质，把材质命名为"zhukuang"。

步骤 02：在【Hypershade】（超图）编辑器中把"zhukuang"材质展开，把"bamboo"

纹理贴图拖到【Hypershade】编辑器中，进行材质节点连接。具体连接如图 8.116 所示。

步骤 03：调节"bamboo"纹理贴图的【place2dTexture11】材质节点的参数，选择该材质节点，在【特性编辑器】中调节已选择的材质节点参数，具体参数调节如图 8.117 所示。

步骤 04：调节"bamboo_1"材质节点的参数。选择该材质节点，在【特性编辑器】中调节已选择的材质节点参数。具体参数调节如图 8.118 所示。

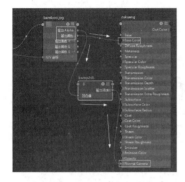

图 8.116 "zhukuang"材质
节点连接

图 8.117 【place2dTexture11】
材质节点的参数调节

图 8.118 "bamboo_1"
材质节点参数调节

步骤 05：调节材质凹凸属性。单选"bump2d5"材质节点，在【特性编辑器】中调节已选择的材质节点的参数。具体参数调节如图 8.119 所示。

步骤 06：调节竹筐材质参数。单选"zhukuang"材质，在【特性编辑器】中调节已选择的材质节点参数。具体参数调节如图 8.120 所示。

步骤 07：调节参数之后的渲染效果如图 8.121 所示。

图 8.119 "bump2d5"
材质节点参数调节

图 8.120 "zhukuang"
材质参数调节

图 8.121 竹筐材质渲染效果

视频播放：关于具体介绍，请观看本书光盘上的配套视频"任务七：制作竹筐材质.wmv"。

任务八：制作铝箔材质

铝箔材质的制作比较简单，只要给它添加一个"aiStandardSurface"材质，然后调节参数即可。

步骤 01：在场景中选择铝箔，如图 8.122 所示。添加"aiStandardSurface"材质，将材质命名为"lvbo"。

步骤 02：调节"lvbo"的材质参数。具体参数调节如图 8.123 所示，调节材质参数之后的渲染效果如图 8.124 所示。

图 8.122　选择的铝箔对象　　　　图 8.123　"lvbo"的　　　　图 8.124　"lvbo"材质的
　　　　　　　　　　　　　　　　　　材质参数调节　　　　　　　　　渲染效果

视频播放：关于具体介绍，请观看本书光盘上的配套视频"任务八：制作铝箔材质.wmv"。

任务九：制作石榴材质

石榴材质的制作相对前面其他材质的制作复杂一些，该材质包括石榴果皮、石榴果肉和石榴籽。在参数调节方面相对复杂。在制作石榴之前，把其他模型对象暂时隐藏，以免影响渲染速度和渲染观察，如图 8.125 所示。

1. 制作石榴材质

首先制作石榴的材质，该材质属于 3S 材质，需要注意石榴果皮和石榴内部结构的材质表现，如图 8.126 所示。

 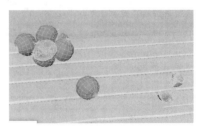

图 8.125　隐藏其他对象，单独显示石榴模型　　　图 8.126　石榴果皮和石榴内部结构

步骤 01：在场景中选择石榴的模型。

步骤 02：给选择的对象添加【aiStandardSurface】材质，将添加的材质命名为"shiliucaizhi"。

步骤 03：把制作石榴材质的 4 个贴图文件拖到【Hypershade】编辑器中，如图 8.127 所示。

步骤 04：把"shiliu_color_1"材质节点连接到"shiliucaizhi"材质的【Base Color（基础颜色）】属性上，如图 8.128 所示。

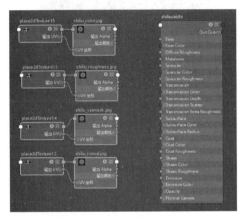

图 8.127　4 个贴图文件

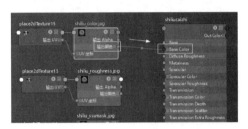

图 8.128　材质节点网络连接

步骤 05：调节"shiliu_nomal_1"材质节点参数。单选"shiliu_nomal_1"材质节点，在【特性编辑器】面板中调节参数。具体参数调节如图 8.129 所示。

步骤 06：连接凹凸节点。按住鼠标中键，把"shiliu_nomal_1"材质节点拖到"shiliucaizhi"材质中的【Geometry】卷展栏参数中的【Bump Mapping】属性上，然后松开鼠标，如图 8.130 所示。

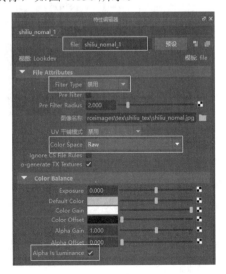

图 8.129　材质"shiliu_nomal_1"节点参数调节

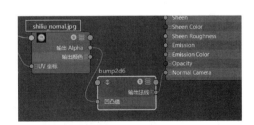

图 8.130　凹凸节点连接

步骤 07：调节凹凸节点的参数，在【Hypershade】编辑器中单选 "bump2d6" 材质节点，在【特性编辑器】中调材质节点的参数。具体参数调节如图 8.131 所示。

步骤 08：调节 "shiliu_roughness_1" 材质节点参数。在【Hypershade】编辑器中单选 "shiliu_roughness_1" 材质节点，在【特性编辑器】中调节参数。具体参数调节如图 8.132 所示。

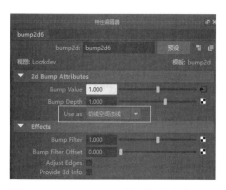

图 8.131　"bump2d6" 材质节点参数调节

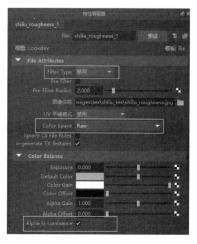

图 8.132　"shiliu_roughness_1" 材质节点参数调节

步骤 09：把 "shiliu_roughness_1" 节点连接到 "shiliucaizhi" 材质中的【Specular Roughness】（高光粗糙度）属性上，如图 8.133 所示。连接之后的渲染效果如图 8.134 所示。

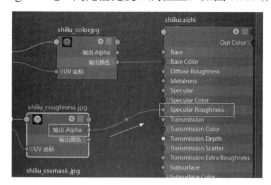

图 8.133　连接的节点网络

图 8.134　连接之后的渲染效果

步骤 10：调节 "shiliu_sssmask_1" 材质节点的参数。在【Hypershade】编辑器中单选该节点，在【特性编辑器】中调节参数。具体参数调节如图 8.135 所示。

步骤 11：创建 "reverse1"（反转）节点并连接。在【Hypershade】编辑器中创建一个 "reverse1（" 并进行节点连接。具体连接如图 8.136 所示。

步骤 12：调节 "shiliucaizhi" 材质中的【Subsurface】（次表面）卷展栏参数。具体参数调节如图 8.137 所示，调节参数之后的渲染效果如图 8.138 所示。

图 8.135 "shiliu_sssmask_1"材质节点参数调节

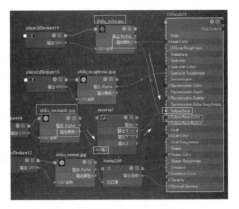

图 8.136 材质节点网络连接

图 8.137 "shiliucaizhi"材质参数调节

图 8.138 调节完成参数之后的最终渲染效果

2. 制作石榴果肉材质

在【大纲视图】中选择石榴果肉模型,按"Shift+H"组合键,将选择的石榴果肉模型显示出来,如图 8.139 所示。

步骤 01:给石榴果肉模型添加【aiStandardSurface】材质,把添加的材质命名为"shiliu_guorou"。

步骤 02:调节石榴果肉模型材质参数。在材质属性面板中调节"shiliu_guorou"材质参数。具体参数调节如图 8.140 所示。

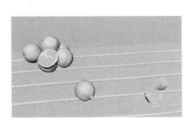

图 8.139 选择的石榴果肉模型

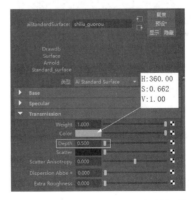

图 8.140 "shiliu_guorou"参数调节

步骤 03：调节参数之后的渲染效果如图 8.141 所示。

3. 制作石榴籽的材质

在【大纲视图】中选择石榴籽模型，按 "Shift+H" 组合键，将选择的石榴籽模型显示出来。

步骤 01：给石榴籽模型添加【aiStandardSurface】材质，把添加的材质命名为 "shiliu_zi"。

步骤 02：调节石榴籽的材质参数。具体参数调节如图 8.142 所示。

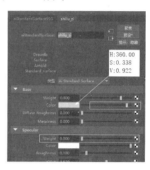

图 8.141　石榴果肉的渲染效果　　　　　图 8.142　"shiliu_zi" 材质参数调节

步骤 03：调节参数之后的石榴籽渲染效果如图 8.143 所示。

步骤 04：把所有模型显示出来。石榴材质的整体渲染效果如图 8.144 所示。

图 8.143　石榴籽渲染效果　　　　　　　图 8.144　石榴材质的整体渲染效果

视频播放：关于具体介绍，请观看本书光盘上的配套视频 "任务九：制作石榴材质.wmv"。

任务十：制作带有镂空的布料材质

带有镂空的布料材质的制作是通过透明度贴图来完成的。

步骤 01：在场景中选择需要制作镂空布料材质的模型，如图 8.145 所示。

步骤 02：给镂空布料添加【aiStandardSurface】材质，并把材质命名为 "loukongbuliao"。

步骤 03：将需要的纹理贴图文件拖到【Hypershade】编辑器中，如图 8.146 所示。

步骤 04：调节 "buliao_opacity_1" 材质节点参数。在【Hypershade】编辑器中单选 "buliao_opacity_1" 材质节点，在【特性编辑器】中调节参数。具体参数调节如图 8.147 所示。

图 8.145　选择的布料

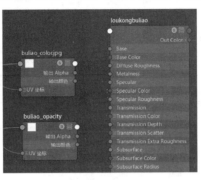

图 8.146　纹理贴图文件

图 8.147　"buliao_opacity_1" 材质节点参数调节

步骤 05：连接材质节点网络。具体连接如图 8.148 所示，

步骤 06：调节 "buliao_color_1" 材质节点参数，在【Hypershade】编辑器中单选 "buliao_color_1" 材质节点，在【特性编辑器】中调节参数。具体参数调节如图 8.149 所示。

步骤 07：调节 "loukongbuliao" 材质参数。在【Hypershade】编辑器中单选 "loukongbuliao" 材质节点，在【特性编辑器】中调节该材质的参数。具体参数调节如图 8.150 所示。

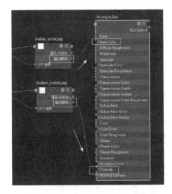

图 8.148　连接材质节点网络

图 8.149　"buliao_color_1" 材质节点参数调节

图 8.150　"loukongbuliao" 材质节点参数调节

步骤 08：调节参数之后，布料的渲染效果如图 8.151 所示。

视频播放：关于具体介绍，请观看本书光盘上的配套视频 "任务十：制作带有镂空的布料材质.wmv"。

任务十一：制作水壶锈蚀材质

水壶锈蚀材质的制作需结合 Substance Painter 材质制作软件来表现。

1. 将水壶模型导出为 OBJ 格式文件

在导出锈蚀的水壶时，一定要检查水壶模型的 UV，检查 UV 是否存在明显的拉伸问题，如果有，那么制作的贴图就会出现拉伸问题，需要重新展开 UV 并进行调节。

步骤 01：在场景中选择水壶模型。

步骤 02：在菜单栏中单击【文件】→【导出当前选择】命令，弹出【导出当前选择】对话框，如图 8.152 所示。在该对话框中输入导出的文件名称，单击"导出当前选择"按钮，完成水壶模型的导出，导出的 OBJ 文件如图 8.153 所示。

图 8.151　布料的渲染效果　　图 8.152　【导出当前选择】对话框　　图 8.153　导出的 OBJ 文件

2. 把导出的 OBJ 文件导入 Substance Painter 中

步骤 01：启动 Substance Painter。在桌面上双击 ⑤（Substance Painter）图标，启动该软件。该软件的工作界面如图 8.154 所示。

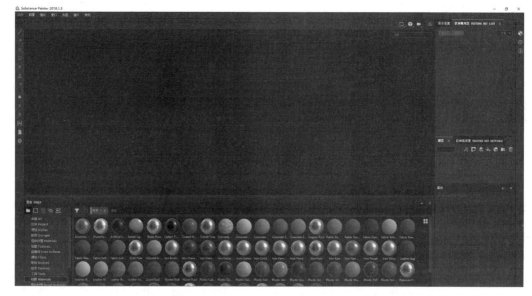

图 8.154　Substance Painter 工作界面

提示：关于 Substance Painter 的基础操作方法，请读者自行学习。

步骤 02：创建项目。在菜单栏中单击【文件】→【新建】命令（或按"Ctrl+N"组合键），弹出【新项目】对话框，根据项目要求在该对话框设置参数。具体设置如图 8.155 所示。

步骤 03：选择需要导入模型。在【新项目】对话框中单击【选择…】按钮，弹出【打开模型】对话框，选择需要导入的 OBJ 文件，如图 8.156 所示。单击"打开（O）"按钮，返回【新项目】对话框，在该对话框设置参数。具体设置如图 8.157 所示。

图 8.155　【新项目】对话框设置　　　图 8.156　选择导入的 OBJ 文件　　　图 8.157　【新项目】参数设置

步骤 04：导入模型，单击"OK"按钮，完成水壶模型的导入。导入之后的效果如图 8.158 所示。

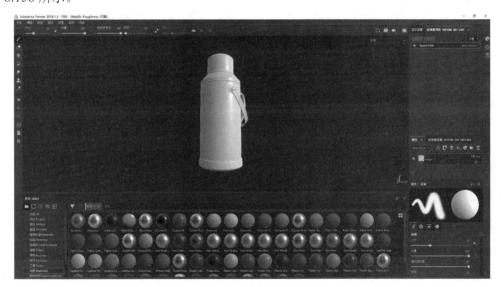

图 8.158　导入的水壶模型

步骤 05：保存项目。在菜单栏中单击【文件】→【保存】命令，弹出【保存项目文件】对话框。在该对话框设置项目文件名，具体设置如图 8.159 所示。单击"保存"（S）按钮，完成项目的保存。

步骤 06：烘焙模型。在【纹理集设置】选项中单击【烘焙模型贴图】按钮，弹出【烘焙】对话框，设置烘焙参数，具体设置如图 8.160 所示。单击"烘焙 lambertSG 模型贴图"按钮，开始烘焙，等待一定时间完成烘焙即可。

图 8.159 【保存项目文件】对话框

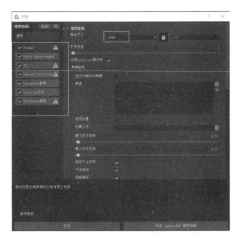

图 8.160 【烘焙】对话框参数设置

3. 给水壶绘制锈蚀材质

步骤 01：用鼠标把"Copper Worn"智能材质拖到图层中，如图 8.161 所示。添加智能材质之后的效果如图 8.162 所示。

步骤 02：调节"Copper Worn"智能材质参数。具体调节如图 8.163 所示，调节参数之后的效果如图 8.164 所示。

图 8.161 把智能材质拖到图层

图 8.162 添加智能材质之后的效果

图 8.163 智能材质参数调节

步骤 03：用鼠标把【材质】中的"Rust Fine"材质拖到图层中，如图 8.165 所示。添加"Rust Fine"材质之后的效果如图 8.166 所示。

步骤 04：把"Dirt Dry"遮罩材质拖到 Rust Fine 图层上，然后松开鼠标。图层效果如图 8.167 所示，添加遮罩材质之后的渲染效果如图 8.168 所示。

步骤 05：添加"Concrete Dusty"材质。把"Concrete Dusty"拖到图层的上层，如图 8.169 所示，添加"Concrete Dusty"材质之后的效果如图 8.170 所示。

图 8.164 调节参数之后的效果

图 8.165 图层位置

图 8.166 添加 "Rust Fine" 材质之后的效果

图 8.167 图层效果

图 8.168 添加遮罩材质 之后的效果

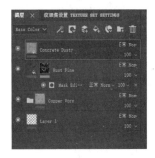

图 8.169 "Concrete Dusty" 材质在图层上的位置

步骤 06： 添加 "Dust Stained" 遮罩材质。在【智能遮罩】中将 "Dust Stained" 拖到 图层上，然后松开鼠标。添加 "Dust Stained" 遮罩材质之后的图层效果如图 8.171 所示，添加 "Dust Stained" 遮罩材质之后的水壶效果如图 8.172 所示。

图 8.170 添加 "Concrete Dusty" 材质之后的效果

图 8.171 添加 "Dust Stained" 遮罩材质之后的图层效果

图 8.172 添加 "Dust Stained" 遮罩材质之后的水壶效果

步骤 07： 导出贴图。在菜单栏中单击【文件】→【导出贴图…】命令，弹出【导出文件…】对话框。在该对话框设置参数，具体参数设置如图 8.173 所示。单击 "导出" 按钮，开始导出贴图，导出的贴图效果如图 8.174 所示。

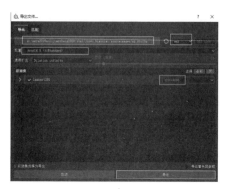

图 8.173 【导出文件…】对话框参数设置

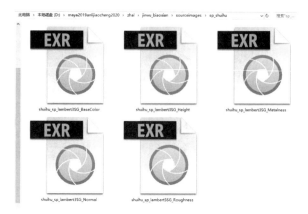

图 8.174 导出的贴图效果

视频播放：关于具体介绍，请观看本书光盘上的配套视频"任务十一：制作水壶锈蚀材质.wmv"。

任务十二：在 Maya 2019 中还原水壶锈蚀材质

水壶锈蚀材质在 Maya 2019 中的还原比较简单，只要把通过 Substance Painter 导出的"Base Color"（基础颜色）、"Height"（高度）"Metalness"（金属度）、"Normal"（法线）和"Roughness"（粗糙度）5 个贴图文件连接到 Arnold 中的"aiStandardSurface"材质对应属性上，进行适当的参数调节即可。

步骤 01：给水壶添加材质。在场景中单选水壶模型，给选择的水壶模型添加"aiStandardSurface"材质并把材质命名为"shuihu_xiushi"。

步骤 02：打开【Hypershade】编辑器，把通过 Substance Painter 导出的 5 个贴图文件拖到【Hypershade】编辑器中，按连接顺序排列好，如图 8.175 所示。

步骤 03：将"shuihu_sp_lambert3SG_BaseColor_1"贴图文件连接到"shuihu_xiushi"材质中的【Base Color】属性上，如图 8.176 所示。

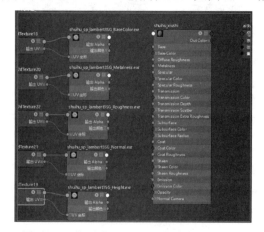

图 8.175 拖到【Hypershade】中的贴图文件

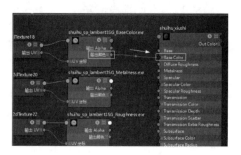

图 8.176 【Base Color）】与贴图文件连接

步骤 04：修改"shuihu_sp_lambert3SG_Metalness_1"贴图节点参数。单选该节点，在【特性编辑器】中调节参数，具体参数调节如图 8.177 所示。

步骤 05：连接【Metalness】（金属度）属性。把"shuihu_sp_lambert3SG_Metalness_1"贴图节点参数中的【输出 Alpha】属性连接到"shuihu_xiushi"材质中的【Metalness】属性上，如图 8.178 所示。

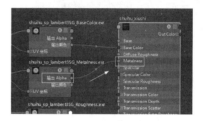

图 8.177　"shuihu_sp_lambert3SG_Metalness_1"
贴图节点参数调节

图 8.178　【Metalness】属性连接

步骤 06：调节粗糙度贴图参数。单选该贴图节点，在【特性编辑器】中调节参数，具体参数调节如图 8.179 所示。

步骤 07：连接【Specular Roughness】（高光粗糙度）属性。把"shuihu_sp_lambert3SG_Roughness_1"贴图节点中的【输出 Alpha】属性连接到"shuihu_xiushi"材质中的【Specular Roughness】属性上，如图 8.180 所示。

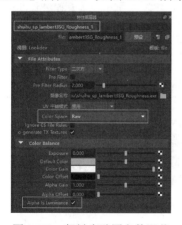

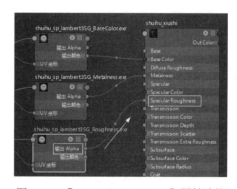

图 8.179　粗糙度贴图参数调节

图 8.180　【Specular Roughness】属性连接

步骤 08：调节法线贴图参数。单选该贴图节点，在【特性编辑器】中调节参数，具体参数调节如图 8.181 所示。

步骤 09：连接法线贴图。单选"shuihu_xiushi 材质"，把"shuihu_sp_lambert3SG_Normal_1"节点拖到【特性编辑器】中的【Bump Mapping】（凹凸贴图）属性上，此时，

在"shuihu_sp_lambert3SG_Normal_1"节点与【Normal Camera】(摄影机法线)之间自动生成一个"Bump"节点，如图 8.182 所示。

图 8.181　法线贴图参数调节

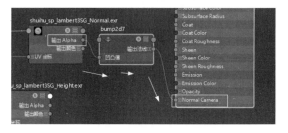

图 8.182　法线连接

步骤 10：调节"Bump"节点参数。单选"bump2d7"节点，在【特性编辑器】中调节参数。具体参数调节如图 8.183 所示。

步骤 11：调节置换节点贴图参数。单选"shuihu_sp_lambert3SG_Height_1"贴图节点，在【特性编辑器】中调节参数。具体参数调节如图 8.184 所示。

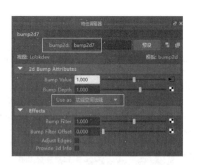

图 8.183　"Bump"节点参数调节

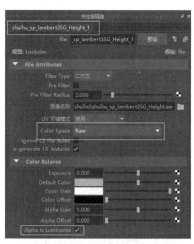

图 8.184　置换节点贴图参数调节

步骤 12：连接置换节点贴图。单选"aiStandardSurface11SG"节点，把"shuihu_sp_lambert3SG_Height_1"贴图节点拖到【特性编辑器】中的【置换材质】属性上，然后松开鼠标，完成置换节点贴图的连接，如图 8.185 所示。

步骤 13：调节"displacementShader1"节点参数，单选该节点，在【特性编辑器】中调节参数。具体参数调节如图 8.186 所示。

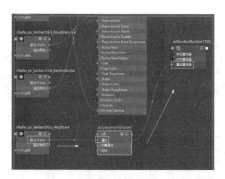

图 8.185 置换节点贴图连接

图 8.186 "displacementShader1" 节点参数调节

步骤 14：贴图文件连接完毕，最终渲染效果如图 8.187 所示。

图 8.187 最终渲染效果

视频播放：关于具体介绍，请观看本书光盘上的配套视频 "任务十二：在 Maya 2019 中还原水壶锈蚀材质.wmv"。

任务十三：制作其他金属锈蚀材质

其他金属锈蚀材质主要包括铜锅、油灯、勺子和盆。这些模型的材质都是使用 Substance Painter 来制作的。其制作流程和方法与水壶锈蚀材质制作的流程和方法基本相同，读者可以参考任务十一和任务十二中水壶锈蚀材质的制作及其还原。

铜锅、油灯、勺子和盆的金属锈蚀材质制作的详细步骤，可以参考本书光盘上提供的教学视频。由于篇幅有限，在此就不再详细介绍。如果想深入学习 Substance Painter 材质制作软件，可以通过其他渠道收集教学资料。

铜锅、油灯、勺子和盆的 PBR 材质文件如图 8.188 所示，在 Maya 2019 中使用 Arnold 渲染器对 PBR 材质进行还原之后的渲染效果如图 8.189 所示。

图 8.188　铜锅、油灯、勺子和盆的
　　　　　PBR 材质文件

图 8.189　还原铜锅、油灯、勺子和盆的 PBR 材质的渲染
　　　　　效果

视频播放：关于具体介绍，请观看本书光盘上的配套视频"任务十三：制作其他金属锈蚀材质.wmv"。

任务十四：材质节点网络的导出、导入和使用

使用 Arnold 渲染器，可以把以前制作好的材质，通过导出栅格的方式把制作好的材质节点网络导出。在需要制作相似的材质时，把导出的材质节点网络导入项目并进行适当修改即可。

1. 导出材质节点网络

步骤 01：打开前面章节制作的带有灰尘的玻璃文件场景文件，设置好工程目录。

步骤 02：打开【Hypershade】编辑器，在该编辑器中选择带有灰尘的玻璃材质节点网络，如图 8.190 所示。

步骤 03：导出材质节点网络。在【Hypershade】编辑器的菜单栏中单击【文件】→【导出选定栅格】命令，弹出【导出当前选择】对话框，设置导出路径和名称，如图 8.191 所示。单击"保存"按钮，完成材质节点网络的导出。

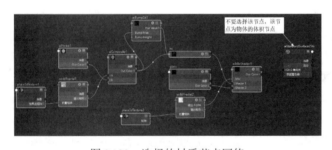

图 8.190　选择的材质节点网络

图 8.191　【导出当前选择】
　　　　　对话框设置

2. 使用导出的材质节点

步骤 01：打开需要导入的材质节点网络场景文件，设置好项目文件。

步骤 02：在【Hypershade】编辑器的菜单栏中单击【文件】→【导入】命令，弹出【导入】对话框，选择需要导入的材质节点网络，如图 8.192 所示。单击"导入"按钮，完成材质节点网络的导入。导入的材质节点网络如图 8.193 所示。

图 8.192 【导入】对话框参数设置

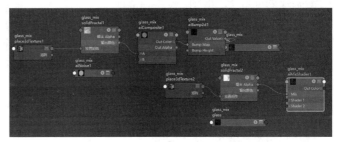

图 8.193 导入的材质节点网络

步骤 03：把导入的材质节点网络命名为"glass"，再给该材质添加场景中的玻璃瓶。添加"glass"材质之后的渲染效果如图 8.194 所示。

步骤 04：复制"glass"材质，把复制的材质命名为"glass01"并添加第 2 个玻璃材质。

步骤 05：调节"glass01"材质参数。选择该材质节点中的玻璃材质节点，在【特性编辑器】中调节参数。具体参数调节如图 8.195 所示，调节参数之后的渲染效果如图 8.196所示。

图 8.194 添加"glass"材质之后的渲染效果　　图 8.195 材质参数调节　　图 8.196 渲染效果

视频播放：关于具体介绍，请观看本书光盘上的配套视频"任务十四：材质节点网络的导出、导入和使用.wmv"。

任务十五：制作灯罩、陶瓷盘和木塞材质

1. 灯罩材质的制作

灯罩材质的制作比较简单，只要添加【aiStandardSurface】材质并适当调节参数即可。

步骤01：单选灯罩模型，添加【aiStandardSurface】材质并把材质命名为"dengzhao"。

步骤02：调节"dengzhao"材质参数。具体参数调节如图8.197所示，调节参数之后的渲染效果如图8.198所示。

步骤03：给"dengzhao"材质添加凹凸贴图。单击【Bump Mapping（凹凸贴图）】右边的◪图标，弹出【创建渲染节点】对话框。在该对话框中单击【aiNoise（ai噪波）】项，弹出【连接编辑器】对话框，设置连接，具体连接如图8.199所示。

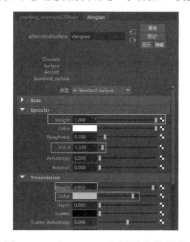

图8.197 "dengzhao"材质参数调节　　　图8.198 渲染效果　　　图8.199 【连接编辑器】连接

步骤04：调节凹凸节点参数。具体参数调节如图8.200所示，调节参数之后的渲染效果如图8.201所示。

2. 制作陶瓷盘材质

陶瓷盘材质的制作很简单，只要给它添加一个【aiStandardSurface】材质并适当调节基础颜色即可。

步骤01：单选陶瓷盆模型，添加【aiStandardSurface】材质并把材质命名为"taocipen"。

步骤02：调节"taocipen"材质参数，具体参数调节如图8.202所示。

步骤03：调节完成之后的渲染效果如图8.203所示。

3. 木塞材质的制作

木塞材质的制作也比较简单，主要通过贴图来完成。

步骤01：单选木塞模型，添加【aiStandardSurface】材质并把材质命名为"musai"。

图 8.200 凹凸节点
参数调节

图 8.201 调节参数之后的
渲染效果

图 8.202 "taocipen"材质
参数调节

图 8.203 陶瓷盆渲染效果

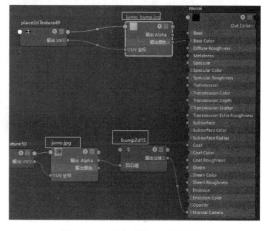

图 8.204 材质节点网络连接

步骤 02：把提供的两张贴图拖到【Hypershade】编辑器中进行连接。连接的材质节点网络如图 8.204 所示，连接之后木塞的渲染效果如图 8.205 所示。

图 8.205 连接之后木塞的渲染效果

视频播放：关于具体介绍，请观看本书光盘上的配套视频"任务十五：制作灯罩、陶瓷盘和木塞材质.wmv"。

任务十六：最终渲染设置

通过前面 15 个任务已经将所有材质参数调节完成，在本任务中需要调节最终渲染参数。

步骤 01：在【灯光编辑器】中，把场景中所有灯光的【Samples】（采样）参数调节为"3"，如图 8.206 所示。

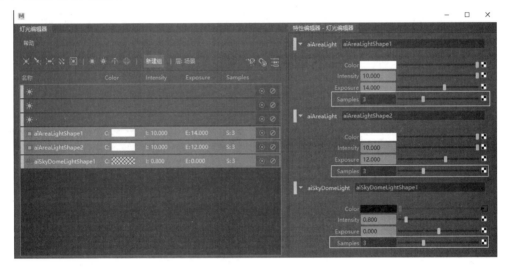

图 8.206 【灯光编辑器】参数调节

步骤 02：打开【渲染设置】面板，调节【通用】参数，具体参数调节如图 8.207 所示。

步骤 03：调节【Arnold Renderer】（Arnold 渲染器）参数，具体参数调节如图 8.208 所示。

步骤 04：调节之后的最终渲染效果如图 8.209 所示。

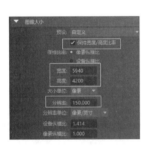

图 8.207 【通用】
参数调节

图 8.208 【Arnold Renderer】
参数调节

图 8.209 最终渲染效果

视频播放：关于具体介绍，请观看本书光盘上的配套视频"任务十六：最终渲染设置.wmv"。

七、拓展训练

应用本案例所学知识，根据本书提供的场景文件渲染出如下效果图。

案例 4　半写实女性皮肤材质的制作

一、案例内容简介

在本案例中，主要介绍半写实女性皮肤材质的制作原理、方法和技巧。

二、案例效果欣赏

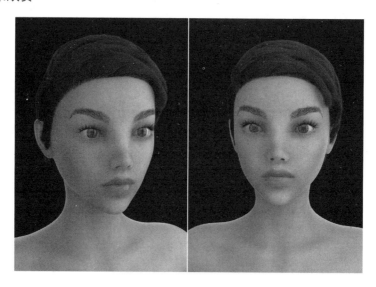

三、案例制作流程

任务一：场景布光　➡　任务二：给睫毛添加材质效果　➡　任务三：给眼球添加材质效果

⬇

任务五：制作【Subsurface】（次表面）中【Radius】（半径）参数的贴图　⬅　任务四：制作皮肤材质效果

⬇

任务六：给"pifu"材质中【Specular】（高光）参数下的【Roughness】（粗糙度）添加贴图

⬇

任务七：设置渲染参数和渲染输出

四、案例制作的目的

（1）掌握半写实皮肤材质制作原理、方法和技巧。

（2）掌握不透明贴图的制作原理、方法和技巧。

（3）掌握半写实人物表现需要的布光原理。

（4）掌握多向性 UV 贴图的使用。

（5）掌握皮肤半透明效果的表现方法和注意事项。

五、案例制作过程中需要解决的问题

（1）展开 UV 的方法和技巧。

（2）Photoshop 软件的基本操作。

（3）半写实人物参考素材的收集和分析。

六、详细操作步骤

本案例主要介绍半写实人物（女性）皮肤材质的制作原理、方法和技巧。在制作皮肤材质之前，建议读者多收集一些有关半写实女性皮肤材质的参考图。比较有代表性的半写实参考图如迪士尼动画片中有关公主形象的图片。图 8.210 所示为迪士尼所创作的卡通角色效果，供读者参考。

图 8.210　迪士尼卡通角色效果

任务一：场景布光

在进行效果表现之前，布置好灯光是第一步。人物效果表现需要的灯光布置一般包括环境光、主光、辅助光和背景光。

步骤 01：创建主光。在菜单栏中单击【Arnold】→【Lights】（灯光）→【Area Light】（区域光）命令，在视图中创建一份区域光作为主光。

步骤 02：调节主光。通过移动工具、缩放工具和旋转工具来调节主光的位置，调节之后主光的位置如图 8.211 所示。

步骤 03：调节主光的参数。具体参数调节如图 8.212 所示，调节参数之后的主光独立渲染效果如图 8.213 所示。

步骤 04：再创建一份背景光，方法同上。背景光的位置一般与摄影机在同一条直线上，背景光的位置和大小如图 8.214 所示，其参数调节方法与主光相同，背景光的独立渲染效果如图 8.215 所示。

图 8.211 添加的主光位置

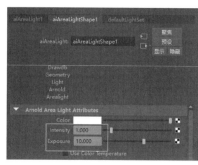

图 8.212 主光参数调节

图 8.213 主光的
独立渲染效果

步骤 05：创建一份辅助光，方法同上。辅助光一般与主光成 90°～120° 的夹角，辅助光的位置和大小如图 8.216 所示。

图 8.214 背景光的位置和大小

图 8.215 背景光的独立
渲染效果

图 8.216 辅助光的位置和大小

步骤 06：调节辅助光的参数。具体参数调节如图 8.217 所示，调节参数之后的辅助光独立渲染效果如图 8.218 所示，开启所有灯光之后的渲染效果如图 8.219 所示。

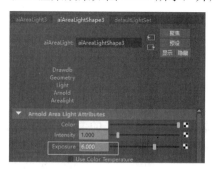

图 8.217 辅助光的
参数调节

图 8.218 辅助光的
独立渲染效果

图 8.219 开启所有灯光
之后的渲染效果

视频播放：关于具体介绍，请观看本书光盘上的配套视频"任务一：场景布光.wmv"。

任务二：给睫毛添加材质效果

睫毛效果的制作主要通过使用不透明度贴图来实现。

步骤 01：给睫毛添加一个【aiStandarSurface】材质并把材质命名为"jiemao"。

步骤 02：添加不透明度贴图。在材质编辑面板中单击【Geometry】（几何体）卷展栏参数下的【Opacity】（不透明度）右边的■图标，弹出【创建渲染节点】对话框。在该对话框中单击【文件】选项，切换到【File】属性编辑面板。在该面板中单击【图像名称】右边的■图标，弹出【打开】对话框。在该对话框中单选如图 8.220 所示的贴图，单击"打开"按钮，完成不透明度贴图的添加。

步骤 03：调节不透明度贴图的参数。具体参数调节如图 8.221 所示，添加贴图之后的渲染效果如图 8.222 所示。

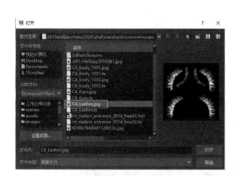  

图 8.220　选择不透明度贴图　　　图 8.221　贴图参数调节　　　图 8.222　添加贴图之后的
　　　　　　　　　　　　　　　　　　　　　　　　　　　　　　　　　　　　　渲染效果

步骤 04：调节"jiemao"材质的参数。具体参数调节如图 8.223 所示，调节参数之后的渲染效果如图 8.224 所示。

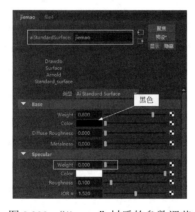 

图 8.223　"jiemao"材质的参数调节　　　　图 8.224　调节参数之后的渲染效果

视频播放：关于具体介绍，请观看本书光盘上的配套视频"任务二：给睫毛添加材质效果.wmv"。

任务三：给眼球添加材质效果

眼球模型包括眼珠、眼膜和泪腺三部分，眼球的制作主要通过贴图来实现。

步骤 01：选择眼珠模型。给选择的模型添加一个【aiStandarSurface】材质并把材质命名为"yanzhu"。

步骤 02：应用本案例"任务二"的方法，给"yanzhu"材质中【Base】的子参数【Color】（颜色）参数添加一个名为"CA_Eyes.jpg"的贴图材质。

步骤 03：把"yanzhu"材质中的高光效果关闭，也就是把【Specular】（高光）卷展栏参数中的【Weight】（权重）参数调节为"0"。

步骤 04：选择眼膜和泪腺模型。给选择的模型添加一个"aiStandarSurface"材质并把材质命名为"yanmo_leixian"。

步骤 05：调节"yanmo_leixian"材质参数。具体参数调节如图 8.225 所示，调节参数之后的渲染效果如图 8.226 所示。

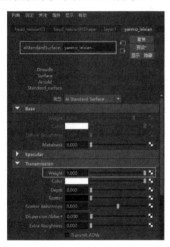

图 8.225　"yanmo_leixian"材质参数调节　　　　图 8.226　调节参数之后的渲染效果

视频播放：关于具体介绍，请观看本书光盘上的配套视频"任务三：给眼球添加材质效果.wmv"。

任务四：制作皮肤材质效果

皮肤材质效果主要通过贴图来控制次表面散射参数来完成。

步骤 01：给人体添加材质。选择人体模型，给选择的人体模型添加一个"aiStandarSurface"材质并把材质命名为"pifu"。

步骤 02：调节"pifu"材质参数。该材质参数的具体调节如图 8.227 所示，调节参数之后的渲染效果如图 8.228 所示。

步骤 03：给次表面散射中的【SubSurface Color】（次表面散射）参数添加贴图。单击【SubSurface Color】右边的■图标，弹出【创建渲染节点】对话框。在该对话框中单击【文

件】选项，切换到【File】属性编辑面板，在该面板中单击【图像名称】右边的■图标，弹出【打开】对话框。在该对话框中单选如图 8.230 所示的贴图文件。单击"打开"按钮，完成次表面散射贴图的添加。

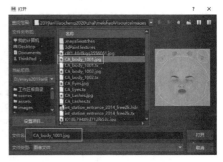

图 8.227　"pifu"材质
参数调节

图 8.228　调节参数之后的
渲染效果

图 8.229　【打开】对话框参数设置

　　步骤 04：调节次表面散射贴图的参数。次表面散射贴图参数的具体调节如图 8.230 所示。

　　步骤 05：再调节"pifu"材质参数。具体参数调节如图 8.231 所示，调节参数之后的渲染效果如图 8.232 所示。

图 8.230　次表面散射贴图
参数调节

图 8.231　"pifu"材质
参数调节

图 8.232　调节参数之后的
渲染效果

　　视频播放：关于具体介绍，请观看本书光盘上的配套视频"任务四：制作皮肤材质效果.wmv"。

　　任务五：制作【Subsurface】（次表面）中【Radius】（半径）参数的贴图

　　【Radius】参数的贴图制作是在 Photoshop 中对次表面散射贴图进行调节来完成。

　　步骤 01：启动 Photoshop 软件，打开"CA_body_1001.jpg"图像文件，将其另存为"次表面半径.psd"文件。打开的图片效果如图 8.233 所示。

步骤 02：将图像复制一个副本，如图 8.234 所示。

步骤 03：提高已复制图像的明度。单选复制的图像，在菜单栏中单击【图像（I）】→【调整（J）】→【曲线（U）…】命令，弹出【曲线】对话框。在该对话框调节参数，具体参数调节如图 8.235 所示。单击"确定"按钮，完成图像画面的明度调节，调节参数之后的画面效果如图 8.236 所示。

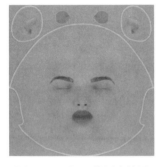

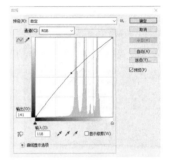

图 8.233　打开的图片效果　　　　图 8.234　复制的图像副本　　　　图 8.235　【曲线】参数调节

步骤 04：新建空白图层和调节图层。在新建图层中绘制选区，选区的羽化值为 100 左右，将选区填充成红色，调节图层的叠加模式为"正片叠低"，不透明度为"70%"左右，如图 8.2387 所示，填充效果如图 8.238 所示。

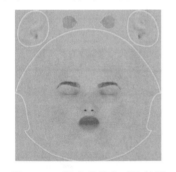

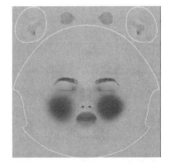

图 8.236　调节曲线之后的效果　　　　图 8.237　图层调节　　　　图 8.238　填充效果

步骤 05：重复步骤 04 的方法，新建空白图层和调节图层，将鼻头和耳朵部分制作成红色填充区域，画面的最终效果如图 8.239 所示。

步骤 06：将调节好的图像另存为"CA_body_sss_1001.jpg"文件。

步骤 07：回到 Maya 2019 视图中，把"CA_body_sss_1001.jpg"图像贴到【Radius（半径）】参数中，再次修改"pifu"材质中次表面散射的参数。具体参数调节如图 8.240 所示，调节参数之后的渲染效果如图 8.241 所示。

视频播放：关于具体介绍，请观看本书光盘上的配套视频"任务五：制作【Subsurface】（次表面）中【Radius】（半径）参数的贴图.wmv"。

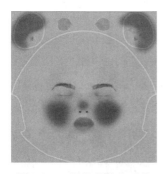

图 8.239 调节参数之后的画面效果　　图 8.240 次表面参数调节　　图 8.241 调节参数之后的渲染效果

任务六：给"pifu"材质中【Specular】（高光）参数中的【Roughness】（粗糙度）添加贴图

给【Roughness】（粗糙度）属性添加贴图的目的是，通过贴图控制皮肤不同部位的粗糙度。它的控制原理是，通过图片的黑白灰来调节皮肤的粗糙度，颜色越白的地方就越粗糙，越黑的地方就越光滑。

步骤 01： 给【Specular】（高光）展栏参数中的【Roughness】参数添加贴图。单击【Roughness】右边的■图标，弹出【创建渲染节点】对话框。在该对话框中单击【文件】选项，切换到【File（文件）】属性编辑面板。在该面板中单击【图像名称】右边的■图标，弹出【打开】对话框。在该对话框中单选如图 8.242 所示的图像，单击"打开"按钮，完成粗糙度贴图的添加。

步骤 02： 调节粗糙度贴图的参数。粗糙度贴图参数的具体调节如图 8.243 所示，调节参数之后的渲染效果如图 8.244 所示。

图 8.242 【打开】对话框参数调节　　图 8.243 粗糙度贴图参数调节　　图 8.244 添加粗糙度贴图之后的渲染效果

视频播放： 关于具体介绍，请观看本书光盘上的配套视频"任务六：给"pifu"材质中【Specular】（高光）参数中的【Roughness】（粗糙度）添加贴图.wmv"。

任务七：设置渲染参数和渲染输出

渲染输出参数调节主要涉及灯光的采样率、【通用】选项参数和【Arnold Renderer】（Arnold 渲染器）选项的参数调节。

步骤 01：调节灯光的采样率。把所有灯光的采样率调节为 3，如图 8.245 所示。

步骤 02：调节渲染中的【通用】选项参数，具体参数调节如图 8.246 所示。

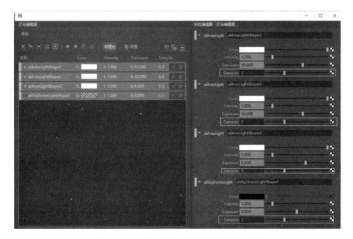

图 8.245　灯光的采样率参数调节

图 8.246　【通用】选项参数调节

步骤 03：调节【Arnold Renderer】选项参数。该选项参数的具体调节如图 8.247 所示。

步骤 04：调节参数之后的最终渲染效果，如图 8.248 所示。

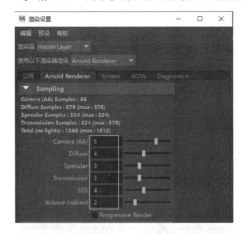

图 8.247　【Arnold Renderer】选项参数调节

图 8.248　最终渲染效果

视频播放：关于具体介绍，请观看本书光盘上的配套视频"任务七：设置渲染参数和渲染输出.wmv"。

七、拓展训练

应用本案例所学知识，根据本书提供的场景文件渲染出如下效果图。

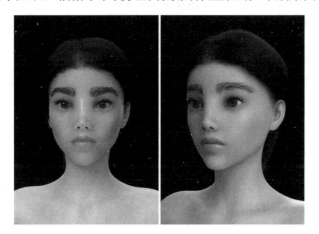

参 考 文 献

[1] 火星时代. Maya 2011 大风暴[M]. 北京：人民邮电出版社，2011.

[2] 于泽. Maya 贵族 Polygon 的艺术[M]. 北京：北京大学出版社，2010.

[3] 张凡，刘若海. Maya 游戏角色设计[M]. 北京：中国铁道出版社，2010.

[4] 胡铮. 三维动画模型设计与制作[M]. 北京：机械工业出版社，2010.

[5] 张晗. Maya 角色建模与渲染完全攻略[M]. 北京：清华大学出版社，2009.

[6] 孙宇，李左彬. Maya 建模实战技法[M]. 北京：中国铁道出版社，2011.

[7] 环球数码（IDMT）. 动画传奇——Maya 模型制作[M]. 北京：清华大学出版社，2011.

[8] 刘畅. Maya 建模与渲染[M]. 北京：京华出版社，2011.

[9] 刘畅. Maya 动画与特效[M]. 北京：京华出版社，2011.

[10] 许广彤，祁跃辉. 游戏角色设计与制作[M]. 北京：人民邮电出版社，2010.

[11] 伍福军，张巧玲. Maya 2017 三维动画建模案例教程[M]. 北京：电子工业出版社，2017.

[12] 伍福军，张巧玲，张祝强. Maya 2011 三维动画基础案例教程[M]. 北京：北京大学出版社，2012.